数理科学特集一覧

63 年/7〜15 年/12 省略

2016 年/1　数理モデルと普遍性
/2　幾何学における圏論的思考
/3　物理諸分野における場の量子論
/4　物理学における数学的発想
/5　物理と認識
/6　自然界を支配する偶然の構造
/7　〈反粒子〉
/8　線形代数の探究
/9　摂動論を考える
/10 ワイル
/11 解析力学とは何か
/12 高次元世界の数学

2017 年/1　数学記号と思考イメージ
/2　無限と数理
/3　代数幾何の世界
/4　関数解析的思考法のすすめ
/5　物理学と数学のつながり
/6　発展する微分幾何
/7　物理におけるミクロとマクロのつながり
/8　相対論的思考法のすすめ
/9　数論と解析学
/10 確率論の力
/11 発展する場の理論
/12 ガウス

2018 年/1　素粒子物理の現状と展望
/2　幾何学と次元
/3　量子論的思考法のすすめ
/4　現代物理学の捉え方
/5　微積分の考え方
/6　量子情報と物理学のフロンティア
/7　物理学における思考と創造
/8　機械学習の数理
/9　ファインマン
/10 カラビ・ヤウ多様体
/11 微分方程式の考え方
/12 重力波の衝撃

2019 年/1　発展する物性物理
/2　経路積分を考える
/3　対称性と物理学
/4　固有値問題の探究
/5　幾何学の拡がり
/6　データサイエンスの数理
/7　量子コンピュータの進展
/8　発展する可積分系
/9　ヒルベルト
/10 現代数学の捉え方［解析編］
/11 最適化の数理
/12 素数の探究

2020 年/1　量子異常の拡がり
/2　ネットワークから見る世界
/3　理論と計算の物理学
/4　結び目的思考法のすすめ
/5　微分方程式の《解》とは何か
/6　冷却原子で探る量子物理の最前線
/7　AI 時代の数理
/8　ラマヌジャン
/9　統計的思考法のすすめ
/10 現代数学の捉え方［代数編］
/11 情報幾何学の探究
/12 トポロジー的思考法のすすめ

2021 年/1　時空概念と物理学の発展
/2　保型形式を考える
/3　カイラリティとは何か

SGC ライブラリ-165

弦理論と可積分性

ゲージ-重力対応のより深い理解に向けて

佐藤 勇二　著

サイエンス社

まえがき

一般相対性理論の帰結として，ブラックホールは形式的に熱力学の3法則と同じ形の法則を満たす．エントロピーは通常示量性の物理量であるが，これらの法則に現れるブラックホールのエントロピーは，体積ではなく事象の地平面の面積に比例する．さらに，物質場の量子効果を半古典的に取り入れると，ブラックホールは黒体 (Hawking) 輻射を出しながら蒸発するという描像が得られる．この半古典描像での黒体輻射は，ブラックホールの微視的な情報を持たず，状態は情報を保ちながら時間発展するという量子力学の基本性質（ユニタリ性）と相容れない．また，ブラックホールのエントロピーが実際にエントロピーとしての意味を持つのであれば，ブラックホールの微視的な状態数を表すはずである．一般にブラックホールは質量などの巨視的な量で特徴付けられるため，微視的状態数の理解にはブラックホールの量子論が必要と思われる．こうしたブラックホールの熱力学や量子論を巡る問題は，量子重力を理解する鍵となると考えられてきた．

弦理論は量子重力理論の有望な候補であり，弦理論におけるブラックホールの熱力学・量子論も興味深い問題であったが，D ブレインと呼ばれる弦のソリトンの発見を契機として，ある種のブラックホールについては，その量子論について明快な理解が可能となった．また，弦理論における量子的なブラックホールの研究の過程で，重力・弦理論と通常の素粒子を記述するゲージ理論の間に不思議な対応関係があることも明らかになった．このゲージ理論と重力・弦理論の対応を**ゲージ-重力対応**という．具体的な例では通常この対応は，負の定曲率を持つ時空である反 de Sitter (anti-de Sitter; AdS) 時空中の重力・弦理論とその "境界" に住むゲージ理論/共形場理論 (conformal field theory; CFT) の対応となり，**AdS/CFT 対応**とも呼ばれる．ブラックホールのエントロピーが示唆するように，バルクの量子重力理論が境界のゲージ理論/共形場理論に "投影" されているという意味で，**ホログラフィー**と呼ぶこともある．対応においては，強（弱）結合のゲージ理論と弱（強）結合の重力・弦理論，といった具合に，結合定数の強弱が逆となる．

ゲージ-重力対応によると，"難しい" 量子重力理論が，（素粒子理論の研究者には）馴染みのあるゲージ理論で記述できることになる．また，この対応を用いることにより，低エネルギーでの量子色力学など，自然界の理解に重要であるがその解析が一般に困難である強結合のゲージ理論を，弱結合の重力・弦理論を用いて解析することができる．実際に，強結合の物理の理解へ向けた数多くの応用があり，ゲージ-重力対応は弦理論における主要な研究テーマとなっている．

強弱結合間の対応は興味深い応用につながる一方，超対称性により量子補正が制御できる場合を除いて，対応の定量的な解析は困難であった．この困難を乗り越える鍵となったのがゲージ-重力対応における**可積分性**の発見である．可積分性の発見により，対応の定量的な解析が一般・有限結合の場合に可能となり，ゲージ-重力対応，そして，対応に現れるゲージ理論/重力・弦理論の理解が大きく進んだ．また，弦理論・可積分性に基づく研究に触発され，ゲージ-重力対応を仮定しないゲージ理論側の研究も大きく進展した．これらは，近年の弦理論，ゲージ理論，数理物理学における重要な成果となっており，この分野の大きな国際会議も毎年開かれている*1)．

本書の目的は，こうした可積分性に基づくゲージ-重力対応の研究の一端を紹介することである．ゲージ-重力対応には様々な例があるが，本書では最も基本的で重要な例である，最大の超対称性を保ち共形場理論となる 4 次元極大 ($\mathcal{N}=4$) 超対称ゲージ理論と，5 次元反 de Sitter 時空と 5 次元球の直積時空 ($\mathrm{AdS}_5 \times \mathrm{S}^5$) 中の超弦理論の間の対応を考える．

以下の本文では，まず，弦理論におけるブラックホールの量子論の研究からゲージ-重力対応が発見された経緯を振り返る．次に，可積分性の基礎として古典可積分性について概説し，$\mathrm{AdS}_5 \times \mathrm{S}^5$ 中の弦理論の古典可積分性とそれに基づく弦の古典解について議論する．続いて量子可積分性の議論に進み，量子スピン系と Bethe 仮説，S 行列理論，熱力学的 Bethe 仮説について概説する．最後の 2 章では，これらの議論・結果を踏まえて，ゲージ-重力対応における可積分性とスペクトル問題，極大超対称ゲージ理論の強結合散乱振幅について議論する．引用文献については，必ずしも原論文ではない場合があり，引用すべき多くの文献も割愛させていただいた．可積分性に基づくゲージ-重力対応全般に関する参考文献としては [1]～[5] がある．

各章は，それぞれの話題の概説となっているが，基本的な事項・例は詳しく解説するようにした．一般的・発展的な内容については技術的にも込み入ってくるのだが，基本的な場合の結果からその本質は理解できるのではないかと思う．4 次元の超対称ゲージ理論，10 次元の超弦理論，そして，2 次元の可積分系の間の興味深い関わり，また，それらを巡る研究の“感触”が伝われば幸いである．

可積分性に基づくゲージ-重力対応の研究については，弦理論の研究者からも“わかりづらい”といった話を聞くことがある．理由の一つは，おそらく，弦理論の研究者には一般に可積分性はあまり馴染みがないことだと思われる．ゲージ-重力対応で用いられる可積分性についての個々の事項は，古典・量子力学を学べば理解できると思われるが，そうした多数の事項をまとめて記述した文献も以前は少なかったと思う．また，弦理論の研究では，主導的な研究者の示す方向性に沿って研究が進展することが多いため，（難解であっても）その発端となった論文を読むとその後の研究についても想像が働き易い．一方，可積分性に基づくゲージ-重力対応の研究は，多くの研究グループの寄与が合わさり形づくられていったため，少し違った理解の仕方が必要かもしれない．本書をきっかけとして，本分野の文献を読み進めていっていただければ幸いである．

本書は，多くの方々との議論に基づくものである．特に，伊藤克司氏，酒井一博氏，鈴木淳史氏，初田泰之氏，Z. Bajnok 氏，J. Balog 氏，G. Tóth 氏には関連する共同研究を通して多くの議論をしていただいた．井ノ口順一氏，小林真平氏，城石正弘氏，L. Dixon 氏，R. Tateo 氏にも有用な議論をしていただいた．感謝申し上げたい．当初予定していた脱稿の期限と紙数を超過し，サイエンス社の大溝良平氏には大変ご迷惑をお掛けした．ご対応にお礼申し上げたい．本書の執筆中は，家族には単身赴任，コロナ禍に加えさらに負担を掛けてしまった．日頃の理解と協力に感謝したい．

2020 年 11 月

佐藤　勇二

*1)　2005 年にパリで開かれた最初の会議は，まだ，こぢんまりとしたもので，会場も通常の教室であった．有名・無名を問わず参加者は互いに議論をし，新しい分野を創っていくという気持ちであったと思う．

目　次

第 1 章
ゲージ-重力対応

本書では，弦理論，特に，ゲージ-重力対応（あるいは **AdS/CFT** 対応）における可積分性について議論していく．ゲージ-重力対応の研究は多岐に渡るが，本章では後の章で用いる基本的な事項を確認する．ゲージ-重力対応が弦理論におけるブラックホールの量子論の研究において見い出された過程も振り返りたい．本章の内容全般に関する参考文献としては [6]〜[16] がある．

1.1 曲がった時空中の弦理論

ゲージ-重力対応を議論する準備として，まず，平坦な時空中の弦について思い出しておこう．弦が時空中を運動すると，2 次元の世界面を描く．この世界面の座標を $(\sigma^1, \sigma^2) = (\tau, \sigma)$ としよう．この時，弦の運動を表すスカラー場 $X^\mu(\tau, \sigma)$ $(\mu = 0, ..., D-1)$ の作用は，

$$S = -\frac{1}{4\pi\alpha'} \int d^2\sigma \sqrt{-\gamma}\, \eta_{\mu\nu} \gamma^{ab} \partial_a X^\mu \partial_b X^\nu \,, \tag{1.1}$$

となる．ここで，$1/(2\pi\alpha')$ は弦の張力・質量密度，$\eta_{\mu\nu} = \mathrm{diag}(-1, +1, ..., +1)$ は D 次元 Minkowski 空間の計量，γ_{ab} $(a, b = 1, 2)$ は世界面の計量，γ は γ_{ab} の行列式 $\gamma = \det \gamma_{ab}$ である．繰り返し現れる添字については和をとり (Einstein の記法)，計量を用いて添字の上げ下げをするものとする．以下，世界面の座標変換と Weyl 変換 $\gamma_{ab} \to \Omega(\sigma^a)\gamma_{ab}$ の下での作用の不変性を用いて，$\gamma_{ab} = \mathrm{diag}(-1, +1)$ としよう．場の運動方程式は，自由場の運動方程式，

$$\partial_a \partial^a X^\mu(\tau, \sigma) = 0 \,,$$

になる．また，元々の計量 γ_{ab} の変分からは，運動方程式・拘束条件，

$$T_{ab}(\tau, \sigma) = 0 \,, \tag{1.2}$$

を得る．T_{ab} はエネルギー・運動量テンソル，

$$T_{ab} := -\frac{1}{\alpha'}\left(\partial_a X^\mu \partial_b X_\mu - \frac{1}{2}\gamma_{ab}\partial_c X^\mu \partial^c X_\mu\right),$$

である．超対称性を持つ超弦理論では，作用には (1.1) の他にフェルミオンを表す部分もある．Weyl 不変性が量子論的に保たれる条件（あるいは他の様々な整合性条件）により，フェルミオン部分のないボソン的な弦理論では時空の次元は $D = 26$，超弦理論では $D = 10$ となる．

一般に弦の運動する時空は平坦ではない．その場合の弦の作用は，平坦な時空の計量 $\eta_{\mu\nu}$ を X^μ に依存した一般の計量 $G_{\mu\nu}(X)$ にしたものとなる：

$$S = -\frac{1}{4\pi\alpha'}\int d^2\sigma\, G_{\mu\nu}(X)\partial_a X^\mu \partial^a X^\nu\,. \tag{1.3}$$

$G_{\mu\nu}$ が表す時空の Ricci テンソル $R_{\mu\nu}$ は，Weyl 不変性の要請から，

$$R_{\mu\nu} = 0\,,$$

を満たす必要がある．これは，真空中の Einstein 方程式に他ならない．弦理論の整合性の要請から一般相対性理論の基本方程式が導かれるのである．作用 (1.3) から得られる曲がった時空中の弦の運動方程式は，計量 $G_{\mu\nu}$ から求められる Christoffel 記号 $\Gamma^\mu_{\nu\rho}$ を用いて，

$$\partial_a \partial^a X^\mu + \Gamma^\mu_{\nu\rho}(X)\,\partial_a X^\nu \partial^a X^\rho = 0\,, \tag{1.4}$$

また，世界面の計量 γ_{ab} の変分から得られる拘束条件は，

$$T_{ab} = -\frac{1}{\alpha'}G_{\mu\nu}(X)\left(\partial_a X^\mu \partial_b X^\nu - \frac{1}{2}\gamma_{ab}\partial_c X^\mu \partial^c X^\nu\right), \tag{1.5}$$

により (1.2) で与えられる．一般の作用には，計量 $G_{\mu\nu}$ の他にも，2 階反対称テンソル場やディラトン場など，他の場も現れる．

作用 (1.3) 中の運動項は，$G_{\mu\nu}$ の X^μ 依存性により一般には場の 2 次式とはならない．このような模型を**非線形シグマ模型**と呼ぶ．名前の中の“シグマ”は歴史的経緯に由来する．X^μ は世界面から時空への写像であり，このように考えた時の時空を写像の行き先という意味で**ターゲット（標的）空間**という．

運動方程式 (1.4), (1.5), (1.2) は，**南部-後藤作用**,

$$S = -\frac{1}{2\pi\alpha'}\int d^2\sigma\,\sqrt{-\det\bigl(G_{\mu\nu}\partial_a X^\mu \partial_b X^\nu\bigr)}\,, \tag{1.6}$$

から導かれる運動方程式と等価である．作用 (1.3) は，世界面の計量 γ_{ab} を補助場として消去すると (1.6) になる．南部-後藤作用は，ターゲット空間中で弦の描く世界面の面積を表す．従って，運動方程式を満たす弦の世界面は，与えられた境界条件の下で面積を極小にするターゲット空間中の**極小曲面**となる*1)．南部-後藤作用に対して，(1.1), (1.3) を **Polyakov 作用**と呼ぶ*2)．

*1) 作用の変分から得られる運動方程式は，作用 $\propto$ 面積の停留点を与え，極大値などの場合もあるが，まとめて“極小曲面”と呼ぶことにする．

*2) 他の多くの人の名前も含めて呼ぶ場合もある．

1.2 D ブレインとブラック p ブレイン

弦理論には，空間 1 次元に広がった物体である弦の他に，広がりを持つ様々な物体・ソリトンが現れる．特に，超弦・超重力理論の Ramond-Ramond (R-R) 場と呼ばれる場の源となる電荷（チャージ）を持ち，空間 p 次元に広がる物体を Dp ブレイン，また，Dp ブレインを総称して **D ブレイン** (D-brane) という．この D ブレインについても簡単に思い出しておこう．

弦には開いた弦と閉じた弦があるが，開弦の端点の満たす境界条件には，Neumann（自由端）境界条件，Dirichlet（固定端）境界条件の 2 種類が可能である*3)．例えば，X^1 に Dirichlet 条件を課すと，開弦の端点は $X^1 = (\text{定数})$ となる超曲面上を運動することになる．残りの $X^\mu (\mu \neq 1)$ の端点に Neumann 条件を課したとすると，D 次元時空中の弦理論では，この超曲面は，空間 $(D-2)$ 次元に広がり，時間方向と合わせて時空中の $(D-1)$ 次元超曲面となる．同様に，X^m $(m = 1, ..., D-1-p)$ に Dirichlet 条件を課すと，開弦の端点は空間部分 p 次元の $(p+1)$ 次元超曲面上を動く．Dp ブレインはこのような開弦の端点が動ける超曲面として与えられる．“D ブレイン” は Dirichlet の “D” と membrane（膜）の “brane” を合わせた言葉である．p ブレインは “pea-brain” をもじったジョークでもある．タイプ IIA 超弦理論では p が偶数，また，タイプ IIB 超弦理論では p が奇数であれば，Dp ブレインは時空の超対称性を半分保ち安定となる．この時，ブレインの R-R 電荷/チャージと質量の大きさは同じとなる．R-R 場のないボソン的弦理論においても，開弦の境界条件により D ブレインを同様に定義できる．

開弦の境界条件として導入された D ブレインは物理的な自由度を持つ動力学的な物体となる．例えば，X^1 方向に Dirichlet 条件を課すと，開弦のこの方向の無質量モードが (D) ブレインの振動モードとなる．これは，境界条件によって破れた X^1 方向の並進不変性に対する南部-Goldstone モードでもある．Neumann 条件を課した他の方向に対応する開弦の無質量モードは，ブレイン上のゲージ場を与える．同じ場所にブレインが N 枚重なっている場合，開弦の端点がどのブレイン上にあるのかという自由度が生ずる．この自由度を合わせると，ブレイン上には U(N) ゲージ理論が実現される．

次に，超弦理論を低エネルギーで考えると弦の無質量モードのみを取り入れればよく，閉弦の有効理論として超対称性を持つ重力理論（**超重力理論**）を得る．超重力理論の運動方程式（一般化された Einstein 方程式）は，

*3) 筆者が弦理論を学び始めた頃，弦の作用の変分から運動方程式を導く際の表面項を消すために Neumann 条件をおく，と文献には書かれていた．しかし，なぜ Dirichlet 条件ではいけないのか疑問に思った人も多いと思う．（筆者の当時の教科書にも?マークの書き込みが残っている．）このような基本的・素朴な問から D ブレインの発見に至るには，Polchinski をはじめとした弦理論の専門家の知見が必要であったということになる．

$$ds^2 = -f_+(\rho)f_-^{-\frac{1}{2}}(\rho)dt^2 + f_-^{\frac{1}{2}}(\rho)\sum_{i=1}^{p} dx_i dx_i \tag{1.7}$$
$$+ f_+^{-1}(\rho)\big[f_-(\rho)\big]^{-\frac{1}{2}-\frac{5-p}{7-p}}d\rho^2 + r^2\big[f_-(\rho)\big]^{\frac{1}{2}-\frac{5-p}{7-p}}d\Omega_{8-p}^2\,,$$

$f_\pm(\rho) = 1-(r_\pm/\rho)^{7-p}$，で与えられる時空を解に持つ．ここで，$r_\pm$ は定数，$d\Omega_{8-p}^2$ は $(8-p)$ 次元球 S^{8-p} の計量を表す．一般に超重力理論の作用は $\int d^Dx\sqrt{-G}e^{-2\phi}R+\cdots$ のように通常の Einstein-Hilbert 作用とディラトン場 ϕ の因子だけずれるが，計量を $\tilde{G}_{\mu\nu} = e^{-4\phi/(D-2)}G_{\mu\nu}$ とスケール変換することにより，$\int d^Dx\sqrt{-\tilde{G}}\,\tilde{R}+\cdots$ と通常の形にできる．元の $G_{\mu\nu}$ を**弦計量** (string metric)，$\tilde{G}_{\mu\nu}$ を **Einstein 計量**という．(1.7) は弦計量を表し，ディラトン場は，弦の結合定数 g_s を用いて，

$$e^{-2\phi} = g_s^{-2}\big[f_-(\rho)\big]^{-\frac{p-3}{2}}\,,$$

となる．$p=3$ で ϕ は定数となる．

この時空は p 次元方向に並進対称性を持ち残りの方向がブラックホール時空の構造を持つ．$p=0$ の場合はブラックホール時空そのものとなり，事象の地平面を伴う $p=0$ 次元の特異“点”が現れる．一般には，時空は事象の地平面を伴う p 次元の“超曲面”を含み，**ブラック p ブレイン**と呼ばれる．ブレイン（超曲面）部分を見ずにそれ以外の時空に注目するとブラックホール（時空）に見えることになる．具体的に Einstein 計量で見ると，$\rho=r_+$ に事象の地平面 (horizon) があり，$p\leq 6$ では $\rho=r_-$ に曲率が発散する特異点がある．

$r_+=r_-$ の場合，(1.7) は質量と電荷/他の保存量が等しく，超対称性を半分保つ極限 (extremal) ブラック p ブレインとなる．一般に超対称性を持つ理論で，超対称性の一部を保つ状態を **Bogomolnyi-Prasad-Sommerfield (BPS) 状態**といい，状態の質量は電荷/チャージにより決まる．電荷・角運動量が質量と等しくなる極限ブラックホールは超対称性を保つ **BPS ブラックホール**となることが多い．(1.7) において，動径方向と S^{8-p} の新たな座標を，

$$r^{7-p} = \rho^{7-p} - r_+^{7-p}\,,\quad y_a = r\hat{y}_a\quad \Big(a=1,...,9-p\,,\ \sum_a(\hat{y}_a)^2=1\Big)\,,$$

により導入すると，極限ブラック p ブレインの弦計量は，

$$ds^2 = f_p^{-\frac{1}{2}}(r)\Big(-dt^2+\sum_{i=1}^{p}dx_idx_i\Big) + f_p^{\frac{1}{2}}(r)\sum_{a=1}^{9-p}dy_ady_a\,, \tag{1.8}$$

$f_p(r) = 1+(r_+/r)^{7-p}$，ディラトン場は $e^\phi = g_s\big[f_p(r)\big]^{\frac{3-p}{4}}$ で与えられる．

ブラック p ブレインは，Dp ブレインと同じ種類の R-R 電荷持つ．また，Dp ブレインと同様に電荷と質量の大きさが同じとなり時空の超対称性を半分保つ．この意味で，これら 2 つの物体は，開弦の世界面の理論と閉弦の低エネルギー有効理論である超重力理論という異なる見方で見た“同じもの”であると

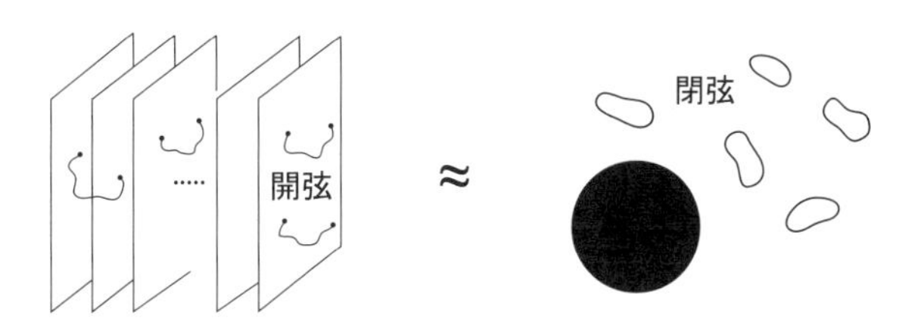

図 1.1　有効結合が小さい時に成り立つ D ブレインの見方（左）と，有効結合が大きい時に成り立つブラック p ブレインの見方（右）.

考えられる．有効結合である (弦の結合定数) × (電荷) が小さく世界面での摂動的な記述がよい場合には，D ブレインとして，有効結合が大きく（時空の曲率が小さく）超重力理論の記述がよい場合には，ブラックブレインとしての見方がよくなる．相互作用が強くなると，周りの時空が曲がりブラックブレインになるという訳である（図 1.1）．超重力側の見方で弦理論のループ補正が抑制されるためには，$g_s \sim e^\phi$ が小さいことも必要である．こうした D ブレインとブラック p ブレインの対応は，以下に述べる弦理論における量子ブラックホールの研究の基本的な考え方となる．

1.3　弦理論とブラックホール

前節で述べた D ブレインとブラック p ブレインの対応は，D ブレインを用いることによりブラックホール/p ブレインの微視的・量子的な記述が可能であることを示唆している．実際，この対応が明らかになって間もなく，D ブレインによる量子ブラックホールの研究が大きく進展した．

1.3.1　ブラックホールのエントロピーと微視的状態

例として，5 次元 Reissner-Nordström ブラックホールを考えよう．計量は，

$$ds^2 = -fdt^2 + f^{-1}dr^2 + r^2 d\Omega_3^2, \quad f = \left(1 - \frac{r_+^2}{r^2}\right)\left(1 - \frac{r_-^2}{r^2}\right), \quad (1.9)$$

で与えられる．$r_\pm$ は地平面を表す定数であり，$d\Omega_3^2$ は 3 次元球 S^3 の計量を表す．事象の地平面の面（体）積は $A = r_+^3 \times (S^3 \text{ の面積}) = 2\pi^2 r_+^3$ となる．

2 つの地平面が一致し $r_+ = r_- = r_e$ となる極限ブラックホール時空は，複素 2 次元の **Calabi-Yau 多様体**と円周の積，$K3 \times S^1$, を内部空間とするタイプ II 超重力理論の解となる．この時，前節のブラック p ブレインの場合と同様に対応する D ブレインを考えることができる．超弦/超重力理論に埋め込んだ場合の極限ブラックホールは，元の理論の 1/4 の時空の超対称性（4 個の超電荷; super charge）を保つ．弦理論の観点では，r_e に相当するブレインの電荷が十分大きい場合に超重力の描像がよく成り立つ．Strominger と Vafa は対応する D ブレイン側の状態を数え上げ，電荷が大きい場合の状態数から求め

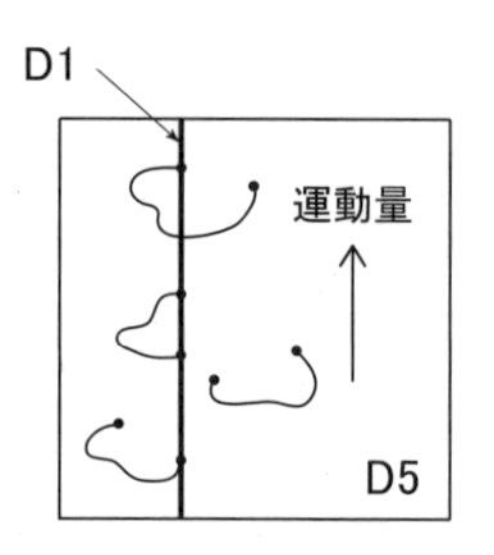

図 1.2　D1 ブレイン，D5 ブレインに端点を持ち，1 つの向きに運動する開弦．

たエントロピーが $S = A/(4G_5)$ と与えられ，ブラックホールのエントロピーに対する **Bekenstein-Hawking 公式**，

$$S_{\rm BH} = \frac{A}{4G_D}, \tag{1.10}$$

を再現することを示した[17]．A は事象の地平面の面積，G_D は D 次元での重力定数である．エントロピーは通常示量性の量であるが，(1.10) はブラックホールのエントロピーがブラックホール（事象の地平面内）の体積ではなく，次元の 1 つ低い境界の面積で与えられるという一見不思議な結果である．このようなエントロピーで特徴付けられるブラックホールの微視的状態が弦理論により与えられたことになる．

D ブレインとブラックホール/p ブレインの対応では，有効結合定数が一方では小さく，もう一方では大きくなっており，強/弱結合の結果を単純に比較してよいかどうかは自明ではない．しかし，今考えている状態は超対称性を保つ BPS 状態であり，超対称性の表現によりその存在が保証される．超対称性により相互作用による補正の問題も回避できるのである．

1.3.2　D1-D5 ブレイン系

(1.9) で $r_\pm = r_e$ とした極限 5 次元ブラックホールは，超弦理論に別の形で埋め込むこともできる．ここでは，Callan と Maldacena に従い[18]，5 次元トーラス T^5 を内部空間とするタイプ IIB 超弦理論を考える．T^5 に巻き付いた Q_5 枚の D5 ブレインと T^5 の中の S^1 に巻き付いた Q_1 枚の D1 ブレインがあり，これらのブレイン上に端点を持つ開弦は D1 ブレインに沿って 1 つの向きに運動しているとしよう（逆向きの運動はなし：図 1.2）．運動量の大きさは S^1 の半径を R として N/R とする．このような配位は，元の超対称性の 1/8 の超対称性，即ち，1.3.1 節の場合と同じ 4 個の超電荷を保つ．

超重力側では，極限ブラック 1 ブレインとブラック 5 ブレインを重ね合わせ，1 ブレインの方向に運動量（保存量）を持つ解，

$$\begin{aligned} ds^2 &= f_1^{-\frac{1}{2}} f_5^{-\frac{1}{2}} \left(-dt^2 + dx_5^2 + K(dt - dx_5)^2\right) \\ &\quad + f_1^{\frac{1}{2}} f_5^{\frac{1}{2}} (dx_1^2 + \cdots + dx_4^2) + f_1^{\frac{1}{2}} f_5^{-\frac{1}{2}} (dx_6^2 + \cdots + dx_9^2), \end{aligned}$$

$$f_1 = 1 + \frac{q_1}{x^2}, \quad f_5 = 1 + \frac{q_5}{x^2}, \quad K = \frac{q_p}{x^2}, \tag{1.11}$$

を考える．T^5 方向の座標を $(x_5, ..., x_9)$, S^1 方向の座標を x_5 とし，$x^2 = x_1^2 + \cdots + x_4^2$ とおいた．q_1, q_5, q_p が大きい時，超重力の描像がよくなる．これらは，D ブレイン側の電荷/チャージとの対応から，Q_1, Q_5, N と $c_1 c_5 c_p = (4G_5/\pi)^2$ を満たす正の定数により，$q_1 = c_1 Q_1$, $q_5 = c_5 Q_5$, $q_p = c_p N$ と表される．ブレインの T^5 方向を次元還元 (dimensional reduction) し，残りの 5 次元部分の Einstein 計量を見ると，

$$ds_{\mathrm{E}}^2 = -\big(f_1 f_5 (1+K)\big)^{-\frac{2}{3}} dt^2 + \big(f_1 f_5 (1+K)\big)^{\frac{1}{3}} (dx_1^2 + \cdots dx_4^2), \tag{1.12}$$

となり，4 個の超電荷を保つ極限ブラックホールを表す．この座標では事象の地平面は $x = 0$ にあり，面積は，

$$A = 8\pi G_5 \sqrt{Q_1 Q_5 N},$$

となる．さらに，$c_1 Q_1 = c_5 Q_5 = c_p N = r_e^2$ とし，$r^2 = x^2 + r_e^2$ とおくと，(1.9) で $r_\pm = r_e$ とした極限 5 次元 Reissner-Nordström ブラックホールになる．この場合ディラトン場は定数となる．

1.3.1 節の場合は，D ブレイン側の状態を数えるために，D ブレインの動力学を表す有効理論の知見も必要となるが，D1-D5 系ではより直接的に D ブレインの励起を表す開弦のモードが数えられる．低エネルギーでは，D1 ブレインと D5 ブレインのそれぞれに端点を持つ (1,5) 弦を考えればよいことがわかる．ブレインがそれぞれ Q_1, Q_5 枚あるので，端点の付き方が $Q_1 Q_5$ 通りあり，基底状態の縮退度も考慮すると，D ブレイン側で取り入れるべきモードは $4Q_1 Q_5$ 個のボソンと，同じ数 $4Q_1 Q_5$ 個のフェルミオンになる．それぞれ $1/R$ の整数倍の x_5 方向の運動量を持つこれらのモードで全運動量 N/R を分割する仕方の数 $d(N)$ が，今考えている D1-D5 系の低エネルギーの状態数となる．N が大きい時，このような数は $(1+1)$ 次元共形場理論に現れる **Cardy 公式**，

$$\log d(N) \sim 2\pi \sqrt{\frac{cN}{6}},$$

で評価できる．ここで，c は Virasoro 代数の中心電荷 (central charge) であり，ボソン 1 つにつき 1，フェルミオン 1 つにつき 1/2 となる．D1-D5 系では $c = 4Q_1 Q_5 (1 + 1/2) = 6 Q_1 Q_5$ とすればよいので，エントロピーは，

$$S = \log d(N) = 2\pi \sqrt{Q_1 Q_5 N} = \frac{1}{4G_5} A, \tag{1.13}$$

となり，再び Bekenstein-Hawking 公式 (1.10) が正確に再現される．

上では $N \gg Q_1 Q_5$ として $d(N)$ を評価したが，一般には R-R 電荷を持たない **基本弦** (fundamental string) との **S 双対性**等の議論から運動量が $1/(RQ_1 Q_5)$ の整数倍となるブレインの低エネルギー励起があると考えられ，

その状態数を数える．R が RQ_1Q_5 に“長く”なったことに対応しており，これらを“長いブレイン”(long brane) の励起と呼ぼう．[19], [20]．励起にはボソンとフェルミオンがそれぞれ 4 つあり中心電荷は $c' = 4(1+1/2)$，全運動量が N/R なので，運動量の分割の仕方は $N' = NQ_1Q_5$ として $d(N')$ となる．上の議論を繰り返すと $cN = c'N'$ となり，同じエントロピー (1.13) を得る．

1.3.3 非極限ブラックホールと Hawking 輻射

1.3.2 節の D1-D5 系では，開弦は x_5 方向の一方の向きにのみ運動量を持っていた．反対の向きの運動量を持つモードを導入すると，保存される超対称性が残らない系となる．超重力側では，(1.11) に逆向きの運動量を加えた，

$$
\begin{aligned}
ds^2 &= f_1^{-\frac{1}{2}} f_5^{-\frac{1}{2}} \left[-dt^2 + dx_5^2 + \frac{q_0}{x^2} (\cosh\sigma dt - \sinh\sigma dx_5)^2 \right] \qquad (1.14) \\
&\quad + f_1^{\frac{1}{2}} f_5^{\frac{1}{2}} \left[\left(1 - \frac{q_0}{x^2}\right)^{-1} dx^2 + x^2 d\Omega_3^2 \right] + f_1^{\frac{1}{2}} f_5^{-\frac{1}{2}} (dx_6^2 + \cdots + dx_9^2),
\end{aligned}
$$

$(q_0 > 0)$ を考える．この解は対応する D ブレイン系と同様に超対称性を保たない．また，$q_0 \to 0$，$q_0 \sinh^2\sigma \to q_p$ とすると超対称/極限解 (1.11) に戻る．

非極限/非 BPS D1-D5 系では，x_5 方向の右向きと左向きの開弦の励起が衝突して閉弦が生成されブレインから離れていく過程が考えられる（図 1.3; 図では左右を上下とした）．超重力側のブラックホールの観点からは，これは量子効果によりブラックホールから放出される熱的な輻射（**Hawking 輻射**）に対応すると思われる．このような，素朴な期待は正しいだろうか?

まず，D ブレイン側から見ていこう．簡単化のため，閉弦が x_5 方向の運動量を持たず，この方向と垂直な方向に放出されるとしよう．この場合，x_5 の左 (L)，右 (R) 向きの運動量 $p_{\rm L} = n/R =: p$, $p_{\rm R} = -p$ を持つ 2 つの無質量モードからエネルギー $\omega = 2p$ を持つ閉弦モードが生成される．D1-D5 系の励起を調べると，D1 ブレインが D5 ブレインの外側に振動するモードは有質量となり，D1, D5 ブレインは束縛状態を成す．よって，低エネルギーでは D1 ブレインは D5 ブレインのある内部空間 T^5 中でのみ振動できるので，放出されるモードは T^5 の外の 5 次元時空の観点からはスカラーモードでとなる．これは，閉弦の表す 10 次元グラビトンの 5 次元時空内の横波成分である．D1, D5 ブレインが束縛している描像は，超重力側の解の形 (1.14) とも整合する．

左右向きの運動モードの寄与により，多数の状態の熱力学的平均として，系の全エネルギー $E = (N_{\rm R} + N_{\rm L})/R$，全運動量 $P = (N_{\rm R} - N_{\rm L})/R$ が実現されているとすると，温度 T と運動量に対する化学ポテンシャル μ がこれらの量で表される．2 次元の無質量モードでは，エネルギーと運動量に $E_{\rm R} = P_{\rm R}$, $E_{\rm L} = -P_{\rm L}$ の関係があるので，左右それぞれの有効温度 $T_{\rm L,R}$ が考えられ[21]，

$$
\frac{1}{T_{\rm L/R}} = \frac{1}{T} \pm \mu = \frac{e^{\pm\sigma}}{2\pi} \sqrt{\frac{q_0}{q_1 q_5}}, \tag{1.15}
$$

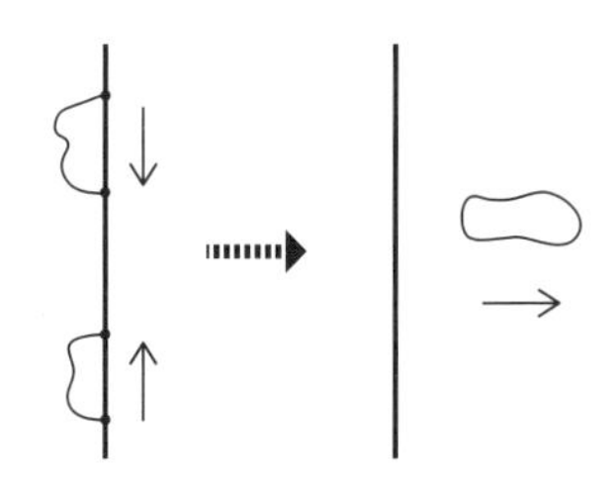

図 1.3　Hawking 輻射に対応する開弦の衝突と閉弦の放出．

となる．ここで，D ブレイン側では σ と q_0 は，

$$E = \frac{\pi}{8G_5} q_0 \cosh 2\sigma \,, \qquad P = \frac{\pi}{8G_5} q_0 \sinh 2\sigma \,,$$

により定められる．さらに，$q_n := q_0 \sinh^2 \sigma$ として，以下，

$$q_0, q_n \ll q_1, q_5 \,,$$

となる場合を考えよう．これは，ブレイン上の励起振動の振幅が波長より十分小さいという条件である[22]．つまり，励起モードがブレイン上の“スカスカ”のガスのように考えられることに対応しており，この条件を用いた近似は**希薄ガス近似** (dilute gas approximation) と呼ばれる．q_0 が小さいため極限ブラックホールに近い (near-extremal) パラメータ領域でもある．

図 1.3 のような散乱による閉弦モードの放出率を求めるには，まず，1.3.2 節の終わりに述べた，“長い (D1) ブレイン” の描像をとり，ブレイン上の励起を表す有効作用（**Dirac-Born-Infeld (DBI) 作用**）からブレインと 10 次元グラビトンの相互作用項を読み取る．その結果から放出率は，

$$\Gamma_{\rm D} = \pi^3 q_1 q_5 \omega \cdot \rho\left(\frac{\omega}{2T_{\rm L}}\right)\rho\left(\frac{\omega}{2T_{\rm R}}\right)\frac{d^4k}{(2\pi)^4} \,,$$

と求められる．$\rho(p/T_{\rm L,R}) = 1/(e^{p/T_{\rm L,R}} - 1)$ は温度 (1.15) での左右の無質量モードの分布関数，$\vec{k}$ は $(x_1, ..., x_4)$ 方向の運動量である．

次に，超重力側の Hawking 輻射を考えよう．一般に，ボソン的粒子に対する，D 次元時空中のブラックホールからの Hawking 輻射の輻射率は，エネルギー・運動量 $(\omega, \vec{k})$ を用いて，以下の形で与えられる：

$$\Gamma_{\rm H}(\omega) = \frac{\sigma_{\rm abs}}{e^{\omega/T_{\rm H}} - 1}\frac{d^{D-1}k}{(2\pi)^{D-1}} \,. \tag{1.16}$$

ここで，$T_{\rm H}$ は Hawking 温度であり，例えば，時間を $t \to \tau = it$ と Euclid 化した時空が，事象の地平面に相当する動径座標点で円錐的特異点を持たないという条件から簡便に読み取れる．ブラックホールの熱力学の第 1 法則には，温度は $dE = TdS + \cdots$ の形でエントロピー S と組で現れ，T, S にそれぞれ定数 α, α^{-1} を掛ける不定性が残るが，Hawking 輻射により温度が決まり，エントロピー S の規格化因子も定まる．(1.10) における $S_{\rm BH}$ 中の A の係数はこの

ように定まったものである．$\sigma_{\rm abs}$ は放射されるモードの吸収断面積である．

(1.14) の与える 5 次元 D1-D5 ブラックホールの場合，Hawking 温度は，

$$\frac{1}{T_{\rm H}} = \frac{1}{2}\left(\frac{1}{T_{\rm R}} + \frac{1}{T_{\rm L}}\right),$$

となる．吸収断面積は，今考えているスカラー場 φ の Klein-Gordon 方程式を解き，場の理論の手続きに従って求められる．s 波に注目し，$\varphi = \varphi_r(r)e^{-i\omega t}$ と変数分離すると，動径方向の方程式は，

$$\left[\frac{h}{r^3}\frac{d}{dr}hr^3\frac{d}{dr} + \omega^2 f\right]\varphi_r = 0,$$
$$f = \left(1+\frac{q_n}{r^2}\right)\left(1+\frac{q_1}{r^2}\right)\left(1+\frac{q_5}{r^2}\right), \quad h = 1-\frac{q_0}{r^2},$$

となる．この方程式を厳密に解くことはできないが，ω が十分小さく $\omega\sqrt{q_5} \ll 1$ として，r が大きい領域と小さい領域の解をつなぐことで，近似的な解を求めることができる．エネルギー ω に依存したポテンシャル項 $\omega^2 f$ により，吸収断面積は ω に依存した結果となり，

$$\sigma_{\rm abs}(\omega) = \pi^3 q_1 q_5 \omega \cdot \left(e^{\omega/T_{\rm H}} - 1\right) \cdot \rho\left(\frac{\omega}{2T_{\rm L}}\right)\rho\left(\frac{\omega}{2T_{\rm R}}\right),$$

を得る．これを，(1.16) に代入すると，

$$\Gamma_{\rm H} = \Gamma_{\rm D},$$

となり，Hawking 輻射の輻射率 $\Gamma_{\rm H}$ と D ブレインからのスカラーモードの放出率が正確に一致する[21],[22]．極限ブラックホールの場合と同様に，非極限ブラックホールのエントロピーも D ブレイン側から再現できる[23]．

一般に，(1.16) 中の吸収断面積 $\sigma_{\rm abs}$ は，上の場合と同様にポテンシャル項の影響で ω に依存する．そのため，Hawking 輻射は完全な黒体輻射から少しずれ，そのずれを表す $\sigma_{\rm abs}(\omega)$ は**準黒体（灰色体）因子** (greybody factor) と呼ばれる．D1-D5 ブラックホールの場合，この因子は，左右の因子 $\rho(\omega/2T_{\rm R,L})$ を持ち，左右向きのモードが分離する 2 次元共形場理論との関わりを示唆する．こうしたブラックホールにおける共形場理論的な因子構造はブラックホールの地平面近傍の時空と関係した一般的なものである[24],[25]．

非極限ブラックホールの場合超対称性は破れているため，超対称性により量子補正が抑制されている極限ブラックホールの場合のように，有効結合定数の異なる D ブレイン側との比較が妥当かどうかは自明ではない．議論の過程で用いた希薄ガス近似は直感的には相互作用が強くないことを表すが，補正が抑制されていることを定量的に示すことは難しい．議論の過程では有効的な“長いブレイン”の描像も用いた．このように，非極限 D1-D5 系は非常に興味深い結果を与えるが，その正当性についてはさらに議論が必要である[26]．

1.4 D3 ブレイン系

D ブレインに基づく量子ブラックホールの議論が始まって間もなく，Klebanov と共同研究者たちは，N 枚の D3 ブレインから成るより簡明な D ブレイン系により D ブレインと（超）重力との対応を調べ始めた．

タイプ IIB 超弦理論における D3 ブレインが N 枚重なった系は時空の超対称性を半分保ち，ブレインの世界体積 (world-volume) 上では，ゲージ群を U(N) とする (1+3) 次元の超対称ゲージ (Yang-Mills) 理論が実現される．整合する理論として可能な最大数である 16 個の超電荷を持つこのゲージ理論は，**極大超対称ゲージ理論**と呼ばれる．超対称 Yang-Mills (supersymmetric Yang-Mills) 理論を略して **SYM 理論**と書くことにしよう．

対応する超重力側の時空は，(1.8) で $p=3$ とした極限ブラック 3 ブレイン

$$ds^2 = f_3^{-\frac{1}{2}}(r)(-dt^2+dx_1^2+dx_2^2+dx_3^2) + f_3^{\frac{1}{2}}(r)\big(dr^2+r^2d\Omega_5^2\big)\,,$$
$$f_3 = 1+\left(\frac{r_+}{r}\right)^4\,,\quad r_+^4 = 4\pi g_s N\alpha'^2\,, \tag{1.17}$$

となる．極限ブラック p ブレインは一般の p では $r=0$ で特異であるが，$p=3$ の場合には特異性はなくこの点を超えて時空を延伸できる．$0<r\lesssim r_+$ の領域は，S^5 部分の半径が定数 r_+^2 に近づくため漏斗状の形になる（図 1.4）．この領域を**漏斗状領域** (throat region) と呼ぶことにする．また，$r_+^4\propto g_sN$ は D3 ブレインの電荷との対応から得られる重要な関係である．時空の曲率は r_+^{-2} で抑えられるので，ブレインの数・R-R 電荷が大きいと時空の曲率は小さく平坦に近づく．一般に，弦理論の量子補正には，(1.3) のような作用を持つ世界面のシグマ模型の補正（**α' 補正**）と弦のループ補正があり，その大きさは，それぞれ $\alpha'\times$(時空の曲率) と弦結合定数 $g_s\sim e^{\phi}$ で見積もられる．従って，

$$1\ll g_sN\ll N\,, \tag{1.18}$$

の時，極限ブラック 3 ブレインによる記述は信頼できる．

D1-D5 ブレイン系でのブラックホールの議論は，物理的に明快な描像を持っていたが，D ブレインの束縛状態でもあり，その動力学の詳細については十分

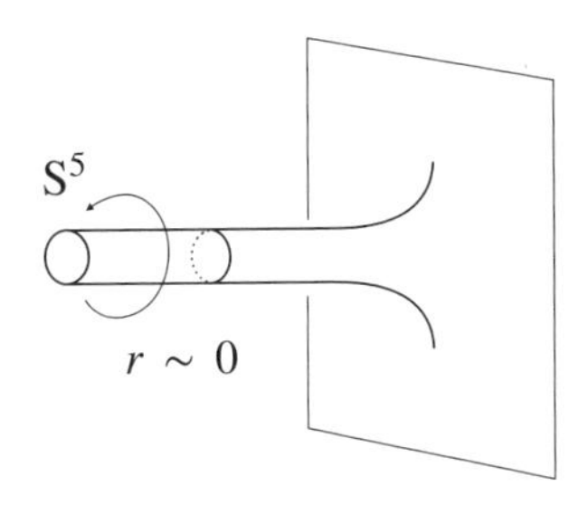

図 1.4　極限ブラック 3 ブレイン時空の漏斗状領域 ($r\sim0$).

解き切れない部分もあった．一方，D3/ブラック 3 ブレイン系は，世界体積上の理論，超重力側の有効理論が共によく理解されており，より正確に D ブレインとブラック p ブレインの対応を調べることができる．

D1-D5 系では，超対称性を保つ BPS ブラックホールの場合も事象の地平面の面積はゼロとならずエントロピー (1.10) が議論できた．Hawking 輻射については，超対称性を破る非 BPS ブラックホールを考え，ブレイン上の反対向きのモードの衝突により生ずるスカラーモードの輻射を見た．D3 系では，超重力側の極限/BPS ブラックブレインの地平面の面積，Hawking 温度は共にゼロとなる．しかし，非 BPS D1-D5 系の場合と同様に，D3 ブレイン上と外部（バルク）のモードとの相互作用を通して，ブレイン上のモードの衝突によりバルクのモードが生成される過程が考えられる．対応する超重力側の（逆）過程としては，バルクのモードのブレインへの吸収を見ればよいはずである[27]．

まず，超重力側から見ていこう．D1-D5 系の場合と同様に (1.17) 中のスカラー場の Klein-Gordon 方程式を解く．s 波を考え $\varphi = \varphi_r(\rho)e^{-i\omega t}$ と変数分離すると，動径方向の方程式は，

$$\left[\rho^{-5}\frac{d}{d\rho}\rho^5\frac{d}{d\rho} + 1 + \frac{(\omega r_+)^4}{\rho^4}\right]\varphi_r(\rho) = 0\,, \quad \rho := \omega r\,,$$

となる．この方程式は $\rho \ll 1$ と $\rho \gg (\omega r_+)^2$ でそれぞれ近似的に解け，$(\omega r_+) \ll 1$ となる低エネルギーモードについては，2 つの領域が重なる領域でこれらの近似解を接続できる．元の座標の $r = r_+$ はこの接続領域にあるので，$r \sim r_+$ で接続していると考えてよい．得られた全領域での近似解から，$r \gg 1$ と地平面のある $r = 0$ でのスカラー場の流束の比，吸収確率を求め，吸収断面積として表すと次式を得る：

$$\sigma_{\text{abs}} = \frac{\pi^4}{8}\omega^3 r_+^8\,.$$

D ブレイン側での解析を進めるには，ブレイン上の開弦によるモードと，ブレイン外部のバルク時空中の閉弦によるモードの低エネルギー有効作用が，

$$S = S_{\text{bulk}} + S_{\text{brane}} + S_{\text{int}}\,, \tag{1.19}$$

の形をとることを思い出す．ここで，$S_{\text{bulk}}, S_{\text{brane}}$ は，それぞれ，バルクの 10 次元超重力理論の作用，ブレイン上の 4 次元 SYM 理論の作用に有質量場を積分した効果である高階微分項が加わったものである．S_{int} はそれぞれのモード間の相互作用項である．例えば，バルクのディラトン場は SYM 理論の場の強さ $F_{\alpha\beta}$ に，バルクのグラビトンのブレイン方向の成分 $h_{\alpha\beta}$ は SYM 理論のエネルギー・運動量テンソル $T_{\alpha\beta}$ にそれぞれ結合するので，S_{int} は，

$$e^{-\phi}\,\mathrm{tr}\,F_{\alpha\beta}^2\,, \qquad h^{\alpha\beta}T_{\alpha\beta}\,, \tag{1.20}$$

の形の項を含む．(1.19) の作用を用いて，ブレインに入射したバルクのスカ

ラーモード（ϕ または $h_{\alpha\beta}$）がブレイン上のモードに変換・吸収される吸収断面積 $\sigma_{\rm D3}$ を求めると正確に $\sigma_{\rm abs}$ に一致することがわかる：

$$\sigma_{\rm D3} = \sigma_{\rm abs} \,. \tag{1.21}$$

この結果の意味をもう少し考えよう．超重力側では，$r \gg 1$ の漸近平坦な領域からやってきた波が漏斗状領域の端 $(r \sim r_+)$ で漏斗状領域内部 $r \lesssim r_+$ の波と接続され，それが地平面近傍 $r \sim 0$ の状態を励起し吸収されていると見なせる．$r \gg r_+$ の情報は $r \sim r_+$ での境界条件に置き換えられていると考えてもよく，漏斗状領域の境界の情報が内部の励起を決めている．D ブレイン側では，無限遠から打ち込まれた粒子がブレイン上のモードを励起し吸収される．その吸収断面積は正確に (1.21) を満たすため，D3 ブレイン上の SYM 理論とブラック 3 ブレインの地平面近傍の動力学が同じであると期待される．こうして D3 系の解析から，ブラック 3 ブレインの漏斗状領域の境界，地平面近傍と D3 ブレイン上の SYM 理論の密接な関係が示唆される．

D1-D5 系の場合は，有効結合定数の異なる領域で求めた散乱断面積を比較するため注意が必要であった．D3 系の場合はどうであろうか? まず，超重力側でブラック 3 ブレインの記述がよい条件は (1.18) であったが，10 次元の重力定数 $\kappa_{10} \sim g_s\alpha'^2$ は次元を持つ量なので，散乱断面積 $\sigma_{\rm abs}$ には $\kappa_{10}\omega^4$ の冪の補正があり得る．これは，ω が小さい低エネルギー領域では高次の補正となり無視できる．一方 D3 ブレイン側では，開弦の有効結合定数 g_sN により，ω の主要項にも補正があり得る：

$$\sigma_{\rm D3} \to \sigma_{\rm D3} \times \left(1 + b_1 g_s N + b_2 (g_s N)^2 + \cdots\right).$$

しかし，このような補正が実際にはないことが次のようにしてわかる．D3 ブレイン側では，バルクモードを吸収して励起されたモードはどのようなものでもよく，$\sigma_{\rm D3}$ ではそのような寄与を全て足し上げていた．Callan はバルクモード $\varphi(x,0)$ と D3 ブレインとの結合を $S_{\rm int} = -\int d^4x\, \varphi(x,0)\mathcal{O}(x)$ とすると，場の理論の散乱振幅についての光学定理より，

$$\sigma_{\rm D3} = \frac{1}{2i\omega} {\rm Disc}\, \Pi(p)\Big|_{p=(\omega,\vec{0})}, \quad \Pi(p) = \int d^4x\, e^{ipx} \langle \mathcal{O}(x)\mathcal{O}(0)\rangle,$$

つまり，散乱断面積を求めるには $\mathcal{O}(x)$ の 2 点関数の不連続性 ("Disc") を評価すればよいことに気が付いた．散乱断面積のこの表式と超対称性に基づく極大超対称ゲージ理論の相関関数の非繰り込み定理により，$\sigma_{\rm 3D}$ は g_sN の冪による補正を受けないことがわかる．従って，$g_sN \gg 1$ で成り立つ $\sigma_{\rm abs}$ との比較が確かに可能となる[28]．D3 系の場合，超対称性とブレイン上の SYM 理論の解析を通して，有効結合定数の異なる D3 ブレインとブラック 3 ブレインの結果が精密に比較できるのである．

1.5 反 de Sitter 時空とその中の弦理論

前節の D3 ブレイン系の解析は，D3 ブレイン上の極大超対称ゲージ理論とブラック 3 ブレインの地平面近傍の動力学の関係を示唆していた．それぞれの理論がどのようなものであるか，もう少し詳しく見てみよう．

1.5.1 反 de Sitter (AdS) 時空

(1.17) にあるブラック 3 ブレイン解の計量は**地平面近傍極限** (near-horizon limit) $r/r_+ \to 0$ で，

$$ds^2 = \frac{r^2}{r_+^2}(-dt^2 + dx_1^2 + dx_2^2 + dx_3^2) + \frac{r_+^2}{r^2}dr^2 + r_+^2 d\Omega_5^2\,, \tag{1.22}$$

となる．(t, x_1, x_2, x_3, r) 部分は，負の定曲率を持ち，宇宙項が負の Einstein 方程式の解である**反 de Sitter (AdS) 時空**を表す．残りの部分は半径 r_+ の 5 次元球 S^5 を表すので，ブラック 3 ブレインの地平面近傍の時空はこれらの直積 $\mathrm{AdS}_5 \times \mathrm{S}^5$ になる．ここで，n 次元の AdS 時空を AdS_n と書いた．地平面近傍のバルクの動力学を表す理論は $\mathrm{AdS}_5 \times \mathrm{S}^5$ 中の超弦理論ということになる．$r \to \infty$ における AdS 時空の無限遠領域を **AdS 時空の境界**ともいう．散乱断面積の計算過程で現れた接続領域 $(r_+\omega)^2/\omega \ll r \ll 1/\omega$ の上界は，$\omega \to 0$ とすると AdS 時空の境界に近づく．(1.22) の括弧内の (t, x_1, x_2, x_3) 部分は 4 次元 Minkowski 時空を表しており，素朴に考えると D3 ブレインの世界体積に相当し，ここに 4 次元 SYM 理論が住んでいると思われる．

AdS_5 は S^5 と同様に極大対称空間であり，最大数 $5(5+1)/2 = 15$ 個の独立な等長変換を持つ．まず，S^5 の場合を見てみよう．半径 a の S^5 を $\mathbb{R}^6$ 中に埋め込まれた超曲面として，

$$\begin{aligned} ds_{\mathrm{S}^5}^2 &= dX_1^2 + dX_2^2 + dX_3^2 + dX_4^2 + dX_5^2 + dX_6^2\,, \\ a^2 &= X_1^2 + X_2^2 + X_3^2 + X_4^2 + X_5^2 + X_6^2\,, \end{aligned} \tag{1.23}$$

と表すと，(X_m, X_n) $(m \neq n)$ 平面内の回転は確かに ${}_6C_2 = 15$ 個の対称性になり，等長変換群 SO(6) を成す．変換の生成子 $J_{mn} = X_m\partial_n - X_n\partial_m$ $(m, n = 1, 2, ..., 6)$ は，so(6) 代数，

$$[J_{mn}, J_{pq}] = -\delta_{mp}J_{nq} - \delta_{nq}J_{mp} + \delta_{mq}J_{np} + \delta_{np}J_{mq}\,, \tag{1.24}$$

を満たす．半径 a の S^5 のスカラー曲率は $R = 20/a^2$ となる．

同様に，“半径”a の AdS_5 を $\mathbb{R}^{2,4}$ 中の超曲面として，

$$\begin{aligned} ds_{\mathrm{AdS}_5}^2 &= -dY_{-1}^2 - dY_0^2 + dY_1^2 + dY_2^2 + dY_3^2 + dY_4^2\,, \\ -a^2 &= -Y_{-1}^2 - Y_0^2 + Y_1^2 + Y_2^2 + Y_3^2 + Y_4^2\,, \end{aligned} \tag{1.25}$$

と表すと，(Y_p, Y_q) $(p \neq q)$ 平面内の回転あるいはブーストが 15 個の等長変換となる．これらは，等長変換群 SO(2,4) を成し，変換の生成子 $S_{pq} = Y_p\partial_q - Y_q\partial_p$ $(p, q = -1, 0, ..., 4)$ は，so(2,4) 代数，

$$[S_{mn}, S_{pq}] = -\eta_{mp}S_{nq} - \eta_{nq}S_{mp} + \eta_{mq}S_{np} + \eta_{np}S_{mq} \,, \tag{1.26}$$

を満たす．ここで，$\eta_{pq} = \mathrm{diag}(-1, -1, 1, 1, 1, 1)$ とした．AdS_5 の曲率は $ds^2_{\mathrm{AdS}_5} = g_{\alpha\beta}dx^\alpha dx^\beta$ とおいた計量 $g_{\alpha\beta}$ を用いて，

$$R_{\alpha\beta\gamma\delta} = -\frac{1}{a^2}(g_{\alpha\gamma}g_{\beta\delta} - g_{\alpha\delta}g_{\beta\gamma}) \,,\; R_{\alpha\beta} = -\frac{4}{a^2}g_{\alpha\beta} \,,\; R = -\frac{20}{a^2} \,, \tag{1.27}$$

となり，確かに負の定曲率を持ち，負の宇宙項を持つ Einstein 方程式，

$$R_{\alpha\beta} - \frac{1}{2}Rg_{\alpha\beta} - \frac{6}{a^2}g_{\alpha\beta} = 0 \,, \tag{1.28}$$

を満たす．(1.22) 中の $\mathrm{AdS}_5 \times \mathrm{S}^5$ では，AdS_5 と S^5 の半径は等しく共に r_+ である．X_m, Y_p のような座標を**埋め込み座標**と呼ぶことにしよう．

(1.22) 中の AdS_5 部分は $r_{\mathrm{AdS}} := r_+$, $u := r/r^2_{\mathrm{AdS}}$, $z := 1/u$ とすると，

$$ds^2_{\mathrm{AdS}_5} = r^2_{\mathrm{AdS}}\left[u^2 x_\mu x_\nu \eta^{\mu\nu} + \frac{du^2}{u^2}\right] = \frac{r^2_{\mathrm{AdS}}}{z^2}\left(x_\mu x_\nu \eta^{\mu\nu} + dz^2\right) \,, \tag{1.29}$$

$x_\mu = (t, x_1, x_2, x_3)$, $\eta^{\mu\nu} = \mathrm{diag}(-1, +1, +1, +1)$ $(\mu, \nu = 0, 1, 2, 3)$ となる．これらの座標は **Poincaré 座標**と呼ばれ，埋め込み座標 Y_p からは，

$$Y_{-1} - Y_4 = \frac{1}{u} + ux_\mu x_\nu \eta^{\mu\nu} \,, \quad Y_{-1} + Y_4 = a^2 u \,, \quad Y_\mu = aux_\mu \,, \tag{1.30}$$

$a = r_{\mathrm{AdS}}$ により得られる．(1.17) より $r_+^4 \propto N$（ブレインの電荷・枚数）だったので，電荷が大きいと曲率は小さくなる．Poincaré 座標は，r, u, z を正とすると AdS_5 の一部のみを覆う座標であるが，D3 ブレインの世界体積に相当する 4 次元座標 x_μ が顕わであり，ゲージ-重力対応の議論に有用である．AdS_5 の大局的な解析には適宜他の座標も用いる．

1.5.2 AdS$_5$ 中の超弦理論

N 枚の D3 ブレインのあるタイプ IIB 超弦理論は元々の半分（16 個）の超電荷を保つが，地平面近傍を取り出した $\mathrm{AdS}_5 \times \mathrm{S}^5$ 中の理論では，超対称性は拡大し，平坦な時空の場合と同じ数の 32 個の超電荷が保存される．$\mathrm{AdS}_5, \mathrm{S}^5$ の等長変換の代数 so(2,4)，so(6) と組み合わせると，これらは超 Lie 代数 $\mathrm{psu}(2, 2|4)$ を成す．このボソン的部分代数 su(2,2) $\simeq$ so(2,4), su(4) $\simeq$ so(6) が等長変換に，フェルミオン的部分が超対称変換に対応する．この代数は，8×8 行列で表示できる．psu の "s(pecial)" と "p(rojected)" は，$\mathrm{u}(2, 2|4)$ から超トレース (Str) と恒等行列部分を取り除くという条件を課し，2 つの u(1) 部分代数を差し引いたことを意味する．そのため，ボソン的生成子の数は $32 - 2 = 30$，フェルミオン的生成子の数は 32 で正しい自由度となっている．

タイプ IIB 超弦理論の低エネルギー有効理論であるタイプ IIB 超重力理論は，計量 G_{MN}，ディラトン場 ϕ，NS-NS 2 形式場 B_2 とその場の強さ H_3 の他に R-R 0, 2, 4 形式ポテンシャル C_0, C_2, C_4 と対応する場の強さ F_1, F_3, F_5 から成る．F_5 は自己双対条件 $F_5 = *F_5$ を満たす．ここで，$*$ は Hodge 作用素である．ブラック D3 ブレイン背景は，(1.17) の計量の他，

$$e^{\phi} = (\text{定数}), \qquad e^{\phi} F_5 = (1+*)\epsilon_{\mathbb{R}^{1,3}} \wedge df_3^{-1}, \tag{1.31}$$

$C_0 = C_2 = 0$ により与えられる．さらに，$f_3 \to (r_+/r)^4$ としたものが，地平面近傍に相当し (1.22) の計量を持つ $\mathrm{AdS}_5 \times \mathrm{S}^5$ 背景となる．$\epsilon_{\mathbb{R}^{1,3}}$ は，ブレインの世界体積 (t, x_1, x_2, x_3) 部分の体積形式である．

世界面の理論の作用は，(1.3) に (1.22), (1.29) から読み取れる $\mathrm{AdS}_5 \times \mathrm{S}^5$ の計量 G_{MN} を代入したボソン部分とフェルミオン部分から成る[29]．計量中の因子 r_+^2 を括り出して $G_{MN} = r_+^2 \hat{G}_{MN}$ とすると，弦のシグマ模型の作用のボソン部分 (1.3) は，

$$S = -\frac{r_+^2}{4\pi\alpha'} \int d^2\sigma\, \hat{G}_{MN}(X) \partial_a X^M \partial^a X^N, \tag{1.32}$$

の形をとり，α'/r_+^2 が結合定数となる．

1.6 極大超対称ゲージ理論

1.4 節では，N 枚の重なった D3 ブレイン上には，16 個の超電荷を保つ 4 次元極大超対称 U(N) ゲージ理論が実現されることを述べた．4 次元のスピノルは 4 成分あるが，そのような超電荷が 4 組あるということで，4 次元極大超対称ゲージ理論を **4 次元 $\mathcal{N} = 4$ 超対称 Yang-Mills 理論**ともいう．このゲージ理論は，16 成分の 10 次元 (Majorana-Weyl) スピノル 1 組分の超電荷を持つ 10 次元 $\mathcal{N} = 1$ SYM 理論を 4 次元に次元還元したものと見なせる．10 次元 $\mathcal{N} = 1$ SYM 理論は，ゲージ群の随伴表現に属するゲージ場 A_μ とその超対称パートナー (gaugino) ψ からなり，

$$S \sim \int d^{10}x\, \mathrm{tr}\left(F_{MN}F^{MN} + 2i\bar{\psi}\Gamma^M D_M \psi\right), \tag{1.33}$$

を作用とする．ここで，Γ_M は 10 次元の Dirac 行列，$F_{MN} = \partial_M A_N - \partial_N A_M + i[A_M, A_N]$ は場の強さ，$D_M\psi = \partial_M \psi + i[A_M, \psi]$ は随伴表現の共変微分である．この作用は，超対称変換，

$$\delta A_M = -i\bar{\zeta}\Gamma_M \psi, \qquad \delta\psi = \frac{1}{4} F_{MN}[\Gamma^M, \Gamma^N]\zeta, \tag{1.34}$$

の下で不変である．10 次元スピノル ψ, Dirac 行列 Γ^M を 4 次元の記法で分解し，ゲージ場も $A_M = (A_\mu, \Phi_j)$ $(\mu = 0, ..., 3; j = 4, ..., 9)$ と 4 次元の立場でゲージ場 A_μ とスカラー場 Φ_j に分け，x^j 依存性を落として次元還元をする

と，4 次元 $\mathcal{N}=4$ SYM 理論の作用，

$$S_{\mathrm{SYM}}=\frac{-1}{2g_{\mathrm{YM}}^2}\int d^4x\,\mathrm{tr}\Big(F_{\mu\nu}F^{\mu\nu}+2D_\mu\Phi^j D^\mu\Phi^j-[\Phi_j,\Phi_k][\Phi^j,\Phi^k] \\ +[\text{フェルミオン項}]\Big), \tag{1.35}$$

を得る．g_{YM} は SYM 理論の結合定数である．10 次元の超対称変換 (1.34) を 4 次元の記法で分解すると 4 次元 $\mathcal{N}=4$ 超対称変換となり，その下で作用 (1.35) は不変となる[7], [30]．

1.6.1 共形不変性

4 次元 $\mathcal{N}=4$ SYM 理論は，紫外有限な理論と考えられている．繰り込み群のベータ関数は消え，結合定数 g_{YM} はエネルギースケールに依らない理論のパラメータとなる．一方，波動関数の繰り込みは必要で，演算子には量子効果による**量子異常次元** (anomalous dimension) が現れる．量子異常次元については後の 7 章で詳しく議論する．

この理論は極大超対称性と共に，スケール不変性とそれを拡張した**共形対称性** (conformal symmetry) を持つ．対称性の生成子は，

$$P_\mu=\partial_\mu\,,\qquad M_{\mu\nu}=x_\mu\partial_\nu-x_\nu\partial_\mu\,,$$
$$D=x\cdot\partial\,,\qquad K_\mu=-2x_\mu x\cdot\partial+x^2\partial_\mu\,, \tag{1.36}$$

と表せる．添字の縮約を $x\cdot x=x^2$ などと表した．P_μ は並進，$M_{\mu\nu}$ は Lorentz 変換を生成する．D,K_μ はそれぞれ，スケール変換 (dilatation)，特殊共形変換 (special conformal transformation)，

$$x^\mu\to e^a x^\mu\,,\qquad x^\mu\to\frac{x^\mu+x^2b^\mu}{1+2b\cdot x+b^2x^2}\,,$$

を生成する．これらは共形代数，

$$[D,P_\mu]=-P_\mu\,,\quad [D,K_\mu]=K_\mu\,,\quad [P_\mu,K_\nu]=-2\eta_{\mu\nu}D+2M_{\mu\nu}\,,$$
$$[M_{\mu\nu},P_\rho]=-\eta_{\mu\rho}P_\nu+\eta_{\nu\rho}P_\mu\,,\quad [M_{\mu\nu},K_\rho]=-\eta_{\mu\rho}K_\nu+\eta_{\nu\rho}K_\mu\,,$$
$$[M_{\mu\nu},M_{\rho\sigma}]=-\eta_{\mu\rho}M_{\nu\sigma}-\eta_{\nu\sigma}M_{\mu\rho}+\eta_{\mu\sigma}M_{\nu\rho}+\eta_{\nu\rho}M_{\mu\sigma}\,, \tag{1.37}$$

を成す．他の交換子はゼロであり，$\mathbb{R}^{1,3}$ の計量を $\eta_{\mu\nu}=\mathrm{diag}(-1,1,1,1)$ $(\mu,\nu=0,...,3)$ とおいた．この 4 次元の共形代数は $(2+4)$ 次元の Lorentz 代数と同型である．実際，(1.26) の so(2,4) の生成子 S_{pq} $(p,q=-1,0,...,4)$ で，

$$S_{\mu\nu}=M_{\mu\nu}\,,\qquad S_{-14}=D\,,$$
$$S_{\mu4}=\frac{1}{2}(P_\mu-K_\mu)\,,\qquad S_{-1\mu}=\frac{1}{2}(P_\mu+K_\mu)\,, \tag{1.38}$$

とすると，(1.37) と (1.26) が同じであることがわかる．同様に 4 次元の Euclid

空間 $\mathbb{R}^4$ 中の共形対称性は (1.37) で $\eta_{\mu\nu} \to \delta_{rs}$ とした so(1,5) 代数を成す．

このように，$\mathcal{N}=4$ SYM 理論は共形対称性 so(2,4) を持つ**共形場理論** (conformal field theory; CFT) となる．共形対称性 so(2,4) と $\mathcal{N}=4$ 超対称性を組み合わせると，特殊共形変換の生成子 K_μ と超電荷 Q^a_α の交換関係から新たな超電荷 $S_{\alpha a}$ が生ずる．$\alpha=1,2$ はスピノルの添字であり，$a=1,...,4$ はそれぞれ 4 つの Q,S のラベルである．a あるいは Φ^j の $j(=1,...,6)$ は，su(4) $\simeq$ so(6) の添え字であり，超電荷・スカラー場はこの対称性に従い変換される．このような内部対称性を **R 対称性**という．(1.35) で省略したフェルミオン $\psi_{\alpha a}$ も添字 a に従って su(4) で変換される．これらの対称性を全て合わせると psu(2,2|4) **超共形代数**を成す．これは，前節で述べた $\mathrm{AdS}_5 \times \mathrm{S}^5$ 中のタイプ IIB 超弦理論の対称性と同じである．共形対称性，R 対称性がそれぞれ $\mathrm{AdS}_5, \mathrm{S}^5$ の等長変換に対応している．

1.6.2　ラージ N ゲージ理論

D3 ブレインと超重力/超弦理論側との対応は (1.18) のように $N \gg 1$ で成り立っていた．この条件は，ゲージ理論側ではゲージ群の階数 N（カラー数）が大きい**ラージ N ゲージ理論**を考えることに相当する．

今，結合定数と N の積を，

$$\lambda := g^2_{\mathrm{YM}} N\,, \tag{1.39}$$

とおいて，作用 (1.35) による摂動論を考えよう[31]．この λ を **'t Hooft 結合（定数）**という．$1/g^2_{\mathrm{YM}} = N/\lambda$ なので，Feynman 図（グラフ）中の相互作用項は N/λ，伝播関数は λ/N の因子を持つ．この理論に現れる場はゲージ群 $\mathrm{U}(N)$ の随伴表現に属しているので，表現（カラー）の添字を顕わに書くと場には ϕ^i_j のように基本表現と反基本表現の添字が付き，各ループからはこのカラーのトレースによる因子 N が出る．従って，相互作用項 V，伝播関数 E，ループ F を持つグラフの N 依存性は N^{V-E+F} となる．さらに，2 つのカラーの添字の繋がりを顕わに書くと，Feynman 図は図 1.5 のような 2 重線を用いて表される．この 2 重線記法でのグラフの頂点 (•) が摂動論の相互作用項，辺が伝播関数，面がループに対応する．このように見ると，N 依存性に現れる $V-E+F$ は 2 重線記法の Feynman 図の Euler 数 χ となる．例えば，図 1.5 (a) では，外側のループも面をつくると考え球面と同じ Euler 数 $\chi=2$，図 1.5 (b) では，それにハンドルが 1 つ付き Euler 数が 2 つ減って $\chi=0$ となる．

以上より，各 Feynman 図は，$N^{V-E+F}\lambda^{E-V} = N^\chi \lambda^{E-V}$ の因子を持ち，物理量が摂動的に，

$$\sum_\chi N^\chi \sum_{j=0}^{\infty} c_{\chi,j} \lambda^j\,,$$

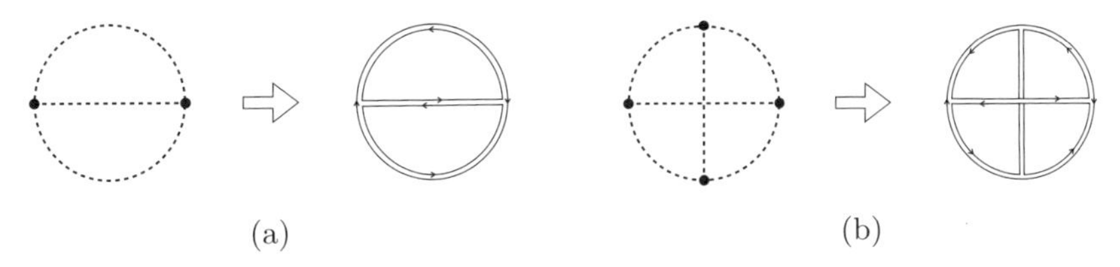

図 1.5　Feynman 図の 2 重線記法．(a) は N^2，(b) は N^0 の寄与となる．

の形で表されることがわかる．ここで，

$$\lambda : 固定, \qquad N \gg 1, \tag{1.40}$$

と N を大きくすると，N の指数である χ の小さいグラフの寄与は $1/N$ の冪で抑制される．この展開を**ラージ N 展開**，(1.40) の極限を **'t Hooft 極限**という．例えば，Feynman 図が向き付け可能な閉じた面とすると $\chi = 2 - 2g$（g : ハンドルの数）となるので，主要な寄与は $g = 0$ のトポロジーを持つグラフにより与えられ，他のグラフの寄与は $1/N^2$ で抑制される．$g = 0$ のグラフの場合のように，平面内に交差しない線で描ける 2 重線記法の Feynman 図を**平面 (planar) 図** (planar diagram) という．一般に (1.40) の極限では，平面図が摂動展開の主要項を与えるので，この極限を**平面 (planar) 極限**とも呼ぶ．'t Hoot/平面極限での残りの λ についての展開はよい収束性を持つ[32]．

ラージ N 展開は Feynman 図のトポロジーによる展開となり，$1/N$ を（開弦の）結合定数とした場合の弦理論の摂動展開と同様である．こうした展開により示唆されるラージ N ゲージ理論と弦理論の等価性等価性は，長い間興味深い問題となっていた[31]．

1.7　ゲージ-重力対応

1.4 節では吸収断面積の一致 (1.21) の議論から，超重力側での漏斗状領域内部の励起はその境界の情報で決まり，領域内部の動力学が D3 ブレイン上のゲージ理論の動力学と同じだと期待されることを述べた．1.5 節，1.6 節を踏まえてこれを言い換えると，「超重力側の $\mathrm{AdS}_5 \times \mathrm{S}^5$ 内の励起は，その境界（無限遠）の情報で決まり $\mathrm{AdS}_5 \times \mathrm{S}^5$ 中の超重力・超弦理論の動力学と D3 ブレイン上の 4 次元 $\mathcal{N} = 4$ SYM 理論の動力学は同じであると期待される」となる．

1.7.1　ゲージ-重力 (AdS/CFT) 対応

これまでの議論のような，D ブレインによるブラックホール/p ブレインの量子論，D3 ブレイン系の結果に基づき，Maldacena は次の予想を提出した[33]：

$AdS_5 \times S^5$ 中のタイプ IIB 超弦理論は 4 次元 $\mathcal{N} = 4$ U(N) 超対称 Yang-Mills (SYM) 理論と等価であり，次の関係が成り立つ：

$$\frac{r_{\mathrm{AdS}}^4}{\alpha'^2} = 4\pi g_s N = g_{\mathrm{YM}}^2 N = \lambda. \tag{1.41}$$

ここで，$r_{\mathrm{AdS}}(=r_+)$, g_s, $1/(2\pi\alpha')$, は超弦理論側の AdS_5 と S^5 の半径，閉弦の結合定数，弦の張力であり，N, g_{YM}, λ は SYM 理論側のゲージ群の階数（ブレインの枚数），SYM 理論の結合定数，'t Hooft 結合である．1, 3 番目の等式はそれぞれ，(1.17), (1.39) であり，2 番目の等式では，例えば，D ブレインの世界体積の有効理論の作用（DBI 作用）と SYM 理論の作用との比較から得られる $4\pi g_s = g_{\mathrm{YM}}^2$ を用いた．この対応を**ゲージ-重力対応**という．弦・重力が $AdS_5 \times S^5$ 中の理論であり，ゲージ理論側が共形場理論 (CFT) であるので **AdS/CFT 対応**ともいう．AdS/CFT 対応には様々な場合があるが，ここで述べた対応は最も基本的で重要な例である．

上のパラメータの関係をもう少し詳しく見てみよう．1.4 節でも述べたが，(1.3) のような作用を持つ弦の世界面の理論では，摂動展開（α' 補正）は R を曲率として $\alpha' R$ の冪で与えられる（曲率の添字は省略した）．1.5 節の結果から $\alpha' R \sim \alpha'/r_{\mathrm{AdS}}^2$ なので，これは確かに (1.32) のシグマ模型の結合になっている．(1.41) と合わせると，

$$g_s = \frac{\lambda}{4\pi N}, \qquad \alpha' R\,(\text{曲率}) \sim \frac{1}{\sqrt{\lambda}},$$

となる．弦の分離・結合による相互作用の結合定数 $g_s \sim 1/N$ と世界面のシグマ模型の結合定数 $1/\sqrt{\lambda}$ の 2 つの結合定数の大きさにより対応には様々な状況があることがわかる（図 1.6）．

まず，λ を固定して N を大きくすると，弦理論側では $g_s \ll 1$ で弦のループ補正が小さく弦の摂動論がよい領域となり，SYM 理論側は $1/N$（ラージ N）展開が有効となる．即ち，

$$N \gg 1: \quad \text{SYM 理論の}\frac{1}{N}\text{ 展開} \quad \longleftrightarrow \quad \text{弦理論の } g_s(\text{ループ}) \text{ 展開}.$$

特に，$N \to \infty$ の極限は，SYM 理論側では't Hooft/平面極限になり，弦理論側では世界面のトポロジーが固定された弦のシグマ模型で記述される（種数展開の意味での）“自由弦” の極限となる．

一方，N を固定して $\lambda \ll 1$ とすると，SYM 理論側は摂動論（ゲージ理論のループ展開）が有効な弱結合領域，弦理論側は $\alpha' R$ が大きいシグマ模型の強結合領域となる．$\lambda \gg 1$ では逆に，SYM 理論側は強結合領域となる．弦理論側はシグマ模型が弱結合となり，古典的な記述がよい “古典弦” の領域となる*4)．

*4) 上で “自由弦” と呼んだ，弦のループ補正が小さい場合を “古典弦” ということもある．

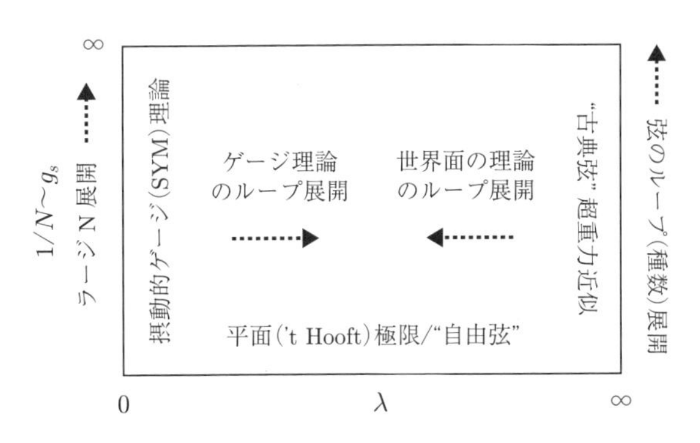

図 1.6　2つの結合定数 λ と $1/N \sim g_s$ によるゲージ理論・弦理論の展開.

この時，弦の伝播する背景時空への α' 補正も小さく，点粒子的な励起から成る超重力近似も有効となる．対応を模式的に表すと，

$\lambda \ll 1$:　弱結合 SYM　$\longleftrightarrow$　強結合シグマ模型，
$\lambda \gg 1$:　強結合 SYM　$\longleftrightarrow$　"古典弦"・超重力（弱結合）.

このように，ゲージ-重力対応は強/弱理論の間の対応となり，一見異なる2つの系の等価性という意味で"対応"の代わりに**双対性**という言葉も用いられる.

量子重力理論は未完成の（難しい）理論であるが，ゲージ-重力対応は，その有望な候補である超弦理論が，より馴染みのある非重力理論（ゲージ理論）で与えられることを意味する．また，前節で述べた，ラージ N ゲージ理論と弦理論の等価性を具体化するものである．Bekenstein-Hawking 公式 (1.10) などに基づき提案された，「量子重力はその系の境界上の理論により記述される」という**ホログラフィー原理**[34],[35] もゲージ-重力対応は具現化している.

ゲージ-重力対応は，ラージ N のゲージ理論側から見ると，摂動論が破綻する強結合領域が，古典弦・重力を用いて解析できることも意味する．量子色力学 (QCD; Quatum Chromodynamics) を具体例として，強結合ゲージ理論は自然界の理解に重要な役割を果たす．しかし，解析的な取り扱いは難しく，大規模な数値計算により研究されることが多い．超対称性の高い $\mathcal{N} = 4$ SYM 理論は現実の理論ではないが，ゲージ-重力対応は強合ゲージ理論を数値計算とは異なる観点から理解する重要な道具立てを与える．以下の7章，8章では，ゲージ-重力対応とその可積分性に基づき，$\mathcal{N} = 4$ SYM 理論が強結合領域を含む**全ての結合領域**で解析可能となることを見る.

(1.41) では，対応におけるゲージ理論側のゲージ群は U(N) であると述べた．その内の U(1) の自由度は，（局所的には）他の自由度と分離され，弦・重力側では AdS_5 の境界上に住む自由度に相当する．以下では，この U(1) の自由度を除いた対応を考え，ゲージ理論側は $\mathcal{N} = 4$ SU(N) ゲージ理論とする．また，弦のループ補正を考慮する必要のない't Hooft/平面極限 $g_s \sim 1/N \ll 1$ を考えることにする.

1.7.2 分離極限

ゲージ-重力対応に至るD3ブレインとブラック3ブレインの考察は，次の低エネルギー極限（**分離極限**; decoupling limit）の議論として整理することもできる[14], [33]．まず，D3ブレイン系の無質量モードの低エネルギー有効作用は(1.19)で与えられることを思い出す．次元を考えると，$S_{\rm bulk}, S_{\rm brane}$ 中の高階微分項は $\alpha' R$ や $\sqrt{\alpha'}\partial$ のような形で含まれる．$S_{\rm int}$ 中の結合は，再びDBI作用から読み取れ10次元の重力定数 $\kappa \sim g_s \alpha'^2$ で与えられる．ここで，g_s, N や曲率 $R \sim 1/r_{\rm AdS}^2$ など他のパラメータを固定して低エネルギー極限，

$$\alpha' \to 0 \quad \Rightarrow \quad \kappa \to 0\,, \quad \alpha' R \to 0\,, \quad \sqrt{\alpha'}\partial \to 0\,,$$

をとると，$S_{\rm bulk}, S_{\rm brane}$ 中の高階微分項と $S_{\rm int}$ は消える．結果として，バルクの自由な超重力理論とブレイン上の $\mathcal{N}=4$ SU(N) SYM 理論が残る．

次に，吸収断面積 $\sigma_{\rm abs}$ を求めた時の見方で低エネルギー極限を考えよう．まず，$\sigma_{\rm abs} \sim \omega^3 r_{\rm AdS}^8$ であったので，低エネルギー $\omega r_{\rm AdS} \ll 1$ では，$r \gg r_{\rm AdS}$ からブレインに打ち込まれたモードは地平面近傍のモードと相互作用しない．逆に，地平面近傍 $r = r_0$ からエネルギー ω_{r_0} を持つモードを無限遠に向けて放出すると，無限遠の観測者から見たエネルギーは $\omega_\infty = [f_3(\infty)/f_3(r_0)]^{1/4}\omega_{r_0} \sim (r_0/r_{\rm AdS})\omega_{r_0}$ となり，$r_0 \to 0$ で重力ポテンシャルを乗り越えて無限遠に到達することができない．従って，$r \gg r_{\rm AdS}$ と $r \ll r_{\rm AdS}$ の2つの領域のモードは分離し，$r \gg r_{\rm AdS}$ の自由（平坦）な超重力理論と地平面近傍に相当する $\mathrm{AdS}_5 \times \mathrm{S}^5$ 中の超重力・超弦理論が残る．

このような低エネルギー極限の2つの見方を合わせると，

$$\begin{aligned} (\text{自由な超重力}) + (\text{SYM}) \;&=\; (\text{自由な超重力}) + (\mathrm{AdS}_5 \times \mathrm{S}^5\text{中の超弦}) \\ \Rightarrow \qquad (\text{SYM}) \;&=\; (\mathrm{AdS}_5 \times \mathrm{S}^5\text{中の超弦})\,, \end{aligned}$$

となり，ゲージ-重力対応に現れる2つの理論の等価性が定性的に推論できる．

1.7.3 場と演算子の対応

ゲージ-重力対応(1.41)に現れる2つの理論は共に同じ psu(2, 2|4) 対称性を持つだけでなく，その表現として現れる場や演算子の対応も見ることができる．強弱結合対応であるため，両側の比較を直接行うのは一般には難しいが，ブラックホールエントロピーの議論で用いたように超対称性を保つBPS状態については相互作用による補正の問題を回避できる．

ゲージ理論側の場はSU(N)の随伴表現に属するが，平面極限で物理量に主要な寄与を与えるゲージ不変な（局所）演算子としては，場 $\mathcal{O}(x)$ を並べてゲージ群の添字についてトレースを1つとった**単一トレース演算子**，

$$\mathrm{tr}\big(\mathcal{O}_1(x)\mathcal{O}_2(x)\cdots\mathcal{O}_k(x)\big)\,, \tag{1.42}$$

がある．トレースの数が増えて $\mathrm{tr}(\mathcal{O}_1(x)\cdots)\,\mathrm{tr}(\mathcal{O}_2(x)\cdots)\cdots$ となる多重トレース演算子の寄与は，連結グラフ中で N の冪が低い補正項となる．例えば，半分の超対称性を保つ $\mathcal{N}=4$ SYM 理論の単一トレース演算子は $\mathrm{AdS}_5\times\mathrm{S}^5$ 中のタイプ IIB 超重力理論の場と 1 対 1 に対応する．2 つの理論の対称性が同じであるだけではなく，実際に現れる表現（場，演算子）も一致するのである．

ゲージ理論の演算子と超弦・重力理論の場の対応はゲージ理論の相関関数を通して見ることもできる．再び 1.4 節で述べた吸収断面積の議論を思い出すと，(1.20) のようにディラトン場はブレイン上の場の強さと $e^{-\phi}\,\mathrm{tr}\,F^2$ の形で相互作用をしていた．$\phi=$ (定数) の値は，AdS_5 の境界での値でもあるので，ϕ と $\mathrm{tr}\,F^2$ の結合の変化は，ϕ の境界条件の変化に相当する．このような，バルク-ブレインの結合とバルクの場の境界条件の関係も踏まえて，Gubser-Klebanov-Polyakov と Witten は，次のようなバルクの場とブレイン上の演算子の間の具体的・一般的な対応関係を提案した[36], [37]：

$$\left\langle e^{\int d^4x\,\Phi_0(x)\mathcal{O}(x)}\right\rangle_{\mathrm{SYM}} = Z_{\mathrm{string}}\Big|_{\Phi(x,0)\approx\Phi_0(x)} . \tag{1.43}$$

記法を説明しよう．まず，AdS_5 の座標系として (1.29) にある $(x,z):=(x_\mu,z)$ を用いた．$z=0$ が AdS_5 の境界（無限遠）である．ブレイン上の演算子 $\mathcal{O}$ のスケーリング次元を Δ とすると，対応するバルク場は境界 $z\to 0$ で $\Phi(z,x)\to z^{4-\Delta}\Phi_0(x)$ と振る舞うものである．場の S^5 部分の座標は省略した．$\Phi(x,z)$, $\mathcal{O}(x)$ は $S_{\mathrm{int}}=-\int d^4x\,\Phi_0(x)\mathcal{O}(x)$ を通して相互作用する．ディラトンと $\mathrm{tr}\,F^2$ はこのようなバルク場と演算子の組の例である．(1.43) の左辺は SYM 理論での演算子 $e^{-S_{\mathrm{int}}}$ の真空期待値であり，$\Phi_0(x)$ を外場とする演算子 $\mathcal{O}(x)$ の相関関数の生成汎関数となっている．右辺は，場 $\Phi(x,z)$ の境界値 $\Phi_0(x)$ を与えた時の，$\mathrm{AdS}_5\times\mathrm{S}^5$ 中の超弦理論の分配関数 $\int_{\Phi(x,0)\approx\Phi_0(x)}\mathcal{D}\Phi\,e^{-S_{\mathrm{string}}(\Phi)}$ である．(1.43) を **Gubser-Klebanov-Polyakov-Witten (GKPW) 公式**という．この公式によると，ゲージ理論は AdS_5 の境界 $z\to 0$ に住んでいると考えるのが自然である*5)．

弦理論には無限個の場が現れるなど，右辺の Z_{string} は形式的な表式であるが，超重力近似の下では（発散などの問題を除いて）超重力理論の範囲で考えればよい．この時，その主要項は境界条件 $\Phi(z,x)\to z^{4-\Delta}\Phi_0(x)$ を満たす運動方程式の解 Φ_{sol} を超重力理論の作用 S_{sugra} に代入したものとなる：

$$Z_{\mathrm{string}} \;\to\; Z_{\mathrm{sugra}} \;\to\; e^{-S_{\mathrm{sugra}}(\Phi_{\mathrm{sol}})} .$$

右辺で超重力近似が成り立つ $\lambda, N\gg 1$ のパラメータ領域で（複数の場 Φ_j の場合に拡張した）この関係式を用いると，相関関数 $\langle\mathcal{O}_1(x_1)\cdots\mathcal{O}_n(x_n)\rangle$ がゲージ理論の強結合領域で求められる．また，通常の場の理論と同様にして，

*5) AdS の動径座標 z とゲージ理論の繰り込み群の関係については，例えば [38] 参照．

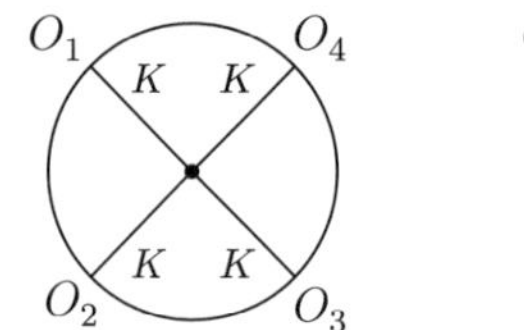

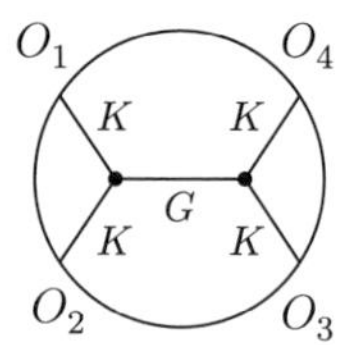

図 1.7　Witten 図の例．外側の円は AdS 時空の境界（無限遠）を表す．

自由場からの摂動論も実行できる．実際，バルク内の伝播関数を $G(x,z;x',z')$ とし，バルク-境界間の伝播関数 $K(x,z;y)$ を，

$$\Phi(x,z) = \int d^4x\, K(x,z;y)\Phi_0(y)\,,$$

となるように導入すると，相関関数は，外線が AdS の境界にある $\mathcal{O}_j$ から始まり，外線から出る伝播関数が K，バルク内での伝播関数が G となる Feynman 図と同様の図として表される（図 1.7）．この図を **Witten 図**という．

例えば，ディラトンと結合する $\Delta = 4$ の演算子 $\mathrm{tr}\, F^2$ の 2 点関数を考えると，運動量空間では $\big\langle \mathcal{O}(p)\mathcal{O}(q)\big\rangle \sim \delta^{(4)}(p+q)\big(p^4\log(p^2 r^2_{\mathrm{AdS}}) + (p^2$について正則な項$)\big)$ となる．Fourier 変換すると，正則項は場の理論のスキームに依存する接触項となる．log 項からは $1/|x-y|^{2\Delta}$ が得られ，共形不変性から期待される正しいスケーリング則が再現される．この計算過程を見ると，1.4 節の吸収断面積の計算[27], [28] と同じであることに気付く．GKPW 公式 (1.43) については，係数まで含めた詳細な検証がなされている．

1.7.4　Wilson ループ

ゲージ理論において，**Wilson ループ**はゲージ不変な基本的物理量であり，閉じた経路 C に沿ったゲージ場 A の積分，

$$W(C) = \frac{1}{N}\mathrm{tr}\left[P\exp\Big(i\oint_C A\Big)\right] = \frac{1}{N}\mathrm{tr}\left[1 + \int ds\, A_\mu\big(x(s)\big)\frac{dx^\mu}{ds}\right.$$
$$\left. + \int_{s_1>s_2} ds_1 ds_2\, A_\mu\big(x(s_1)\big)A_\nu\big(x(s_2)\big)\frac{dx^\mu}{ds_1}\frac{dx^\nu}{ds_2} + \cdots\right], \quad (1.44)$$

として与えられる．ここで，s は C のパラメータ，P は経路順序積，tr はゲージ群のトレースを表す．例えば，QCD では Wilson ループはループに沿って運動するクォークから発する**カラー電束管**（**QCD 弦**）の張る面の境界となる．従って，Wilson ループには QCD 弦が結合している．

1.7.3 節では，ゲージ理論演算子 $\mathcal{O}(x)$ の相関関数（の生成汎関数）が，$\mathcal{O}(x)$ と結合するバルクの場 Φ の境界値 $\Phi(x,0) \approx \Phi_0(x)$ を固定した弦・重力理論の分配関数・古典作用で与えられることを見た．この考え方を Wilson ループに適用すると，AdS の境界にある経路 C に伸びていくという境界条件の下での弦の分配関数が真空期待値 $\big\langle W(C)\big\rangle$ を与えると考えられる（図 1.8）．よって，古典弦の近似が成り立つ $\lambda, N \gg 1$ では，弦の古典作用を S として，

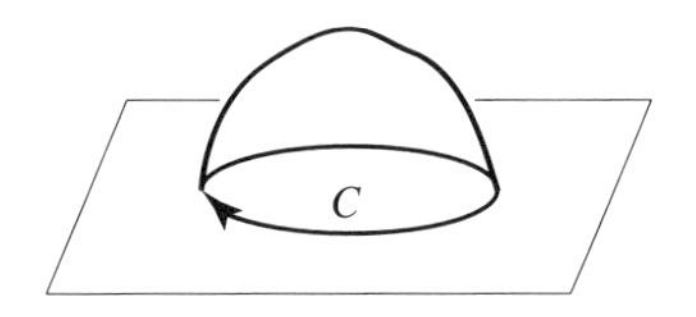

図 1.8　Wilson ループと極小曲面．図中の平面は AdS の境界を表す．

$$\langle W(C) \rangle \approx e^{-S}, \tag{1.45}$$

となる[39], [40]．ここで，弦の世界面と作用 S が Euclid 的な場合を考えた．1.1 節で述べたように，弦の古典解は極小曲面，その作用は曲面の面積となるので，(1.45) は C を境界とする極小曲面の面積で左辺が与えられることを意味する．

1.7.5　ゲージ-重力対応が生まれた頃

筆者はゲージ-重力対応の論文 [33] が現れた頃米国で研究員をしており，この分野に大きな貢献をされた方々を身近に見ていた．話は脱線するが，ここで，ゲージ-重力対応が生まれた頃の様子について少し記しておきたい．記憶は書き換わっていくものであるが，現在の記憶の限りで書かせていただく．

筆者は学生の頃，2 次元や 3 次元の簡単化された場合のブラックホールの量子論について研究をおこなっていた．大学院に進学した頃は，もはや弦理論を研究しても仕方がない，と言う人もいる状況であったのだが，博士課程に進んでしばらくすると，弦の双対性や D ブレインの発見，超対称ゲージ理論における Seiberg-Witten 理論の進展など，弦理論とその周辺に大きな変革がおこった．1.3 節で述べた D ブレインに基づいたブラックホールの研究が現れたのは博士課程の最終学年に進む直前であった．ブラックホールの微視的状態を D ブレインの観点から数え上げた [17] は弦理論における大きな成果の一つであるが，難解でもあった．そこに，より具体的で弦の描像が明確な [18] によるブラックホールの研究が現れ大変感銘を受けた．博士課程終了後の（研究を続けるかどうかも含めた）将来の進路について考えていた時期でもあった．今思うと若気の至りであるが，大胆にも全く面識のないこの論文の著者の一人 Callan に，こちらで財源の工面ができれば研究員として受け入れて欲しい，とメールを書いた．驚いたことに了解の返事がすぐにきた．

財源の工面もでき，学位取得後米国の大学で研究員生活を送ることになった．到着後すぐに Callan のところに挨拶にいくと，同じ研究グループの Klebanov が 1.4 節に述べた D3 ブレイン系の研究を始めている，詳細な計算が最後までやり切れるよい系なので研究するとよいのでは，との助言を受けた．その頃，D ブレインに基づくブラックホールの研究者の多くは 1.3.2 節で述べた，D1-D5 系に興味があったと思う．筆者も，D1-D5 系のように物理的な描像の明確な素晴らしい系があるのになぜ，D3 系のような（ブラックホールの観点からは）簡単化された (toy) 模型と思われる系を研究するのかと思い，その重要性にすぐには気付くことができなかった．

そうこうする内に，Klebanov と彼の学生であった Gubser が 1.4 節の最後に述べた，SYM 理論の非繰り込み定理を用いた吸収断面積の一致の正当化の論文 [28] を書いた．筆者も大変興味深く思い，ようやく D3 系の重要性がわかってきた．米国に渡って数ヶ月後の夏であった．

その年の暮も近づいた頃，Maldacena によるゲージ-重力対応の論文が出た．我々の研究グループでもすぐに勉強会をおこなった．論文には，D ブレインに基づくブラックホールの研究をしていた者にはある程度知られた，あるいは，推測できることが書かれていた．しかし，弦理論側とゲージ理論側の 2 つの理論が等価であるという論文の主張は，勉強会の参加者にもよく理解できなかったように思う．進行役の Callan が，誰か論文の主張をまとめてくれないか，と言っても皆黙っていた．すぐ後に，1.7.3 節で述べた GKPW 公式を提案することになる Klebanov も黙っていた．（高次元の）超共形代数に馴染みのない者も多く，別の文脈でその詳しい論文 [41] を書いたばかりの学生 Minwalla が勉強会の途中で呼ばれ，説明を求められていた．勉強会の後も，あの論文はいったいどういう論文なのだろう，などと研究員の間で話したのを覚えている．

年が明け，Maldacena が大学の隣の研究所でこの論文についてセミナーをするとの情報が入ってきた．大学での弦理論グループのセミナーは穏やかに進むことが多かったが，研究所でのセミナーは時折激しい議論になることもあり，今回のセミナーはもしかしたら荒れるかもしれない，などと周りと話をしていた．ところが，セミナーが始まってみると，Seiberg, Witten をはじめ主だった研究者は皆 Maldacena を歓迎していることがすぐにわかった．論文の重要性が既に十分理解されていたのだと思う．1.7.2 節の分離極限など，ゲージ-重力対応ではいろいろな極限が用いられるが*6)，セミナーでは，'t Hooft 結合 λ は，固定されているのか，大きくする極限をとっているのか，など λ の取り扱いについて度々質問があった．

Maldacena のセミナー後間もなく，1.7.3 節の GKPW 公式の論文が現れ，ゲージ-重力対応は弦理論の主要な研究テーマとなっていった．Klebanov に，どうやって GKPW 公式を思い付いたのか，と尋ねたところ，吸収断面積の計算[27],[28] と同じだよ，と一言答えてくれた．

1.8 ゲージ-重力対応と可積分性

ゲージ-重力対応により，量子重力理論が次元の低い時空のゲージ理論により与えられること，また，強結合ゲージ理論が古典弦・重力理論で解析できる

*6) 半分冗談で “Maldacena's business” と言う人がいた．

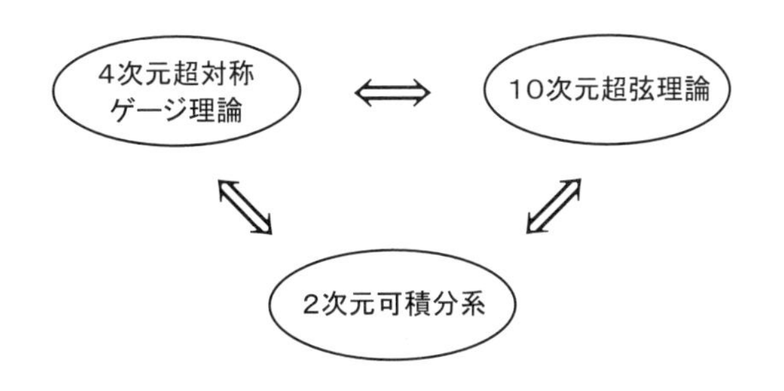

図 1.9　10 次元超弦理論，4 次元超対称ゲージ理論，2 次元可積分系の交錯.

ことを述べた．しかし，ゲージ-重力対応は強弱結合の理論を結び付けているため，超対称性で量子補正（相互作用による補正）が制御される場合以外では，2 つの理論の具体的な対応を見ることは難しい．このような強弱結合の問題は 1.3 節，1.4 節で議論したブレイン系の場合と同様である．

例えば，ゲージ理論と古典弦を直接結び付けるには，ゲージ理論側の摂動計算を't Hooft 結合 λ の高次までおこない強結合まで外挿する，あるいは，逆に，弦のシグマ模型の摂動論を結合 $r_{\mathrm{AdS}}^2/\alpha' = 1/\sqrt{\lambda}$ の高次までおこない $\lambda \to 0$ の領域まで外挿することが必要になる．そもそも，外挿する以前に，具体的な摂動展開を実行することも容易ではない．ゲージ理論側の λ についての摂動展開は収束するが，シグマ模型側の $1/\sqrt{\lambda}$ についての展開は，通常の場の理論の摂動展開と同様に一般に収束しない漸近級数でもある．このような事情により，数多くの検証があるにも拘らず，ゲージ-重力対応は何らかの方法で定量的に導出することが未だにできない“仮説”であると考えられている．

まえがきでも述べたように，ゲージ-重力対応におけるこのような困難を乗り越える鍵となるのがこの対応に現れる**可積分性**である．可積分性とは“解ける”模型・理論が持つ性質のことであり，4 次元 $\mathcal{N}=4$ SYM 理論，$\mathrm{AdS}_5 \times \mathrm{S}^5$ 中の超弦理論は，確かに，“解ける”理論に特有の性質を持っているのである．この可積分性が，ゲージ理論側，弦・重力側の解析を大きく進展させ，通常の場の理論では不可能な弱結合から強結合への“外挿”，さらには，全ての結合領域での解析が可能となった．また，ゲージ-重力対応に触発され，$\mathcal{N}=4$ SYM 理論自体の研究も目覚ましく進展した*7)．

次章以降では，可積分性の基礎事項を解説すると共に，可積分性に基づくゲージ-重力対応の研究の一端を紹介していきたい．可積分性に基づくゲージ-重力対応は，10 次元の超弦理論，4 次元の超対称ゲージ理論，2 次元の可積分系が交錯する興味深い研究テーマとなっている（図 1.9）．

*7)　相互作用のある非自明な 4 次元ゲージ理論が，低エネルギー有効理論を超えて“解ける”という意味で，4 次元 $\mathcal{N}=4$ SYM 理論を“21 世紀の水素原子”などと（半ば冗談も込めて）いう人もいる．

第 2 章
古典可積分系

Kepler 運動の Newton 方程式，調和振動子や水素原子系の Schrödinger 方程式，球対称時空の Einstein 方程式など物理学における基本的な方程式が解けることは幸運な偶然かもしれない．Newton 力学でも 3 つの天体の関わる 3 体問題になると途端に解けなくなり，摂動論や数値計算が必要となる．物理に現れる系は一般に完全には解けないが，“解ける” ような特別な系を**可積分系**という．対応する方程式が積分可能な（≈ 解ける）系という意味である．可積分系は物理学の発展において重要な役割を果たしてきた．

しかし，考えている系が “解ける（可積分)” とはどういうことであろうか? 方程式の解が適当な特殊関数で表されたとしても，それは単に解に名前を付けただけかもしれない．Schrödinger 方程式が解けたとしても，粒子の軌道を初期値と時間の関数として表すことは原理的にできない．統計物理においても可積分と呼ばれる系があるが，この時 “積分できる” とはどういうことであろう? 系が “解ける” ということは一見自明かもしれないが，真面目に考え出すと簡単ではない．実際，何をもって “可積分” とするかは，考えている系や個々の目的・定義による．

本章では，**可積分性**の雛形である，古典力学系における **Liouville 可積分性**を出発点として，**可積分とは**どういうことか考えていきたい．本章の内容全般に関する参考文献としては [42]〜[49] がある．

2.1 Liouville 可積分性

2.1.1 力学の正準形式

以下の準備として，解析力学を復習しておこう．n 粒子系のハミルトニアン（エネルギー）が粒子の座標 q_i，運動量 $p_i (i=1,...,n)$ により $H(q_i,p_i)$ と表されるとする．簡単化のため H は時間 t に顕わに依らないとする．この時，位置・運動量の時間発展は正準方程式,

$$\dot{q}_i = \frac{\partial H}{\partial p_i}\,, \qquad \dot{p}_i = -\frac{\partial H}{\partial q_i}\,, \tag{2.1}$$

で与えられる．ここでドット $(\dot{\ })$ は時間微分を表す．Poisson 括弧，

$$\{A, B\} := \sum_{i=1}^{n} \left(\frac{\partial A}{\partial p_i}\frac{\partial B}{\partial q_i} - \frac{\partial B}{\partial p_i}\frac{\partial A}{\partial q_i} \right),$$

を用いると[*1]，上の運動方程式は，

$$\dot{q}_i = \{H, q_i\}\,, \qquad \dot{p}_i = \{H, p_i\}\,,$$

となる．物理量 $F(q_i, p_i)$ の時間発展も同様に，

$$\dot{F} = \sum_{i=1}^{n} \left(\frac{\partial F}{\partial q_i}\dot{q}_i + \frac{\partial F}{\partial p_i}\dot{p}_i \right) = \{H, F\}\,,$$

で表される．正準形式では，n 粒子の運動は (q_i, p_i) で張られる $2n$ 次元の位相空間中の軌跡として表される．

正準方程式 (2.1) は非常に大きなクラスの変数変換の下で形を変えない．このような変数変換 $\big(H(q_i, p_i), q_i, p_i\big) \mapsto \big(H(Q_i, P_i), Q_i, P_i\big)$ を正準変換という．新たな変数 (Q_i, P_i) は，一般には単純に座標や運動量を表すとは限らず，一般化座標・一般化運動量と呼ばれる．

例えば，(q_i, P_i) を独立変数として，

$$dW = \sum_{i=1} (p_i dq_i + Q_i dP_i)\,, \tag{2.2}$$

で与えられる $W(q_i, P_i)$ を母関数とする正準変換は，

$$p_i = \frac{\partial W}{\partial q_i}\,, \qquad Q_i = \frac{\partial W}{\partial P_i}\,, \qquad H' = H\,, \tag{2.3}$$

となる．この時，新・旧の変数 (q_i, p_i), (Q_i, P_i) に対する Poisson 括弧をそれぞれ $\{\cdot,\cdot\}_{q,p}$, $\{\cdot,\cdot\}_{Q,P}$ と書き (2.3) を用いると，

$$\{A, B\}_{q,p} = \{A, B\}_{Q,P}\,,$$

つまり，Poisson 括弧が不変であることが確かめられる．よって，

$$\dot{Q}_i = \{H, Q_i\}_{q,p} = \{H', Q_i\}_{Q,P}\,, \qquad \dot{P}_i = \{H, P_i\}_{q,p} = \{H', P_i\}_{Q,P}\,,$$

となり，確かに正準方程式は形を変えない．

調和振動子

例として，調和振動子の系を考えよう．ハミルトニアンは，

$$H = \frac{1}{2}(p^2 + \omega^2 q^2)\,.$$

---

*1）p, q の順序を逆とすることも多い．

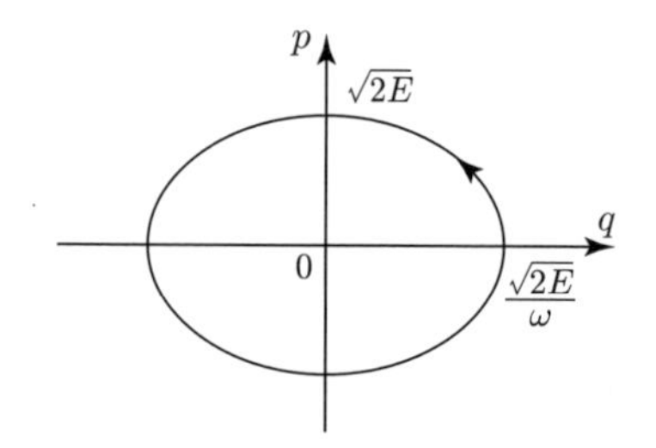

図 2.1　位相空間で見た調和振動子の運動.

簡単化のため質量 m は 1 とおいた．正準方程式は,

$$\dot{q} = \{H, q\} = p\,, \qquad \dot{p} = \{H, p\} = -\omega^2 q\,, \tag{2.4}$$

一般解は θ_0, ρ を定数として,

$$p = \rho\cos\theta\,, \quad q = \frac{\rho}{\omega}\sin\theta\,, \quad \theta = \omega t + \theta_0\,, \tag{2.5}$$

となる．この時，ハミルトニアンは $H = \rho^2/2 =: E$ となる．粒子の運動は，位相空間中で図 2.1 のように表される．

2.1.2　Liouville 可積分性

上の調和振動子の例では，位相空間中の粒子の軌道はエネルギー E を一定とする楕円軌道である．調和振動子は典型的な“解ける”系であるが，粒子と同じ数の保存量 E で運動が特徴付けられていることがわかる．

このような状況を一般化した“解ける”系の性質が **Liouville 可積分性**である：自由度 n（$2n$ 次元の位相空間）を持つ古典力学系が n 個の独立な保存量 F_i $(i = 1, ..., n)$ を持ち，**包含的** (in involution, involutive) である，即ち，$\{F_i, F_j\} = 0$ が成り立つ時，その系は Liouville 可積分であるという．ここで，F_i が独立とは，（例外的な点を除いて）dF_i が線形独立であることである．包含的で独立な保存量の最大数は n である．

Liouville 可積分な系の正準方程式の解は**求積法**（有限回の積分をおこなうこと）により求めることができる．これを **Liouville の定理**という．このような意味で Liouville 可積分性は系が“解ける”ことを保証する．

この定理は次のように示すことができる．まず，元の正準変数 (q_i, p_i) から保存量 F_i を一般化運動量とする変数への正準変換 $(q_i, p_i) \to (G_i, F_i)$ があるとすると，新たな正準方程式は,

$$\dot{G}_i = \frac{\partial H}{\partial F_i}\,, \qquad \dot{F}_i = -\frac{\partial H}{\partial G_i}\,,$$

となる．F_i は保存量であるから，第 2 式の右辺は 0 となる．よって，H は $H = H(F_i)$ のように F_i のみで表され，第 1 式の右辺も運動の定数となる．これを $\Omega_i(F_j)$（定数）とおくと,

$$G_i(t) = G_i(0) + t\Omega_i\,, \quad F_i(t) = F_i(0)\,, \tag{2.6}$$

となり，正準方程式は確かに求積法で解ける．新たな位相空間 (G_i, F_i) 中では，粒子の運動は単なる直線運動となる．

このような正準変換は次のように具体的に構成できる．まず，$F_i(p,q) = f_i$ で与えられる超曲面 M_f を考える．（簡単化のため添字は適宜省略する．）F_i は独立であるので M_f は n 次元曲面となっており，この上で p_i を $p_i = p_i(q,f)$ のように解く[*2]．これを M_f 上の 2 点 $(q_0, p(q_0,f))$ から $(q, p(q,f))$ へ積分して得られる簡約化された作用，

$$S(q_i, F_i) = \int_{q_0}^{q} \alpha\,, \qquad \alpha = \sum_{i=1}^{n} p_i(q,f) dq_i\,, \tag{2.7}$$

が今考えている正準変換の母関数となる．実際，(2.2), (2.3) と同様にして，$\partial S/\partial q_i = p_i$, $H' = H$ であり，G_i は $G_i = \partial S/\partial F_i$ とすればよい．F_i が包含的で独立であるとすると，母関数 $S(q,F)$ が f_i 一定の曲面上の経路（の連続変形）によらずに定まることも示せる[42]．

調和振動子

再び具体例として調和振動子を考える．調和振動子の系は 1 つの独立な保存量 p または E を持ち，Liouville 可積分性を満たす[*3]．$F_1 = E$ として上の議論を繰り返すと，$p(q,E) = \sqrt{2E - \omega^2 q^2}$ なので，保存量 E を新たな一般化運動量とする正準変換 $(p,q) \to (\psi, E)$ の母関数，新たな一般化座標 ψ は，

$$S = \int^{q} p(q,E) dq\,, \qquad \psi = \frac{\partial S}{\partial E} = \frac{1}{\omega} \arcsin\left(\frac{q\omega}{\sqrt{2E}}\right)\,, \tag{2.8}$$

となる．ψ の運動方程式は $\dot{\psi} = \partial H/\partial E = 1$ なので，$\psi = t + \psi_0$ となる．

2.1.3 Kepler 運動

もう 1 つの具体例として中心力ポテンシャル $V(r)$ 中の運動（Kepler 運動）を考えよう．系のハミルトニアンは，

$$H = \frac{1}{2}\sum_{i=1}^{3} p_i^2 + V(r)\,, \quad r = \sqrt{q_1^2 + q_2^2 + q_3^2}\,,$$

運動方程式は，

$$\dot{q}_i = \frac{\partial H}{\partial p_i} = p_i\,, \qquad \dot{p}_i = -\frac{\partial H}{\partial q_i} = -\frac{\partial V(r)}{\partial q_i}\,,$$

となる．ポテンシャル $V(r)$ として，通常 C/r の形の重力ポテンシャルを考えるが，ここでは距離 r の一般の関数としておく．運動方程式から，エネルギー

*2) 解けない場合は p_i と q_i を入れ替えるなどする．

*3) H が保存するので，1 粒子系は常に Liouville 可積分ということになる．

H，軌道面に垂直な方向の角運動量 j_3，全角運動量 $\boldsymbol{j}^2$ が保存されることがわかる．極座標をとるとこれらは，

$$H = \frac{1}{2}\left(p_r^2 + \frac{1}{r^2}p_\theta^2 + \frac{1}{r^2\sin^2\theta}p_\phi^2\right), \quad j_3 = p_\phi, \quad \boldsymbol{j}^2 = p_\theta^2 + \frac{1}{\sin^2\theta}p_\phi^2,$$

となる．(p_r, p_θ, p_ϕ) を $(H, j_3, \boldsymbol{j}^2)$ 一定の曲面上で解くと，

$$p_r(r) = \sqrt{2\bigl(H - V\bigr) - \frac{\boldsymbol{j}^2}{r^2}}, \quad p_\theta(\theta) = \sqrt{\boldsymbol{j}^2 - \frac{j_3^2}{\sin^2\theta}}, \quad p_\phi = j_3 .$$

また，正準変換 $(q_i, p_i) \to \bigl(\{\psi_H, \psi_{J_3}, \psi_{\boldsymbol{j}^2}\}, \{H, j_3, \boldsymbol{j}^2\}\bigr)$ の母関数は，

$$S = \int^r p_r(r)\,dr + \int^\theta p_\theta(\theta)\,d\theta + \int^\phi p_\phi\,d\phi,$$

となる．これを用いると一般化座標は，

$$\psi_H = \frac{\partial S}{\partial H}, \qquad \psi_{j_3} = \frac{\partial S}{\partial j_3}, \qquad \psi_{\boldsymbol{j}^2} = \frac{\partial S}{\partial \boldsymbol{j}^2},$$

これらの運動方程式は，

$$\dot\psi_H = 1, \qquad \dot\psi_{j_3} = 0, \qquad \dot\psi_{\boldsymbol{j}^2} = 0, \tag{2.9}$$

となる．第 1 式を積分して具体的に書き下すと，積分定数を t_0 として，

$$t - t_0 = \int^r \frac{dr}{\sqrt{2\bigl(H - V\bigr) - \frac{\boldsymbol{j}^2}{r^2}}}$$

となり，よく知られた Kepler 運動の結果を得る．

運動方程式 (2.9) より，ψ_{j_3}，$\psi_{\boldsymbol{j}^2}$ も定数となる．多くの運動の定数があるように見えるが，独立で包含的な保存量の数は系の自由度と同じ 3 である．例えば，$\dot\psi_{j_3} = 0$ を具体的に書き下すと，それは j_3 と直交する他の角運動量 j_1, j_2 の保存を表している．しかし，j_i は互いに包含的ではない．また，p_r, p_θ は，それぞれ r, θ のみに依存し p_ϕ は定数なので，母関数 S の被積分関数に相当する 1 形式 α は保存量一定面 M_f 上で閉じている $(d\alpha = 0)$．よって，S が積分の経路に依らないことは，この場合すぐにわかる．

2.2 作用-角変数

前節で考えた保存量 F_i の等位面 M_f が連結かつコンパクトな場合，M_f は n 次元トーラス T^n となる．この時，(2.7) の作用中の α を用いた，

$$I_j := \frac{1}{2\pi}\oint_{C_j} \alpha \qquad (j = 1, ..., n),$$

を独立な保存量とすると見通しがよい．ここで，C_j は $M_f \simeq \mathrm{T}^n$ 中の独立なサイクルである．I_j は F_j の関数なので確かに保存量である．(2.7) で $F_j \to I_j$

とした母関数 $S(q_j, I_j)$ による正準変換 $(q_j, p_j) \to (\theta_j, I_j)$ は，

$$p_j = \frac{\partial S}{\partial q_j}\,, \qquad \theta_j = \frac{\partial S}{\partial I_j}\,,$$

で与えられる．M_f 上で $dI_j = 0$ なので，新たな一般化座標 θ_j は，

$$\oint_{C_k} d\theta_j = \frac{\partial}{\partial I_j}\oint_{C_k} dS(q,I) = \frac{\partial}{\partial I_j}\oint_{C_k}\frac{\partial S}{\partial q_i}dq_i = \frac{\partial}{\partial I_j}\oint_{C_k}\alpha = 2\pi\delta_{kj}\,,$$

を満たし，サイクル C_j の規格化された角度座標と見なせる．運動方程式，

$$\dot{\theta}_j = \frac{\partial H}{\partial I_j} =: \Omega_j\,, \qquad \dot{I}_j = 0\,, \tag{2.10}$$

の解は (2.6) と同様に Ω_j を定数として，

$$\theta_j(t) = \theta_j(0) + t\Omega_j\,, \quad I_j(t) = I_i(0)\,, \tag{2.11}$$

となる．このように選んだ正準変数 I_j, θ_j をそれぞれ**作用変数**，**角変数**という．

作用-角変数で見ると，Liouville 可積分な系の粒子の運動は，作用変数一定面であるトーラス上の直線運動であり，角変数がトーラス上のサイクルの角度を表す．逆に言うと，Liouville 可積分な系を解くためには，作用-角変数を見つければよい．

調和振動子

2.1.2 節の調和振動子の結果を用いると，

$$I = \frac{1}{2\pi}\oint p(q,E)dq = \frac{E}{\omega}\,, \quad \theta = \frac{\partial S}{\partial I} = \arcsin\left(\frac{q\omega}{\sqrt{2E}}\right) = \omega\psi\,,$$

となる．第 1 式の作用変数 I は図 2.1 の軌道で囲まれた楕円の面積 $/(2\pi)$ である．第 2 式より $q = (\rho/\omega)\sin\theta$ なので θ は (2.5) の角度変数 θ と同じものであり，$\Omega = \partial H/\partial I = \omega$ より (2.11) も (2.5) と一致する．2.1.2 節の正準変数との関係は $(\theta, I) = (\omega\psi, E/\omega)$ となり，確かに Poisson 括弧も保たれている．

2.3 Lax 対

前節では，系の自由度と同じ数のよい保存量があれば，Liouville の意味で系が "解ける" ことを見た．与えられた系が十分な数の保存量を持つかどうかを判定することは一般に難しいが，次の場合には系統的に保存量が構成できる．

今，運動方程式が，

$$\frac{dL}{dt} = [M, L] \tag{2.12}$$

と，適当な行列 L, M の交換子 $[M, L] = ML - LM$ を用いて表されたとする．この方程式の解は $M = \dot{g}g^{-1}$ となる行列 g により，

$$L(t) = g(t)L(0)g(t)^{-1},$$

で与えられ，L の固有値，$\mathrm{tr}\,L^n$, $\det L$ など相似変換 $L \to gLg^{-1}$ の下で不変な量は保存量となる．このような行列 L, M の組を **Lax 対**という．

Lax 方程式 (2.12) は"ゲージ変換",

$$L \to \chi L \chi^{-1}, \qquad M \to \chi M \chi^{-1} - \chi \frac{d}{dt} \chi^{-1},$$

の下で不変であるので，Lax 対のとり方は 1 通りには決まらない．この不変性は，ゲージ変換の下で $\frac{d}{dt} - M \to \chi(\frac{d}{dt} - M)\chi^{-1}$ となることと，(2.12) が,

$$\left[\frac{d}{dt} - M, L\right] = 0, \tag{2.13}$$

のように微分まで含めた交換子として書けることからもわかる．

調和振動子

再び，調和振動子を例として Lax 対を具体的に構成してみよう．上で述べたように Lax 対のとり方にはいろいろあるが,

$$L = \begin{pmatrix} p & \omega q \\ \omega q & -p \end{pmatrix}, \qquad M = \begin{pmatrix} 0 & -\omega/2 \\ \omega/2 & 0 \end{pmatrix},$$

として Lax 方程式を書き下すと，確かに調和振子の運動方程式 (2.4) と同値となる．この時，$\mathrm{tr}\,L = 0$, $\mathrm{tr}\,L^2 = 4E$, $\det L = -2E$ のように，相似変換で不変な量は（自明なものも含めて）保存量となっている．

2.3.1 Liouville 可積分な系の Lax 対

Lax 方程式から保存量を構成できることを見たが，逆に保存量が十分にある Liouville 可積分な系に対する Lax 対は次のように形式的に求められる．まず，交換関係,

$$[H_i, H_j] = 0, \qquad [H_i, E_j] = 2\delta_{ij} E_j, \qquad [E_i, E_j] = 0,$$

を満たす $2n$ 個の $2n \times 2n$ 行列 H_i, E_i $(i = 1, ..., n)$ を用意する．具体的には，k 番目だけ零行列 $\mathcal{O} = \left(\begin{smallmatrix} 0 & 0 \\ 0 & 0 \end{smallmatrix}\right)$ でない直和 $H_k = \mathcal{O} \oplus \cdots \oplus h \oplus \cdots \oplus \mathcal{O}$, $E_k = \mathcal{O} \oplus \cdots \oplus e \oplus \cdots \oplus \mathcal{O}$ により，sl_2 行列 $h = \left(\begin{smallmatrix} 1 & 0 \\ 0 & -1 \end{smallmatrix}\right)$, $e = \left(\begin{smallmatrix} 0 & 1 \\ 0 & 0 \end{smallmatrix}\right)$ を $2n \times 2n$ 行列の対角部分に順次埋め込めばよい．H_j, E_j と作用-角変数 I_j, θ_j を用いて,

$$L = \sum_{j=1}^{n} \Big(I_j H_j + 2 I_j \theta_j E_j \Big), \qquad M = -\sum_{j=1}^{n} \frac{\partial H}{\partial I_j} E_j,$$

とすると，Lax 方程式と運動方程式 (2.10) が等価になる．ただし，作用-角変数を求めた（≈ 問題を解いた）後でないと，この Lax 対は構成できない．

2.4 $\boldsymbol{r}$ 行列

次に，Lax 対から生成された保存量の包含性についても考えてみよう．以下，

$$(E_{jk})_{mn} = \delta_{jm}\delta_{km} \tag{2.14}$$

を成分とする正方行列の基底を用いる．この時，L を $L = \sum_{i,j} L_{ij}E_{ij}$ と分解し，テンソル積への埋め込みを $L_1 = L \otimes \mathbb{1}$, $L_2 = \mathbb{1} \otimes L$ と書こう．$\mathbb{1}$ は単位行列である．また，行列 $r = \sum_{ijkl} r_{ij;kl}E_{ij} \otimes E_{kl}$ に対して $r_{12} = r$, $r_{21} = \sum_{ijkl} r_{ij;kl}E_{kl} \otimes E_{ij}$ とする．テンソル積が 3 つあれば同様に $L_3 = \mathbb{1} \otimes \mathbb{1} \otimes L$, $r_{13} = \sum_{ijkl} r_{ij;kl}E_{ij} \otimes \mathbb{1} \otimes E_{kl}$ 等々とする．

ここで，Poisson 括弧，

$$\{L_1, L_2\} = \sum_{i,j,k,l} \{L_{ij}, L_{kl}\}E_{ij} \otimes E_{kl}\,,$$

を考えると，

$$\{L_1, L_2\} = [r_{12}, L_1] - [r_{21}, L_2] \tag{2.15}$$

となる行列 r_{12}, r_{21} が存在すれば，具体的な計算により $\{\mathrm{tr}\, L^n, \mathrm{tr}\, L^m\} = 0$, 即ち，保存量 $\mathrm{tr}\, L^n$ が互いに包含的であることがわかる．このような行列を **$\boldsymbol{r}$ 行列**という．逆に，L が対角化可能であり固有値が互いに包含的であれば $\{L_1, L_2\}$ が (2.15) の形で書けることも示せる．よって，(2.15) は保存量の包含性を特徴付ける関係式となる．

さて，Poisson 括弧 (2.15) の Jacobi 恒等式 $0 = \{L_1, \{L_2, L_3\}\} +$ (添字 $1, 2, 3$ を巡回置換した項) より，r 行列には，

$$\begin{aligned}0 = [L_1, [r_{12}, r_{13}] + [r_{12}, r_{23}] + [r_{32}, r_{13}] + \{L_2, r_{13}\} - \{L_3, r_{12}\}] \\ + (\text{巡回置換項})\,,\end{aligned}$$

という制限が付く．特に，r_{ij} が定数の場合，制限を満たす十分条件として，

$$[r_{12}, r_{13}] + [r_{12}, r_{23}] + [r_{32}, r_{13}] = 0\,, \tag{2.16}$$

を得る．さらに，r_{ij} が $r_{ij} = -r_{ji}$ と反対称な時，この条件式を**古典 Yang-Baxter 方程式**，また，その解となる r 行列を**古典 $\boldsymbol{r}$ 行列**という．r 行列は，可積分な系の分類に用いることができる．(2.16) に相当する方程式は，4 章以降の**量子可積分性**の議論でも繰り返し現れる．Lax 対と Liouville 可積分性の関係の詳細については例えば文献 [42], [44], [50] 参照．

これまで，明確な定義のある Liouville 可積分性について議論し，それが Lax 対の存在と密接な関係にあることも見た．以下では，Lax 対/方程式に基づき議論を進め，具体例として現れる模型の特徴的な性質も考えていく．曖昧な言

葉遣いとなるが，以下では，これら **“模型が解ける”** ことに特徴的な性質を持つ系を **“可積分系”**，その性質を **“可積分性”** と呼ぶことにしよう．

2.5 スペクトルパラメータ

2.3 節の Lax 対に，

$$L, M \ \to\ L(\lambda), M(\lambda)$$

とパラメータ λ を導入し，運動方程式が Lax 方程式，

$$\frac{dL(\lambda)}{dt} = [M(\lambda), L(\lambda)], \tag{2.17}$$

で表せたとする．このようなパラメータを**スペクトルパラメータ**という．この時，2.3 節と同様に $\mathrm{tr}\, L^n(\lambda)$ などは任意の λ について保存される．また，これらの量の λ についての展開係数も保存量となり，容易に保存量が生成される．スペクトルパラメータは，可積分系の解析に重要な役割を果たす．例えば，スペクトルパラメータに関する解析性を用いると，Lax 対の可能な形や運動方程式の解を求めたりすることもできる（2.7 節も参照）．

2.5.1 Euler のコマ

スペクトルパラメータの具体例として，外力が働かない自由な剛体（コマ）の運動をコマと共に動く座標系で考えよう．コマの慣性主軸方向の角速度を ω_k $(k = 1, 2, 3)$，主慣性モーメントを I_k，角運動量を $j_k = I_k \omega_k$ とすると，運動方程式は，

$$\frac{d\boldsymbol{j}}{dt} = -\boldsymbol{\omega} \times \boldsymbol{j}, \tag{2.18}$$

となる．運動方程式から，ハミルトニアンおよび角運動量の大きさの 2 乗，

$$H = \frac{1}{2} \sum_{k=1}^{3} I_k \omega_k^2, \qquad \boldsymbol{j}^2 = \sum_{k=1}^{3} j_k^2,$$

が保存されることがわかる．ここで，$\mathcal{I}_k = (I_i + I_j - I_k)/2$ （i, j, k は 1,2,3 の巡回置換），ϵ_{ijk} を完全反対称テンソルとして，

$$I_{ij} = \delta_{ij} \mathcal{I}_j, \qquad J_{ij} = \sum_{k=1}^{3} \epsilon_{ijk} j_k, \qquad \Omega_{ij} = \sum_{k=1}^{3} \epsilon_{ijk} \omega_k,$$

を成分とする行列 I, J, Ω を導入すると (2.18) は，

$$\dot{J} = [\Omega, J], \tag{2.19}$$

と表される．さらに，

$$L(\lambda) = I^2 + \frac{1}{\lambda} J\,, \qquad M(\lambda) = \lambda I + \Omega\,,$$

とすると，

$$\dot{L}(\lambda) - [M(\lambda), L(\lambda)] = \frac{1}{\lambda}\left(\dot{J} + [J, \Omega]\right)\,,$$

となり，運動方程式 (2.19) が Lax 方程式 (2.17) の形で表せることがわかる．また，$\operatorname{tr} L^n$ を λ で展開すると，

$$\operatorname{tr} L(\lambda) = \operatorname{tr} I^2\,, \qquad \operatorname{tr} L^2(\lambda) = \operatorname{tr} I^4 + \frac{1}{\lambda^2}\operatorname{tr} J^2 = \operatorname{tr} I^4 - \frac{2}{\lambda^2}\boldsymbol{j}^2\,,$$
$$\operatorname{tr} L^3(\lambda) = \operatorname{tr} I^6 + \frac{3}{\lambda^2}\operatorname{tr}(I^2 J^2)\,,\ \cdots \tag{2.20}$$

のように保存量が生成される．

方程式 (2.19) は $L = J, M = \Omega$ とするスペクトルパラメータなしの Lax 方程式と見なせる．この場合，$\operatorname{tr} L^n$ は確かに保存量として $\boldsymbol{j}^2$ とその関数を与えるが，I_k を含む新たな保存量は生成されない．

2.5.2 戸田格子

もう一つの例として，ハミルトニアンを，

$$H = \frac{1}{2}\sum_{i=1}^{n+1} p_i^2 + V(q_i)\,, \quad V(q_i) = \sum_{i=1}^{n+1} v_i^2\,, \quad v_i = e^{(q_i - q_{i+1})/2}\,, \tag{2.21}$$

とする周期的 $(q_{j+n+1} = q_j)$ な系を考える．これは，$n+1$ 個の周期的な格子点上で，隣り合った粒子と相互作用する粒子の運動を表す．系は座標 q_i についての並進対称性を持ち，重心運動は自明な自由度である．(2.21) で与えられる系を**戸田格子**という[51]．

上のハミルトニアンから得られる運動方程式は，

$$\dot{q}_i = \frac{\partial H}{\partial p_i} = p_i\,, \qquad \dot{p}_i = -\frac{\partial H}{\partial q_i} = e^{q_{i-1} - q_i} - e^{q_i - q_{i+1}}\,,$$

となる．ここで，(2.14) で与えられる $(n+1) \times (n+1)$ 行列 E_{jk} を用いて $(E_{\alpha_i}, E_{-\alpha_i}) = (E_{i\,i+1}, E_{i+1\,i})$ $(i = 1, ..., n)$, $(E_{\alpha_{n+1}}, E_{-\alpha_{n+1}}) = (\lambda E_{n+1\,1}, \lambda^{-1} E_{1\,n+1})$, $H_i = E_{ii}$ とおき，

$$L(\lambda) = \sum_{i=1}^{n+1}\Big(p_i H_i + v_i(E_{\alpha_i} + E_{-\alpha_i})\Big)\,,$$
$$M(\lambda) = -\frac{1}{2}\sum_{i=1}^{n+1} v_i(E_{\alpha_i} - E_{-\alpha_i})\,, \tag{2.22}$$

を導入すると，$[E_{ij}, E_{kl}] = \delta_{jk} E_{il} - \delta_{il} E_{kj}$ より，運動方程式の Lax 表示が得られる．保存量は，例えば，

$$\operatorname{tr} L(\lambda) = \sum_{i=1}^{n+1} p_i\,, \quad \operatorname{tr} L^2(\lambda) = 2H\,,\ \cdots\ .$$

Lax 対 (2.22) に現れる行列 $H_i, E_{\pm\alpha_i}$ $(i = 1, ..., n)$ は su$(n+1)$ Lie 代数の生成子に他ならない．$H_{n+1}, E_{\pm\alpha_{n+1}}$ は**アファイン Lie 代数**への拡張で現れる生成子に対応する．また，e_i $(i = 1, ..., n+1)$ を $e_i \cdot e_k = \delta_{ik}$ を満たす $n+1$ 次元の正規直交基底，$\alpha_i = e_i - e_{i+1}$ とすると，α_j $(j = 1, ..., n)$, $-\alpha_{n+1}$ はそれぞれ su$(n+1)$ の単純ルート，最高ルートに対応する．さらに，$q = (q_1, ..., q_{n+1})$ とすると，(2.21) 中のポテンシャル項は $V = \sum_{i=1}^{n+1} e^{\alpha_i \cdot q}$ となり，ルート系を用いて簡潔に表せる．

このように，戸田系は Lie 代数の言葉で系統的に理解でき，開いた格子の場合や su$(n+1)$ 以外の Lie 代数の場合への拡張が考えられる．(1+1) 次元場の理論への拡張については 2.6.6 節で述べる．

2.6 (1+1) 次元場の理論

これまで有限個の粒子の系を考えてきたが，Liouville 可積分性，Lax 対などの考え方は無限の自由度を持つ場の理論にも適用できる．以下，時間 t，周期的な空間 $x \in [0, 2\pi)$ から成る円筒状の (1+1) 次元時空中の場を主に考え $\phi(x,t)$ などと書く．これまでの有限粒子系は x 方向のない (0+1) 次元系と見なせる．

2.6.1 ゼロ曲率表示

まず，有限粒子系の Lax 方程式が (2.13) のように，演算子 $\partial_t - M$ と L の交換関係として表されたことを思い出そう．ここで，$\partial_t := \partial/\partial t$ である．今，スペクトルパラメータを含む Lax 方程式を空間方向の微分まで含めた形に拡張し，運動方程式が行列 $U(x,t)$, $V(x,t)$ を用いて，

$$\big[\partial_t - V, \partial_x - U\big] = \partial_x V - \partial_t U + [V, U] = 0\,, \tag{2.23}$$

の形に書かれたとする．以下に示すように，そのような系には無限個の保存量が存在する．$A_x := U$, $A_t := V$ を接続，$D_a := \partial_a - A_a$ $(a = x, t)$ を共変微分と見なすと，(2.23) 中の交換子 $[D_t, D_x]$ は曲率を表すため，このような方程式の表示を**ゼロ曲率表示**，U, V を **Lax 接続**という．Lax 方程式と同様にゼロ曲率方程式も，行列 $\chi(x,t)$ による以下のゲージ変換の下で不変である：

$$A_a \to \chi A_a \chi^{-1} - \chi \partial_a \chi^{-1}\,. \tag{2.24}$$

方程式 (2.23) は補助的な**線形（方程式）系**，

$$(\partial_a - A_a)\Psi = 0\,, \tag{2.25}$$

の微分方程式の意味での可積分条件となっている（**Frobenius の定理**）．量子力学との類似で Ψ を**波動関数**と呼ぼう．線形方程式系 (2.25) の解は，

$$\Psi(x,t) = P\exp\left[\int_\gamma (Udx + Vdt)\right]\Psi(x_0,t_0)\,, \tag{2.26}$$

となる．ここで，γ は (x_0, t_0) から (x,t) への経路，記号 P は経路に沿った経路順序積を表す．U, V は行列なので順序にも意味がある．より具体的には，$\sigma^a = (t,x)$, $A := \sum_a A_a d\sigma^a = Udx + Vdt$ とし，経路をパラメータ s で $\sigma^a(s)$ と表すと，1.7.4 節の Wilson ループ (1.44) と同様に，

$$\begin{aligned} P\exp\left[\int_\gamma A\right] &:= 1 + \int d\sigma^a(s) A_a\big(\sigma(s)\big) \\ &\quad + \int_{s_1>s_2} d\sigma^a(s_1) d\sigma^b(s_2) A_a\big(\sigma(s_1)\big) A_b\big(\sigma(s_2)\big) + \cdots\,, \end{aligned} \tag{2.27}$$

となる．始点と終点を結ぶ 2 つの経路を γ_1, γ_2，第 1 の経路を進み第 2 の経路を戻って 1 周した経路を $\gamma' = \gamma_1 - \gamma_2$，この経路を境界とする（単連結な）面を Σ とする．この時，A_a が行列でなければ，Stokes の定理により $\int_{\gamma'} A = \int_\Sigma dA = \int_\Sigma [D_x, D_t] dtdx$．よって，曲率がゼロであればこの積分は消え $\int_{\gamma_1} A = \int_{\gamma_2} A$ となる．同様に，A_a が行列の場合に拡張された非可換 Stokes の定理とゼロ曲率条件 (2.23) により (2.26) は経路に依らない．

以下，接続 U, V にスペクトルパラメータ λ が導入できるとしよう．Lax 方程式 (2.17) の場合は保存量は $\mathrm{tr}\, L^n(\lambda)$ のような量で生成された．ゼロ曲率方程式の場合も L に対応する U の積を考え，トレースをとれば保存量となる．今，場の自由度は空間方向に並んでいると見なせるので，まず x 方向に 1 周する経路に沿った“積”，

$$T(t,\lambda) := P\exp\left[\int_0^{2\pi} U(x,t;\lambda)dx\right]\,, \tag{2.28}$$

を考える．(2.26) より，これは，x 方向に 1 周した時の Ψ の変化（モノドロミー）を表しており**モノドロミー行列**と呼ばれる．Wilson ループの経路が閉じずに線状になった Wilson ラインと同様に，$T(t,\lambda)$ は $\chi(x,t;\lambda)$ をパラメータとするゲージ変換 (2.24) の下で，

$$T(t,\lambda) \to \chi(2\pi,t;\lambda)\cdot T(t,\lambda)\cdot \chi^{-1}(0,t;\lambda) \tag{2.29}$$

と変換する．また，$T(t,\lambda)$ の時間微分は，

$$\begin{aligned} \partial_t T(t,\lambda) &= \int_0^{2\pi} dx\, e^{\int_x^{2\pi} Udx}\, \dot{U}\, e^{\int_0^x Udx} \\ &= \int_0^{2\pi} dx\, \partial_x\Big(e^{\int_x^{2\pi} Udx} V e^{\int_0^x Udx}\Big) = V(2\pi,t;\lambda)T(t,\lambda) - T(t,\lambda)V(0,t;\lambda)\,, \end{aligned} \tag{2.30}$$

となる．2 行目に移る際に (2.23) を用い，経路順序の記号 P を省略した．よって，V が x について周期的であれば $\partial_t T(t,\lambda)$ は L と同様に相似変換され，

$$\tau_n(\lambda) := \mathrm{tr}\, T^n(t,\lambda) \tag{2.31}$$

は保存量となる．この量をスペクトルパラメータ λ で展開すると，無限個の保存量が得られる．2.4 節のように，r 行列や保存量の包含性も議論できる．

2.6.2 KdV 方程式

以下，具体例を考えていこう．可積分系の発展に重要な役割を果たしてきた可積分な場の方程式に **Korteweg-de Vries (KdV) 方程式**,

$$4\partial_t u = -6u\partial_x u + \partial_x^3 u\,, \tag{2.32}$$

がある．KdV 方程式は，浅い水の水面のゆっくりした運動などを記述する．方程式中の係数は t, x, u を定数倍することで変更できる．方程式 (2.32) を与える Lax 接続は，例えば,

$$U = \begin{pmatrix} 0 & 1 \\ \lambda + u & 0 \end{pmatrix}, \quad V = \frac{1}{4}\begin{pmatrix} \partial_x u & 4\lambda - 2u \\ 4\lambda^2 + 2\lambda u + \partial_x^2 u - 2u^2 & -\partial_x u \end{pmatrix}.$$

行列ではなく，微分演算子,

$$L = \partial_x^2 - u\,, \qquad M = \frac{1}{4}\big(4\partial_x^3 - 6u\partial_x - 3(\partial_x u)\big)\,,$$

を用いると，(2.32) は (2.12) の形の Lax 表示ができる．この Lax 方程式は，ゼロ曲率方程式に付随する線形方程式系,

$$(\partial_x - U)\begin{pmatrix} \Psi \\ \chi \end{pmatrix} = 0\,, \qquad (\partial_t - V)\begin{pmatrix} \Psi \\ \chi \end{pmatrix} = 0\,, \tag{2.33}$$

からも導ける．まず第 1 式より，$\chi = \partial_x \Psi$,

$$(L - \lambda)\Psi = 0\,, \tag{2.34}$$

となる．これを用いると，(2.33) の第 2 式中の Ψ に関する方程式から,

$$(\partial_t - M)\Psi = 0\,, \tag{2.35}$$

が導かれ，(2.34), (2.35) の両立（可積分）条件として Lax 方程式を得る．

途中で用いた (2.34) は，ポテンシャルを u とする Schrödinger 方程式と見なせる．この時，スペクトルパラメータ λ は系のエネルギー固有値（スペクトル）を表しており，一般の“スペクトルパラメータ”という用語の由来となっている．また，付随する線形系の散乱問題を通して，解 u（ポテンシャル）を求めると共に作用-角変数を構成することもできる．KdV 方程式の解析において発見されたこのような方法を**逆散乱法**という．

2.6.3 sine-Gordon 模型

可積分な場の理論の雛形として様々な解析がなされている模型に，余弦 (cosine) 関数型のポテンシャルを持ち，作用が,

$$S=\int d^2\sigma\Big(\frac{1}{2}\eta^{ab}\partial_a\phi\partial_b\phi-V(\phi)\Big)\,,\quad V(\phi)=\frac{m^2}{\beta^2}(1-\cos(\beta\phi))\,,\tag{2.36}$$

で与えられる **sine-Gordon 模型**がある．ここで，$\sigma^a=(t,x)$, $\eta^{ab}=\mathrm{diag}(1,-1)$，また，$m,\beta$ は定数である．繰り返し現れる添字については和をとるものとする．運動方程式は，

$$\Box\phi+\frac{m^2}{\beta}\sin(\beta\phi)=0\,,\qquad \Box:=\partial_t^2-\partial_x^2\,.\tag{2.37}$$

模型の名前は，相対論的なスカラー場の方程式である Klein-Gordon 方程式 $(\Box+m^2)\phi=0$ をもじって付けられたと推察される．

方程式 (2.37) を与える Lax 接続は，例えば，

$$\begin{aligned}U&=\frac{i}{4}\Big(\beta\partial_t\phi\cdot\sigma_3+2\,m\sinh\lambda\,\cos\big(\frac{\beta\phi}{2}\big)\cdot\sigma_1+2\,m\cosh\lambda\,\sin\big(\frac{\beta\phi}{2}\big)\cdot\sigma_2\Big)\,,\\ V&=\frac{i}{4}\Big(\beta\partial_x\phi\cdot\sigma_3+2\,m\cosh\lambda\,\cos\big(\frac{\beta\phi}{2}\big)\cdot\sigma_1+2\,m\sinh\lambda\,\sin\big(\frac{\beta\phi}{2}\big)\cdot\sigma_2\Big)\,,\end{aligned}\tag{2.38}$$

となる．ここで，$\sigma_1=\left(\begin{smallmatrix}0&1\\1&0\end{smallmatrix}\right)$, $\sigma_2=\left(\begin{smallmatrix}0&-i\\i&0\end{smallmatrix}\right)$, $\sigma_3=\left(\begin{smallmatrix}1&0\\0&-1\end{smallmatrix}\right)$ は Pauli 行列である．

2.6.4　非線形 Schrödinger 系

次の方程式系，

$$i\partial_t y+\partial_x^2 y-2y^*y^2=0\,,\qquad -i\partial_t y^*+\partial_x^2 y^*-2yy^{*2}=0\,,\tag{2.39}$$

も可積分な場の理論のよく知られた例の 1 つであり，**非線形 Schrödinger 系**と呼ばれる．ここで，y の複素共役を $\bar{y}$ として，拘束条件 $y^*=\varepsilon\bar{y}$ $(\varepsilon=\pm1)$ を課すと，上の 2 式は**非線形 Schrödinger 方程式**,

$$i\partial_t y+\partial_x^2 y-2\varepsilon|y|^2y=0\,,$$

に帰着する．方程式系 (2.39) を与える Lax 接続としては，次のものがとれる：

$$\begin{aligned}A_x(\lambda)&=-i\lambda\sigma_3+\begin{pmatrix}0&iy\\-iy^*&0\end{pmatrix}\,,\\ A_t(\lambda)&=2\lambda U(\lambda)-\begin{pmatrix}iyy^*&\partial_x y\\ \partial_x y^*&-iyy^*\end{pmatrix}\,.\end{aligned}\tag{2.40}$$

2.6.5　群多様体上の非線形シグマ模型

場 $g(x,t)$ が Lie 群 G に値をとり，作用が,

$$S=\frac{1}{2}\int d^2\sigma\,\mathrm{tr}\Big(\eta^{ab}\partial_a g^{-1}\partial_b g\Big)\,,\tag{2.41}$$

で与えられる模型を考えよう．$g(x,t)$ は (t,x) を座標とする“世界面”からターゲット空間 G への写像と見なせる．作用を g で変分すると，運動方程式,

$$\partial_a J^a = 0\,, \qquad J_a := g^{-1}\partial_a g\,, \tag{2.42}$$

が得られる．添字については η^{ab}, η_{ab} で上げ下げをしている．$G = \mathrm{U}(1)$ の場合，スカラー場 ϕ を用いて $g = e^{i\phi}$ とすると，(2.41), (2.42) は質量のない（無質量）自由スカラー場の作用と運動方程式となる．一般の G について，生成子 τ_j を用いて $g = e^{i\phi^j \tau_j}$ などとすると，ラグランジアン（密度）は $K_{ij}(\phi^j)\partial_a\phi^i\partial^a\phi^j$ のような形になり，1.1 節でも述べた**非線形シグマ模型**となる．定義より，保存カレント J^a は恒等式（**Maurer-Cartan 方程式**），

$$\partial_a J_b - \partial_b J_a + [J_a, J_b] = 0\,, \tag{2.43}$$

を満たす．これは，J が平坦（曲率がゼロ）であることを示している．

運動方程式を与える Lax 接続としては，例えば，

$$A_+ = -\frac{1}{1-\lambda}J_+\,, \qquad A_- = -\frac{1}{1+\lambda}J_-\,, \tag{2.44}$$

がとれる．ここで，$x^\pm = t \pm x$, $\partial_\pm = \partial/\partial x^\pm$ とした．実際，$0 = [\partial_+ - A_+, \partial_- - A_-]$ に $(\lambda^2 - 1)$ を掛けて，$\mathcal{O}(1), \mathcal{O}(\lambda)$ の項を見ると，

$$0 = \partial_+ J_- - \partial_- J_+ + [J_+, J_-]\,, \qquad 0 = \partial_+ J_- + \partial_- J_+\,, \tag{2.45}$$

となり，恒等式 (2.43) と運動方程式 (2.42) が得られる．sine-Gordon 模型の Lax 接続 (2.38) も，**光円錐座標** $x^\pm$ で表示すると簡潔になる．

2.6.6 戸田場の理論と Liouville 理論

2.5.2 節では，戸田格子という Lie 代数に付随した可積分系について述べた．この系を拡張して (1+1) 次元の場の理論を構成することができる．ここでは，再び $\mathrm{su}(n+1) = A_n$ 代数の場合を具体的に見てみよう．

今，α_j $(j = 1, ..., n)$, $\theta = \sum_{j=1}^n \alpha_j$ をそれぞれ $\mathrm{su}(n+1)$ の単純ルート，最高ルート，$\alpha_{n+1} = -\theta$ とし，場 $\phi(x,t) = (\phi_1, ..., \phi_n)$ に対する作用を，

$$S = \int d^2\sigma \left(\frac{1}{2}\eta^{ab}\partial_a\phi\cdot\partial_b\phi + \frac{\mu^2}{4\beta^2}\sum_{j=1}^{n+1} e^{\beta\alpha_j\cdot\phi} \right), \tag{2.46}$$

とすると可積分な系となる*4)．ポテンシャル項を展開した ϕ の 2 次の項を対角化すると，場の質量，

$$m_k^2 \propto \sin^2\frac{k\pi}{n+1} \quad (k = 1, ..., n)\,, \tag{2.47}$$

を得る．最高ルートを含めると Lie 代数のルート系はアファイン Lie 代数のルート系に拡張されるため，(2.46) で与えられる理論は**アファイン戸田場の**

*4) (2.46) では ϕ, $\alpha_j \in \mathbb{R}^n$ である．2.5.2 節で直交変換により全ての α_j を $\mathbb{R}^n \subset \mathbb{R}^{n+1}$ のベクトルとすると，例えば変換後の q_{n+1} はポテンシャルに現れず (2.46) との対応は見易くなる．自明な重心運動を除くと，(2.21) の系の位相空間の次元も $2n$ であった．

理論 (affine Toda field theory) と呼ばれる．(2.46) から従う運動方程式は，2.5.2 節の (2.22) と同様に，（アファイン）Lie 代数の生成子を用いた Lax 接続によりゼロ曲率表示が可能である[52]．$n=1$ の su(2) の場合には，上の作用は (2.36) のポテンシャル中で $i\phi\to\phi$ とした **sinh-Gordon 模型**の作用となる．

次に (2.46) において，ポテンシャル項の和 $\sum_{j=1}^{n+1}$ を $\sum_{j=1}^{n}$ として最高ルート $-\alpha_{n+1}$ を含む項を除くと，共形対称性を持つ可積分な場の理論となる．このような場の理論は（共形）**戸田場の理論** ((conformal) Toda field theory) と呼ばれ，$n=1$ の su(2) の場合には **Liouville 理論**に帰着する．Liouville 理論は共形場理論・弦理論において度々登場する基本的な理論である．その他，戸田場の理論には，su$(n+1)$ 代数以外の（アファイン）Lie 代数への拡張など様々な拡張があり，～戸田場の理論と名付けられた理論が多数ある*5)．

2.6.7 Ernst 方程式 – 対称性が高い時空の Einstein 方程式 –

時空の対称性が高く，計量が 4 つの座標のうちの 2 つにしか依らない（2 つの Killing ベクトル場がある）場合，重力の Einstein 方程式は可積分になる．話を明確にするため，Kerr ブラックホール時空のような定常で軸対称な時空，

$$ds^2 = f^{-1}\Big[e^{2K}(dx^2+d\rho^2)+\rho^2 d\phi^2\Big] - f(dt^2+Fd\phi)^2\,,$$

を考え，文献 [53] に従って話を進めよう．ここで，f,K,F は時間・角度座標 t,ϕ に依らない関数である．以下，残りの座標 x,ρ を複素に組み $z=x+i\rho$, $\partial=\partial/\partial z$ とし，$\bar{z}=x-i\rho$, $\bar{\partial}=\partial/\partial\bar{z}$ のように複素共役を $^-$ で表す．

この時，真空中の Einstein 方程式は以下の方程式に帰着する：

$$(\mathcal{E}+\bar{\mathcal{E}})\Big(\partial\bar{\partial}\mathcal{E} - \frac{\partial\mathcal{E}-\bar{\partial}\mathcal{E}}{2(z-\bar{z})}\Big) = 2\partial\mathcal{E}\bar{\partial}\mathcal{E}\,. \tag{2.48}$$

この方程式を **Ernst 方程式**という．Ernst ポテンシャル $\mathcal{E}$ と計量の関係は

$$f = \mathrm{Re}\,\mathcal{E}\,, \qquad \partial K = 2i\rho\frac{\partial\mathcal{E}\partial\bar{\mathcal{E}}}{(\mathcal{E}+\bar{\mathcal{E}})^2}\,, \qquad \partial F = 2\rho\frac{\partial(\mathcal{E}-\bar{\mathcal{E}})}{(\mathcal{E}+\bar{\mathcal{E}})^2}\,,$$

となる．ここで，

$$g = \frac{1}{\mathcal{E}+\bar{\mathcal{E}}}\begin{pmatrix} 2 & i(\mathcal{E}-\bar{\mathcal{E}}) \\ i(\mathcal{E}-\bar{\mathcal{E}}) & 2\mathcal{E}\bar{\mathcal{E}} \end{pmatrix},$$

とおくと，方程式 (2.48) はカレント $\partial_a g\cdot g^{-1} = g(g^{-1}\partial_a g)g^{-1}$ を用いて，

$$\partial_a\big(\rho\partial_a g\cdot g^{-1}\big) = 0\,, \tag{2.49}$$

$\partial_a = (\partial_x,\partial_\rho)$ となり，ほとんど 2.6.5 節の (2.42) と同じ形になる．

Lax 接続については，余分な ρ 依存性のため (2.44) をそのまま用いること

---

*5) どこかの研究会で～戸田場の理論が議論された時，名前の由来である戸田盛和氏本人から「その～戸田場の理論とは何か?」と質問があったそうである．

はできない．しかし，

$$\partial\lambda = \frac{\lambda}{z-\bar{z}}\frac{1+\lambda}{1-\lambda}, \qquad \bar{\partial}\lambda = \frac{-\lambda}{z-\bar{z}}\frac{1-\lambda}{1+\lambda},$$

を満たす“座標に依存したスペクトルパラメータ”を導入することにより，形式的に (2.44) と同様の Lax 接続，

$$A = \frac{1}{1-\lambda}\partial g\cdot g^{-1}, \qquad \bar{A} = \frac{1}{1+\lambda}\bar{\partial} g\cdot g^{-1},$$

を用いて (2.49) が $[\partial - A, \bar{\partial} - \bar{A}] = 0$ と表される．

運動方程式や Lax 接続の形は，この系と 2.6.4 節の非線形シグマ模型との関係を示唆する．実際，Ernst 方程式は SL(2,ℝ)/SO(2) 商（コセット）空間をターゲット空間とするシグマ模型の運動方程式と見なせる[54]．Ernst 方程式の系には無限次元の“隠れた対称性”があり，1 つの解から別の解を次々に生成していくことができる．この対称性の成す群を **Geroch 群**という．

2.6.8 非局所保存チャージ

2.6.1 節では，空間方向 x が周期的な場合にモノドロミー行列のトレース (2.31) が保存量となることを述べた．空間方向が無限に伸びて $x \in (-\infty, \infty)$ となる場合では，類似の方法により異なるタイプの保存量が得られる．

今，(2.28) に対応して t を固定し，x 軸に沿った経路上の積分，

$$Q(t,\lambda) = P\exp\left[\int_{-\infty}^{\infty} U(x,t;\lambda)dx\right],$$

を考えると，(2.30) と同様にして，

$$\partial_t Q(t,\lambda) = V(\infty,t;\lambda)Q(t,\lambda) - Q(t,\lambda)V(-\infty,t;\lambda),$$

を得る．よって，$|x|\to\infty$ で場が減衰し V がゼロになれば，$Q(t,\lambda)$ は (2.31) のようにトレースをとらなくても保存する．この Q を λ で展開するとやはり無限個の保存量が生成される．

例として，2.6.5 節の群多様体上の非線形シグマ模型を考えよう．$\lambda = (1+e^u)/(1-u^u)$ により新たなスペクトルパラメータ u を導入すると，$A_\pm = -\frac{1}{2}(1-e^{\mp u})J_\pm$, また，

$$U = A_x = A_+ - A_- = -\frac{1}{2}uJ_t + \frac{1}{4}u^2 J_x + \mathcal{O}(u^3),$$

となる．従って，Q の展開 $Q = 1 + \sum_{n=1}^{\infty}\lambda^n Q_n$ より以下の保存量を得る：

$$2Q_1 = -\int_{-\infty}^{\infty} dx\, J_t(x),$$

$$4Q_2 = \int_{-\infty}^{\infty} dx\, J_x(x) + \int_{-\infty}^{\infty} dx \int_{-\infty}^{x} dx'\, J_t(x)J_t(x'), \quad \cdots. \tag{2.50}$$

一般に Q_2 のような非局所的な積分で表される保存量を**非局所（保存）チャー**

ジという[55]．これらのチャージは **Yangian 代数**と呼ばれる無限次元代数を成す[56]．Yangian 代数も可積分系を特徴付けるものの 1 つである．これらに対して，局所的な場の積分で表される保存量を**局所（保存）チャージ**という．

2.7 可積分方程式の解

浅い運河などでは，盛り上がった水面が孤立した波 (solitary wave) となって伝わることが観察されている．このような孤立波は互いに衝突しても形を崩さず粒子のような性質を持つため，粒子を表す語尾 -on を付けて**ソリトン** (soliton) と呼ばれる[51]．浅い水の運動を記述する KdV 方程式は確かにソリトンを表す解を持つ．ソリトン解は他の可積分系の非線形方程式にも現れ，その存在は可積分系を特徴を付けるものとなる．保存量が十分あり，線形方程式の単純な解とは異なり波の形を保った運動も可能になるということであろうか*6)．以下では，まず sine-Gordon 模型を例にこのような解について考える．

2.7.1 sine-Gordon 模型のソリトン解

$x \in (-\infty, \infty)$ として，円筒ではなく 2 次元平面での sine-Gordon 模型を考える．(2.36) のポテンシャルは，$\phi = 2\pi n/\beta$ $(n \in \mathbb{Z})$ で極小となり，各極小点（真空）の周りを振動する解や，極小点をつなぐ解があると考えられる．これらは一般に周期解ではない．また，ポテンシャルを ϕ について展開すると，m が質量，β が相互作用の結合定数を表すことがわかる．

以下，系のエネルギー，

$$E = \int_{-\infty}^{\infty} dx \Big[\frac{1}{2}(\partial_t \phi)^2 + \frac{1}{2}(\partial_x \phi)^2 + V(\phi)\Big],$$

が有限になる解を考える．この時，$|x| \to \infty$ で $\partial_t \phi, \partial_x \phi, V(\phi) \to 0$ となる必要がある．よって，$\phi(\pm\infty, t)$ は極小点 $2\pi n_\pm/\beta$ に値をとり，

$$Q = \frac{\beta}{2\pi} \int_{-\infty}^{\infty} dx\, \partial_x \phi$$

は整数値 $Q = n_+ - n_-$ をとる．境界条件を与えれば Q は解の変形の下で不変であるので，**位相的チャージ** (topological charge) と呼ばれる．さらに，解が時間に依存しないとすると，$\partial_t \phi = 0$ より運動方程式は，

$$\frac{\partial^2 \phi}{\partial x^2} = \frac{\partial V}{\partial \phi},$$

となる．これを積分すると，

$$\frac{1}{2}(\partial_x \phi)^2 - V(\phi) = (\text{定数}) = 0,$$

*6) 量子系では十分な保存量があれば粒子の散乱が 2 体散乱に因子化する（5.4.1 節参照）．

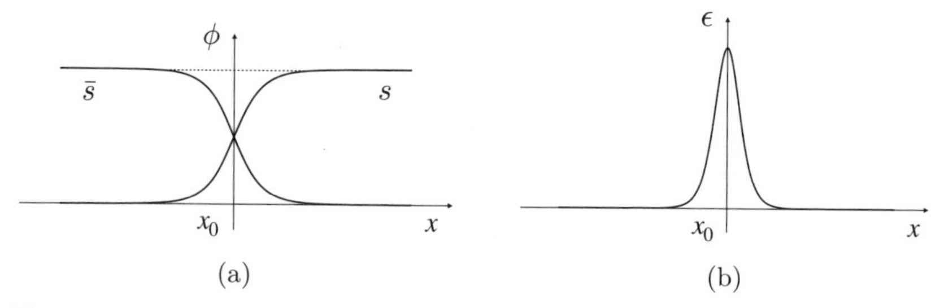

図 2.2　(a) sine-Gordon 模型のソリトン解 (s) と反ソリトン解 $(\bar{s})$. (b)（反）ソリトン解のエネルギー密度 $\epsilon(x)$.

となる．定数は E が有限であることから決まった．さらに，上式から得られる $dx = \pm d\phi/\sqrt{2V(\phi)}$ を積分し，積分定数を適当に選ぶと x_0 を定数として，

$$\phi(x,t) = \frac{4}{\beta}\arctan e^{\pm m(x-x_0)}\,, \tag{2.51}$$

を得る．$\phi \to \phi + 2\pi/\beta$ や $\phi \to -\phi$（$\mathbb{Z}_2$ 対称性）の下での方程式の不変性を用いると他の解も生成できる．解 (2.51) を図示すると図 2.2 (a) となる．

解は $\phi = 0$ と $\phi = 2\pi/\beta$ をつなぐ非周期解であり，$+(-)$ 符号の解は $\phi = 0$ と $\phi = 2\pi/\beta$ を左から右へ（右から左へ）つないでおり，位相的チャージは $Q_\pm = \pm 1$ となる．$+$ 符号の解をソリトン解，$-$ 符号の解を反ソリトン (anti-soliton) 解という．これらのエネルギー密度・エネルギーは共に，

$$\epsilon(x) = \frac{4m^2}{\beta^2\cosh^2 m(x-x_0)}\,, \qquad E = \int_{-\infty}^{\infty} dx\,\epsilon(x) = \frac{8m}{\beta^2}\,.$$

図 2.2 (a) の配位のエネルギー密度 $\epsilon(x)$ は配位の変化がおこる $x \sim x_0$ 付近に局在しており（図 2.2 (b)）確かに“孤立”している．

上で求めた解は時間に依存しない定常解であったが，運動方程式 (2.37) が Lorentz 変換，

$$\begin{pmatrix} t \\ x \end{pmatrix} \to \begin{pmatrix} t' \\ x' \end{pmatrix} = \gamma \begin{pmatrix} 1 & -v \\ -v & 1 \end{pmatrix} \begin{pmatrix} t \\ x \end{pmatrix}, \qquad \gamma = \frac{1}{\sqrt{1-v^2}}\,,$$

の下で不変であることを用いると，(2.51) から直ちに時間に依存する解を得る :

$$\phi(x,t) = \frac{4}{\beta}\arctan e^{\pm m\gamma(x-vt-x_0)}\,. \tag{2.52}$$

2.7.2　Bäcklund 変換

可積分系の運動方程式には，解を生成するいろいろな方法が知られている．ここでは，“種”となる解から別の解を生成する変換について考えよう．

これまでと同様に $x^\pm = t \pm x$ とおき，2 つの偏微分方程式，

$$\partial_+\partial_- u = f(u, \partial_- u, \partial_-^2 u, \cdots)\,, \quad \partial_+\partial_- v = g(v, \partial_- v, \partial_-^2 v, \cdots)\,, \tag{2.53}$$

の解 u, v が 1 階の偏微分方程式系，

$$\partial_+ v = F(v; u, \partial_+ u, \partial_- u)\,, \qquad \partial_- v = G(v; u, \partial_+ u, \partial_- u)\,, \tag{2.54}$$

を通して結び付いているとしよう．このような関係は解 u から解 v への変換と見ることができ，19 世紀に微分幾何の文脈でこのような変換を考えた数学者にちなみ **Bäcklund 変換**と呼ばれる．関数 F, G は，(2.54) の両立（可積分）条件 $\partial_-(\partial_+ v) = \partial_+(\partial_- v)$，により強く制限される．

簡単な場合には F, G を具体的に構成できる．例えば，(2.53) の（一般には異なる）2 つの方程式として，

$$\partial_+\partial_- u = 0 \quad \text{（波動方程式）}, \qquad \partial_+\partial_- v = e^v \quad \text{（Liouville 方程式）},$$

を考えると Bäcklund 変換は a を任意定数として，

$$\partial_+ v = \partial_+ u + a\, e^{(v+u)/2}\,, \qquad \partial_- v = -\partial_- u + \frac{2}{a}\, e^{(v-u)/2}\,, \tag{2.55}$$

となる．実際，u が波動方程式の解であれば，(2.55) 中の v は Liouville 方程式を満たすことはすぐに確かめられる．

u, v が同じ方程式を満たす時，変換は自己 (auto) Bäcklund 変換と呼ばれる．例として，(2.37) の sine-Gordon 方程式を考えると，a を定数として，

$$\begin{aligned} \beta\partial_+(\phi' - \phi) &= ma \sin\frac{\beta}{2}(\phi' + \phi)\,, \\ \beta\partial_-(\phi' + \phi) &= -\frac{m}{a}\sin\frac{\beta}{2}(\phi' - \phi)\,, \end{aligned} \tag{2.56}$$

が Bäcklund 変換を与える．即ち，ϕ が sine-Gordon 方程式の解であれば，上の関係式を満たす ϕ' も解である．例えば，ϕ として自明な解 $\phi = 0$ をとると，

$$\phi' = \frac{4}{\beta}\arctan e^{m(x\cosh\theta - t\sinh\theta - x_0)}\,, \tag{2.57}$$

得る．ここで，x_0 は任意の定数とし，$a = e^{-\theta}$ とおいた．この解は，(2.52) の指数で正符号をとり，$\gamma = \cosh\theta,\ v\gamma = \sinh\theta$ とおいたものに他ならない．

さらに，解 ϕ_0 から出発し，パラメータ a_1, a_2 を用いて Bäcklund 変換で生成される解をそれぞれ ϕ_1, ϕ_2 としよう．また，ϕ_1 からパラメータ a_2 の変換で生成される解を ϕ_{12}，ϕ_2 からパラメータ a_1 の変換で生成される解を ϕ_{21} とする．ここで，$\phi_{12} = \phi_{21} = \phi_3$ と仮定すると，解の生成の仕方から，

$$\begin{aligned} \partial_+(\phi_j - \phi_0) &= \frac{m}{\beta a_j}\sin\frac{\beta}{2}(\phi_j + \phi_0)\,, \\ \partial_+(\phi_3 - \phi_j) &= \frac{m}{\beta a_k}\sin\frac{\beta}{2}(\phi_3 + \phi_j)\,, \end{aligned}$$

$j = 1, 2$ が成り立つ．ここで，$j = 1, 2$ の時 k はそれぞれ $k = 2, 1$ とした．4 式の和，差をとり微分項を消去すると，

$$a_2\Big[\sin\frac{\beta}{2}(\phi_2+\phi_0)-\sin\frac{\beta}{2}(\phi_3+\phi_1)\Big] = a_1\Big[\sin\frac{\beta}{2}(\phi_1+\phi_0)-\sin\frac{\beta}{2}(\phi_3+\phi_2)\Big]\,,$$

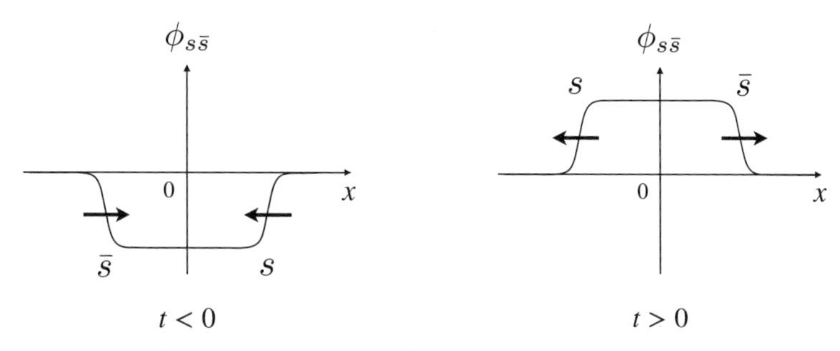

図 2.3　ソリトン (s) と反ソリトン ($\bar{s}$) の散乱.

となる．ここで，

$$\phi_3 = \phi_0 + \frac{4}{\beta}\arctan\left[\frac{a_1+a_2}{a_1-a_2}\tan\frac{\beta}{4}(\phi_1-\phi_2)\right], \tag{2.58}$$

とすると，ϕ_3 は上式および ϕ_{12}, ϕ_{21} の満たすべき方程式を確かに満たし，求めたかった新たな解となる．(2.56) は，単に代数的な操作によって sine-Gordon 方程式の新たな解が生成できることを示している．

2.7.3　ソリトンの散乱

(2.58) の例として，$\phi_0 = 0$, $a_1 = 1/a_2 = e^{-\theta}$ としよう．ϕ_1, ϕ_2 は (2.56) より読みとれる．x_0 をゼロ，θ と γ, v の関係を (2.57) の場合と同様とすると，

$$\phi_3 = \phi_{s\bar{s}} := \frac{4}{\beta}\arctan\frac{\sinh(m\gamma vt)}{v\cosh(m\gamma x)},$$

を得る．$t \to \mp\infty$ での漸近的な振舞いは,

$$\phi_{s\bar{s}} \to \frac{4}{\beta}\arctan e^{m\gamma[x+v(t\mp\Delta)]} + \frac{4}{\beta}\arctan e^{-m\gamma[x-v(t\mp\Delta)]},$$

$\Delta := -\log v/mv\gamma$ となる．ここで, $v > 0$ とし, $\arctan(-x) = \arctan(1/x) +$ (定数) を用いた．定数部分は省略した．上式より，$t \to -\infty$ において $x \gg 1$ にあるソリトン (s)，$x \ll -1$ にある反ソリトン ($\bar{s}$) がそれぞれ原点に向かって運動した後に散乱し，$t \to +\infty$ においてはソリトンが $x \ll -1$ に，反ソリトンが $x \gg 1$ にあることがわかる (図 2.3)．2.7 節の初めに述べたように，散乱後もソリトン・反ソリトンは形を変えない．散乱の影響は時間のずれ Δ（と上式で省略した定数シフト）のみであり，$\phi_{s\bar{s}}$ は $s + \bar{s} \to s + \bar{s}$ の弾性散乱を表す．量子論では，散乱で粒子の生成が起こらず，$\phi \to -\phi$ の $\mathbb{Z}_2$ 対称性を持つ 1 つのスカラー場 ϕ の理論は sine-Gordon 理論となる[57]．

2.7.4　装飾法

Bäcklund 変換と同様，種となる解から別の解を生成する一般的な方法に**装飾法** (dressing method) がある[58]~[60]．以下，2.6.5 節の非線形シグマ模型の

例で話を進めよう．

Lax 接続 (2.44) に対して，Ψ を行列に値をとる変数として補助的な線形系，

$$(\partial_\pm - A_\pm)\Psi(x,t;\lambda) = 0\,, \tag{2.59}$$

を考える．元の運動方程式 (2.42) の解 g が与えられれば，$J_\pm = g^{-1}\partial_\pm g$ とおいて，(2.59) の両立条件が満たされ解 $\Psi(\lambda)$ が存在する（x,t 依存性は省略した）．方程式と $J_\pm$ の形から，定数行列を右から掛ける自由度を除いて，Ψ は，

$$\Psi(0) = g^{-1}\,, \tag{2.60}$$

となる．逆に，(2.59) において接続と解の組 $(A_\pm,\Psi)$ があれば，$\partial_\pm\Psi(0)\cdot\Psi(0)^{-1} = -J_\pm$ となる．解の存在は両立条件を保証し，(2.60) により元の運動方程式 (2.42) の解が得られる．よって，(2.42) と (2.59) は等価である．

また，2.6 節ではゼロ曲率表示がゲージ不変性 (2.24) を持つこと見たが，線形系の観点からは，これは，

$$\Psi \to \Psi' = \chi\Psi\,, \qquad A_\pm \to A'_\pm = \chi A_\pm \chi^{-1} - \chi\partial_\pm\chi^{-1}\,, \tag{2.61}$$

の下での不変性になる．新たな変数 $(A'_\pm,\Psi')$ で見ると線形系の形は変わるが，元の方程式と同等である．

ここまで，（暗黙のうちに）ゲージパラメータ χ は λ に依らない場合を考えてきた．次に，$\chi(x,t;\lambda)$ のように χ に λ 依存性がある場合を考えよう．スペクトルパラメータ λ を含むゼロ曲率表示は，（例えば）λ の冪の各係数から得られる方程式の組が元の運動方程式と等価になるものであった．よって，χ により Lax 接続 $A_\pm$ の λ についての解析性が変わると，一般に元の運動方程式との等価性は成り立たなくなる．

それでは，接続の解析性を変えないような λ 依存性のある“ゲージ変換”の場合はどうだろうか？ この場合，元の運動方程式との等価性は保たれたまま，新たな線形系の解 $\Psi' = \chi(\lambda)\Psi$ が得られ，上で議論したように $\Psi'(0) = g^{-1}$ とおくことで，元の運動方程式の新たな解が得られる．

以下 $g \in \mathrm{U}(N)$ とし，具体的にそのような“ゲージ変換”を構成しよう．まず，$\Psi(0) = g^{-1}$ なので Ψ にもユニタリ条件，$\left[\Psi(\bar\lambda)\right]^\dagger\Psi(\lambda) = \mathbb{1}$，を課す．$\mathbb{1}$ は単位行列である．変換 (2.61) の下でこの条件を保つためには，

$$\left[\chi(\bar\lambda)\right]^\dagger\chi(\lambda) = \mathbb{1}\,, \tag{2.62}$$

も必要となる．$\chi(\lambda)$ を $\chi(\lambda) \to \mathbb{1}$ $(\lambda \to \infty)$ となる有理型関数とし，最初の非自明な場合として 1 位の極を持つ場合を考えると，(2.62) より，

$$\chi(x,t;\lambda) = \mathbb{1} + \frac{\lambda_1 - \bar\lambda_1}{\lambda - \lambda_1}P\,, \tag{2.63}$$

となる．λ_1 は定数，P は $P^2 = P = P^\dagger$ を満たす射影演算子である．

接続 $A_\pm$ の解析性を保つには，λ に依存した χ による変換 (2.61) の後でも $J'_\pm = -(1 \mp \lambda)A'_\pm$ が λ に依存性しなければよい．$\lambda \to \infty$ ではこれはすぐにわかるので，$J'_\pm$ が λ 平面で極を持たないことが言えれば十分である．あり得る極としては，$\chi(\lambda)$, $\chi^{-1}(\lambda) = [\chi(\bar{\lambda})]^\dagger$ に含まれる $\lambda = \lambda_1, \bar{\lambda}_1$ が考えられるが，P を $\Psi(\bar{\lambda}_1)e$（e は定数ベクトル）の形のベクトルへの射影，

$$P = \frac{\Psi(\bar{\lambda}_1)ee^\dagger\Psi^{-1}(\lambda_1)}{e^\dagger\Psi^{-1}(\lambda_1)\Psi(\bar{\lambda}_1)e}, \tag{2.64}$$

ととると，これらの極は現れない．実際，線形方程式 (2.59) を用いると，$\lambda = \lambda_1, \bar{\lambda}_1$ での留数が消えることが確かめられる．まとめると，(2.63), (2.64) を用いた (2.61) が求める“ゲージ変換”となる．このような解の構成は，複数の極がある場合，他の模型などにも適用できる一般的なものである．装飾法は Bäcklund 変換と同様に種となる解から新たな解を生成する方法であるが，この 2 つの方法の関係（等価性）については例えば文献 [61] 参照．

2.7.5 有限帯解

2.7.4 節では，Lax 接続 A_a と線形系の解 Ψ の組から，元の運動方程式の解が得られることを述べた．このような解の構成は，ゼロ曲率表示と付随する線形系に対して一般的に考えることができる．

線形系 (2.25) は，通常は与えられた接続 A_a に対する波動関数 Ψ の方程式と見るが，スペクトルパラメータを含む場合，その解析性などの条件が与えられた時の接続と波動関数の組 (A_a, Ψ) に対する方程式とも見なせる．このような見方で (A_a, Ψ) を同時に求め，そこから元の運動方程式の解を構成する方法を考えよう．スペクトルパラメータの解析性がここでも主要な役割を果たす．

具体例として，2.6.4 節で触れた非線形 Schrödinger 系を考える[62]．今，対応する線形系 (2.25) の 2×2 行列値波動関数 $\Psi(x, t; \lambda)$ が $\lambda \to \infty$ で，

$$\Psi(x, t; \lambda) = \left[1 + \sum_{k=1}^{\infty} \Psi_k(x, t)\lambda^{-k}\right] e^{-i\lambda x\sigma_3 - 2i\lambda^2 t\sigma_3} C(\lambda), \tag{2.65}$$

と展開できるとしよう．$C(\lambda)$ は x, t に依らない正則行列とする．この時，λ についての展開により，

$$\begin{aligned}
\partial_x\Psi\Psi^{-1} = U(\lambda) + \mathcal{O}(\lambda^{-1}), \quad \partial_t\Psi\Psi^{-1} &= V(\lambda) + \mathcal{O}(\lambda^{-1}), \\
U(\lambda) &= -i\lambda\sigma_3 + i[\sigma_3, \Psi_1], \\
V(\lambda) &= -2i\sigma_3\lambda^2 + 2i\lambda[\sigma_3, \Psi_1] + 2i[\sigma_3, \Psi_2] - 2i[\sigma_3, \Psi_1]\Psi_1,
\end{aligned}$$

を得る．また，この第 1 行第 1 式で $\mathcal{O}(\lambda^{-1})$ の項が消えることを要求すると，

$$\partial_x\Psi_1 + i[\sigma_3, \Psi_2] - i[\sigma_3, \Psi_1]\Psi_1 = 0, \tag{2.66}$$

となる．さらに，Ψ_1 の行列要素 $(\Psi_1)_{ij}$ を，

$$y(x,t) = 2(\Psi_1)_{12}\,, \qquad y^*(x,t) = 2(\Psi_1)_{21}$$

とおくと，U, V は (2.40) 中の Lax 接続 A_a と同じ形になる：

$$U(\lambda) = A_x(\lambda)\,, \qquad V(\lambda) = A_t(\lambda)\,.$$

ここで，(2.66) により $\partial_x \Psi_1$ の対角部分は $i[\sigma_3, \Psi_1]\Psi_1$ の対角部分と等しいことを用いた．従って，残りの $\mathcal{O}(\lambda^{-k})$ の項も消えていれば，(2.39) に対する線形系の接続と波動関数 (A_a, Ψ) が得られることになる．

(2.65) の Ψ は，λ について特別な解析性を持つ関数を利用して実際に構成できる．今，種数 g の Riemann 面 Γ 上の点 $P_1, ..., P_l$ と Γ 上の因子（形式和）$\mathcal{D} = \sum_j^m n_j Q_j$ $(n_j \in \mathbb{Z}, Q_j \in \Gamma)$，各 P_j に対して $w_j(P_j) = \infty$ となる局所変数 w_j，およびその多項式 $S_j(w_j)$ が与えられたとしよう．この時，

(1) P_j 以外では Γ 上で有理型で，(ψ の零点と極の因子) $+ \mathcal{D} \geq 0$,

(2) $\psi(P)\exp[-S_j(w_j(P))]$ は $P \to P_j$ で正則，

を満たす関数 ψ を，与えられたデータについての **Baker-Akhiezer 関数**という．“零点と極の因子” とは (各零点) $\times$ (その位数)，$-$(各極) $\times$ (その位数) の形式和であり，$\mathcal{D}' \geq 0$ とは，$\mathcal{D}'$ 中の整数係数が全て 0 以上ということである．

(2.39) の非線形 Schrödinger 系の場合，Riemann 面として超楕円曲線，

$$\mu^2 = \prod_{j=1}^{2g+2} (\lambda - E_j)\,, \quad E_j \in \mathbb{C}\,, \quad E_j \neq E_k \ (j \neq k)\,, \tag{2.67}$$

をとる．Riemann 面上の点は λ だけでなく μ（の符号）まで合わせて決まるので $P = (\mu, \lambda)$，また，$\lambda = \pi(P)$ と書こう．関数の引数も λ ではなく，P と書くことにする．ここで，

$$\mathcal{D} = \sum_{j=1}^{g} P_j\,, \quad \pi(P_j) \neq E_j\,, \quad \pi(P_j) \neq \pi(P_k) \ \ (j \neq k)\,,$$

となる因子をとり，

I. $P = \infty^{\pm}$ 以外では有理型で，極の因子が $-\mathcal{D}$,

II. $$\psi(P) = \left[\begin{pmatrix}1\\0\end{pmatrix} + \mathcal{O}(\lambda^{-1})\right]\exp(-i\lambda x - 2i\lambda^2 t) \qquad (P \to \infty^-)\,,$$

$$\psi(P) = \alpha\lambda\left[\begin{pmatrix}0\\1\end{pmatrix} + \mathcal{O}(\lambda^{-1})\right]\exp(i\lambda x + 2i\lambda^2 t) \qquad (P \to \infty^+)\,,$$

となるベクトル値 Baker-Akhiezer 関数 $\psi(P)$ を考える．$\infty^{\pm}$ は Riemann 面の 2 つのシートそれぞれで $\lambda = \infty$ になる無限遠点，$\alpha \in \mathbb{C}$ は定数である．解析性からこのような $\psi(P)$ は一意に定まる．また，

$$\Psi(\lambda) = \Big(\psi(P^+), \psi(P^-)\Big) \tag{2.68}$$

は (2.65) のように展開できる．さらに，Baker-Akhiezer 関数の解析性・一意

性を用いると，$(\partial_a - A_a)\Psi$ はゼロとなることがわかる[62]．Ψ と同じデータに対する Baker-Akhiezer 関数になっているので Ψ に比例しているはずであるが，$P \to \infty^{\pm}$ の漸近的振舞いから比例係数が 0 といえるのである．よって，上の Ψ が線形系の解を与え，その展開から Lax 接続 A_a も得られる．拘束条件 $y^* = \sigma\bar{y}$ は，波動関数 Ψ に適当な拘束条件を課すと実現され，非線形 Schrödinger 方程式の解も得られる．

Baker-Akhiezer 関数 ψ は，超楕円曲線 (2.67) 上のテータ関数により具体的に書き下すことができる．今，曲線上で標準的な交点数，

$$a_i \circ b_j = \delta_{ij} = -b_j \circ a_i\,, \quad a_j \circ a_k = b_j \circ b_k = 0\,,$$

を持つサイクルの基底を (a_k, b_k) $(k = 1, ..., g)$ とすると，正則 Abel 微分 $\nu_k = \mu^{-1}\lambda^{g-k}d\lambda$ $(k = 1, ..., g)$ の線形結合により，

$$\oint_{a_k} \omega_j = 2\pi i \delta_{jk}\,,$$

となる規格化された正則微分の基底 ω_j $(k = 1, ..., g)$ が得られる．この時，曲線上のテータ関数は次のように定義される：

$$\theta(\boldsymbol{p}) := \sum_{\boldsymbol{m}\in\mathbb{Z}^g} \exp\left[\frac{1}{2}\langle B\boldsymbol{m}, \boldsymbol{m}\rangle + \langle \boldsymbol{p}, \boldsymbol{m}\rangle\right]\,, \quad B_{jk} := \oint_{b_k} \omega_j\,.$$

ここで，$\boldsymbol{p} \in \mathbb{C}^g$, $\langle \boldsymbol{q}, \boldsymbol{q}'\rangle := \sum_{j=1}^{g} q_j q_j'$ である．さらに，条件，

i)　$\oint_{a_i} d\Omega_j = 0 \quad (i, j = 1, ..., g)\,,$

ii)　$P \to \infty^{\pm}$ で，$(\Omega_1, \Omega_2, \Omega_3) = \pm(\lambda, 2\lambda^2, \log\lambda) + \mathcal{O}(1)\,,$

iii)　$\Omega_j(P)$ は $P = \infty^{\pm}$ 以外で特異点を持たない，

により定まる Abel 積分 Ω_j を用いると，$\psi = \begin{pmatrix}\psi_1\\ \psi_2\end{pmatrix}$ は，

$$\begin{aligned}
\psi_1(P) &= \frac{\theta\Big(\int_{\infty^-}^{P}\boldsymbol{\omega} + i\boldsymbol{V}_1 x + i\boldsymbol{V}_2 t - \boldsymbol{D}\Big)\theta(\boldsymbol{D})}{\theta\Big(\int_{\infty^-}^{P}\boldsymbol{\omega} - \boldsymbol{D}\Big)\theta\Big(i\boldsymbol{V}_1 x + i\boldsymbol{V}_2 t - \boldsymbol{D}\Big)} \\
&\qquad \times \exp\left[ix\,\Omega_1(P) + it\,\Omega_2(P) - \frac{i}{2}Ex + \frac{i}{2}Nt\right]\,, \\
\psi_2(P) &= \alpha\sqrt{\omega_0}\frac{\theta\Big(\int_{\infty^-}^{P}\boldsymbol{\omega} + i\boldsymbol{V}_1 x + i\boldsymbol{V}_2 t - \boldsymbol{D} - \boldsymbol{r}\Big)\theta(\boldsymbol{D} - \boldsymbol{r})}{\theta\Big(\int_{\infty^-}^{P}\boldsymbol{\omega} - \boldsymbol{D}\Big)\theta\Big(i\boldsymbol{V}_1 x + i\boldsymbol{V}_2 t - \boldsymbol{D}\Big)} \\
&\qquad \times \exp\left[ix\,\Omega_1(P) + it\,\Omega_2(P) + \frac{i}{2}Ex - \frac{i}{2}Nt + \Omega_3\right]\,,
\end{aligned}$$

となる．引数の中のベクトル量は，

$$\boldsymbol{\omega} = (\omega_j)\,, \qquad \boldsymbol{V}_k = (V_{kj})\,, \quad V_{kj} = \oint_{b_j} d\Omega_k \quad (k = 1, 2)\,,$$

$$\boldsymbol{r} = \int_{\infty^-}^{\infty^+} \boldsymbol{\omega}\,, \qquad \boldsymbol{D} = \boldsymbol{K} + \sum_{j=1}^{g} \int_{\infty^-}^{\infty^+} \boldsymbol{\omega}\,,$$

$$\boldsymbol{K} = (K_j)\,, \quad K_j = \pi i + \frac{1}{2} B_{jj} - \frac{1}{2\pi i} \sum_{k \neq j} \oint_{a_k} \Big(\int_{\infty^-}^{P} \omega_j \Big) \omega_k(P)\,,$$

である．定数 E, N, ω_0 は Abel 積分 Ω_j の $P \to \infty^\pm$ での展開の $\mathcal{O}(1)$ の項から読み取れる：

$$(\Omega_1, \Omega_2, \Omega_3) = \pm\Big(\lambda - \frac{E}{2},\ 2\lambda^2 + \frac{N}{2},\ \log\lambda - \frac{1}{2}\log\omega_0\Big) + o(1)\,.$$

少し込み入った話になったが，適切な Riemann 面とその上で適切な解析性を持つ関数を構成すると，線形系 (2.25) の波動関数 Ψ が求まり，そこから Ψ と整合する Lax 接続 A_a，元の運動方程式の解が得られるという訳である．このような解の構成は，他の様々な可積分系についても可能である．解の実数条件や周期性条件により，Riemann 面の形（モジュライ）は制限を受ける．

例えば，KdV 方程式の場合では，実軸上に奇数個の分岐点 $E_1 < E_2 < \cdots < E_{2g+1}$ を持つ超楕円曲線をとる．(2.34) で見たように波動関数 Ψ は $u(x,t)$ をポテンシャルとする Schrödinger 方程式の解であった．$u(x,t)$ が周期的な場合は，Ψ は Bloch 波となり，“エネルギー固有値” λ はバンド構造を示す．Wronski 行列式は x に依らないので，x の並進を生成するモノドロミー行列 $T(\lambda)$ の行列式は $\det T = 1$ であり，T の固有値は $e^{\pm ip(\lambda)}$ と書ける．$p(\lambda)$ を**準運動量** (quasi-momentum) という．$p(\lambda)$ が実の場合，これは 1 周期分の並進の下での波動関数の位相変化を表す．λ を実軸に沿って変化させた時，$p(\lambda)$ が実（純虚）となる λ の領域，許容帯（禁止帯），の数は一般に無限である．しかし本節と同様の構成では，$\bigcup_{k=1}^{g}[E_{2k-1}, E_{2k}] \cup [E_{2g+1}, \infty]$ が許容帯，それ以外が禁止帯となり，Ψ は有限個のバンド（帯）を持つ Bloch 波となる．

こうした KdV 方程式の場合の結果を踏まえ，本節で考えたような Riemann 面とその上の Baker-Akhiezer 関数に基づいた解を一般に**有限帯解** (finite-gap/zone solution) と呼ぶ．Riemann 面が縮退する極限においては，有限帯解は，2.7.4 節の装飾法により有理型の χ を用いて自明な解から得られるタイプの解（“ソリトン解”）となる．有限帯解の構成の詳細や一般論については，例えば [42], [62] 参照．

第3章
反 de Sitter 時空中の弦の古典解

第1章では，ゲージ-重力対応により強結合の4次元極大超対称ゲージ理論が $\mathrm{AdS}_5 \times \mathrm{S}^5$ 中の古典弦・重力理論で解析できることを述べた．本章ではこの対応の弦・重力側，特に，$\mathrm{AdS}_5 \times \mathrm{S}^5$ 中の古典弦について考えていく．この古典弦の系は第2章で述べた古典可積分な系となっており，可積分性に基づいた解析が可能となる．本章で見る弦の古典解のゲージ理論側における役割については，後の第7章，第8章で議論する．

3.1 $\mathrm{AdS}_5 \times \mathrm{S}^5$ 中の弦理論の古典可積分性

本節では，$\mathrm{AdS}_5 \times \mathrm{S}^5$ 中の弦を記述する（弦の結合定数 $g_s \to 0$ での）シグマ模型が古典可積分系であることを見ていく．

3.1.1 対称空間上の非線形シグマ模型

準備として，2.6.5 節の群多様体上の非線形シグマ模型を拡張し，Lie 群 G とその部分群 H に対して $g \cong gh$ $(g \in G,\, h \in H)$ により g と gh を同一視して得られる商空間 G/H 上の模型を考える．G の Lie 代数 $\mathcal{G}$ は H の Lie 代数 $\mathcal{H}$ とその他の部分 $\mathcal{K}$ により $\mathcal{G} = \mathcal{H} \oplus \mathcal{K}$ と分解される．$\mathcal{G}$ の元に対して，

$$\tau(\mathcal{H}) = \mathcal{H}\,, \qquad \tau(\mathcal{K}) = -\mathcal{K}\,, \tag{3.1}$$

となるような対合変換 (involution) があれば，τ の値から $\mathcal{G}, \mathcal{H}$ の交換子が，

$$[\mathcal{H},\mathcal{H}] \subset \mathcal{H}\,, \quad [\mathcal{H},\mathcal{K}] \subset \mathcal{K}\,, \quad [\mathcal{K},\mathcal{K}] \subset \mathcal{H}\,, \tag{3.2}$$

の構造を持つことがわかる．このような変換を持つ空間を**対称空間**と呼ぶ．

対称空間 G/H に値をとる場のシグマ模型を構成するには[63],[64]，

$$g(x) \to g(x)h(x)\,, \tag{3.3}$$

により G 上のシグマ模型にゲージ変換を導入し，H の自由度を取り除けばよい．具体的には，まず $J_a = g^{-1}\partial_a g \in \mathcal{G}$ を

$$J_a = K_a + A_a\,, \quad K_a \in \mathcal{K}\,, \quad A_a \in \mathcal{H}\,,$$

と分解する．(3.1) より，(3.3) の下でこれらの場は

$$K_a \to h^{-1}K_a h\,, \qquad A_a \to h^{-1}A_a h + h^{-1}\partial_a h\,,$$

と変換する．これは，A_a をゲージ場とするゲージ変換となっている．A_a を用いて，場の強さ，共変微分を，

$$F_{ab} = \partial_a A_b - \partial_b A_a + [A_a, A_b]\,, \qquad D_a g := \partial_a g - gA_a = gK_a\,,$$

と定めると，これらの (3.3) の下での変換は，次のようになる:

$$F_{ab} \to h^{-1}F_{ab}h\,, \qquad D_a g \to (D_a g)h\,.$$

この共変微分を用いて，(2.41) と同様に作用を書き下すと，

$$S = \frac{1}{2}\int d^2\sigma\,\mathrm{tr}\Big[(g^{-1}D_a g)(g^{-1}D^a g)\Big] = \frac{1}{2}\int d^2\sigma\,\mathrm{tr}\big(K_a K^a\big)\,, \qquad (3.4)$$

となる．この作用は $K_a \in \mathcal{K}$ のみで表され，正しい自由度とゲージ対称性 (3.3) を持つ．(3.4) は座標に依存しない $g_0 \in G$ による大域的対称性 $g(x) \to g_0 g(x)$ も持つ．作用を g, A_a について変分すると，運動方程式，

$$D_a K^a = \partial_a K^a + [A_a, K^a] = 0\,, \qquad K_a|_{\mathcal{H}} = 0\,, \qquad (3.5)$$

を得る．また，(2.43) の Maurer-Cartan 方程式を (3.2) に従って分解すると，

$$F_{ab} = -[K_a, K_b]\,, \qquad D_a K_b - D_b K_a = 0\,. \qquad (3.6)$$

ここで，

$$k_a := -gK_a g^{-1} = -(D_a g)g^{-1}\,,$$

とすると，(3.5) と (3.6) の第 2 式から，

$$\partial_a k^a = 0\,, \qquad \partial_a k_b - \partial_b k_a + 2[k_a, k_b] = 0\,, \qquad (3.7)$$

が従い，$2k_a$ は平坦な保存カレントとなる．(3.7) は 2.6.5 節の J_a に対する (2.42), (2.43) に対応し，$J_a \to 2k_a$ とすれば (2.31) あるいは (2.50) により無限個の保存量が生成される．この意味で，対称空間 G/H 上の非線形シグマ模型も可積分となる．

3.1.2 $\mathbf{AdS_5 \times S^5}$ 中の古典弦

3.1.1 節の結果を $AdS_5 \times S^5$ 中の弦理論に適用しよう．そのため，まず，2

次元球面が対称空間であることを見る．3 次元空間 (x_1, x_2, x_3) の 3 (x_3) 軸上の 1 点 $p = (0, 0, 1)$ をとると，点 p は 3 軸回りの回転で不変である．3 軸回り以外の回転をおこなうと，点 p は球面上を動き，こうした 3 軸回り以外の回転と球面上の点は 1 対 1 に対応する．つまり，$\mathrm{S}^2 = \mathrm{SO}(3)/\mathrm{SO}(2)$ となる．また，$\tau : x_3 \to x_3;\ x_{1,2} \to -x_{1,2}$ の下で，so(3) の生成子 $J_{mn} = x_m\partial_n - x_n\partial_m$ は，

$$\tau: \quad J_{12} \to J_{12}\,, \quad J_{23} \to -J_{23}\,, \quad J_{31} \to -J_{31}\,,$$

と変換する．J_{12} は 3 軸回りの回転の生成子であり 3.1.1 節の $\mathcal{H}$ の元，1 軸，2 軸回りの回転の生成子 J_{23}, J_{31} は $\mathcal{K}$ の元であるので，この τ が (3.2) の対合変換となっている．従って，S^2 は確かに対称空間である．

S^n は $\mathbb{R}^{n+1}$ 中の超曲面であるが，S^2 の場合の 3 軸の代わりに例えば $(n+1)$ 軸をとれば，同様に $\mathrm{S}^n = \mathrm{SO}(n+1)/\mathrm{SO}(n)$ と表され対称空間となる．n 次元の反 de Sitter 時空 AdS_n は，(1.25) と同様に $\mathbb{R}^{2,n-1}$ 中の超曲面として与えられる．$S_{pq} = y_p\partial_q - y_q\partial_p$ $(p, q = -1, 0, ..., n-1)$ とすると，(1.26) と同様に，これらは so(2,$n-1$) 代数の生成子となる．球面の場合の J_{mn} の代わりに S_{pq}，$(n+1)$ 軸の代わりに例えば (-1) 軸とすると，球面の場合と同様に AdS_n は $\mathrm{AdS}_n = \mathrm{SO}(2, n-1)/\mathrm{SO}(1, n-1)$ と表され対称空間となる．従って，

$$\mathrm{AdS}_5 \times \mathrm{S}^5 = \frac{\mathrm{SO}(2,4)}{\mathrm{SO}(1,4)} \times \frac{\mathrm{SO}(6)}{\mathrm{SO}(5)}$$

は対称空間である．よって，作用 (1.32) は (3.4) の形で書け，$\mathrm{AdS}_5 \times \mathrm{S}^5$ 中のボソン的古典弦の系は古典可積分系となる．拘束条件 (1.2), (1.5) により，AdS_5 部分と S^5 部分は関係付けられる．

ゲージ-重力対応では，さらにフェルミオン部分も含むタイプ IIB 超弦理論を考える．このフェルミオン部分を世界面のボソンである 10 次元時空のスピノルとして表す **Green-Schwarz 定式化**では，$\mathrm{AdS}_5 \times \mathrm{S}^5$ 中の超弦理論は，1.5.2 節で現れた対称性 psu$(2, 2|4)$ に対応して，

$$\frac{\mathrm{PSU}(2,2|4)}{\mathrm{SO}(1,4) \times \mathrm{SO}(5)} \tag{3.8}$$

上の非線形シグマ模型により記述される[29],[65],[66]．非自明な曲がった空間上のシグマ模型の量子化は一般に困難であり，$\mathrm{AdS}_5 \times \mathrm{S}^5$ 中の超弦理論の場合も同様である．フェルミオン部分を含む (3.8) の商空間は対称空間ではなく，**Wess-Zumino 項**と呼ばれるこれまでの議論では現れなかったタイプの項や，**$\boldsymbol{\kappa}$ 対称性**と呼ばれる Green-Schwarz 定式化に特有のゲージ対称性も現れ，3.1.1 節の議論は適用できない．ボソン部分の場合の k_a のように，平坦でかつ保存されるカレントも構成できない．しかし，このシグマ模型には，対称空間の対合変換 (3.1) による $\mathbb{Z}_2$ 構造を拡張した $\mathbb{Z}_4$ 構造があり，これを用いてスペクトルパラメータを含む平坦なカレントと無限個の保存量が構成できる[67]．

平坦なカレントの存在は運動方程式のゼロ曲率表示に対応し，2.6.1 節，2.6.8 節の保存量の構成では，スペクトルパラメータを含む平坦なカレントがあれば十分であったことに注意する．このような意味で，$\mathrm{AdS}_5 \times \mathrm{S}^5$ 中のタイプ IIB 超弦理論は古典可積分系となる．

具体的に弦の古典解を構成する際には，解の形に適当な仮定をおき運動方程式を解くことになる．その場合には，より簡潔な古典可積分系が現れ，解の構成やその性質の解析に用いることができる．以下，このような例を見ていこう．

3.2 回転する弦の古典解

可積分性に基づくゲージ-重力対応の研究の発端ともなった，$\mathrm{AdS}_5 \times \mathrm{S}^5$ 中で回転する弦の古典解を考える[68]．この時空中の弦の世界面の理論のボソン部分の作用は (1.32) であったが，ゲージ-重力対応の関係式 (1.41) を代入すると，

$$S_{\mathrm{AdS}_5 \times \mathrm{S}^5} = -\frac{\sqrt{\lambda}}{4\pi} \int d^2\sigma\, \hat{G}_{\mu\nu}(X) \partial_a X^\mu \partial^a X^\nu\,, \tag{3.9}$$

となる．あるいは，埋め込み座標 (1.23), (1.25) と未定乗数 $\tilde{\Lambda}, \Lambda$ を用いると，

$$\begin{aligned} S_{\mathrm{AdS}_5 \times \mathrm{S}^5} &= -\frac{\sqrt{\lambda}}{4\pi} \int d^2\sigma \left(\mathcal{L}_{\mathrm{AdS}_5} + \mathcal{L}_{\mathrm{S}^5} \right), \\ \mathcal{L}_{\mathrm{AdS}_5} &= \partial_a Y_p \partial^a Y^p + \tilde{\Lambda}(Y_p Y^p + 1)\,, \\ \mathcal{L}_{\mathrm{S}^5} &= \partial_a X_m \partial^a X^m - \Lambda(X_m X^m - 1)\,, \end{aligned} \tag{3.10}$$

$p = -1, 0, ..., 4;\ m = 1, 2, ..., 6$ となる．運動方程式は時空の直積構造を反映して AdS_5 部分と S^5 部分に分離する：

$$\begin{aligned} &\partial_a \partial^a Y_p - \tilde{\Lambda} Y_p = 0\,, \qquad Y_p Y^p = -1\,, \\ &\partial_a \partial^a X_m + \Lambda X_m = 0\,, \qquad X_m X^m = 1\,. \end{aligned} \tag{3.11}$$

2 つの部分を結び付ける拘束条件 (1.2), (1.5) は，

$$\begin{aligned} &\dot{Y}_p \dot{Y}^p + Y'_p Y'^p + \dot{X}_m \dot{X}^m + X'_m X'^m = 0\,, \\ &\dot{Y}_p Y'^p + \dot{X}_m X'^m = 0\,, \end{aligned} \tag{3.12}$$

となる．ここで，$(\dot{\ })$, $(\ )'$ はそれぞれ τ, σ 微分を表す．運動方程式からは，

$$\tilde{\Lambda} = \partial_a Y_p \partial^a Y^p\,, \qquad \Lambda = \partial_a X_m \partial^a X^m\,, \tag{3.13}$$

が得られる．$\mathrm{AdS}_5 \times \mathrm{S}^5$ の等長変換 $\mathrm{so}(2,4) \oplus \mathrm{so}(6)$ に対応する Y^p, X^m の変換はこの模型の対称性となる．対応する保存量は，

$$S_{pq} = \sqrt{\lambda} \int_0^{2\pi} \frac{d\sigma}{2\pi} \left(Y_p \dot{Y}_q - Y_q \dot{Y}_p \right), \quad J_{mn} = \sqrt{\lambda} \int_0^{2\pi} \frac{d\sigma}{2\pi} \left(X_m \dot{X}_n - X_n \dot{X}_m \right),$$

である．so(2,4), so(6) は階数 3 の代数なので，独立な保存量（Noether チャージ）は S_{pq}, J_{mn} の内それぞれ 3 つある．

適当な座標を導入すると，これらの方程式や保存量の物理的な意味がわかり易くなる．例えば，(1.23), (1.25) で $a = 1$,

$$
\begin{aligned}
Y_1 + iY_2 &= \sinh\rho\cos\theta\, e^{i\phi_1}\,, \qquad & X_1 + iX_2 &= \sin\gamma\cos\psi\, e^{i\varphi_1}\,,\\
Y_3 + iY_4 &= \sinh\rho\sin\theta\, e^{i\phi_2}\,, \qquad & X_3 + iX_4 &= \sin\gamma\sin\psi\, e^{i\varphi_2}\,,\\
Y_{-1} + iY_0 &= \cosh\rho\, e^{it}\,, \qquad & X_5 + iX_6 &= \cos\gamma\, e^{i\varphi_3}\,,
\end{aligned} \tag{3.14}
$$

とすると，線素・計量は，

$$
\begin{aligned}
ds^2_{\mathrm{AdS}_5} &= d\rho^2 - \cosh^2\!\rho\, dt^2 + \sinh^2\!\rho\big(d\theta^2 + \cos^2\!\theta\, d\phi_1^2 + \sin^2\!\theta\, d\phi_2^2\big)\,,\\
ds^2_{\mathrm{S}^5} &= d\gamma^2 + \cos^2\!\gamma\, d\varphi_3^2 + \sin^2\!\gamma\big(d\psi^2 + \cos^2\!\psi\, d\varphi_1^2 + \sin^2\!\psi\, d\varphi_2^2\big)\,,
\end{aligned} \tag{3.15}
$$

の形となる．時間 t は (Y_{-1}, Y_0) 空間の "角度" に相当し，$\rho \geq 0$, $t \in (-\pi, \pi]$ で（Poincaré 座標 (1.29) とは異なり）この座標系は AdS_5 を全て覆う**大域座標**となる．t の範囲を $t \in \mathbb{R}$ とすると AdS_5 の**普遍被覆空間** $\widetilde{\mathrm{AdS}_5}$ を表す．(θ, ϕ_1, ϕ_2), $(\psi, \varphi_1, \varphi_2)$ はそれぞれ半径 1 の S^3 の座標である．大域座標では，

$$
(S_1, S_2, E) := \big(S_{12}, S_{34}, S_{-10}\big)\,, \quad (J_1, J_2, J_3) := \big(J_{12}, J_{34}, J_{56}\big)\,, \tag{3.16}
$$

$S_0 := E$, は順に，角度 ϕ_1, ϕ_2, t, および，$\varphi_1, \varphi_2, \varphi_3$ の回転に対応する保存量である．以下，(3.14) の座標に対応する (3.9) 中の座標場 $X^\mu(\sigma, \tau)$ も同じ記号で表す．また，AdS 時空は普遍被覆空間を考え，$\widetilde{\mathrm{AdS}}$ を単に AdS と記す．

3.2.1 S^5 中で回転する点粒子解

具体的な解を見ていこう．まず，σ 依存性がない時，弦は点粒子を表し，運動方程式 (1.4)，拘束条件 (1.2), (1.5) も無質量粒子の測地線の方程式となる．この時，(3.11), (3.12), (3.13) からすぐに導かれる解として，

$$
t = \varphi_3 = \kappa\tau\,, \quad \rho = \gamma = 0\,, \quad (\text{他の場}) = (\text{定数})\,, \tag{3.17}
$$

がある[69]．この解は，S^5 中の大円に沿って光速 $(\varphi_3 = t)$ で回転する点粒子的な弦を表す（図 3.1 (a)）．弦の持つエネルギーとゼロでない角運動量は，

$$
E = J_3 = \sqrt{\lambda}\kappa\,, \tag{3.18}
$$

となる．(3.18) により BPS 状態となるための条件（**BPS 条件**）が満たされ，解は全体の半分の超対称性を保つ 1/2 BPS 状態の弦を表す．以下，BPS 条件を満たさず超対称性を保たない解を考える．

3.2.2 S^5 中で回転する弦 – 有理解 –

次に，広がりを持つ弦の古典解の簡単な例として，有理関数で表せる解を考

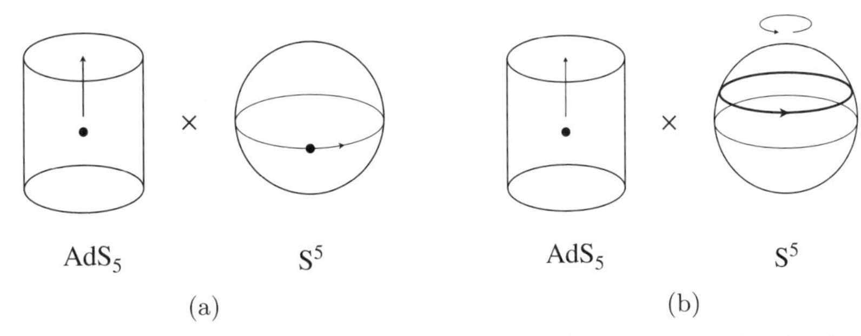

図 3.1 S^5 中で回転する (a) 点粒子解と，(b) 円状弦解．AdS$_5$ は円柱で表されており，垂直方向が (3.15) の t，動径方向が ρ，円周が (θ, ϕ_1, ϕ_2) (S^3) を表す．

えよう．まず，解の形を，

$$
\begin{aligned}
&Y_{-1} + iY_0 = e^{i\kappa\tau}\,, \quad Y_{2j-1} + iY_{2j} = 0 \ \ (j = 1, 2)\,, \\
&X_{2k-1} + iX_{2k} = a_k e^{i(\omega_k \tau + m_k \sigma)} \ \ (k = 1, 2, 3)\,,
\end{aligned} \tag{3.19}
$$

とおく．(3.11)–(3.13) より，定数 $\kappa, a_k, \omega_k \in \mathbb{R}$ と $m_k \in \mathbb{Z}$ が，

$$
\begin{aligned}
&\omega_k^2 = m_k^2 + \nu^2 \ \ (\nu : \text{任意の実数})\,, \quad \sum_{k=1}^{3} a_k^2 = 1\,, \\
&\kappa^2 = \sum_{k=1}^{3} a_k^2 (\omega_k^2 + m_k^2)\,, \quad \sum_{k=1}^{3} a_k^2 \omega_k m_k = 0\,,
\end{aligned} \tag{3.20}
$$

を満たせば (3.19) は解となり[70]，S^5 の角度 φ_k へ m_k 回巻き付く円形状の弦を表す（図 3.1 (b)）．このような弦を **円状弦** (circular string) と呼ぶ．

この解のゼロでない保存量は，

$$
E = \sqrt{\lambda}\kappa\,, \qquad J_k = \sqrt{\lambda} a_k^2 \omega_k\,, \tag{3.21}
$$

となる．ここで，S^5 部分の全角運動量を $J = J_1 + J_2 + J_3$ とおく．(3.20) の 1 行目 2 番目の式で $a_k^2 \sim J_k/\omega_k$ を用いるなどすると，$J/\sqrt{\lambda} \gg 1$ の時 ν^2 を $\nu^2 = J^2/\lambda - \sum_k m_k^2 (J_k/J) + \cdots$ と展開できる．この展開をさらに (3.20) の κ^2 の表式に適用すると，エネルギーの展開，

$$
E = J + \frac{\lambda}{2J} \sum_{k=1}^{3} m_k^2 \frac{J_k}{J} + \cdots\,, \qquad \sum_{k=1}^{3} m_k J_k = 0\,, \tag{3.22}
$$

を得る．弦の古典的な取り扱いがよい $\lambda \gg 1$ でも J を大きくすると，BPS 条件 $E = J$ 周りでの展開ができることになる．後の 7 章で述べるように，このような大きな角運動量での展開により，超対称性を保たない非 BPS 状態についても $\lambda \ll 1$ のゲージ理論側との比較が可能になるのである[71]．

3.2.3 AdS$_5 \times$ S^5 中で回転する “硬い” (rigid) 弦

系統的な解の構成が可能な次の例として，

$$Y_{2j-1} + iY_{2j} = y_j(\sigma)e^{i\varpi_k \tau}\,, \quad X_{2k-1} + iX_{2k} = x_k(\sigma)e^{i\omega_k \tau}\,, \tag{3.23}$$

$\varpi_j, \omega_k \in \mathbb{R}$ $(j = 0, 1, 2; k = 1, 2, 3)$ の形の解を考えよう．これは，$\mathrm{AdS}_5 \times \mathrm{S}^5$ 中で形を変えずに回転する "硬い"(rigid) 弦を表す．3.2.2 節の (3.19) は $y_0(\sigma) = 1$, $y_{1,2} = 0$, $x_k(\sigma) = a_k e^{im_k\sigma}$ となる特別な場合である．(3.23) の下で，(3.10) のラグランジアンは，

$$\begin{aligned}
\mathcal{L}_{\mathrm{AdS}_5} &= \eta^{ij}(y_i' y_j'^* - \varpi_i^2 y_i y_j^*) + \tilde{\Lambda}(\eta^{ij} y_i y_j^* + 1)\,, \\
\mathcal{L}_{\mathrm{S}^5} &= \delta^{kl}(x_k' x_l'^* - \omega_k^2 x_k x_l^*) - \Lambda(\delta^{kl} x_k x_l^* - 1)\,,
\end{aligned} \tag{3.24}$$

$\eta_{ij} = \mathrm{diag}(-1, 1, 1)$ で与えられ，系は **Neumann-Rosochatius 系**と呼ばれる可積分系となる[70]．

以下，$y_j(\sigma), x_k(\sigma)$ は実としよう．この時，(3.24) は（符号を除いて）球面に拘束された調和振動子を記述する **Neumann 模型**と呼ばれる可積分系となり，一般解はテータ関数を用いて表せる[72]．(3.15) の座標系では (3.23) は，

$$\begin{aligned}
&\rho = \rho(\sigma)\,, \quad \theta = \theta(\sigma)\,, \quad \gamma = \gamma(\sigma)\,, \quad \psi = \psi(\sigma)\,, \\
&t = \kappa\tau\,, \quad \phi_j = \varpi_j \tau \ (j = 1, 2)\,, \quad \varphi_k = \omega_k \tau \ (k = 1, 2, 3)\,,
\end{aligned} \tag{3.25}$$

$\kappa = \varpi_0$ と表せ，運動方程式は次のようになる*1)：

$$\begin{aligned}
0 &= \rho'' - \sinh\rho\cosh\rho\big(\kappa^2 + \theta'^2 - \varpi_1^2\cos^2\theta - \varpi_2^2\sin^2\theta\big)\,, \\
0 &= \big(\theta'\sinh^2\rho\big)' - \big(\varpi_1^2 - \varpi_2^2\big)\sinh^2\rho\sin\theta\cos\theta\,, \\
0 &= \gamma'' - \sin\gamma\cos\gamma\big(\omega_3^2 + \psi'^2 - \omega_1^2\cos^2\psi - \omega_2^2\sin^2\psi\big)\,, \\
0 &= \big(\psi'\sin^2\gamma\big)' - \big(\omega_1^2 - \omega_2^2\big)\sin^2\gamma\sin\psi\cos\psi\,.
\end{aligned}$$

また，拘束条件は，

$$\begin{aligned}
0 = \rho'^2 &- \kappa^2\cosh^2\rho + \sinh^2\rho\big(\theta'^2 + \varpi_1^2\cos^2\theta + \varpi_2^2\sin^2\theta\big) \\
&+ \gamma'^2 + \omega_3^2\cos^2\gamma + \sin^2\gamma\big(\psi'^2 + \omega_1^2\cos^2\psi + \omega_2^2\sin^2\psi\big)\,.
\end{aligned} \tag{3.26}$$

$\mathrm{AdS}_3 \subset \mathrm{AdS}_5$ 中で回転する弦

解の具体例として，$\mathrm{AdS}_3 \subset \mathrm{AdS}_5$ 中で回転する弦を考える．(3.25) で，

$$\theta = 0\,, \quad \gamma, \psi = (\text{定数})\,, \quad \varpi_1 = \varpi > \kappa\,, \quad \omega_k = 0 \ \ (k = 1, 2, 3)\,,$$

とおくと，自明でない方程式は拘束条件 (3.26) からくる，

$$\rho'^2 = \kappa^2\cosh^2\rho - \varpi^2\sinh^2\rho\,, \tag{3.27}$$

のみとなる．ρ'' を含む運動方程式はこの式から従う．(3.27) より，

*1) 制限した配位空間の停留点が元の配位空間全体の停留点とは限らないので，正確には，求めた "解" が，配位空間全体の停留点となっていることを確かめる必要がある．

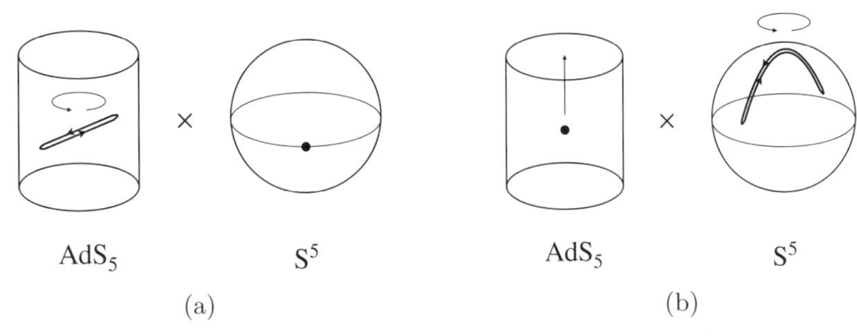

図 3.2 (a) AdS$_5$ 中の折畳弦. (b) S^5 中の折畳弦.

$$d\sigma=\frac{d\rho}{\sqrt{\kappa^2\cosh^2\rho-\varpi^2\sinh^2\rho}}\,, \tag{3.28}$$

を得る．$\rho(0)=0$ として，例えば，$\cosh\rho=1/\sqrt{1-(\kappa/\varpi)^2v^2}$ と変数変換すると σ は v の第 1 種楕円積分で表される．その逆関数である Jacobi の楕円関数 sn を用いて $v=(\varpi/\kappa)\tanh\rho$ を表し，さらに変形すると，

$$\sinh\rho(\sigma)=\frac{-k}{\sqrt{1-k^2}}\,\mathrm{cn}\big(\varpi\,\sigma+\mathbf{K}\,|\,k^2\big)\,,\quad k=\frac{\kappa}{\varpi}\,, \tag{3.29}$$

を得る．$\mathbf{K}:=\mathbf{K}(k^2)=\int_0^{\pi/2}du\,(1-k^2\sin^2u)^{-1/2}$ は第 1 種完全楕円積分である．この解は **Gubser-Klebanov-Polyakov (GKP) 解**と呼ばれる[73]．この解のゼロとならない保存量は，

$$\begin{aligned}\frac{E}{\sqrt{\lambda}}&=\kappa\int_0^{2\pi}\frac{d\sigma}{2\pi}\cosh^2\rho=\frac{2}{\pi}\frac{k}{1-k^2}\mathbf{E}\,,\\ \frac{S_1}{\sqrt{\lambda}}&=\varpi\int_0^{2\pi}\frac{d\sigma}{2\pi}\sinh^2\rho=\frac{2}{\pi}\left(\frac{1}{1-k^2}\mathbf{E}-\mathbf{K}\right)\,.\end{aligned} \tag{3.30}$$

$\mathbf{E}:=\mathbf{E}(k^2)=\int_0^{\pi/2}du\,(1-k^2\sin^2u)^{1/2}$ は第 2 種完全楕円積分である．

(3.28) からわかるように，解の表す弦は AdS 空間の中心 ($\rho=0$) から境界に向かって伸び，$\tanh\rho_0=k$ となる ρ_0 で折り返す．その後，中心を過ぎ，再び折り返して閉じた弦を成す（図 3.2 (a)）．このような折り畳まれた弦を**折畳弦** (folded string) と呼ぶことにしよう．最初の折返しまでの区間を 4 つ合わせて解になるので，$\sigma=\pi/2$ が折り返し点になるべきである．この条件 $\pi/2=\int_0^{\rho_0}$[(3.28) の右辺] から，$\varpi=\frac{2}{\pi}\mathbf{K}(k^2)$ となり，ϖ と κ は関係付く．

$\varpi\gg\kappa$ の時，弦はあまり大きく広がらず AdS 空間の曲率を感じないため，平坦な時空中の折畳解と似た振舞いをする．このような弦を**短い弦** (short string) と呼ぶ．一方，$\varpi\to\kappa$ の時，折り返し点は $\rho_0\to\infty$ となり，弦は AdS 空間の境界（無限遠）に向かって伸びていく．このような弦を**長い弦** (long string) と呼ぶ．この時，保存量は，E, $S_1\to\infty$ となり，その差は，

$$E-S_1=\frac{\sqrt{\lambda}}{\pi}\log\left(\frac{S_1}{\sqrt{\lambda}}\right)+\cdots\qquad\big(S_1/\sqrt{\lambda}\gg1\big)\,, \tag{3.31}$$

となる．この対数的な振舞いのゲージ理論における意味は，7.2.5 節で述べる．

$\mathbf{S^3} \subset \mathbf{S^5}$ 中の 2 スピン解

次に，S^5 中で回転し $J_1, J_2 \neq 0$ となる解を考える[74], [75]．(3.25) で，

$$\rho = 0\,, \quad \gamma = \frac{\pi}{2}\,, \quad \omega_1 < \omega_2\,, \quad \omega_3 = 0\,,$$

とおくと，AdS_3 中の折畳解と同様，解くべき方程式は拘束条件からくる，

$$\psi'^2 = \kappa^2 - \omega_1^2 \cos^2\psi - \omega_2^2 \sin^2\psi\,,$$

となる．ここで，$\kappa^2 = \omega_1^2 \cos^2\psi_0 + \omega_2^2 \sin^2\psi_0$, $\omega_{21}^2 := \omega_2^2 - \omega_1^2$ とすると，

$$d\sigma = \frac{d\psi}{\omega_{21}\sqrt{\sin^2\psi_0 - \sin^2\psi}}\,, \tag{3.32}$$

となり，$\psi(\sigma)$ は楕円関数で表される．(3.32) から，ψ は σ と共に増加した後に $\psi = \psi_0$ で折り返し，この解も折畳型の弦を表す（図 3.2 (b)）．弦が閉じる条件 $\psi(\sigma + 2\pi) = \psi(\sigma)$ より，ω_1, ω_2 と κ は次のように関係付く：

$$\omega_{21} = \frac{2}{\pi}\mathbf{K}(x)\,, \quad x := \sin^2\psi_0 = \frac{\kappa^2 - \omega_1^2}{\omega_{21}^2}\,.$$

弦の持つ保存量は，

$$\frac{E}{\sqrt{\lambda}} = \kappa\,, \quad \frac{J_1}{\sqrt{\lambda}} = \frac{2\omega_1}{\pi\omega_{21}}\mathbf{E}(x)\,, \quad \frac{J_2}{\sqrt{\lambda}} = \omega_2\left(1 - \frac{J_1}{\omega_1\sqrt{\lambda}}\right)\,, \tag{3.33}$$

となる．また，3.2.2 節と同様に $J = J_1 + J_2 \gg \sqrt{\lambda}$ として各量を展開すると，

$$\begin{aligned} x &= x_0 + \frac{\lambda}{J^2}x_1 + \frac{\lambda^2}{J^4}x_2 + \cdots\,, \\ E &= J + \frac{\lambda}{J}\epsilon_1(J_2/J) + \frac{\lambda^2}{J^3}\epsilon_2(J_2/J) + \cdots\,, \end{aligned} \tag{3.34}$$

となる．$x_0 = x_0(J_2/J)$ は，超越方程式，

$$\frac{\mathbf{E}(x_0)}{\mathbf{K}(x_0)} = 1 - \frac{J_2}{J}\,,$$

の解として与えられ，これを用いて，

$$\epsilon_1 = \frac{2}{\pi^2}\mathbf{K}(x_0)\big(\mathbf{E}(x_0) - (1 - x_0)\mathbf{K}(x_0)\big) = \frac{J_1}{2J} + \cdots\,,$$

を得る．ϵ_2 も楕円積分で表され $\epsilon_2 = -\frac{1}{8}(J_2/J) + \cdots$ となる．

その他の解

同様に，あるいは，系の可積分性を用いることにより，(3.23) の形から出発して複数の角運動量 $(S_1, S_2, J_1, J_2, J_3)$ を持つ様々な解が構成できる[68], [70], [72]．このような解には，折畳型の解と共に，楕円関数で表される円状型の解もある．

3.3 $S^3 \subset S^5$ 中の弦の有限帯解

2.7.5 節では，Riemann 面で特徴付けられる有限帯解と呼ばれる可積分系の解について述べた．$AdS_5 \times S^5$ 中の弦に対してもこのような解が構成できる．

簡単な例として，$\mathbb{R}_t \times S^3 \subset AdS_5 \times S^5$ 中の弦を考えよう[76]．$\mathbb{R}_t$ は (3.15) の時間 t 部分である．部分空間 $\mathbb{R}_t \times S^3$ に制限すると系の作用 (3.9) は，

$$S = -\frac{\sqrt{\lambda}}{4\pi} \int d^2\sigma \left[-(\partial_a t)^2 + (\partial_a X_i)^2 \right],$$

となる．ここで，X_i $(i = 1, ..., 4)$ は $X_i X_i = 1$ を満たす S^3 の $\mathbb{R}^4$ への埋め込み座標である．$S^3 \cong SU(2)$ により，

$$g = \begin{pmatrix} X_1 + iX_2 & X_3 + iX_4 \\ -X_3 + iX_4 & X_1 - iX_2 \end{pmatrix} =: \begin{pmatrix} Z_1 & Z_2 \\ -\bar{Z}_2 & \bar{Z}_1 \end{pmatrix} \in SU(2),$$
$$J_a := g^{-1}\partial_a g = \frac{1}{2i} J_a^A \sigma_A \in su(2), \tag{3.35}$$

とおくと，$(\partial_a X_i)^2 = -\frac{1}{2} \operatorname{tr} J_a^2$ と書け，S^3 部分は（規格化を除いて）(2.41) の Lie 群に値をとる非線形シグマ模型となる．σ_A は Pauli 行列である．光円錐座標 $x^{\pm} = \tau \pm \sigma$ での $\mathbb{R}_t$ 部分の運動方程式は $\partial_+\partial_- t = 0$ となる．S^3 部分の運動方程式と J_a の定義から従う平坦条件は (2.45) となり，これらは Lax 接続を (2.44) としたゼロ曲率表示で与えられる．$\mathbb{R}_t$, S^3 部分を結び付ける弦の拘束条件は，$(\partial_\pm X_i)^2 = (\partial_\pm t)^2$. 以下，前節の例と同様に $t = \kappa\tau$ とする．

さて，問題は拘束条件，

$$2 \operatorname{tr} J_+^2 = 2 \operatorname{tr} J_-^2 = -\kappa^2 = -E^2/\lambda, \tag{3.36}$$

の下で，$g \in SU(2)$ の非線形シグマ模型を解くことになった訳であるが，この可積分系においても有限帯解の構成が可能である．Baker-Akhiezer 関数や解の具体的な形については [76] とそこに引用されている文献を参照．ここでは，有限帯解が種数 $K-1$ の超楕円曲線*2)，

$$\Sigma: \quad y^2 = x^{2K} + r_1 x^{2K-1} + \cdots + r_{2K} = \prod_{j=1}^{2K}(x - x_j), \tag{3.37}$$

により与えられることを認めて，解についてもう少し考えよう．

今，$\widehat{J}_a := gJ_a g^{-1} = \widehat{J}_a^A \sigma_A/(2i)$ とすると，運動方程式 $\partial_a J^a = 0$ から $\partial_a \widehat{J}^a = 0$ となり，$\widehat{J}_a$ も保存カレントとなる．これらから得られる保存量を，

$$Q_R^A = \frac{\sqrt{\lambda}}{4\pi} \int d\sigma\, J_0^A, \qquad Q_L^A = \frac{\sqrt{\lambda}}{4\pi} \int d\sigma\, \widehat{J}_0^A, \tag{3.38}$$

とおく．以下，J_0，$\widehat{J}_0$ は対角化されているとしよう．モノドロミー行列，

*2) 't Hooft 結合を λ，スペクトルパラメータを x，世界面の空間座標を σ とする．

$$T(x) = P\exp\left[\int_0^{2\pi} d\sigma\, U\right] = P\exp\left[\int_0^{2\pi} d\sigma \left(\frac{J_-}{1+x} - \frac{J_+}{1-x}\right)\right], \quad (3.39)$$

のトレースは，2.6.5 節と 2.7.5 節の議論から準運動量 $p(x)$ により，

$$\mathrm{tr}\, T(x) = 2\cos p(x), \quad (3.40)$$

と表され，保存量は $p(x)$ によっても特徴付けられる．

$Q_{\mathrm{R}}^A, Q_{\mathrm{L}}^A$ と $p(x)$ の関係を見るためには，(3.39) の $x \to \infty$ と $x \to 0$ での展開を考える．まず，$U = J_0/x + \cdots\ (x \to \infty)$ なので，$x \to \infty$ で，

$$\mathrm{tr}\, T = 2 + \frac{1}{2x^2}\int_0^{2\pi} d\sigma_1 d\sigma_2\ \mathrm{tr}\, J_0(\sigma_1) J_0(\sigma_2) + \cdots = 2 - \frac{4\pi^2 Q_{\mathrm{R}}^2}{\lambda x^2} + \cdots,$$

となる．また, $x \to 0$ で $\partial_\sigma - U = \partial_\sigma + J_1 - xJ_0 + \cdots = g^{-1}(\partial_\sigma - x\widehat{J}_0 + \cdots)g$ なので, ゲージ変換 (2.29) より $T(x) = g^{-1}(2\pi, t) P\exp\left[-x\int d\sigma\, \widehat{J}_0 + \cdots\right] g(0,t)$ となる．g の周期性 $g(2\pi, t) = g(0,t)$ から, $T(0) = 1, p(0) = -2\pi m\ (m \in \mathbb{Z})$,

$$\mathrm{tr}\, T = 2 + \frac{x^2}{2}\int_0^{2\pi} d\sigma_1 d\sigma_2\ \mathrm{tr}\, \widehat{J}_0(\sigma_1)\widehat{J}_0(\sigma_2) + \cdots = 2 - \frac{4\pi^2 Q_{\mathrm{L}}^2}{\lambda} x^2 + \cdots,$$

を得る．これらの結果から，$p(x)$ の漸近的振舞いは次のようになる：

$$p(x) = \begin{cases} \mp \dfrac{2\pi}{\sqrt{\lambda}\, x} |Q_{\mathrm{R}}| + \cdots & (x \to \infty) \\ -2\pi m \pm \dfrac{2\pi}{\sqrt{\lambda}} x\, |Q_{\mathrm{L}}| + \cdots & (x \to 0) \end{cases}. \quad (3.41)$$

また，(3.36) と (3.39) から，特異点に近づくと，

$$p(x) = -\frac{\pi\kappa}{x \pm 1} + \cdots \quad (x \to \mp 1) \quad (3.42)$$

となることもわかる．このように，$p(x)$ の各点近傍での振舞いから $\mathbb{R}_t \times \mathrm{S}^3$ の等長変換に対応する保存量 $\kappa, Q_{\mathrm{L,R}}$ が読み取れる．

ここで，$p(x)$ から極の特異点を差し引いたレゾルベント，

$$G(x) := p(x) + \frac{\pi\kappa}{x-1} + \frac{\pi\kappa}{x+1}, \quad (3.43)$$

を導入しよう．Σ には K 個の切断線 $\mathbf{C}_k (k = 1, ..., K)$ があり，

$$2\pi i \rho(x) := G(x - i0) - G(x + i0), \quad (3.44)$$

とすると，$\rho(x)$ は $\mathbf{C} := \mathbf{C}_1 \cup \cdots \cup \mathbf{C}_K$ 上でゼロでない値を持ち，

$$G(x) = \int_{\mathbf{C}} d\xi\, \frac{\rho(\xi)}{x - \xi} \qquad (x \notin \mathbf{C}), \quad (3.45)$$

となる．$p(x)$ の $x \to 0, \pm 1, \infty$ での振舞い (3.41), (3.42) と (3.44) から，

$$\frac{-1}{2\pi i}\oint_{\mathbf{C}} G(x)\, dx = \int_{\mathbf{C}} \rho(\xi)\, d\xi = \frac{2\pi}{\sqrt{\lambda}}(E - |Q_{\mathrm{R}}|),$$

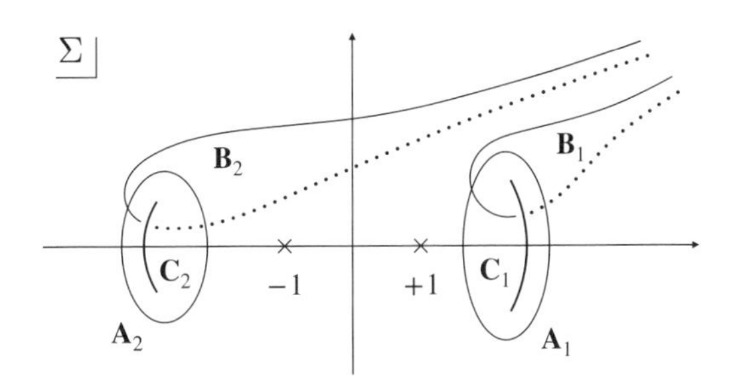

図 3.3　$K=2$ の場合の $\mathbf{A}$ 周期と $\mathbf{B}$ “周期”．点線は第 2 のシート上の経路を表す．

$$\frac{-1}{2\pi i}\oint_{\mathbf{C}}\frac{G(x)}{x}\,dx=\int_{\mathbf{C}}\frac{\rho(\xi)}{\xi}\,d\xi=2\pi m\,, \tag{3.46}$$
$$\frac{-1}{2\pi i}\oint_{\mathbf{C}}\frac{G(x)}{x^2}\,dx=\int_{\mathbf{C}}\frac{\rho(\xi)}{\xi^2}\,d\xi=\frac{2\pi}{\sqrt{\lambda}}(E-|Q_{\mathrm{L}}|)\,,$$

を得る．$\oint$ は時計回りの周回積分であり，(3.44) を用いた．第 1 式第 2 の等式は (3.45) で $x\to\infty$ としても得られる．$|Q_{\mathrm{L,R}}|$ の符号は適宜選んだ．

では，$p(x)$ 自体はどのように決まるであろうか? (3.37) の Riemann 面 Σ から出発したすると，次のように考えていけばよい．以下，$\mathbf{C}_k$ 回りのサイクル（周期）を $\mathbf{A}_k$，Σ の第 1 のシートの無限遠 ∞^+ から $\mathbf{C}_k$ を通り第 2 のシートに移り無限遠 ∞^- へつながる経路を $\mathbf{B}_k$ $(k=1,...,K)$ としよう（図 3.3）．

まず，$p(x)$ の定義 (3.39), (3.40) と各点近傍での振舞い (3.41), (3.42) より，$p(x)$ の微分は $x=\pm1$ で 2 位の極を持つ以外は Σ 上で正則である．正則部分は 2.7.5 節でも用いた正則 Abel 微分で書け，dp の一般的な形は，

$$dp=\pi\kappa\frac{dx}{y}\left(\frac{y_+}{(x-1)^2}+\frac{y_-}{(x+1)^2}+\frac{y'_+}{x-1}+\frac{y'_-}{x+1}+\sum_{k=1}^{K-1}b_kx^{k-1}\right), \tag{3.47}$$

$y_\pm:=y|_{x=\pm1}, y'_\pm:=(dy/dx)|_{x=\pm1}$ となる．$p(x)$ は各シート上で 1 価なので，

$$\oint_{\mathbf{A}_k}dp=0\quad(k=1,....,K-1)\,, \tag{3.48}$$

を得る．（$\mathbf{A}_K$ に対する条件は他の条件から従う．）$\mathbf{A}$ 周期条件 (3.48) より，(3.47) 中の b_k が定まる．

また，2.7.5 節の例では，(2.68) の波動関数 Ψ の成分は同じ関数 ψ を異なるシート上で評価した $\psi(P^\pm)$ であった．同様に，$T\psi_\pm=e^{\pm ip}\psi_\pm$ となるモノドロミー行列の固有ベクトル $\psi_\pm$ も同じ関数 ψ を各シートで評価したものとなり，固有値 $e^{\pm ip(x)}$ も同じ関数 e^{ip} の 2 つの分岐となる．$\psi_\pm$, e^{ip} は $\mathbf{C}_k$ の境界で縮退し，$\mathbf{C}_k$ は $p(x)$ が純虚数となる禁止帯となる．こうした振舞いは，(3.47) の dp が y を含むこと，あるいは，(3.40) を e^{ip} の 2 次方程式と見て e^{ip} を求めた時の平方根の振舞いとも整合する[76], [77]．従って，$\det T=1$ より，

$$p(x_k+i0)+p(x_k-i0)=2\pi n_k\quad(x_k\in\mathbf{C}_k\,,\ n_k\in\mathbb{Z})\,, \tag{3.49}$$

を得る．$p(\infty^\pm)=0$ と Σ のシートを移ると dp の符号が変わることに注意して，この条件を書き換えると，

$$\begin{aligned} 2\pi n_k &= p(x_k+i0)-p(\infty^+)+p(x_k-i0)-p(\infty^+) \\ &= \int_{\infty^+}^{x_k+i0} dp + \int_{\infty^+}^{x_k-i0} dp = \int_{\mathbf{B}_k} dp\,, \end{aligned} \tag{3.50}$$

となる．$\mathbf{B}$"周期" 条件 (3.50) により，残る自由度 r_k $(k=1,...,2K)$ は K 個に減る．対応する K 個のパラメータ，(3.49) の n_k と κ により，解や (3.46) の保存量が表せることになる．(3.43) の G を用いると (3.49) は，

$$G(x_k+i0)+G(x_k-i0) = ⨍ \frac{2\rho(\xi)d\xi}{x_k-\xi} = \frac{2\pi\kappa}{x_k-1}+\frac{2\pi\kappa}{x_k+1}+2\pi n_k\,, \tag{3.51}$$

となる．ここで，$⨍$ は積分の主値を表す．

超楕円曲線 Σ は，さらに解の実条件により制限される．(3.35) のカレントの形から，J_a が sl(2) の実形として正しく su(2) に値をとっていれば，$\overline{J_a}=\sigma_2 J_a \sigma_2$，従って，$\overline{T(x)}=\sigma_2 T(\overline{x})\sigma_2$ となる．ここで，複素共役量を $\overline{T}$ などと表した．よって，$T(x)\psi=e^{ip(x)}\psi$ であれば $\overline{T(x)\psi}=e^{-i\overline{p(x)}}\overline{\psi}$，即ち，$T(\overline{x})\sigma_2\overline{\psi}=e^{-i\overline{p(x)}}\sigma_2\overline{\psi}$ となる．$T(\overline{x})$ の固有値は $e^{\pm ip(\overline{x})}$ であり，$p(x)$ の漸近形 (3.41), (3.42) から $\overline{p(x)}=+p(\overline{x})$ と定まる．(3.43), (3.45) を見ると，これは切断線の全体 $\mathbf{C}$ が複素共役について不変である $\overline{\mathbf{C}}=\mathbf{C}$ という条件になる．

3.3.1 縮退（ソリトン）解

いくつか例を挙げよう．まず，2.7.5 節でも触れた，Riemann 面の切断が縮退して点状になった "ソリトン解" を考えよう．この場合，(3.45) の $\rho(x)$ は離散的な $x=x_k$ でのみ δ 関数的に値を持ち，(3.51) の右辺は主値で表されるため消える．この条件から許される x_k は，

$$\frac{1}{x_k}=\frac{\kappa}{n_k}\left(1-\sqrt{1+\frac{n_k^2}{\kappa^2}}\right),$$

となる．各 $\mathbf{C}_k$ での $\rho(x)$ の寄与を，

$$S_k := \frac{1}{2\pi i}\oint_{\mathbf{A}_k} p(x)\,dx = \int_{\mathbf{C}_k} \rho(x)\,dx\,,$$

とすると，例えば，(3.46) の第 2 式は $\sum_k S_k/x_k=-2\pi m$ となる．$m=0$ とし，$S_k=N_k\frac{2\pi}{\sqrt{\lambda}}\left(1+\sqrt{1+\frac{n_k^2}{\kappa^2}}\right)$ となる N_k を用いて (3.46) を書き直すと，

$$\begin{aligned} &\sum_k N_k n_k = 0\,, \qquad \sum_k N_k = \frac{1}{2}(|Q_{\mathrm{L}}|-|Q_{\mathrm{R}}|)\,, \\ &\sum_k N_k\left(\sqrt{1+\frac{n_k^2}{\kappa^2}}-1\right) = E-|Q_{\mathrm{L}}|\,. \end{aligned} \tag{3.52}$$

となる．このような弦の解とゲージ理論との対応については 7.4.2 節で述べる．

3.3.2 有理解

切断線が 1 つの場合，有限帯解は 3.2.2 節の解で $J_3 = 0$ とした 2 スピンの有理解になる．例えば，$K = 1$ の場合に許されるパラメータを定め，$m = n_1/2$,

$$G(x) = \frac{2\pi\kappa x}{x^2 - 1}\left(1 - \frac{m}{\kappa}\sqrt{x^2 + \frac{Q_{\rm L}^2}{\lambda m^2}}\right) - 2\pi m\,,$$
$$\lambda\kappa^2 = E^2 = Q_{\rm L}^2 + \lambda m^2\,, \quad |Q_{\rm L}| = J = J_1 + J_2\,, \tag{3.53}$$

とすると，(3.20) で $J_1 = J_2$, $J_3 = 0$, $m_1 = -m_2 = m$ とした解になる．実際，(3.22), (3.53) どちらでも $J \gg \sqrt{\lambda}$ で $E = J + \frac{1}{2}\lambda m^2/J + \cdots$ となる．

3.3.3 楕円解

切断線が 2 つの場合の有限帯解は，3.2.3 節で述べた，楕円関数で表される S^3 中の折畳解や円状解を与える．

3.4 巨大マグノン解

古典解の次の例として，**巨大マグノン解**と呼ばれる解を考えよう[78]．名前の意味と，この解のゲージ-重力対応での意義については 7.5 節で述べる．

再び，(3.15) の座標系をとり，ゼロでない場を，

$$t = \tau\,, \quad \tilde{\gamma} := \frac{\pi}{2} - \gamma = \tilde{\gamma}(\sigma)\,, \quad \tilde{\varphi} := \varphi - t = \tilde{\varphi}(\sigma)\,, \tag{3.54}$$

$\varphi := \varphi_3$ としよう．解を求めるには，南部-後藤作用から出発するとよい．(3.54) を (1.6) に代入すると，

$$S = -\frac{\sqrt{\lambda}}{2\pi}\int d\tau d\tilde{\varphi}\,\sqrt{u^2 + (\partial_{\tilde{\varphi}}u)^2}\,, \qquad u := \sin\tilde{\gamma}\,,$$

運動方程式は，

$$u\,\partial_{\tilde{\varphi}}^2 u - 2\big(\partial_{\tilde{\varphi}}u\big)^2 - u^2 = 0\,,$$

となる．よって，$\tilde{\gamma}_0$ を定数として，

$$u = \frac{\sin\tilde{\gamma}_0}{\cos\tilde{\varphi}}\,, \qquad -\left(\frac{\pi}{2} - \tilde{\gamma}_0\right) \le \tilde{\varphi} \le \left(\frac{\pi}{2} - \tilde{\gamma}_0\right)\,, \tag{3.55}$$

は解となる．エネルギーと φ 回りの角運動量 J_3 の差を求めると，

$$E - J_3 = \frac{\sqrt{\lambda}}{\pi}\cos\tilde{\gamma}_0 = \frac{\sqrt{\lambda}}{\pi}\sin\frac{p}{2}\,. \tag{3.56}$$

ここで角度 $\tilde{\varphi}, \varphi$ の差を，

$$\Delta\tilde{\varphi} = \Delta\varphi = 2\left(\frac{\pi}{2} - \tilde{\gamma}_0\right) =: p\,,$$

とおいた．(3.54) で $\tilde{\gamma} = \tilde{\varphi} = 0$ とすると 3.2.1 節の点粒子解になるが，ここで

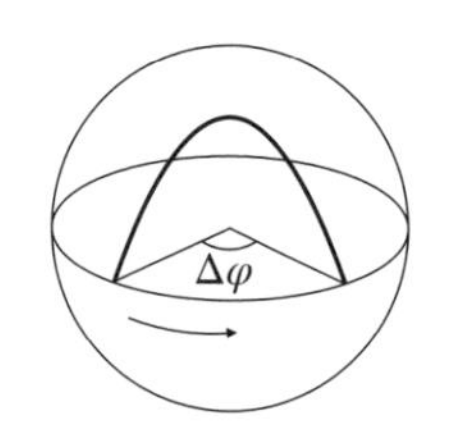

図 3.4　巨大マグノン解.

の解は，$S^2 \subset S^5$ 中に広がり大円に沿って光速で回転する弦を表す（図 3.4）.

南部-後藤作用ではなく Polyakov 作用から出発すると，運動方程式は，2.6.3 節の sine-Gordon 模型の方程式に帰着する．実際，(3.54) の場合，(3.14) の埋め込み座標でゼロとならないものは $Y_{-1} + iY_0 = e^{it}$ と $\vec{X} := (X_3, X_5, X_6)$ とされ，AdS 部分の運動方程式は自明である．また，$\vec{X}^2 = 1$ と拘束条件 (3.12) をこの場合に表した $\dot{\vec{X}}^2 + \vec{X}'^2 = 1$, $\dot{\vec{X}} \cdot \vec{X}' = 0$ を用い，S^5 部分の運動方程式を $\cos(2\phi) := \dot{\vec{X}}^2 - \vec{X}'^2$ となる ϕ で表すと，(2.37) で $\beta = 2, m^2 = 1$ とした方程式になる．解 (3.55) は ϕ で見ると，1 つの孤立波が伝播する sine-Gordon 模型の 1 ソリトン解 (2.52) になる．$\vec{X}$ の (O(3)) シグマ模型と sine-Gordon 模型の対応は，3.6 節で述べる **Pohlmeyer 還元**により見ることもできる[79].

3.5　光的カスプ解・光的多角形解

次に，AdS_5 の半径を括り出し $a = 1$ とした Poincaré 座標 (1.29) をとり，

$$t = x_0 = e^\tau \cosh\sigma\,, \quad x_1 = e^\tau \sinh\sigma\,, \quad z = e^\tau w(\tau)\,, \tag{3.57}$$

の形の解を考える[80],[81]．これを南部-後藤作用 (1.6) に代入すると，

$$S = \frac{\sqrt{\lambda}}{2\pi} \int d\tau d\sigma \, \frac{1}{w(\tau)^2} \sqrt{1 - \big(w(\tau) + \partial_\tau w(\tau)\big)^2}\,,$$

となる．世界面を Euclid 的として作用の符号を変えてある．作用から導かれる運動方程式の解として $w(\tau) = \sqrt{2}$ があることがわかり，(3.57) より，

$$z = \sqrt{2(x_0^2 - x_1^2)} = \sqrt{2x_+ x_-}\,, \quad x_\pm = x_0 \pm x_1\,, \tag{3.58}$$

を得る．これは，$\mathrm{AdS}_3 \subset \mathrm{AdS}_5$ の無限遠 $z \to 0$ で光円錐の上半分 $x_+ x_- = 0$, $x_0 > 0$ を境界とする曲面を表す（図 3.5）．光円錐の交わる点が光的なカスプ（尖点; cusp）となっている．埋め込み座標 (1.25) で見ると，(1.30) より，この光的境界を持つ曲面は次のように表される：

$$Y_0^2 - Y_{-1}^2 = Y_1^2 - Y_4^2\,, \quad Y_2 = Y_3 = 0\,. \tag{3.59}$$

さて，(3.58) が光的カスプを持つ曲面を表すことを見たが，Poincaré 座標は

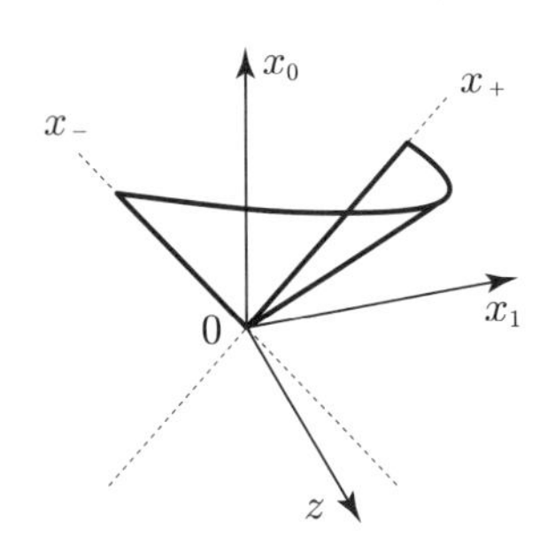

図 3.5　光的カスプ解.

AdS 空間の全てを覆う大局的な座標ではないため，無限遠の様子については注意が必要である*3)．AdS_5 の等長変換群 SO(2,4) は運動方程式の対称性であり，これを (3.59) に施すと，新たな解（新たな見方）になる．例えば，(3.59) で Y_4 と Y_2 を入れ替えた後に，(Y_{-1}, Y_0), (Y_1, Y_2) 平面での回転をおこなうと，

$$Y_{-1}Y_0 = Y_1Y_2\,, \quad Y_3 = Y_4 = 0\,, \tag{3.60}$$

を得る．Poincaré 座標で見ると，これは，

$$x_0(x_1, x_2) = x_1x_2\,, \quad z(x_1, x_2) = \sqrt{(1-x_1^2)(1-x_2^2)}\,, \tag{3.61}$$

と表される．$z \to 0$ で $(x_0, x_1, x_2) = (\pm x_1, x_1, \pm 1)$, $(\pm x_2, \pm 1, x_2)$ となり，解は 4 つの光的な辺とカスプを境界とする曲面を表す．この境界を (x_1, x_2) 平面へ射影すると図 3.6 (a) となる．SO(2,4) 変換で，無限遠にあって見えなかった (3.58) の他の 3 つのカスプが有限領域に写されたことになる．世界面のトポロジーは円盤状である．埋め込み座標 Y_p は，$Y_3 = Y_4 = 0$,

$$\begin{aligned} Y_{-1} &= \cosh\sigma_1\,\cosh\sigma_2\,, \quad Y_0 = \sinh\sigma_1\,\sinh\sigma_2\,, \\ Y_1 &= \sinh\sigma_1\,\cosh\sigma_2\,, \quad Y_2 = \cosh\sigma_1\,\sinh\sigma_2\,, \end{aligned} \tag{3.62}$$

と表され，$|\sigma_1| \to \infty$ または $|\sigma_2| \to \infty$ で $z = 1/Y_{-1} \to 0$ となる．このような，**光的多角形** (null polygon) を境界とする解を**光的多角形解**と呼ぼう[80]．

さらに，(3.60) において (Y_0, Y_4) 平面でのブースト，

$$(Y_0', Y_4') = \gamma(Y_0 + vY_4,\ Y_4 + vY_0)\,, \quad Y_p' = Y_p \quad (p \neq 0, 4)\,, \tag{3.63}$$

$\gamma = 1/\sqrt{1-v^2}$ $(0 < v)$ をおこなうと，$Y_3' = 0$,

$$Y_4' - vY_0' = 0\,, \quad Y_{-1}'\gamma(Y_0' - vY_4') = \gamma^{-1}Y_0'Y_{-1}' = Y_1'Y_2'\,, \tag{3.64}$$

となる解を得る．SO(2,4) は等長変換であるので，この曲面の境界も光的な 4 つの辺とカスプから成る．ブースト後の Poincaré 座標は (1.29), (3.62), (3.63)

*3)　Poincaré 座標での AdS の境界については，8.2 節で再び議論する．

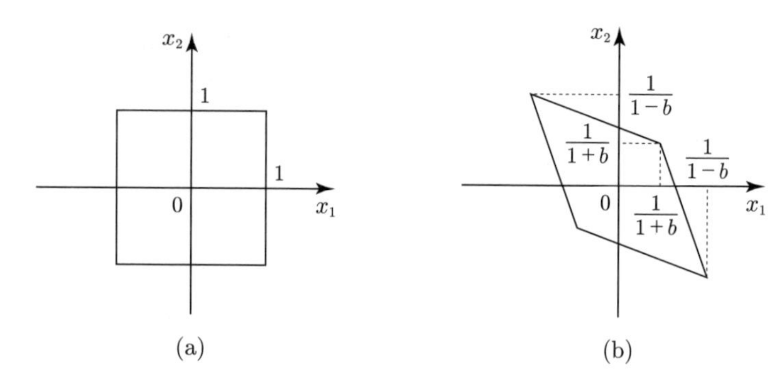

図 3.6　(a) 光的 4 角形解 (3.60), (b) ブースト後の解 (3.64), それぞれの境界 ($z = 0$) の (x_1, x_2) 平面への射影.

により得られる．ブースト前の (3.62) 中の Y_p で表すと，$1/z = Y_{-1} + v\gamma Y_0$ などとなり，$b := v\gamma < 1$ とすると $|\sigma_1|, |\sigma_2| \to \infty$ で再び AdS の無限遠に到達する．$(\sigma_1, \sigma_2) = (\pm\infty, \pm\infty)$ で光的な辺が交わり，4 つのカスプの座標は,

$$(x_0, x_1, x_2) = \frac{1}{1+b}(\sqrt{1+b^2}, 1, 1)\,, \qquad \frac{-1}{1-b}(\sqrt{1+b^2}, 1, -1)\,,$$
$$\frac{1}{1+b}(\sqrt{1+b^2}, -1, -1)\,, \quad \frac{-1}{1-b}(\sqrt{1+b^2}, -1, 1)\,, \quad (3.65)$$

$x_3 = 0$ となる．無限遠 ($z \to 0$) にある曲面の境界を (x_1, x_2) 平面への射影すると図 3.6 (b) のような平行四辺形となる．

3.6　Pohlmeyer 還元

3.5 節の光的多角形解については，8.4 節で再び取り上げる．そのため，このような解を少し違った観点から見ておこう[82]．まず，S^5 部分を自明とし，AdS 内を運動する弦を考えると，Polyakov 作用 (3.10) から出発した時の弦の運動方程式 (3.11) と Virasoro 拘束 (3.12) は,

$$\partial\bar{\partial}Y - (\partial Y \cdot \bar{\partial}Y)Y = 0\,, \qquad \partial Y \cdot \partial Y = \bar{\partial}Y \cdot \bar{\partial}Y = 0\,, \qquad (3.66)$$

となる．ここで, 世界面を Euclid 的としてその座標を $z = \tau + i\sigma$, $\bar{z} = \tau - i\sigma$, これらの微分を $\partial = \partial_z$, $\bar{\partial} = \partial_{\bar{z}}$ と記した．埋め込み座標 Y_p ($p = -1, 0, 1, ..., 4$) は $Y \cdot Y = \eta^{pq} Y_p Y_q = -1$, $\eta_{pq} = \mathrm{diag}(-1, -1, 1, 1, 1, 1)$ を満たす．

以下，$Y_3 = Y_4 = 0$ となる AdS_3 中の弦を考え，$\alpha(z, \bar{z})$, $N(z, \bar{z})$ を,

$$e^{2\alpha} := \frac{1}{2}\partial Y \cdot \bar{\partial}Y\,, \qquad N_p := \frac{1}{2}e^{-2\alpha}\epsilon_{pqrs}Y^q \partial Y^r \bar{\partial}Y^s\,,$$

により導入しよう．ϵ_{pqrs} は完全反対称記号である．これらを用いて，さらに,

$$q_1 = Y\,, \qquad q_2 = e^{-\alpha}\bar{\partial}Y\,, \qquad q_3 = e^{-\alpha}\partial Y\,, \qquad q_4 = N\,,$$

とすると，$q_1 \cdot q_1 = -1$，$q_2 \cdot q_3 = 2$，$q_4 \cdot q_4 = 1$, その他の $q_j \cdot q_k = 0$ とな

る．よって，q_1, $\frac{1}{2}(q_2 \pm q_3)$, q_4 は，弦がターゲット空間（時空）中で描く曲面の各点に対して，埋め込み座標の空間における正規直交基底（**動標構**; moving frame）を成す．q_j^p の時空の添字 p は省略した．ここで，基底 q_j の微分 ∂q_j, $\bar{\partial} q_j$ を (3.66) を用いて整理し，再び基底 q_j で表すと，

$$
\begin{aligned}
\partial q_1 &= e^{\alpha} q_3 \,, & \partial q_2 &= 2e^{\alpha} q_1 - q_2 \partial\alpha \,, \\
\partial q_3 &= q_3 \partial\alpha + 2e^{-\alpha} v q_4 \,, & \partial q_4 &= -e^{-\alpha} v q_2 \,, \\
\bar{\partial} q_1 &= e^{\alpha} q_2 \,, & \bar{\partial} q_2 &= q_2 \bar{\partial}\alpha - 2e^{-\alpha} \bar{v} q_4 \,, \\
\bar{\partial} q_3 &= 2e^{\alpha} q_1 - q_3 \bar{\partial}\alpha \,, & \bar{\partial} q_4 &= e^{-\alpha} \bar{v} q_3 \,,
\end{aligned}
\tag{3.67}
$$

となる．ここで，

$$
v := \frac{1}{2} N \cdot \partial^2 Y \,, \qquad \bar{v} := -\frac{1}{2} N \cdot \bar{\partial}^2 Y \,,
$$

とおいた．この結果により，非線形運動方程式・拘束条件 (3.66) が，動標構 q_j の発展方程式として表され，**線形化**されたことになる．Y が実の時，N は純虚数，v と $\bar{v}$ は互いに複素共役となる．

さらに，

$$
\begin{aligned}
& W_{\alpha\dot{\alpha}} := \frac{1}{2} \begin{pmatrix} q_1 + q_4 & q_2 \\ q_3 & q_1 - q_4 \end{pmatrix} \,, \quad U = \begin{pmatrix} 0 & e^{i\pi/4} \\ e^{3i\pi/4} & 0 \end{pmatrix} \,, \\
& B_z(\zeta) := \begin{pmatrix} \frac{1}{2}\partial\alpha & -\frac{1}{\zeta} e^{\alpha} \\ -\frac{1}{\zeta} e^{-\alpha} v & -\frac{1}{2}\partial\alpha \end{pmatrix} \,, \quad B_{\bar{z}}(\zeta) := \begin{pmatrix} -\frac{1}{2}\bar{\partial}\alpha & -\zeta e^{-\alpha} \bar{v} \\ -\zeta e^{\alpha} & \frac{1}{2}\bar{\partial}\alpha \end{pmatrix} \,, \\
& (B_z^L)_{\alpha}{}^{\beta} = B_z(1) \,, \quad (B_z^R)_{\dot{\alpha}}{}^{\dot{\beta}} = U B_z(i) U^{-1} \,, \\
& (B_{\bar{z}}^L)_{\alpha}{}^{\beta} = B_{\bar{z}}(1) \,, \quad (B_{\bar{z}}^R)_{\dot{\alpha}}{}^{\dot{\beta}} = U B_{\bar{z}}(i) U^{-1} \,,
\end{aligned}
\tag{3.68}
$$

とおくと，(3.67) は次の線形方程式系として表されることがわかる：

$$
\begin{aligned}
& \partial W_{\alpha\dot{\alpha}} + (B_z^L)_{\alpha}{}^{\beta} W_{\beta\dot{\alpha}} + (B_z^R)_{\dot{\alpha}}{}^{\dot{\beta}} W_{\alpha\dot{\beta}} = 0 \,, \\
& \bar{\partial} W_{\alpha\dot{\alpha}} + (B_{\bar{z}}^L)_{\alpha}{}^{\beta} W_{\beta\dot{\alpha}} + (B_{\bar{z}}^R)_{\dot{\alpha}}{}^{\dot{\beta}} W_{\alpha\dot{\beta}} = 0 \,.
\end{aligned}
\tag{3.69}
$$

$W_{\alpha\dot{\alpha}}$ は q_j の添字 j を変換する so(2,2)$\simeq$su(2)$\oplus$su(2) に従って，ベクトル q_j をスピノルの添字で行列表示したものであり，通常の Lorentz ベクトルのスピノル表示と同様である．(3.69) の両立/可積分条件，$\partial B_{\bar{z}}^{L/R} - \bar{\partial} B_z^{L/R} + [B_z^{L/R}, B_{\bar{z}}^{L/R}] = 0$ は，

$$
\left[\partial + B_z(\zeta), \bar{\partial} + B_{\bar{z}}(\zeta)\right] = 0 \,,
\tag{3.70}
$$

の形にまとめて表される．このゼロ曲率条件の成分を具体的に読み取ると，

$$
\begin{aligned}
& \bar{\partial} v = \partial \bar{v} = 0 \,, \\
& \partial\bar{\partial}\alpha - e^{2\alpha} + v\bar{v} e^{-2\alpha} = 0 \,,
\end{aligned}
\tag{3.71}
$$

となる．よって，$v=v(z)$ は正則，$\bar{v}=\bar{v}(\bar{z})$ は反正則関数となる．

まとめると，弦の運動方程式と拘束条件 (3.66) は，動標構の発展方程式/線形系 (3.67) あるいは (3.69) として表され，これらの両立/可積分条件 (3.70) により一般化された **sinh-Gordon 方程式** (3.71) に至った．逆に見ると，(3.71) のゼロ曲率表示が (3.70) であり，対応する線形系が (3.67), (3.69) となる．このような一連の手続きを **Pohlmeyer 還元** (Pohlmeyer reduction) という[79]．

接続 $B_z(\zeta), B_{\bar{z}}(\zeta)$ を，

$$B_z(\zeta)=A_z+\frac{1}{\zeta}\Phi_z\,,\qquad B_{\bar{z}}(\zeta)=A_{\bar{z}}+\zeta\Phi_{\bar{z}}\,,\tag{3.72}$$

と分解すると，(3.70) は

$$D_z\Phi_{\bar{z}}=D_{\bar{z}}\Phi_z=0\,,\qquad F_{z\bar{z}}+[\Phi_z,\Phi_{\bar{z}}]=0\,,\tag{3.73}$$

と書ける．ここで，$D_\mu\Phi_m=\partial_\mu\Phi_m+[A_\mu,\Phi_m]$, $F_{\mu\nu}=\partial_\mu A_\nu-\partial_\nu A_\mu+[A_\mu,A_\nu]$ とおいた．(3.73) は，4 次元のゲージ場の強さに対する自己双対条件（インスタントン方程式）を 2 次元に次元還元して得られる **Hitchin 方程式**となっている．但し，(3.68), (3.72) により，場の配位が $\mathbb{Z}_2$ 対称性 $A_\mu\to\sigma_3A_\mu\sigma_3$, $\Phi_m\to-\sigma_3\Phi_m\sigma_3$ を持つ特別な場合である．σ_3 は Pauli 行列である．(3.73) は，$\Phi_m\to h\Phi_mh^{-1}$，$A_\mu\to hA_\mu h^{-1}+h\partial_\mu h^{-1}$ のゲージ対称性を持つ．

3.6.1 弦の解の構成

(3.71) の解がわかると，次のようにして，弦の埋め込み座標 Y_p を構成できる．まず，(3.68) の $W_{\alpha\dot{\alpha}}$ と同様に，今度は時空の添字 p を変換する so(2,2) $\simeq$ su(2) $\oplus$ su(2) に従い，ベクトル u_p を，

$$u_{a\dot{a}}=u_{-1}\mathbb{1}+u_0(-i\sigma_2)+u_1\sigma_1+u_2\sigma_3=\begin{pmatrix}u_{-1}+u_2 & u_1-u_0\\ u_1+u_0 & u_{-1}-u_2\end{pmatrix},$$

と行列表示しよう．この時，$u\cdot u=\eta^{pq}u_pu_q=-\det(u_{a\dot{a}})$ となるので，u_p が光的 $u\cdot u=0$ ならば，$\mathrm{rank}\,u_{a\dot{a}}\le 1$ となり，$u_{a\dot{a}}$ は（反交換ではなく交換する）スピノルの積として $u_{a\dot{a}}=\eta_a\tilde{\eta}_{\dot{a}}$ の形で書ける．$W_{\alpha\dot{\alpha}}$ の各“成分”も光的な時空のベクトル $q_1\pm q_4, q_2, q_3$ なので，$W_{\alpha\dot{\alpha}}=\psi^L_{\alpha\dot{\alpha},a}\psi^R_{\alpha\dot{\alpha},\dot{a}}$ の形で表される．左辺では，添字 $a,\dot{a}$ が省略されており，$\alpha,\dot{\alpha}$ についての和はとっていない．さらに，q_j 間の内積を考慮すると右辺の $\alpha\dot{\alpha}$ も因子化して，世界面の各点で，

$$W_{\alpha\dot{\alpha}}=W_{\alpha\dot{\alpha},a\dot{a}}=\psi^L_{\alpha,a}\psi^R_{\dot{\alpha},\dot{a}}\,,\tag{3.74}$$

と表せることがわかる．

今，(3.71) の解 $\alpha(z,\bar{z})$ を接続 $B_z(\zeta), B_{\bar{z}}(\zeta)$ に代入し，

$$0=\big[\partial+B_z(\zeta)\big]\psi(\zeta)=\big[\bar{\partial}+B_{\bar{z}}(\zeta)\big]\psi(\zeta)\,,\tag{3.75}$$

の独立な解 $\psi_r(\zeta)$ $(r=1,2)$ を用いて,

$$\psi^L_{\alpha,r}=\psi_{\alpha,r}(\zeta=1)\,,\qquad \psi^R_{\dot\alpha,r}=U_{\dot\alpha\alpha}\psi_{\alpha,r}(\zeta=i)\,, \tag{3.76}$$

としよう．この時，(3.74) で定められる $W_{\alpha\dot\alpha}$ は (3.69) を満たすことが確かめられ，q_j, 特に弦の運動方程式の解 $q_1=Y$ も得られるのである．(3.75) の解の存在は，接続の平坦条件 (3.70) あるいは (3.71) により保証される．実際，このようにして得られた $W_{\alpha\dot\alpha}$ を用いると，

$$Y_{a\dot a}=\begin{pmatrix} Y_{-1}+Y_2 & Y_1-Y_0\\ Y_1+Y_0 & Y_{-1}-Y_2\end{pmatrix}=q_1=W_{1\dot 1}+W_{2\dot 2}=\psi^L_{\alpha,a}\delta^{\alpha\dot\beta}\psi^R_{\dot\beta,\dot a}\,, \tag{3.77}$$

となる．Y_p の規格化 $Y\cdot Y=-1$ に合わせて，$\psi(\zeta)$ の規格化は，

$$\psi_r\wedge\psi_s:=\det\bigl(\psi_r\psi_s\bigr)=\epsilon^{\beta\alpha}\psi_{\alpha,r}\,\psi_{\beta,s}\,,=\epsilon_{rs} \tag{3.78}$$

で定める．ϵ は反対称記号である．左辺を $z,\bar z$ で微分し，$\psi(\zeta)$ どうしが交換することと (3.75) を用いると，規格化条件が座標に依らないことがわかる．

3.6.2 4 カスプ解

話が少し込み入ってきたが，このような解の構成として最も簡単な場合は (3.71) の "真空解" $\alpha(z,\bar z)=0$, $v\bar v=1$ に対応する．この時，$Y_{a\dot a}$ は，

$$Y_{a\dot a}=\frac{1}{\sqrt2}\begin{pmatrix} e^{2(\tau+\sigma)} & e^{2(\tau-\sigma)}\\ -e^{-2(\tau-\sigma)} & e^{-2(\tau+\sigma)}\end{pmatrix}\,, \tag{3.79}$$

ととれる．この $Y_{a\dot a}$ が (3.66) を満たすことはすぐに確かめられる．(1.30) より ($Y_4\leftrightarrow Y_2$, $a=1$ として) Poincaré 座標を読み取ると，(3.79) は (3.58) を満たし，3.5 節の (3.57) と同等な解であることがわかる．但し，(3.57) と比べると，$(\tau,\sigma)\to\bigl(-2(\tau+\sigma),2(\tau-\sigma)\bigr)$, $x_0\to -x_0$ となっている．いずれにせよ，Pohlmeyer 還元の下での最も簡単な解は 4 カスプ解ということになる．

この 4 カスプ解の場合，(3.75) 中の接続は，$V=V^{-1}=\frac{1}{\sqrt2}\bigl(\begin{smallmatrix}1 & 1\\ 1 & -1\end{smallmatrix}\bigr)$ により，

$$VB_z(\zeta)V^{-1}=-\zeta^{-1}\sigma_3\,,\quad VB_{\bar z}(\zeta)V^{-1}=-\zeta\sigma_3\,,$$

と対角化される．ここで，$v=\bar v=1$ とした．従って，

$$\hat\psi(\zeta)=V\psi(\zeta)=\begin{pmatrix} e^{z/\zeta+\bar z\zeta}\\ 0\end{pmatrix},\quad \begin{pmatrix} 0\\ e^{-(z/\zeta+\bar z\zeta)}\end{pmatrix}, \tag{3.80}$$

は (3.75) の解の基底となる．この結果は，8.4.1 節の議論で再び用いる．

第 4 章
量子スピン系

第 3 章では，$\mathrm{AdS}_5 \times \mathrm{S}^5$ 中の超弦理論が古典可積分となり，可積分性に基づき様々な弦の古典解が生成されることを見た．ゲージ-重力対応のもう一方の側である極大超対称ゲージ理論にも可積分性が現れ，対応で結び付く 2 つの理論は平面/'t Hooft 極限において全ての't Hooft 結合 λ に対して可積分になると考えられている．このような議論に進む準備として，量子論における可積分性（**量子可積分性**）について考えていきたい．まず本章では，典型的な**量子可積分系**である**量子スピン系**について議論する．本章の内容全般に関する参考文献としては [43], [83]〜[90] がある．

4.1 Heisenberg 模型

時間・空間 1 次元の (1+1) 次元における量子スピン系の最も簡潔な模型として，円周上の N 個の格子点に大きさ 1/2 のスピン自由度が並ぶ模型を考える（図 4.1）．n 番目の格子点上のスピン変数を $\vec{S}_n$ としてハミルトニアンが，

$$H = J \sum_{n=1}^{N} H_{n,n+1}\,, \quad H_{n,n+1} = \vec{S}_n \cdot \vec{S}_{n+1} - \frac{1}{4}\,, \tag{4.1}$$

で与えられる時，この模型をスピン 1/2 等方的 **Heisenberg 模型**という．周期性により，N 個離れた格子点は $n \approx n+N$ と同一視する．この模型の Hilbert 空間は $\mathcal{H}_N = \prod_{n=1}^{N} \otimes h_n$，$h_n = \mathbb{C}^2 =: V$ である．スピン変数 $\vec{S}_n = (S_n^\alpha)$ は，h_n には Pauli 行列 $\sigma^x = \left(\begin{smallmatrix} 0 & 1 \\ 1 & 0 \end{smallmatrix}\right)$, $\sigma^y = \left(\begin{smallmatrix} 0 & -i \\ i & 0 \end{smallmatrix}\right)$, $\sigma^z = \left(\begin{smallmatrix} 1 & 0 \\ 0 & -1 \end{smallmatrix}\right)$（の 1/2 倍），他の h_m $(m \neq n)$ には恒等演算子 $\mathbb{1}$ として作用する $\mathcal{H}_N$ の演算子である：

$$S_n^\alpha = \frac{1}{2}\sigma_n^\alpha\,, \qquad \sigma_n^\alpha := \overset{(1)}{\mathbb{1}} \otimes \cdots \otimes \mathbb{1} \otimes \overset{(n)}{\sigma^\alpha} \otimes \mathbb{1} \otimes \cdots \otimes \overset{(N)}{\mathbb{1}}\,,$$

$\alpha = x, y, z$．上段の括弧内にテンソル積の順番を記した．(4.1) では，N 個の $\mathbb{1}$ のテンソル積 $\mathbb{1}^{\otimes N}$ を省略して 1 と書いた．模型の基底状態は，$J < 0$ で強

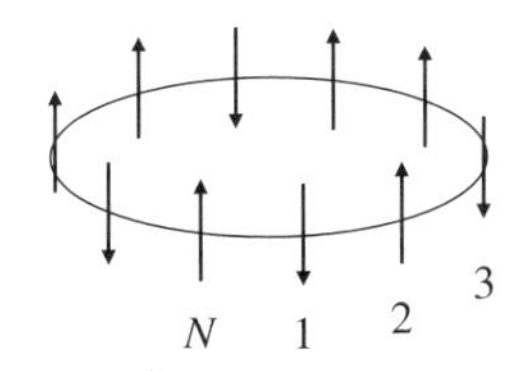

図 4.1　円周上にスピンが並んだスピン鎖.

磁性的，$J>0$ で反強磁性的となる．全スピン演算子，

$$\vec{S}=\sum_{n=1}^{N}\vec{S}_n\,, \tag{4.2}$$

は su(2) の生成子であり，Heisenberg 模型は su(2) 対称性を持つ：$[S^\alpha, H]=0$.

H 中のスピン演算子の積は $\vec{S}_n\cdot\vec{S}_{n+1}=S_n^xS_{n+1}^x+S_n^yS_{n+1}^y+S_n^zS_{n+1}^z$ と，模型の名前にあるように x,y,z 方向について等方的であり，XXX 模型とも呼ばれる．同様に，z 方向の係数を 1 からずらした模型を XXZ 模型，3 方向の係数を全て異なるようにした模型を XYZ 模型と呼ぶ.

スピン系/スピン鎖模型では，行列やベクトルのテンソル積が頻繁に現れるので，記法を確認しておこう．まず，S_n^α や σ_n^α のような演算子は $2^N\times 2^N$ 行列として表される．$N=2$ の場合に具体的に書くと，例えば，

$$\sigma_1^x=\sigma^x\otimes\mathbb{1}=\begin{pmatrix} & \mathbb{1}\\ \mathbb{1} & \end{pmatrix}=\left(\begin{array}{cc|cc} & & 1 & \\ & & & 1\\ \hline 1 & & & \\ & 1 & & \end{array}\right),$$

$\sigma_2^x=\mathbb{1}\otimes\sigma^x=\begin{pmatrix}\sigma^x & \\ & \sigma^x\end{pmatrix}$ などとなる．省略した成分は 0 である．同様に $x={}^t(x_1,x_2)$, $y={}^t(y_1,y_2)\in\mathbb{C}^2$ とすると，$x\otimes y={}^t(x_1y\,|\,x_2y)={}^t(x_1y_1,x_1y_2,x_2y_1,x_2y_2)$. 行列・ベクトルの積はテンソル積のそれぞれの空間内でおこなえばよいので，A,B,C,D を行列，x,y をベクトルとすると，

$$(A\otimes B)(C\otimes D)=AB\otimes CD\,,\quad (A\otimes B)(x\otimes y)=(Ax)\otimes(By)\,,$$

などとなる．これは，行列・ベクトルを上のように具体的に成分表示しても確かめられる．違う格子点にのみ非自明に作用する演算子どうしは交換するので，例えば，$[\sigma_n^\alpha,\sigma_m^\beta]=0$ $(n\neq m)$ となる．行列・ベクトルを成分表示して，${A^a}_b, {B^c}_d, x^a, y^c$ と書くと，繰り返し現れる添字は和がとられているとして $(A\vec{x})^a={A^a}_bx^b$ となる．テンソル積の場合も同様に，

$$(A\otimes B)^{ac}_{bd}={A^a}_b{B^c}_d\,,\qquad (x\otimes y)^{ac}=x^ay^c\,,$$
$$[(A\otimes B)(x\otimes y)]^{ac}=(A\otimes B)^{ac}_{bd}(x\otimes y)^{bd}=({A^a}_bx^b)({B^c}_dy^d)\,.$$

以下の目標は，この模型の，ハミルトニアンを含む保存量，および，その固有ベクトルを求めることである．結果として，十分な数の保存量が得られ，こ

の模型が量子論的な意味で可積分であることがわかる．その課程で，様々な（量子）可積分系を特徴付けることになる **Yang-Baxter 方程式**が現れる．

4.2 $N = 2$ の場合

$N=2$ の時，ハミルトニアンは 4×4 行列となり，この行列を対角化することで模型を解くことができる．ここでは，次のように考えていこう．まず，

$$\mathcal{P} = \frac{1}{2}\Big(\mathbb{1} \otimes \mathbb{1} + \sum_{\alpha} \sigma^{\alpha} \otimes \sigma^{\alpha}\Big) = \left(\begin{array}{cc|cc} 1 & & & \\ & & 1 & \\ \hline & 1 & & \\ & & & 1 \end{array}\right), \tag{4.3}$$

$\vec{\sigma}_n = (\sigma_n^{\alpha})$, とすると，$\mathcal{P}^2 = \mathbb{1}$,

$$\mathcal{P}(x \otimes y) = y \otimes x \quad (x, y \in \mathbb{C}^2), \qquad \mathcal{P}\vec{\sigma}_1\mathcal{P} = \vec{\sigma}_2, \tag{4.4}$$

となる．(4.4) の第 1 式は，例えば，$x \otimes y$ を 4 次元ベクトル，$\mathcal{P}$ を 4×4 行列として表すとすぐにわかる．第 1 式を使うと任意の $x \otimes y$ に対して，$\mathcal{P}\vec{\sigma}_1(x \otimes y) = \mathcal{P}(\vec{\sigma}_1 x \otimes y) = y \otimes \vec{\sigma}_2 x = \vec{\sigma}_2\mathcal{P}(x \otimes y)$ となり第 2 式を得る．これらの性質から $\mathcal{P}$ は h_1 と h_2 を入れ替える置換演算子であることがわかる．

$\mathcal{P}$ を用いるとハミルトニアンは，

$$H = 2H_{12} = J(\mathcal{P} - \mathbb{1} \otimes \mathbb{1}),$$

となり，定数部分を除いて $\mathcal{P}$ で表される．(4.4) より，$\mathcal{P}, H$ の固有値をそれぞれ ϖ, E とすると，固有値・固有ベクトルは，

- $\varpi = 1,\ E = 0$:

$$\begin{aligned} |\uparrow\uparrow\rangle &:= \begin{pmatrix}1\\0\end{pmatrix} \otimes \begin{pmatrix}1\\0\end{pmatrix}, \\ |\uparrow\downarrow\rangle + |\downarrow\uparrow\rangle &:= \begin{pmatrix}1\\0\end{pmatrix} \otimes \begin{pmatrix}0\\1\end{pmatrix} + \begin{pmatrix}0\\1\end{pmatrix} \otimes \begin{pmatrix}1\\0\end{pmatrix}, \\ |\downarrow\downarrow\rangle &:= \begin{pmatrix}0\\1\end{pmatrix} \otimes \begin{pmatrix}0\\1\end{pmatrix}, \end{aligned}$$

- $\varpi = -1,\ E = -2J$:

$$|\uparrow\downarrow\rangle - |\downarrow\uparrow\rangle := \begin{pmatrix}1\\0\end{pmatrix} \otimes \begin{pmatrix}0\\1\end{pmatrix} - \begin{pmatrix}0\\1\end{pmatrix} \otimes \begin{pmatrix}1\\0\end{pmatrix},$$

となり，su(2) の 3 重項，1 重項に対応する．この結果は，H を $H = J(\vec{S}^2 - 2\mathbb{1} \otimes \mathbb{1})$ と表し，$\vec{S}^2$ の固有値を $s(s+1)$ とおいてみてもすぐ確かめられる．これらの固有状態は H と交換する S^z の固有状態でもある．従って，系の自由度 $N=2$ と同じ数の独立な保存量があることもわかる．

$N = 2$ の場合にスピン 1/2XXX 模型を解くことは容易であるが，H が $2^N \times 2^N$ 行列となる一般の N の場合に H を対角化することはできるだろう

か? 数値的な対角化も N が大きくなると簡単ではない．この問に答えるのが **Bethe 仮説**による方法である．Bethe 仮説には，Bethe による元々の座標 Bethe 仮説の他に，代数的 Bethe 仮説，解析的 Bethe 仮説などいくつかのやり方があるが，まず代数的 Bethe 仮説を取り上げよう．スピン 1/2 XXX 模型の Bethe 仮説は，他の様々な "解ける" 模型に適用される Bethe 仮説の最も簡潔な場合・雛形となる．

4.3 Yang-Baxter 方程式と保存量

4.3.1 *R* 行列と Yang-Baxter 方程式

代数的 Bethe 仮説法により XXX 模型を解く準備として，

$$R(\lambda) := \lambda \mathbb{1} \otimes \mathbb{1} + i\mathcal{P} = \begin{pmatrix} \lambda+i & & & \\ & \lambda & i & \\ & i & \lambda & \\ & & & \lambda+i \end{pmatrix}, \tag{4.5}$$

で与えられる ***R* 行列**を導入する．変数 λ は**スペクトルパラメータ**と呼ばれる．このように古典可積分系で現れた用語が以下では再び登場するが，その理由は次第に明らかになるであろう．次に，この R 行列を用いて，$V \otimes V \otimes V$ $(V = \mathbb{C}^2)$ に作用する演算子，

$$R_{12}(\lambda) := R(\lambda) \otimes \mathbb{1}\,, \quad R_{23}(\lambda) := \mathbb{1} \otimes R(\lambda)\,, \quad R_{13}(\lambda) := \mathcal{P}_{23} R_{12}(\lambda) \mathcal{P}_{23}\,,$$

を定める．ここで，$\mathcal{P}_{23} = \mathbb{1} \otimes \mathcal{P}$ である．R_{ij} は i 番目と j 番目の V に R として作用し，残りの $k \neq i, j$ $(i, j, k = 1, 2, 3)$ 番目の V に $\mathbb{1}$ として作用する演算子である．これは，R_{12}, R_{23} については明らかであるが，R_{13} についても，(4.4) を用いると確認できる．以下同様に，i 番目と j 番目の空間に作用する置換演算子を $\mathcal{P}_{ij}$ と書く．

上で定めた 3 つの R 行列は以下の関係式を満たす：

$$R_{12}(\lambda - \mu) R_{13}(\lambda) R_{23}(\mu) = R_{23}(\mu) R_{13}(\lambda) R_{12}(\lambda - \mu)\,. \tag{4.6}$$

これは，置換演算子の性質，

$$\mathcal{P}_{ij} = \mathcal{P}_{ji}\,, \quad \mathcal{P}_{12}\mathcal{P}_{13} = \mathcal{P}_{23}\mathcal{P}_{21} = \mathcal{P}_{31}\mathcal{P}_{32}\,, \tag{4.7}$$

を用いて直接確かめられる．(4.6) の関係式は **Yang-Baxter 方程式**と呼ばれ，この模型に限らず "解ける模型" に普遍的に現れる重要な関係式である．

4.3.2 Lax 演算子とモノドロミー行列

次に，Hilbert 空間 $\mathcal{H}_N$ に補助空間 $h_0 = V$ を加えた空間，

$$h_0 \otimes h_1 \otimes \cdots \otimes h_n \otimes \cdots \otimes h_N = \overset{(0)}{V} \otimes \overset{(1)}{V} \otimes \cdots \otimes \overset{(n)}{V} \otimes \cdots \otimes \overset{(N)}{V}\,,$$

を考え，h_0 と物理的（量子）空間 h_n $(n \neq 0)$ にのみ非自明に作用する **Lax 演算子**，

$$L_{0n}(\lambda) := R_{0n}\Big(\lambda - \frac{i}{2}\Big) = \lambda \mathbb{1} \otimes \mathbb{1} + i\vec{\sigma}_0 \cdot \vec{S}_n = \begin{pmatrix} \alpha_n & \beta_n \\ \gamma_n & \delta_n \end{pmatrix},$$

$$\alpha_n = \lambda \mathbb{1} + iS_n^z\,, \quad \beta_n = iS_n^-\,, \quad \gamma_n = iS_n^+\,, \quad \delta_n = \lambda \mathbb{1} - iS_n^z\,, \qquad (4.8)$$

$S_n^{\pm} := S_n^x \pm iS_n^y$ を導入する．スペクトルパラメータは記法上の便宜のため $i/2$ だけずらし，他の物理的空間 h_m $(m \neq n)$ に作用する $\mathbb{1}$ は省略した．補助空間をもう一つ増やし，$h_0 \otimes h_{0'} \otimes \mathcal{H}_N$ を考えると，Yang-Baxter 方程式 (4.6) より以下の**基本交換関係** (fundamental commutation relation) を得る：

$$R_{00'}(\lambda - \lambda')L_{0n}(\lambda)L_{0'n}(\lambda') = L_{0'n}(\lambda')L_{0n}(\lambda)R_{00'}(\lambda - \lambda')\,. \qquad (4.9)$$

さらに，Lax 演算子の積として**モノドロミー行列**，

$$\begin{aligned} T_0(\lambda) &:= L_{01}(\lambda) \cdots L_{0N}(\lambda) = \lambda^N + i\lambda^{N-1}\vec{\sigma}_0 \cdot \vec{S} + \cdots \\ &= \begin{pmatrix} \alpha_1 & \beta_1 \\ \gamma_1 & \delta_1 \end{pmatrix} \cdots \begin{pmatrix} \alpha_N & \beta_N \\ \gamma_N & \delta_N \end{pmatrix} =: \begin{pmatrix} A(\lambda) & B(\lambda) \\ C(\lambda) & D(\lambda) \end{pmatrix}, \end{aligned} \qquad (4.10)$$

を導入する．ここで，T_0 を $\mathcal{H}_N$ の演算子を成分とする h_0 の行列として表し，恒等演算子 $\mathbb{1}$ は省略した．$\vec{S}$ は (4.2) の全スピン演算子である．同様に $T_{0'}$ を定めると，(4.9) より $T_0, T_{0'}$ についての基本交換関係を得る：

$$R_{00'}(\lambda - \lambda')T_0(\lambda)T_{0'}(\lambda') = T_{0'}(\lambda')T_0(\lambda)R_{00'}(\lambda - \lambda')\,. \qquad (4.11)$$

例えば $N = 2$ の場合，$L_{0n}(\lambda) = L_n$, $L_{0'1}(\lambda') = L'_n$ とおき，(i) $[L_2, L'_1] = 0$, (ii) 基本交換関係，(iii) 再び基本交換関係，(iv) $[L_1, L'_2] = 0$，を順に用いると，

$$\begin{aligned} [(4.11)\ \text{の左辺}] &= R_{00'}L_1L_2L'_1L'_2 = R_{00'}L_1L'_1L_2L'_2 = L'_1L_1R_{00'}L_2L'_2 \\ &= L'_1L_1L'_2L_2R_{00'} = L'_1L'_2L_1L_2R_{00'} = [\text{右辺}]\,, \end{aligned}$$

となる．$N > 2$ でも同様である．

4.3.3 転送行列と保存量

関係式 (4.11) により，モノドロミー行列 $T_0(\lambda)$ の補助空間でのトレースをとった**転送行列** (transfer matrix)，

$$t(\lambda) := \mathrm{tr}_0\, T_0(\lambda) \qquad (4.12)$$

は，λ に依らず互いに交換する $\mathcal{H}_N$ の演算子となる．実際，(4.11) の両辺に $R_{00'}^{-1}(\lambda - \lambda')$ を掛け $h_0 \otimes h_{0'}$ でのトレース $\mathrm{tr}_{00'}$ をとると，

$$[t(\lambda), t(\mu)] = 0\,, \qquad (4.13)$$

となる．よって，$t(\lambda)$ を λ について，

$$t(\lambda) = 2\lambda^N + \sum_{l=0}^{N-2} Q_l \lambda^l$$

と展開して得られる Q_l は互いに交換する $\mathcal{H}_N$ の演算子である．(4.10) より，$Q_{N-1} = 0$ である．

このような演算子の例を見てみよう．まず，$L_{0n}(i/2) = i\mathcal{P}_{0n}$ なので，

$$T_0(i/2) = i^N \mathcal{P}_{01}\mathcal{P}_{02}\cdots\mathcal{P}_{0N} = i^N \mathcal{P}_{NN-1}\cdots\mathcal{P}_{32}\mathcal{P}_{21}\mathcal{P}_{01}\,,$$

となる．ここで，(4.7) を繰り返し用いた．$\mathrm{tr}_0\,\mathcal{P}_{0n} = \mathbb{1}_n$ なので，

$$U := i^{-N} t(i/2) = \mathcal{P}_{NN-1}\cdots\mathcal{P}_{32}\mathcal{P}_{21}\,, \tag{4.14}$$

となり，$U = e^{iP}$ とおくと，P は運動量演算子となる．同様に，

$$\begin{aligned}\frac{d}{d\lambda}T_0(\lambda)\Big|_{\lambda=i/2} &= i^{N-1}\sum_n \mathcal{P}_{01}\cdots \overset{(n)}{\mathbb{1}_{0n}}\cdots\mathcal{P}_{0N}\\ &= i^{N-1}\sum_n \mathcal{P}_{NN-1}\cdots\mathcal{P}_{n+2\,n+1}\mathcal{P}_{n+1\,n-1}\mathcal{P}_{n-1\,n-2}\cdots\mathcal{P}_{21}\mathcal{P}_{01}\,,\end{aligned}$$

となる．$\mathcal{P}^{-1} = \mathcal{P}$ より，$\Big(\dfrac{d}{d\lambda}t(\lambda)\Big)t(\lambda)^{-1}\Big|_{\lambda=i/2} = (-i)\sum_n \mathcal{P}_{n\,n+1}$ となり，(4.1) のハミルトニアンは，

$$\begin{aligned}\frac{1}{J}H &= \frac{i}{2}\Big(\frac{d}{d\lambda}t(\lambda)\Big)\cdot t(\lambda)^{-1}\Big|_{\lambda=i/2} - \frac{N}{2}\\ &= \frac{1}{2}\sum_{n=1}^{N}\big(\mathcal{P}_{n\,n+1} - \mathbb{1}_n \otimes \mathbb{1}_{n+1}\big)\,,\end{aligned} \tag{4.15}$$

と表せる．従って H も $t(\lambda)$ に含まれ，転送行列から得られる Q_l ($l = 0, 1, ..., N-2$) は H と交換する保存量となる．z 方向の全角運動量 S^z と Q_l は，N 個の交換する保存量を成す．

このように，Yang-Baxter 方程式 (4.6) から，十分な数の量子的な保存量が得られ，スピン 1/2 等方的 Heisenberg 模型は "可積分" といえる．Yang-Baxter 方程式は 2.4 節で述べた，"模型が解けることに特徴的な性質" の一つであり，この方程式が現れる模型は一般に "可積分" であると言われる．

保存量の構成を振り返ると，Lax 演算子の積として，モノドロミー行列 T_0 を，そのトレースとして転送行列を定め，それをスペクトルパラメータについて展開すると交換する保存量が得られた訳である．現れる演算子がどの空間に作用するのか初めは戸惑うかもしれないが，保存量の構成の流れは，2.5 節，2.6 節で議論した古典可積分系の場合と平行している．本節で古典可積分系と同じ用語が使われていることも了解されると思う．

R 行列を $R = e^{i\hbar r} \approx 1 + i\hbar r + \mathcal{O}(\hbar^2)$ と表し，$\hbar$ が小さい "古典極限" を考えると，Yang-Baxter 方程式 (4.6) は 2.4 節で現れた (2.16) の形の**古典**

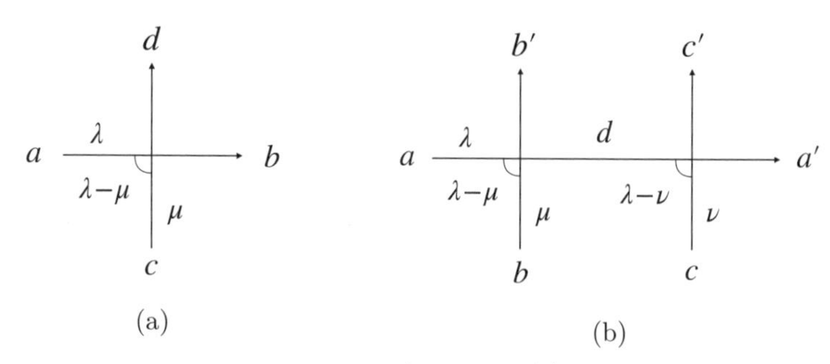

図 4.2　(a) $R^{bd}_{ac}(\lambda-\mu)$，(b) $R^{db'}_{ab}(\lambda-\mu)R^{a'c'}_{dc}(\lambda-\nu)$ の図形表示．

Yang-Baxter 方程式になる．このような“古典極限”とその逆の“量子化”の具体的な意味については，例えば [45] 参照．

4.3.4　図形表示

Yang-Baxter 方程式 (4.6) は 3 つの空間のテンソル積に作用する演算子間の関係式であり，4.1 節で述べた成分表示では，

$$
\begin{aligned}
&R^{a'b'}_{ab}(\lambda-\mu)R^{a''c'}_{a'c}(\lambda-\nu)R^{b''c''}_{b'c'}(\mu-\nu) \\
&\quad =R^{b'c'}_{bc}(\mu-\nu)R^{a'c''}_{ac'}(\lambda-\nu)R^{a''b''}_{a'b'}(\lambda-\mu),
\end{aligned} \tag{4.16}
$$

となる．ここで，スペクトルパラメータを ν だけシフトし，例えば $R_{12}(\lambda-\mu)$ で添字 12 と 3 番目の空間に作用する恒等演算子 $\mathbb{1}$ の部分を省略するなどした．

(4.6), (4.16) 共に慣れないと見づらいが，図 4.2 (a) のような R 行列の図形表示を用いると直感的にもわかり易くなる．横・縦の線の両端に $R^{bd}_{ac}(\lambda-\mu)$ の添字が，各線分にスペクトルパラメータ λ,μ がそれぞれ付随し，R 行列の引数 $\lambda-\mu$ は線分が交差する“角度”として表す．この時，R 行列の掛け算 $R^{db'}_{ab}(\lambda-\mu)R^{a'c'}_{dc}(\lambda-\nu)$ は図 4.2 (b) で表される．縮約をとる添字 d により 2 つの R 行列が結合され，共通の λ は左から右に“流れて”いく．

このような記法では，Yang-Baxter 方程式 (4.16) は，図 4.3 で表される．縮約をとる添字 a',b',c' とスペクトルパラメータは省略した．図形表示では，(4.16) は単に縦方向の線を斜めに交わる線の交差点を超えて移動させる操作となる．同様に，モノドロミー行列 $T(\lambda)=R^{c_2b_1}_{ca_1}(\tilde{\lambda})R^{c_3b_2}_{c_2a_2}(\tilde{\lambda})\cdots R^{c'b_N}_{c_Na_N}(\tilde{\lambda})$ $(\tilde{\lambda}:=\lambda-i/2)$，転送行列 $\mathrm{tr}_0\,T(\lambda)$ の図形表示は，それぞれ，図 4.4 (a) の上段，下段のようになる．これらの図形表示を組み合わせると，基本交換関係 (4.11) は，図 4.4 (b) となる．上段では左端の斜めに交差する線が $R_{00'}$，下の水平線と垂直に交差する線が $L_{0n}(\lambda)$，上の水平線と垂直に交差する線が $L_{0'n}(\lambda')$ $(\tilde{\lambda}'=\lambda'-i/2)$ を表す．下段も同様である．図形表示では，(4.11) は図 4.3 に従い縦方向の線を順次移動させるだけの関係式となりほぼ自明である．

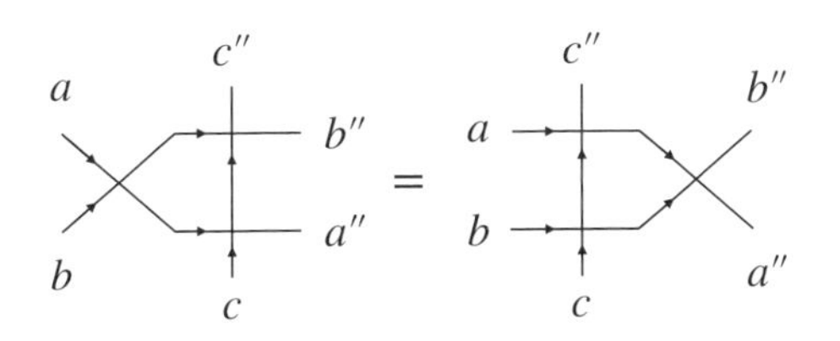

図 4.3　Yang-Baxter 方程式の図形表示．

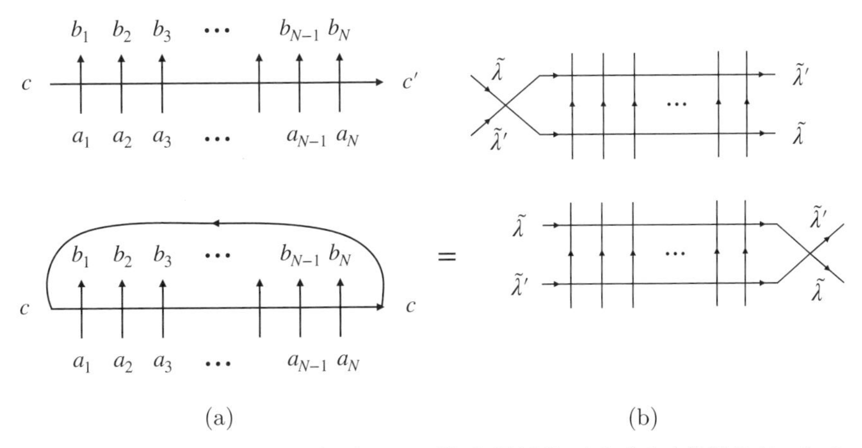

(a)　(b)

図 4.4　(a 上段) モノドロミー行列，(a 下段) 転送行列，(b) 基本交換関係 (4.11) の図形表示．(a) ではスペクトルパラメータを，(b) では添字を省略した．

4.4 Bethe 仮説

前節では，スピン 1/2 XXX 模型の保存量が転送行列で与えられることを見た．この転送行列を対角化し，保存量と対応する固有状態を具体的に表す方法が**代数的 Bethe 仮説**法である．(4.8) の Lax 演算子は，この模型の格子上の線形問題の Lax 接続，モノドロミー行列はその散乱データにそれぞれ対応するため，このような方法は 2.6.2 節で触れた逆散乱法の量子版という意味で**量子逆散乱法** (quantum inverse scattering method) とも呼ばれる[43], [83]~[85]．

4.4.1 "基底" 状態

転送行列 $t(\lambda)$ の最も簡単な固有状態として強磁性真空状態，

$$|\Omega\rangle := \begin{pmatrix} 1 \\ 0 \end{pmatrix} \otimes \cdots \otimes \begin{pmatrix} 1 \\ 0 \end{pmatrix} \in \mathcal{H}_N\,, \tag{4.17}$$

がとれることはすぐにわかる．実際，$\omega_n := \begin{pmatrix} 1 \\ 0 \end{pmatrix} \in h_n$ とおくと，

$$L_{0n}(\lambda)\omega_n = \begin{pmatrix} \alpha_n\omega_n & \beta_n\omega_n \\ \gamma_n\omega_n & \delta_n\omega_n \end{pmatrix} = \begin{pmatrix} \lambda + \frac{i}{2} & iS_n^- \\ 0 & \lambda - \frac{i}{2} \end{pmatrix} \omega_n\,,$$

となるので，T_0 を作用させると，

$$T_0(\lambda)|\Omega\rangle = (L_{01}\omega_1)\cdots(L_{0N}\omega_N) = \begin{pmatrix} \alpha(\lambda)^N & * \\ 0 & \delta(\lambda)^N \end{pmatrix} |\Omega\rangle\,,$$

$$\alpha(\lambda) := \lambda + \frac{i}{2}\,, \quad \delta(\lambda) := \lambda - \frac{i}{2}\,,$$

の形になる．各行列要素に掛かる恒等演算子は省略した．従って (4.10) より，

$$A(\lambda)|\Omega\rangle = \alpha(\lambda)^N|\Omega\rangle\,, \quad D(\lambda)|\Omega\rangle = \delta(\lambda)^N|\Omega\rangle\,, \quad C(\lambda)|\Omega\rangle = 0\,,$$

さらに，

$$t(\lambda)|\Omega\rangle = \Big(A(\lambda) + D(\lambda)\Big)|\Omega\rangle = \Big(\alpha(\lambda)^N + \delta(\lambda)^N\Big)|\Omega\rangle\,,$$

となり，確かに $|\Omega\rangle$ は $t(\lambda)$ の固有状態となっている．

4.4.2 Bethe 仮説方程式

次に，この $|\Omega\rangle$ から他の固有状態を生成するために，$\mathcal{H}_N$ の演算子 $A(\lambda), B(\lambda), C(\lambda), D(\lambda)$ の交換関係を見てみよう．$h_0 \otimes h_{0'} \otimes \mathcal{H}_N$ の演算子 $T_0, T_{0'}$ を，((4.10) とは異なり) $h_0 \otimes h_{0'}$ の行列として表示すると，

$$T_0(\lambda) = P_{00'}T_{0'}(\lambda)P_{0'0} = \begin{pmatrix} A(\lambda) & 0 & B(\lambda) & 0 \\ 0 & A(\lambda) & 0 & B(\lambda) \\ C(\lambda) & 0 & D(\lambda) & 0 \\ 0 & C(\lambda) & 0 & D(\lambda) \end{pmatrix}\,,$$

$$T_{0'}(\lambda') = \begin{pmatrix} A(\lambda') & B(\lambda') & 0 & 0 \\ C(\lambda') & D(\lambda') & 0 & 0 \\ 0 & 0 & A(\lambda') & B(\lambda') \\ 0 & 0 & C(\lambda') & D(\lambda') \end{pmatrix}\,,$$

となる．これらを交換関係 (4.11) に代入して成分を見ると，例えば，

$$\begin{aligned} &A(\lambda)B(\mu) = f(\lambda-\mu)B(\mu)A(\lambda) + g(\lambda-\mu)B(\lambda)A(\mu)\,, \\ &B(\lambda)B(\mu) = B(\mu)B(\lambda)\,, \\ &D(\lambda)B(\mu) = h(\lambda-\mu)B(\mu)D(\lambda) + \ell(\lambda-\mu)B(\lambda)D(\mu)\,, \\ &f(\lambda) := \frac{\lambda - i}{\lambda}\,, \quad g(\lambda) := \frac{i}{\lambda}\,, \quad h(\lambda) := \frac{\lambda + i}{\lambda}\,, \quad \ell(\lambda) = -\frac{i}{\lambda}\,. \end{aligned} \tag{4.18}$$

ここで，$|\Omega\rangle$ に“生成演算子” $B(\lambda_k)$ を作用させた，

$$|\lambda_1, ..., \lambda_K\rangle := B(\lambda_1)\cdots B(\lambda_K)|\Omega\rangle\,, \tag{4.19}$$

を考えよう．さらに $A(\lambda)$ を作用させ，(4.18) を繰り返し用いて A 演算子を $|\Omega\rangle$ まで移動させると，

$$A(\lambda)|\lambda_1, ..., \lambda_K\rangle = \alpha(\lambda)^N \prod_{k=1}^{K} f(\lambda - \lambda_k)|\lambda_1, ..., \lambda_K\rangle$$

$$+\sum_{k=1}^{K} v_k\big(\lambda, \{\lambda_l\}\big) \cdot B(\lambda_1) \cdots \widehat{B(\lambda_k)} \cdots B(\lambda_K) B(\lambda) |\Omega\rangle \,, \quad (4.20)$$

となる．$\widehat{B(\lambda_k)}$ は $B(\lambda_k)$ がないことを表し，$\lambda_1, ..., \lambda_K$ を省略して $\{\lambda_l\}$ と書いた．一般の v_k を求めるのは一見難しそうに思えるが，まず $v_1 = \alpha(\lambda_1)^N g(\lambda - \lambda_1) \prod_{k=2}^{K} f(\lambda_1 - \lambda_k)$ となることはすぐにわかる．$B(\lambda_k)$ は互いに交換するので，他の v_k は $\lambda \to \lambda_k$ として得られるはずであり，

$$v_j\big(\lambda, \{\lambda_l\}\big) = \alpha(\lambda_j)^N g(\lambda - \lambda_j) \prod_{k \neq j}^{K} f(\lambda_j - \lambda_k) \,,$$

である．直接計算では，多数の項がまとまってこの形になる．$K = 2$ の場合に具体的におこなってみると感じがつかめると思う．同様にして，次式が従う：

$$\begin{aligned} D(\lambda)|\lambda_1, ..., \lambda_K\rangle &= \delta(\lambda)^N \prod_{k=1}^{K} h(\lambda - \lambda_k) |\lambda_1, ..., \lambda_K\rangle \\ &\quad + \sum_{k=1}^{K} w_k\big(\lambda, \{\lambda_l\}\big) \cdot B(\lambda_1) \cdots \widehat{B(\lambda_k)} \cdots B(\lambda_K) B(\lambda) |\Omega\rangle \,, \\ w_j\big(\lambda, \{\lambda_l\}\big) &= \delta(\lambda_j)^N \ell(\lambda - \lambda_j) \prod_{k \neq j}^{K} h(\lambda_j - \lambda_k) \,. \end{aligned} \quad (4.21)$$

$g(\lambda) = -\ell(\lambda)$ に注意すると，これらの結果から $\{\lambda_l\}$ が，

$$\left(\frac{\lambda_j + \frac{i}{2}}{\lambda_j - \frac{i}{2}} \right)^N = \prod_{k \neq j}^{K} \frac{\lambda_j - \lambda_k + i}{\lambda_j - \lambda_k - i} \qquad (j, k = 1, ..., K) \,, \quad (4.22)$$

を満たすと $v_k + w_k = 0$ となり余計な項が消えることがわかり，

$$\begin{aligned} & t(\lambda)\ |\lambda_1\,, ..., \lambda_K\rangle = \Lambda(\lambda\,; \lambda_1\,, ..., \lambda_K)\ |\lambda_1\,, ..., \lambda_K\rangle \,, \\ & \Lambda(\lambda\,; \lambda_1\,, ..., \lambda_K) \\ & \quad = \left(\lambda + \frac{i}{2}\right)^N \prod_{k=1}^{K} \frac{\lambda - \lambda_k - i}{\lambda - \lambda_k} + \left(\lambda - \frac{i}{2}\right)^N \prod_{k=1}^{K} \frac{\lambda - \lambda_k + i}{\lambda - \lambda_k} \,, \end{aligned} \quad (4.23)$$

を得る．(4.19) のように固有状態についての "仮説" を立て，(4.22) が満たされれば，その状態 $|\lambda_1\,, ..., \lambda_K\rangle$ が実際に転送行列の固有状態であることがわかった訳である．(4.22) の方程式を **Bethe 仮説方程式** (Bethe ansatz equation)，その解（根）$\{\lambda_l\}$ を **Bethe ルート**という．

(4.23) 中の $t(\lambda)$ の固有値 Λ は，一見 $\lambda = \lambda_j$ $(\lambda_j \in \{\lambda_l\})$ で極を持つように見える．しかし，転送行列の構成から Λ は λ の N 次多項式のはずである．Bethe 仮説方程式 (4.22) はこの見かけの極の留数が消える条件としても得られる．このような転送行列の解析性に基づく可積分模型の解法を**解析的 Bethe 仮説法**という[91], [92]．

4.4.3 ストリング解

Bethe 仮説方程式 (4.22) の解としては，実数解 $\lambda_k \in \mathbb{R}$ の他に，$2M+1$ 個のルートが $\lambda_{M,m} = \lambda_M + im \ \ (-M \leq m \leq M;\ M \in \mathbb{Z}/2, M-m \in \mathbb{Z})$ のように虚軸方向に並んだ解もある．このような解を**ストリング解**，特に $(2M+1)$ ストリング解という．実解は 1 ストリング解と見ることもできる．

Bethe 仮説法により，Bethe 方程式 (4.22) を満たす $\{\lambda_l\}$ があれば固有状態が得られるが，このようにして得られる固有状態がどれだけあるか（固有状態の完全性）は，これまでの議論では明らかではない．しかし，ストリング解の存在とその数え方についての適当な仮定（**ストリング仮説**）の下で，Bethe 仮説による状態数が Hilbert 空間の次元 2^N と同じとなることが示せる[83], [85]．

4.4.4 物理的考察

結果についてもう少し考察してみよう．まず，基本交換関係 (4.11) で $\lambda' \gg 1$ として，$\mathcal{O}(\lambda'^N)$ の項に $\mathrm{tr}_{0'}\, \sigma_{0'}^{\alpha}$ を作用させて $h_0 \otimes \mathcal{H}_N$ 部分を見ると，

$$\left[T_0(\lambda),\, \frac{1}{2}\sigma_0^{\alpha} + S^{\alpha}\right] = 0\,, \tag{4.24}$$

を得る．これは，モノドロミー行列の $h_0 \otimes \mathcal{H}_N$ での su(2) 不変性を表している．従って，転送行列（およびハミルトニアン）も su(2) 不変となる：

$$[\vec{S},\, t(\lambda)] = 0\,.$$

続いて (4.24) で，T_0 を (4.10) のように表すと，例えば，

$$[S^3, B] = A - D\,, \qquad [S^3, B] = -B\,, \tag{4.25}$$

となる．また，$S^+|\Omega\rangle = 0$, $S^3|\Omega\rangle = \frac{N}{2}|\Omega\rangle$ は，$|\Omega\rangle$ の構成から直ちにわかる．これらを合わせると，$\{\lambda_l\}$ が (4.22) を満たせば，

$$S^+|\lambda_1\,, \ldots, \lambda_K\rangle = 0\,, \quad S^3|\lambda_1\,, \ldots, \lambda_K\rangle = \left(\frac{N}{2} - K\right)|\lambda_1\,, \ldots, \lambda_K\rangle\,, \tag{4.26}$$

となることがわかる．第 2 式は (4.25) の第 2 式から従い，第 1 式は (4.25) の第 1 式から，Bethe 仮説方程式を導いた時と同様にして示せる．よって，$|\lambda_1\,, \ldots, \lambda_K\rangle$ は su(2) の最高ウェイト状態である．

この状態の保存量については，(4.23), (4.14), (4.15) より，

$$\begin{aligned} P &= \sum_{k=1}^{K} p(\lambda_k)\,, \qquad p(\lambda) := \frac{1}{i}\log\frac{\lambda + \frac{i}{2}}{\lambda - \frac{i}{2}}\,, \\ H &= J\sum_{k=1}^{K} \epsilon(\lambda_k)\,, \qquad \epsilon(\lambda) := -\frac{1}{2}\frac{1}{\lambda^2 + \frac{1}{4}} = -2\sin^2\frac{p}{2}\,, \end{aligned} \tag{4.27}$$

となる．これらは，ラピディティ λ_j，運動量 $p(\lambda_j)$，エネルギー $\epsilon(\lambda_j)$ を持つ準粒子の寄与の単純な足し合わせと解釈できる．また，$p(\lambda)$ を用いて，$K=1$

の場合の Bethe 仮説方程式 (4.22) を書くと単に $e^{ipN}=1$ となり，格子間隔 1，長さ $1\times N$ の区間を運動する自由粒子に対する周期的境界条件と見なせる．

4.4.5 座標 Bethe 仮説

（準）粒子描像は，座標空間の波動関数に基づく**座標 Bethe 仮説**法ではより明らかとなる．この方法では，ハミルトニアン (4.1) の固有状態として，

$$|\psi_K\rangle = \sum_{1\le x_1<x_2<\cdots<x_K\le N} \psi_K(x;p)\,\sigma^-_{x_1}\sigma^-_{x_2}\cdots\sigma^-_{x_K}\,|\Omega\rangle\,, \tag{4.28}$$

の形から出発する（"仮説/仮設" をおく）．格子間隔を 1 とし，$\sigma^-_x=\left(\begin{smallmatrix}0&0\\1&0\end{smallmatrix}\right)$ は格子点 x で上向きスピン $\omega_x=\binom{1}{0}$ を下向きスピン $\binom{0}{1}$ に下げる演算子である．x_k は下向きスピンのある格子点の座標である．また波動関数 ψ_K は，

$$\psi_K(x;p) = \sum_{\{\sigma_j\}\in\mathfrak{S}_K} A_K^{\{\sigma_j\}}\exp\left[i\sum_{j=1}^{K} p_{\sigma_j}x_j\right], \tag{4.29}$$

の形とする．$A_K^{\{\sigma_j\}}$ は係数，$\mathfrak{S}_K$ は K 次の置換群である*1)．このような波動関数を **Bethe 仮説波動関数**と呼ぶ．波動関数は周期的でなければならないが，x_k の大きさに順序が付いていることに注意すると，その条件は，

$$\psi_K(x_1,x_2,...,x_K)=\psi_K(x_2,...,x_K,x_1+N)\,. \tag{4.30}$$

K が小さい場合を具体的に考えよう．まず，$K=1$ では，波動関数は $\psi(x)=Ae^{ipx}$，固有ベクトルは $|\psi\rangle=\sum_{1\le x\le N}\psi(x)|x\rangle$ となる．記法を簡略化して，$\psi_K(x;p)\to\psi(x)$, $\sigma^-_{x_1}\cdots\sigma^-_{x_K}|\Omega\rangle\to|x_1,...,x_K\rangle$ などとした．H 中の $\vec{S}_n\cdot\vec{S}_{n+1}$ を $S_n^{\pm,z}$, $S_{n+1}^{\pm,z}$ で具体的に表し，$\vec{\sigma}_{x+N}=\vec{\sigma}_x$ および周期性条件 $\psi(x+N)=\psi(x)$ を用いると，$(2H/J)|\psi\rangle$ は，

$$\sum_{x=1}^{N}\psi(x)\big(|x+1\rangle+|x-1\rangle-2|x\rangle\big)=\sum_{x=1}^{N}\Big(\psi(x-1)+\psi(x+1)-2\psi(x)\Big)|x\rangle\,,$$

と書ける．さらに $\psi(x)$ の形から，(4.27) の結果，$H/J=\tilde{\epsilon}(p):=-2\sin^2(p/2)$ を得る．また，波動関数の周期性 (4.30) より，$p=2\pi n/N$ $(n\in\mathbb{Z})$ となる．

次に，$K=2$ の時の波動関数は，

$$\psi(x_1,x_2)=A_2^{12}\,e^{i(p_1x_1+p_2x_2)}+A_2^{21}\,e^{i(p_2x_1+p_1x_2)}\,, \tag{4.31}$$

である．$K=1$ の場合と同様に H を $|\psi\rangle$ に作用させると，

$$\frac{2H}{J}\psi(x_1,x_2)=\begin{cases}-4\psi(x_1,x_2)+\sum_{\delta=\pm1}\Big(\psi(x_1+\delta,x_2)+\psi(x_1,x_2+\delta)\Big)\,,\\ -2\psi(x_1,x_2)+\psi(x_1-1,x_2)+\psi(x_1,x_2+1)\,,\end{cases}$$

（上段 $x_1+1<x_2$; 下段 $x_1+1=x_2$）となる．上段の表式と (4.31) により，

---

*1) σ_j は置換群の要素，σ^-_x は Pauli 行列である．

再び (4.27) の結果 $H = J\big(\tilde{\epsilon}(p_1) + \tilde{\epsilon}(p_2)\big)$ を得る．$|\psi\rangle$ が固有状態であるためには，$x_2 = x_1 + 1$ の時に上・下段の表式が一致する必要がある．その条件は，

$$2\psi(x_1, x_1+1) = \psi(x_1, x_1) + \psi(x_1+1, x_1+1)\,,$$

であり，(4.31) を用いて具体的に書き下すと，

$$\frac{A_2^{21}}{A_2^{12}} = S(p_2, p_1) := -\frac{1 + e^{i(p_1+p_2)} - 2e^{ip_2}}{1 + e^{i(p_1+p_2)} - 2e^{ip_1}} = \frac{\lambda_2 - \lambda_1 + i}{\lambda_2 - \lambda_1 - i}\,, \tag{4.32}$$

となる．最後の等式では (4.27) により運動量をラピディティで表した．一方，周期性 (4.30) を波動関数に課すと，係数 $A_2^{\{\sigma_j\}}$ についての条件，

$$A_2^{21} e^{ip_1 N} = A_2^{12}\,, \qquad A_2^{12} e^{ip_2 N} = A_2^{21}\,, \tag{4.33}$$

を得る．(4.32), (4.33) を組み合わせると，

$$\left(\frac{\lambda_1 + \frac{i}{2}}{\lambda_1 - \frac{i}{2}}\right)^N = \left(\frac{\lambda_2 - \frac{i}{2}}{\lambda_2 + \frac{i}{2}}\right)^N = \frac{\lambda_1 - \lambda_2 + i}{\lambda_1 - \lambda_2 - i}\,,$$

となり，代数的 Bethe 仮説法で得た Bethe 仮説方程式 (4.22) が再現される．

$K > 2$ でも（話は込み入ってくるが）同様である[85], [89], [90]．(4.32) の $S(p_2, p_1)$ は，運動量 p_1 と p_2 を持つ粒子が相互作用（散乱）し入れ替わる際の位相因子（S 行列）と考えるられる．(4.22) の右辺は，粒子が円周上を 1 周した時の粒子間の 2 体散乱による位相変化であり，Bethe 仮説方程式 (4.22) はそのような相互作用を取り込んだ周期的境界条件と解釈できる．この点については，5.6 節，5.7 節で再び議論する．

4.4.6 反強磁性真空

ハミルトニアンの前の係数が $J < 0$ となる強磁性的な場合，“基底状態” $|\Omega\rangle$ は実際にエネルギーが最も低い系の基底状態（強磁性真空）となる．以下では，$J > 0$ となる反強磁性的な場合の真空について考えてみよう[83]~[85]．(4.26) より，N が奇数の場合 Bethe 仮説に現れる全ての状態のスピンは半整数となるので，真空が su(2) 不変となるよう以下では N を偶数とする．

まず (4.22) の両辺の対数をとり，

$$\Theta(\lambda) = i \log\left(\frac{i + \lambda}{i - \lambda}\right) = 2\arctan\lambda\,,$$

$$p_j = p(\lambda_j) = \frac{1}{i}\log\left(\frac{\lambda_j + \frac{i}{2}}{\lambda_j - \frac{i}{2}}\right) = \pi - \Theta(2\lambda_j)\,,$$

とおくと，Bethe 方程式は

$$p_j N + \sum_{k=1}^{K} \Theta(\lambda_j - \lambda_k) + 2\pi I_j = 0\,, \tag{4.34}$$

となる．$I_j = (K-1)/2 \pmod 2$ は対数の分岐と Θ で表す際の $\log(\lambda - i) = \log(i-\lambda)+i\pi$ の書き換えによるものである．Bethe 仮説方程式の解は $\lambda_j \neq \lambda_k$ $(j \neq k)$ となることがわかるので[83]，異なる λ_j は異なる I_j に対応する．整数・半整数 I_j により解 λ_j が指定されていることになる*2)．ストリング仮説によると，ルートが全て実の場合 I_j のとり得る最大・最小値は，

$$I_j^{\max} = -I_j^{\min} = \frac{1}{2}(N-K-1)\,. \tag{4.35}$$

反強磁性真空は，$K = N/2$ として，$-(K-1)/2 \leq I_j \leq (K-1)/2$ の $N/2$ 個の整数･半整数で指定される全て実数の Bethe ルート $\{\lambda_k\}$ で与えられる[93]．I_j はこの範囲で飛びがなく詰まっているので，$N/2$ 個の $\{I_j\}$ の選び方は一意であり，真空状態に縮退はない．(4.26) より K 個の"生成演算子" $B(\lambda_k)$ で生成される状態は $S^3 = N/2 - K$ の最高ウェイト状態なので $K \leq N/2$，従って $K = N/2$ は (4.17) の $|\Omega\rangle$ から最大限スピンの向きを変えた状態となる．

反強磁性真空の物理を調べるには，この場合の (4.22) あるいは (4.34) を解く必要があるが，$N \to \infty$ では Bethe 仮説方程式が簡単化し解析を具体的に実行できる．格子間隔を固定するとこの極限は円周の半径を無限大にする極限（熱力学的極限）となる．以下，例えば，Bethe ルートの配位を表す密度関数，

$$\rho(\lambda_j) := \lim_{N\to\infty} \frac{1}{N} \frac{1}{\lambda_{j+1} - \lambda_j} \tag{4.36}$$

を考えてみよう．密度関数を用いると，$h(\lambda_j)$ と表される物理量の和は，

$$\sum_j h(\lambda_j) = \sum_j h(j) \frac{\lambda_{j+1} - \lambda_j}{\lambda_{j+1} - \lambda_j} = N \int h(\lambda)\rho(\lambda) d\lambda\,, \tag{4.37}$$

となる．特に $h(\lambda) = 1$ とすると $\sum_k 1 = N \int \rho(\lambda) d\lambda = K$ である．

今，I_j の値が間隔 1 で詰まっている反強磁性真空を考えているので，$\Delta\lambda_j = \lambda_{j+1} - \lambda_j$, $\Delta I_j = 1$ として極限記号を省略すると密度関数は，

$$\rho(\lambda_j) = \rho_0(\lambda_j) := \frac{1}{N}\frac{\Delta I_j}{\Delta\lambda_j} = \frac{d}{d\lambda_j}\left(\frac{I_j}{N}\right), \tag{4.38}$$

と書ける．(4.34) の微分をとり，$\widehat{K}(\lambda) := \partial_\lambda \Theta(\lambda) = 2/(1+\lambda^2)$ とおくと，

$$\frac{dp}{d\lambda} + \int \widehat{K}(\lambda - \nu)\rho_0(\nu)\, d\nu + 2\pi\rho_0(\lambda) = 0\,, \tag{4.39}$$

となる．ここで，$\lambda \to \pm\infty$ $(I_j \to \pm N/4)$, 即ち，λ の積分範囲が $(-\infty, \infty)$ であるとすると，(4.39) および $dp/d\lambda = -2\widehat{K}(2\lambda)$ より，$\rho_0(\lambda)$ の Fourier 変換，

$$\tilde{\rho}_0(\omega) = \int_{-\infty}^{\infty} e^{i\omega\lambda}\rho_0(\lambda)\, d\lambda = \frac{1}{2\cosh(\omega/2)}\,, \tag{4.40}$$

を得る．従って，真空の密度関数が，

---

*2) ストリング解がある場合は，Bethe ルートの実部 λ_M に対する方程式に現れる，I_j と同様の整数・半整数で指定されると考える．

$$\rho_0(\lambda) = \frac{1}{2\pi}\int_{-\infty}^{\infty} e^{-i\omega\lambda}\tilde{\rho}_0(\omega)\,d\omega = \frac{1}{2\cosh\pi\lambda}\,, \tag{4.41}$$

と求められる．(4.40), (4.41) では，以下の積分公式 ($a > 0$) を用いた：

$$\int_{-\infty}^{\infty} d\lambda\,\frac{e^{i\omega\lambda}}{a^2+\lambda^2} = \frac{\pi}{a}e^{-a|\omega|}\,,\quad \int_{-\infty}^{\infty} d\omega\,\frac{e^{i\omega\lambda}}{\cosh a\omega} = \frac{\pi/a}{\cosh(\pi\lambda/2a)}\,. \tag{4.42}$$

(4.38) で $I_j/N = x$ とおくと，$N \to \infty$ で x は $(-1/4, 1/4)$ に値をとる連続変数となり，$\rho_0(\lambda) = dx/d\lambda$ と書ける．(4.41) より $\rho_0(\lambda) > 0$ であり，$\lambda(x)$ は x の単調増加関数となっている．また，$N\int_{-\infty}^{\infty}\rho_0(\lambda)\,d\lambda = N/2 = K$ なので，λ の積分範囲を $(-\infty, \infty)$ としたことと整合している．

4.5 su(3) スピン鎖模型

本章では，これまで周期格子上の su(2) 対称性を持つスピン 1/2 XXX 模型を考え，Yang-Baxter 方程式に基づきこの模型が“可積分”であることを見てきた．この模型は，様々な形で拡張できる．一つの方向は，スピン $s = 1/2$ を一般の s にすることである[83]．そのためには，(4.8) に現れるスピン演算子 $\vec{S}_n$ をスピン s 表現の演算子とすればよい．この時，Lax 演算子は補助空間 $h_0 = \mathbb{C}^2$ と物理的空間 $h_n = \mathbb{C}^{2s+1}$ $(n \neq 0, 0')$ のテンソル積に作用する演算子となる．(4.15) と同様にして得られる模型のハミルトニアンには，$\vec{S}_n \cdot \vec{S}_{n+1}$ の高次の冪も現れる．

もう一つの直接的な拡張は，補助空間と物理的空間を等しくしたまま，$V = \mathbb{C}^k$, $h_0 = h_{0'} = h_n = V$ $(n = 1, ..., N)$, $\mathcal{H}_N = \prod_{n=1}^{N} \otimes h_n$ と，V を k 次元空間にすることである．この場合の模型は su(k) 対称性を持ち，4.4 節の議論を拡張した多段階の Bethe 仮説法を用いて解くことができる．以下 $k = 3$ として，[94] に従いこのような su(3) スピン鎖模型を考えよう．

4.5.1 R 行列，Lax 演算子，保存量

模型の出発点は，

$$R(\lambda) := a(\lambda)\mathbb{1}\otimes\mathbb{1} + b(\lambda)\mathcal{P}, \quad a(\lambda) = \frac{\lambda}{\lambda+i}, \quad b(\lambda) = \frac{i}{\lambda+i}, \tag{4.43}$$

で与えられる R 行列である．ここで，$\mathbb{1}$ は $\mathbb{C}^3$ の恒等演算子，$\mathcal{P}$ は $\mathcal{P}(x\otimes y) = y\otimes x$ $(\forall x, y \in \mathbb{C}^3)$ となる置換演算子である．$a(\lambda), b(\lambda)$ は後の議論の都合上，$V = \mathbb{C}^2$ の場合の (4.5) に比べて $\lambda + i$ でスケールした．このような（自明な）変更を除いて本質的には (4.5) と同様であり，置換演算子の性質 (4.7) によりこの R 行列も Yang-Baxter 方程式 (4.6) を満たす．置換演算子 $\mathcal{P}$ は，成分を $(e^{ij})_{kl} = \delta^i_k\delta^j_l$ とする基本行列を用いて，

$$\mathcal{P} = \sum_{i,j=1}^{3} e^{ij}\otimes e^{ji}$$

と具体的に表される．置換演算子として作用することは具体的に確かめられる．

次に，4.3 節と同様に Lax 演算子・モノドロミー行列・転送行列，

$$L_{0n}(\lambda)=R_{0n}(\lambda)=\begin{pmatrix} a(\lambda)+b(\lambda)e_n^{11} & b(\lambda)e_n^{21} & b(\lambda)e_n^{31} \\ b(\lambda)e_n^{12} & a(\lambda)+b(\lambda)e_n^{22} & b(\lambda)e_n^{32} \\ b(\lambda)e_n^{13} & b(\lambda)e_n^{23} & a(\lambda)+b(\lambda)e_n^{33} \end{pmatrix},$$

$$T_0(\lambda)=L_{01}(\lambda)\cdots L_{0N}(\lambda)=\begin{pmatrix} A(\lambda) & B_1(\lambda) & B_2(\lambda) \\ C_1(\lambda) & D_{11}(\lambda) & D_{12}(\lambda) \\ C_2(\lambda) & D_{21}(\lambda) & D_{22}(\lambda) \end{pmatrix}, \tag{4.44}$$

$$t(\lambda)=\mathrm{tr}_0\, T_0(\lambda)=A(\lambda)+D_{11}(\lambda)+D_{22}(\lambda),$$

を導入する．$h_0\otimes h_n$ の行列 L_{0n} および $h_0\otimes \mathcal{H}_N$ の行列 T_0 をそれぞれ h_0 の行列として表示した．(4.8) のように λ のシフトをしていないが，これも単に記法上の違いである．(4.44) の R 行列，Lax 演算子，T_0 は Yang-Baxter 方程式から従う基本交換関係 (4.9), (4.11) を満たす．よって，(4.11) から従う (4.13) により転送行列 $t(\lambda)$ は λ に依らず互いに交換する．(4.15) と同様にして模型のハミルトニアン H が与えられ，$t(\lambda)$ の展開により H と交換する保存量も得られる．記法の違いにより，4.3 節の転送行列 $\hat{t}(\hat{\lambda})$ と本節の $t(\lambda)$ は，

$$\hat{t}(\hat{\lambda}) \quad \longleftrightarrow \quad \bigl(\hat{\lambda}+i/2\bigr)^N t\bigl(\hat{\lambda}-i/2\bigr), \tag{4.45}$$

と対応し，ハミルトニアンを評価する点の対応は $\hat{\lambda}=i/2 \leftrightarrow \lambda=0$ となる．

この模型の対称性を見るために，まず $h_0\otimes h_n$ での su(3) の生成子を $\tilde{\tau}=\tau_0+\tau_n=\tau\otimes\mathbb{1}+\mathbb{1}\otimes\tau$ とすると，置換演算子の性質から $[\tilde{\tau},\mathcal{P}]=0$ となり，R 行列・Lax 演算子が su(3) 不変であることがわかる．$h_0\otimes\mathcal{H}_N$ での生成子 $\tau_0+\sum_{n=1}^{N}\tau_n$ を用いると，同様にモノドロミー行列・転送行列・ハミルトニアンを含む保存量の su(3) 不変性がわかる．

$V=\mathbb{C}^2$ の場合も同様に，置換演算子 (4.3) は $\mathbb{C}^2$ の基本行列 e^{ij} により表示でき，4.4.4 節で述べた XXX 模型の su(2) 対称性も $\mathcal{P}$ の性質により理解できる．このような保存量の構成は，$V=\mathbb{C}^k$ とした su(k) 対称性を持つスピン鎖模型でも形式的には全く同じである．

4.5.2 “基底” 状態

4.5.1 節では，su(3) スピン鎖模型においても Yang-Baxter 方程式に基づいて保存量が構成できることを見た．次に，保存量を与える転送行列 $t(\lambda)$ の対角化を考えよう．su(3) 模型の場合も Bethe 仮説法により対角化可能であるが XXX 模型に比べてもう 1 段階手続きが増える．

まず，4.4.1 節と同様に，最も簡単な $t(\lambda)$ の固有状態として強磁性真空状態，

$$|\Omega\rangle := \begin{pmatrix}1\\0\\0\end{pmatrix}\otimes\cdots\otimes\begin{pmatrix}1\\0\\0\end{pmatrix} \in \mathcal{H}_N=\bigotimes_{n=1}^{N} h_n, \tag{4.46}$$

がとれる．実際，$\omega_n = {}^t(1,0,0) \in h_n$ とおくと，

$$L_{0n}(\lambda)\omega_n = \begin{pmatrix} 1 & b(\lambda)e_n^{21} & b(\lambda)e_n^{31} \\ 0 & a(\lambda) & 0 \\ 0 & 0 & a(\lambda) \end{pmatrix} \omega_n \,,$$

$$T_0(\lambda)|\Omega\rangle = \begin{pmatrix} 1 & B_1(\lambda) & B_2(\lambda) \\ 0 & a(\lambda)^N & 0 \\ 0 & 0 & a(\lambda)^N \end{pmatrix} |\Omega\rangle \,, \tag{4.47}$$

となる．ここで，$a(\lambda) + b(\lambda) = 1$ を用いた．よって，次式が従う：

$$A(\lambda)|\Omega\rangle = |\Omega\rangle \,, \quad D_{ab}(\lambda)|\Omega\rangle = a(\lambda)^N \delta_{ab}|\Omega\rangle \,,$$
$$t(\lambda)|\Omega\rangle = \big(1 + 2a(\lambda)^N\big)|\Omega\rangle \,.$$

4.5.3 重層 (nested) Bethe 仮説

次に，$A(\lambda), B_a(\lambda), C_a(\lambda), D_{ab}(\lambda)$ の交換関係を見てみよう．(4.18) と同様に，基本交換関係 (4.11) より例えば，

$$\begin{aligned} A(\lambda)B_a(\mu) &= \frac{1}{a(\mu-\lambda)} B_a(\mu)A(\lambda) - \frac{b(\mu-\lambda)}{a(\mu-\lambda)} B_a(\lambda)A(\mu) \,, \\ B_a(\lambda)B_b(\mu) &= \check{r}_{ab}^{cd}(\lambda-\mu) \cdot B_c(\mu)B_d(\lambda) \,, \\ D_{ab}(\lambda)B_c(\mu) &= \frac{\check{r}_{pq}^{bc}(\lambda-\mu)}{a(\lambda-\mu)} B_p(\mu)D_{aq}(\lambda) - \frac{b(\lambda-\mu)}{a(\lambda-\mu)} B_b(\lambda)D_{ac}(\mu) \,, \end{aligned} \tag{4.48}$$

を得る．$\mathbb{C}^2 \otimes \mathbb{C}^2$ の置換演算子 (4.3) を $\mathcal{P}_2$ と書くと，$\check{r}$ は，

$$\tilde{R}(\lambda) := a(\lambda) + b(\lambda)\mathcal{P}_2 \,, \quad \check{r}(\lambda) := \mathcal{P}_2\tilde{R}(\lambda) = a(\lambda)\mathcal{P}_2 + b(\lambda) \,, \tag{4.49}$$

で与えられる．恒等演算子は省略した．$a(\lambda)$, $b(\lambda)$ の具体形を入れると，$\check{r}(\lambda)$ 部分を除いて (4.48) は (4.18) と同じ形であることがわかる．

転送行列 $t(\lambda)$ の固有状態の候補としては，XXX 模型の場合と同様に，(4.47) の上三角部分の演算子 $B_a(\lambda)$ $(a = 1, 2)$ を “生成演算子” として “基底状態” に作用させた状態を考える．今の場合，生成演算子は 2 つあるので，

$$|\lambda_1, ..., \lambda_K; \Psi\rangle := B_{a_1}(\lambda_1) \cdots B_{a_K}(\lambda_K)|\Omega\rangle \cdot \Psi^{a_1 \cdots a_K} \,, \tag{4.50}$$

としよう．ここで，$\Psi^{a_1 \cdots a_K}$ は状態の重ね合わせの係数であり，内部空間の添字 $a_1, ..., a_K$ については和をとるものとする．以下適宜 $\lambda_1, ..., \lambda_K$ を $\{\lambda_l\}$ と省略する．交換関係 (4.48) を用いると，(4.20), (4.21) と同様に，

$$A(\lambda)\big|\,\{\lambda_k\}; \Psi\rangle = \prod_{k=1}^{K} \frac{1}{a(\lambda_k - \lambda)}\big|\,\{\lambda_j\}; \Psi\rangle + (\text{その他}) \,,$$

$$D_{aa}(\lambda)\big|\,\{\lambda_k\}; \Psi\rangle = a(\lambda)^N \prod_{k=1}^{K} \frac{1}{a(\lambda - \lambda_k)} \tag{4.51}$$

$$\times B_{b_1}(\lambda_1)\cdots B_{a_M}(\lambda_K)|\Omega\rangle\cdot\tilde{t}^{b_1\ldots b_K}_{a_1\ldots a_K}\big(\lambda;\{\lambda_j\}\big)\Psi^{a_1\ldots a_K}+(\text{その他}),$$

となる．(その他) は，(4.20), (4.21) の第 2 項のように，元の $\big|\{\lambda_k\};\Psi\rangle$ に比例しない項である．$\Psi^{a_1\ldots a_K}$ と縮約されている，

$$\tilde{t}^{\{b_k\}}_{\{a_j\}}\big(\lambda;\{\lambda_l\}\big):=\tilde{R}^{p_1b_1}_{p\,a_1}(\lambda-\lambda_1)\tilde{R}^{p_2b_2}_{p_1a_2}(\lambda-\lambda_1)\cdots\tilde{R}^{p\,b_K}_{p_Ka_K}(\lambda-\lambda_K),\qquad(4.52)$$

は，Lax 演算子 $\tilde{L}_{0n}(\lambda):=\tilde{R}(\lambda)$ から構成される転送行列，

$$\tilde{t}\big(\lambda;\{\lambda_k\}\big)=\mathrm{tr}_0\,\tilde{T}_0\big(\lambda;\{\lambda_k\}\big),$$
$$\tilde{T}_0\big(\lambda;\{\lambda_k\}\big)=\tilde{L}_{01}(\lambda-\lambda_1)\cdots\tilde{L}_{0K}(\lambda-\lambda_K)=\begin{pmatrix}\tilde{A}&\tilde{B}\\\tilde{C}&\tilde{D}\end{pmatrix},$$

の成分である．添字を省略して $\tilde{t}^{b_1\ldots b_K}_{a_1\ldots a_K}=\tilde{t}^{\{b_k\}}_{\{a_j\}}$ とした．$\tilde{L}_{0n}$, $\tilde{t}$, $\tilde{T}_0$ はそれぞれ，$\tilde{h}_0\otimes\tilde{h}_k$ ($\tilde{h}_0,\tilde{h}_k=\mathbb{C}^2$), $\tilde{\mathcal{H}}_K=\bigotimes_{k=1}^K\tilde{h}_k$, $\tilde{h}_0\otimes\tilde{\mathcal{H}}_K$ の演算子である．

とりあえず (その他) の項を除いて考えると，転送行列 $t=A+D_{aa}$ を対角化するためには，係数 Ψ を内部空間 $\tilde{\mathcal{H}}_K$ のベクトルと見なして，$\tilde{t}\big(\lambda;\{\lambda_k\}\big)$ の固有状態にとればよい．$\tilde{R},\tilde{L}_{0k},\tilde{T}_0$ は XXX 模型で現れた R 行列 (4.5), Lax 演算子 (4.8)，モノドロミー行列 (4.10) と（作用する空間も含めて）本質的に同じものであり，$\tilde{t}\big(\lambda;\{\lambda_k\}\big)$ の対角化は 4.4 節と同様におこなえばよい．まず，これらは (4.9), (4.11), (4.13) と同じ交換関係を満たす．各 $\tilde{L}_{0k}(\lambda-\lambda_k)$ の λ_k による非等質性 (inhomogeneity) により，$\tilde{A},\tilde{B},\tilde{C},\tilde{D}$ は $\tilde{A}\big(\lambda;\{\lambda_k\}\big)$ のような $\{\lambda_k\}$ 依存性を持つ．しかし，これらの演算子の交換関係の係数は (4.11) の R 行列で決まるので，交換関係は (4.18) と同じである．R 行列の規格化や非等質性 $\{\lambda_k\}$ などによる議論の細かな変更を考慮すると，

$$\Psi=\tilde{B}_1(\mu_1)\cdots\tilde{B}_M(\mu_M)|\tilde{\Omega}\rangle,\quad|\tilde{\Omega}\rangle=\begin{pmatrix}1\\0\end{pmatrix}^{\otimes K},\qquad(4.53)$$

は，Bethe 仮説方程式，

$$\prod_{k=1}^K a(\mu_l-\lambda_k)=\prod_{m\neq l}^M\frac{a(\mu_l-\mu_m)}{a(\mu_m-\mu_l)}\qquad(l,m=1,...,M),\qquad(4.54)$$

を満たす時，以下の固有値を持つ $\tilde{t}\big(\lambda;\{\lambda_k\}\big)$ の固有状態となることがわかる：

$$\tilde{\Lambda}(\lambda,\{\lambda_k\},\{\mu_m\})=\prod_{k=1}^K a(\lambda-\lambda_k)\prod_{m=1}^M\frac{1}{a(\lambda-\mu_m)}+\prod_{m=1}^M\frac{1}{a(\mu_m-\lambda)}.\qquad(4.55)$$

また，(4.51) の (その他) の項について詳細は省略するが，

$$a(\lambda_j)^N\prod_{m=1}^M\frac{1}{a(\mu_m-\lambda_j)}=\prod_{k\neq j}^K\frac{a(\lambda_j-\lambda_k)}{a(\lambda_k-\lambda_j)},\qquad(4.56)$$

が満たされればそれらは相殺され，(4.44) の転送行列 $t(\lambda)$ は対角化される．

これまでの議論をまとめると，Bethe 仮説方程式 (4.56), (4.54) が満たさ

れる時，(4.50), (4.53) で与えられる $\mathcal{H}_N$ の状態 $|\lambda_1, ..., \lambda_K; \Psi\rangle$ は，転送行列 $t(\lambda)$ の固有ベクトルとなり，その固有値は，

$$\Lambda(\lambda, \{\lambda_k\}, \{\mu_m\}) \tag{4.57}$$
$$= a(\lambda)^N \prod_{k=1}^{K} \frac{1}{a(\lambda - \lambda_k)} \cdot \tilde{\Lambda}(\lambda, \{\lambda_k\}, \{\mu_m\}) + \prod_{k=1}^{K} \frac{1}{a(\lambda_k - \lambda)},$$

となる．$a(\lambda)$ は (4.43) で，$\tilde{\Lambda}(\lambda, \{\lambda_k\}, \{\mu_m\})$ は (4.55) で与えられる．転送行列 $t(\lambda)$ を対角化するために (4.50) の Bethe 仮説状態から出発したが，その過程でさらに $\tilde{t}(\lambda; \{\lambda_k\})$ の対角化が必要になり 2 段階目の Bethe 仮説状態 Ψ を導入した．このような入れ子状の Bethe 仮説を**重層 (nested) Bethe 仮説**と呼ぶことにしよう．本節で考えた su(3) スピン鎖模型は，この方法で解ける最も簡単なものといえる．

Bethe 方程式 (4.56), (4.54) で，$\lambda_k \to \lambda_k - i/2$, $\mu_m \to \mu_m - i$ とすると，

$$\left(\frac{\lambda_j + i/2}{\lambda_j - i/2}\right)^N = \prod_{k \neq j}^{K} \frac{\lambda_j - \lambda_k + i}{\lambda_j - \lambda_k - i} \prod_{m=1}^{M} \frac{\lambda_j - \mu_m - i/2}{\lambda_j - \mu_m + i/2},$$
$$1 = \prod_{m \neq l}^{M} \frac{\mu_l - \mu_m + i}{\mu_l - \mu_m - i} \prod_{k=1}^{K} \frac{\mu_l - \lambda_k - i/2}{\mu_l - \lambda_k + i/2}, \tag{4.58}$$

となる．Bethe 方程式 (4.56) は導出しなかったが，4.4.2 節で述べた su(2) 模型の場合と同様に，転送行列の固有値 (4.57) における $\lambda = \lambda_k$ での見かけ上の極が消える条件になっていることは容易に確かめられる．また，(4.57) において，$\tilde{\Lambda} = 1$ として，さらに (4.45) のような記法の違いによる対応を考慮すると，固有値 Λ は XXX 模型の場合の (4.23) と同じ形になることも確認できる．

4.6 一般の Lie 代数対称性を持つ模型

本章では，su(2) 対称性を持つスピン 1/2 等方的 Heisenberg 模型とその拡張である su(3) スピン鎖模型について，Bethe 仮説法により保存量と固有状態が得られることを見てきた．このような手法を拡張すると，一般の半単純 Lie 代数の対称性を持つ量子スピン鎖模型について，Bethe 仮説法により保存量と固有状態を求めることができる[1], [95]~[97]．

固有状態を求めるための Bethe 仮説は，代数の階数と同じ数の入れ子構造が現れる重層 Bethe 仮説となる．ここで，半単純 Lie 代数を $\mathfrak{g}$，その階数を r，単純ルートを α_p $(p = 1, ..., r)$ とし，N 個の周期的格子の各点に最高ウェイト ϖ の表現に属するスピンがある模型を考えよう．この時，転送行列の固有状態は各単純ルートに対応する Bethe ルート $\{u_{p,j}\}$ $(p = 1, ..., r;\ j = 1, ..., K_p)$ でラベルされ，これら $\{u_{p,j}\}$ の満たす Bethe 仮説方程式は代数の構造を反映した次のような美しい形になる：

$$\left(\frac{u_{p,j}+\frac{i}{2}\kappa_p}{u_{p,j}-\frac{i}{2}\kappa_p}\right)^N=\prod_{k\neq j}^{K_p}\frac{u_{p,j}-u_{p,k}+\frac{i}{2}C_{pp}}{u_{p,j}-u_{p,k}-\frac{i}{2}C_{pp}}\prod_{q\neq p}\prod_{k=1}^{K_q}\frac{u_{p,j}-u_{q,k}+\frac{i}{2}C_{pq}}{u_{p,j}-u_{q,k}-\frac{i}{2}C_{pq}}. \quad (4.59)$$

κ_p は ϖ の Dynkin ラベル，C_{pq} は $\mathfrak{g}$ の Cartan 行列，特に $C_{pp}=2$ である*3)．

例として，スピン 1/2 XXX 模型を考えると，スピンは su(2) の基本表現に属するので $r=1$, $\kappa_1=1$ となり，(4.59) は (4.22) と一致する．スピン s 表現の場合には，Bethe 仮説方程式は (4.22) の左辺を $\left(\frac{\lambda_j+is}{\lambda_j-is}\right)^N$ としたものになる．また，前節では su(3) の基本表現に属するスピンを考えたので，$r=2$, $\kappa_1=1$, $\kappa_2=0$ となり，(4.59) は (4.58) と一致する．

4.7 2次元古典統計系

本章では，Yang-Baxter 方程式 (4.6) に基づき，量子スピン鎖模型の可積分性について考えてきた．最後に，Yang-Baxter 方程式が 2 次元古典統計系の可積分性も特徴付けることを見よう．

図 4.5 (a) のような，横に N，縦に M の格子点が並んだ長方形の格子を考える．格子は縦・横方向共に周期的であるとして，第 1 列と第 $N+1$ 列，第 1 行と第 $M+1$ 行をそれぞれ同一視する．また，各辺の上には状態を表す変数 $a, b, \ldots$ があり，各頂点 (vertex) がその周りの 4 つの状態で指定されるエネルギー $\varepsilon(a,b;c,d;\lambda)$ を持つとする．状態の変数の順番は頂点の左側から順に時計回りに a,d,b,c，エネルギーはパラメータ λ に依存するとした．以下，温度 T での対応する統計重率（Boltzmann ウェイト）を，

$$W_{ac}^{bd}(\lambda)=\exp\Big[-\varepsilon(a,b;c,d;\lambda)/k_BT\Big],$$

と書こう．k_B は Boltzmann 定数である．$W_{ac}^{bd}(\lambda)$ は，図 4.5 (b) のように図示できる．この時，各頂点の持つエネルギーを ε_j とすると，系の全エネルギーは $E=\sum_{j:\,\text{全ての頂点}}\varepsilon_j$，分配関数は，

$$Z=\sum_{\text{全ての配位}}\exp\Big[-E/k_BT\Big]=\sum_{\text{全ての配位}}\prod_{j:\text{全ての頂点}}W_{a_jc_j}^{b_jd_j}(\lambda),$$

となる．このような模型を**頂点模型**という．

隣合う頂点はその間の辺を共有するので，配位の足し上げは $W_{a_jc_j}^{b_jd_j}$ の積に対応する．例えば，横向きの辺上の状態の足し上げは，$\sum_d W_{ab}^{db'}(\lambda)\,W_{dc}^{a'c'}(\lambda)$ などと表される．図 4.5 (b) と R 行列の図形表示（図 4.2 (a)）の類似性から，この足し上げは（$\mu=\nu=0$ とした）図 4.2 (b) で図形表示できることに気付く．さらに格子の各行で辺上の状態を足し上げると，分配関数は，

*3) $\mathfrak{g}$ の単純ルートを α_p，余ルートを $\alpha_p^\vee=2\alpha_p/(\alpha_p,\alpha_p)$，基本ウェイトを ω_p とすると，$C_{pq}=(\alpha_p,\alpha_q^\vee)$，$(\omega_p,\alpha_q^\vee)=\delta_{pq}$，$\varpi=\sum_p\kappa_p\omega_p$，$\kappa_p=(\varpi,\alpha_p^\vee)$ である．

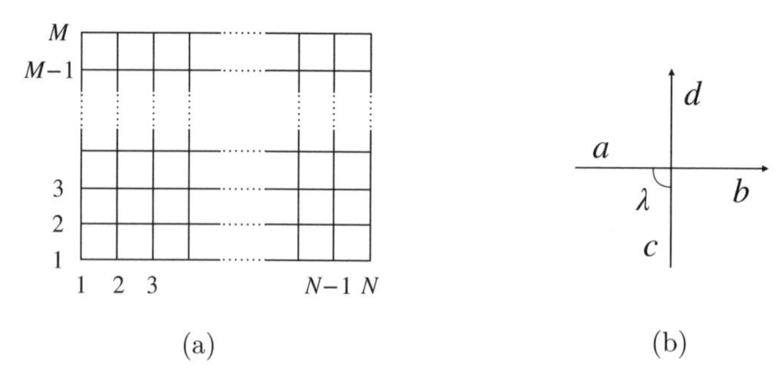

図 4.5　(a) 2 次元の周期的格子．(b) 頂点模型の統計重率 $W_{ac}^{bd}(\lambda)$.

$$
\begin{aligned}
Z &= \sum_{\{a\}_m,\ldots,\{a\}_M} \big[t(\lambda)\big]_{\{a\}_1}^{\{a\}_2} \cdot \big[t(\lambda)\big]_{\{a\}_2}^{\{a\}_3} \cdots \cdot \big[t(\lambda)\big]_{\{a\}_{M-1}}^{\{a\}_M} \cdot \big[t(\lambda)\big]_{\{a\}_M}^{\{a\}^1} \\
&= \mathrm{tr}\big[t(\lambda)\big]^M, \qquad (4.60) \\
\big[t(\lambda)\big]_{\{a\}_1}^{\{b\}_2} &:= \sum_{c_1,\ldots,c_N} W_{c_1a_1}^{c_2b_1}(\lambda) W_{c_2a_2}^{c_3b_2}(\lambda) \cdots W_{c_{N-1}a_{N-1}}^{c_Nb_{N-1}}(\lambda) W_{c_Na_N}^{c_1b_N}(\lambda),
\end{aligned}
$$

と表される．ここで，格子は周期的であることを用い，$m-1$ 行と m 行の間にある縦の辺上の状態を表す変数 $a_1^{(m)}, \ldots, a_N^{(m)}$ をまとめて $\{a\}_m$ などと記し (m) を省略した．tr は $t(\lambda)$ をこのような添字を持つ行列とした時のトレースである．この $t(\lambda)$ を**転送行列**と呼ぶ．$t(\lambda)$ は分配関数の横方向の辺（行）の下側の情報を上側に“転送”していると解釈できる．

4.3 節の (4.10), (4.12) を思い出し，$W_{ac}^{bd}(\lambda)$ を Lax 演算子と見なすと，(4.60) の $t(\lambda)$ は量子スピン鎖模型での“転送行列”と形式的に同じであることに気付く．従って，スピン鎖模型の場合と同様に，Boltzmann ウェイト $W_{ac}^{bd}(\lambda)$ が Yang-Baxter 方程式 (4.6) を満たせば，頂点模型の転送行列も Bethe 仮説法で対角化できる．この時，$t(\lambda)$ の固有値を $\Lambda_1(\lambda), \Lambda_2(\lambda), \ldots,$ と書くと，

$$
Z = \Lambda_1(\lambda)^M + \Lambda_2(\lambda)^M + \cdots,
$$

となる．格子数が無限大 $(N, M \to \infty)$ となる極限では，絶対値が最大の固有値が主要な寄与を与えるため，そのような固有値を求めることにより熱力学的極限での分配関数と自由エネルギー $F = -k_BT \log Z$ も求めるられる．このような場合に 1 点（相関）関数を求める方法も知られている．

Boltzmann ウェイトが Yang-Baxter 方程式を満たす頂点模型は，このような意味で“厳密に解ける”/“可積分”であるといえる．量子スピン系と異なる 2 次元古典統計系においても，Yang-Baxter 方程式により可積分性が特徴付けられる訳である．頂点模型の他にも状態変数が頂点上にある模型を考えることもできる．Yang-Baxter 方程式に基づき，可積分な 2 次元古典統計系が多数知られている[43], [90], [98]．

第 5 章
S 行列理論

本章では，量子論的な可積分性が現れるもう一つの例として，時間 1 次元，空間 1 次元の (1+1) 次元における散乱理論を議論する．特に，散乱による状態の遷移を表す S（scattering; 散乱）行列の理論を扱う．

量子色力学 (QCD) が確立する以前には，摂動論が成り立たない強い相互作用を場の理論によって解析することは困難であった．そこで，物理的・数学的な要請に基づき観測量である S 行列を直接取り扱えるよう発展したのが **S 行列理論**である．この理論は強い相互作用を記述する理論としては成功しなかったが，その過程で提唱された **Veneziano 振幅**を与える物理的な模型の理論として生まれたのが弦理論である．(1+1) 次元においては，S 行列理論の“可積分性”が再び Yang-Baxter 方程式で特徴付けられ，ラグランジアン/ハミルトニアンから出発せずに S 行列を決定することも可能となる．本章の内容全般に関する参考文献としては [46], [57], [99], [100] がある．

5.1 量子力学における S 行列

量子力学（(1+0) 次元理論）の散乱から議論を始めよう．ハミルトニアンを，

$$H = H_0 + V(x)\,, \qquad H_0 = \frac{\hat{p}^2}{2m}\,, \tag{5.1}$$

とする．ポテンシャル $V(x)$ は遠方で消え，例としてパリティ不変だとしよう：

$$V(x) = 0 \quad (|x| > x_0)\,, \qquad V(x) = V(-x)\,.$$

$\psi_k(x) := e^{ikx}$ は，運動量 $\hat{p}$，自由粒子のハミルトニアン H_0 の固有状態であり，

$$\hat{p}\,\psi_k(x) = k\psi_k(x)\,, \quad H_0\psi_k(x) = E_k\psi_k(x) \quad \left(E_k = \frac{k^2}{2m}\right),$$

が成り立つ．$H = H_0$ の時，$t = 0$ で $\psi_k(x)$ となる状態の時間発展は，

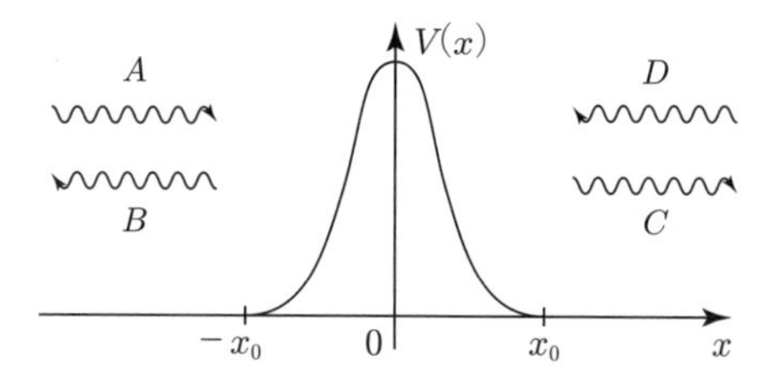

図 5.1 ポテンシャル $V(x)$ による散乱.

$$\psi_k(x,t) = e^{-iE_k t}\psi_k(x), \tag{5.2}$$

であり, ψ_k は $k>0$ で右向きの平面波, $k<0$ で左向きの平面波を表す.

$|x| > x_0$ では $V(x)=0$ なので, この領域で Schrödinger 方程式の解は,

$$\psi(x) = \begin{cases} Ae^{ikx} + Be^{-ikx} & (x < -x_0) \\ Ce^{ikx} + De^{-ikx} & (x_0 < x) \end{cases}, \tag{5.3}$$

$(k>0)$ と書ける (図 5.1). $V(x)$ の具体的な形は問わない. 解 ψ は, ポテンシャルの左右から入射した Ae^{ikx} と De^{-ikx} で表される自由粒子がポテンシャルにより散乱され, Ce^{ikx} と Be^{-ikx} で表される自由粒子として遠方へ向かう過程を表す*1). 時間 $t=\pm\infty$ では粒子は無限遠方にありポテンシャルの影響は受けないので, $t=\pm\infty$ での状態の基底を $e^{\pm ikx}$ とすると, この散乱過程は状態の成分の遷移 $(A,D)\to(B,C)$ で表される. この遷移を,

$$\begin{pmatrix} C \\ B \end{pmatrix} = S\begin{pmatrix} A \\ D \end{pmatrix}, \tag{5.4}$$

のように表した行列 S が **S 行列** (散乱行列) となる. 確率の保存 $|A|^2+|D^2| = |C|^2+|B|^2$ より, S 行列は,

$$S^\dagger S = SS^\dagger = \mathbb{1}, \tag{5.5}$$

を満たすユニタリ行列となる. $\mathbb{1}$ は単位行列である.

(5.1) の H はパリティ演算子 $\hat{P}$ と交換するため, (定常) 状態の基底として,

$$\begin{aligned} x < -x_0: \ & \psi_k^{(+)}(x) = \cos(kx-\delta_+), \ \psi_k^{(-)}(x) = \sin(kx-\delta_-), \\ x_0 < x: \ & \psi_k^{(+)}(x) = \cos(kx+\delta_+), \ \psi_k^{(-)}(x) = \sin(kx+\delta_-), \end{aligned} \tag{5.6}$$

となる H と $\hat{P}$ の同時固有状態 $\psi_k^{(\pm)}$ がとれる. $\delta_\pm$ は定数である. $\psi_k^{(\pm)}$ は確かに $|x|>x_0$ で Schrödinger 方程式を満たし, $\hat{P}\psi_k^{(\pm)}(x) = \psi_k^{(\pm)}(-x) = \pm\psi_k^{(\pm)}(x)$ となる. $H=H_0$ の時, $\delta_\pm = 0$ とした $\cos(kx)$, $\sin(kx)$ は全ての x で H と $\hat{P}$ の同時固有状態を表す. (5.6) では, ポテンシャルの影響は $x<-x_0$ と $x_0<x$ での位相のずれ $2\delta_\pm$ で表される. このような位相のずれは 2.7.3 節

*1) ここでは Schrödinger 方程式の定常解を考えているので, このような過程を多数重ね合わせた定常流を考えていることになる.

のソリトンの散乱でも見た．左側から粒子が入射したすると，ポテンシャルを透過した後の $x_0 < x$ での $\psi_k^{(\pm)}$ の波形は，$\delta_\pm > 0$ の時左側にずれるのでポテンシャルは引力に，$\delta_\pm < 0$ の時右側にずれるので斥力に対応する．

$\psi = \psi_k^{(\pm)}$ の場合に，(5.3) の係数 $A \sim D$ を読み取ると，(5.4) はそれぞれ，

$$\psi_k^{(+)}: \begin{pmatrix} e^{i\delta_+} \\ e^{i\delta_+} \end{pmatrix} = S \begin{pmatrix} e^{-i\delta_+} \\ e^{-i\delta_+} \end{pmatrix}, \quad \psi_k^{(-)}: \begin{pmatrix} e^{i\delta_-} \\ -e^{i\delta_-} \end{pmatrix} = S \begin{pmatrix} e^{-i\delta_-} \\ -e^{-i\delta_-} \end{pmatrix}, \tag{5.7}$$

となり，$\psi_k^{(\pm)}$ は固有値 $S_\pm = e^{2i\delta_\pm}$ を持つ S 行列の固有ベクトルとなる．即ち，パリティの定まった散乱過程では，S 行列は単に位相因子 $e^{2i\delta_\pm}$ で表される．(5.7) を書き換えると，$e^{\pm ikx}$ を基底とした S 行列の一般的な形として，

$$S = U^\dagger \begin{pmatrix} e^{2i\delta_+} & 0 \\ 0 & e^{2i\delta_-} \end{pmatrix} U = \frac{1}{2} \begin{pmatrix} e^{2i\delta_+} + e^{2i\delta_-} & e^{2i\delta_+} - e^{2i\delta_-} \\ e^{2i\delta_+} - e^{2i\delta_-} & e^{2i\delta_+} + e^{2i\delta_-} \end{pmatrix},$$

$U = \frac{1}{\sqrt{2}} \left(\begin{smallmatrix} 1 & 1 \\ 1 & -1 \end{smallmatrix}\right)$ を得る．$\left(\begin{smallmatrix} 1 \\ \pm 1 \end{smallmatrix}\right)$ が S の固有ベクトルであることを用いた．

例えば，$D = 0$ とおくと，$\psi(x)$ はポテンシャルの左側のみから入射する粒子の反射・透過を表す．この時，

$$B = \frac{1}{2} A (e^{2i\delta_+} - e^{2i\delta_-}), \quad C = \frac{1}{2} A (e^{2i\delta_+} + e^{2i\delta_-}), \tag{5.8}$$

となり，反射係数 $\mathcal{R} := B/A$，透過係数 $\mathcal{T} := C/A$ は位相のずれ $\delta_\pm$ により表される．S 行列のユニタリ性から，確率の保存 $|\mathcal{R}|^2 + |\mathcal{T}|^2 = 1$ も保証される．

5.1.1 デルタ関数ポテンシャルの例

ここまで，パリティが保存すること以外はポテンシャルの詳細に依らない議論をしてきた．次に，ポテンシャルがデルタ関数 $\delta(x)$ を用いて，

$$V(x) = -\frac{g}{m} \delta(x),$$

と書ける例で，位相のずれ $\delta_\pm$ を具体的に求めよう．この場合，$x_0 = 0$ として，$x < -x_0$ と $x_0 < x$ の解に次の接続条件を課せば全体の解が得られる：

$$\psi(0^+) = \psi(0^-), \qquad \partial_x \psi\Big|_{0^-}^{0^+} = -2\, g \psi(0). \tag{5.9}$$

$0^\pm = 0 \pm i\epsilon$（ϵ は微小な正の数）であり，2 番目の条件は Schrödinger 方程式 $\partial_x^2 \psi = 2\, m(V - E)\psi$ の両辺を $x = 0$ 近傍で積分したものである．

パリティ偶の解 $\psi_k^{(+)}$ をとると，(5.9) の第 1 式は自明となり，第 2 式より，

$$\tan\delta_+ = \frac{g}{k}, \qquad e^{2i\delta_+} = \frac{1 + i\tan\delta_+}{1 - i\tan\delta_+} = \frac{k + ig}{k - ig}, \tag{5.10}$$

を得る．同様に，パリティ奇の解 $\psi_k^{(-)}$ では，(5.9) より $\delta_- = 0$ となる．

このように求まった位相のずれ，および，S 行列は運動量 k の関数である．物理的には k は実数であるが，S 行列を複素数 k の関数と見ると，$k = ig$ で

極を持つことがわかる．(5.3) で $A=D=0$ とおいて $k=ig$ を代入すると $\psi(x)=Be^{gx}\ (x<0),\ Ce^{-gx}\ (0<x)$ となり，$g>0$ であれば規格化可能な波動関数になっている．これは，$E=-g^2/2m$ の束縛状態を表す．(5.8) で $A\to 0$ としても，δ_+ の極のために $B\neq 0, C\neq 0$ とすることが可能であり，入射波が消えても存在できる状態であることがわかる．

5.1.2 S 行列の解析性

このように，S 行列の変数の範囲を拡張し複素関数と考えると，そこから物理的な情報が得られる．以下，複素数に拡張した運動量を，

$$k=q_1+iq_2 \quad (q_1\geq 0),$$

と書こう．(5.2) の時間依存性を思い出し，右，左向きの平面波がそれぞれ e^{ikx}, e^{-ikx} に対応するとして k の実部を非負にとった．上の例と同様に，S 行列の極は一般に入射波がなくても存在できる何らかの状態に対応すると考えられ，量子力学における S 行列は次の性質を持つ：

1. 上半平面の虚軸上 $k=iq_2\ (q_2>0)$ での S 行列の極は，運動エネルギー項が $-q_2^2/2\,m<0$ となる束縛状態を表す．
2. $q_1>0,\ q_2>0$ では，S 行列は極を持たない．
3. $q_2<0$ での S 行列の極は，共鳴状態を表す．

1. の性質はデルタ関数ポテンシャルの例と同様に理解できる．虚部 $q_2<0$ の場合は，規格化可能とならない．2. については，極での k の値を代入した H の固有関数 $\psi(x)$ は規格化可能である．しかし，時間発展の因子が $e^{-iEt}\sim e^{-it(q_1^2-q_2^2)/2m}\cdot e^{q_1q_2t/m}$ となり，ある時刻 t_0 から発展を始めた状態が $t\to\infty$ で発散するため，確率が保存されずこのような極は許されない．

3. については，H の固有関数 $\psi(x)$ は規格化可能ではないが，時間発展も含めた波動関数および対応するチャンネルの確率は t と共に減衰し，共鳴状態と考えられる訳である*2)．実際，$k=k_0$ で S 行列が極を持つ時，その近傍で S 行列は k の関数として $S\sim\frac{k-k_0^*}{k-k_0}$ と振る舞う．ここで，$\hat{p}$ がエルミート，S がユニタリであることを用いた．また，エネルギーの関数としては，

$$S\sim\frac{E-E_0^*}{E-E_0}, \tag{5.11}$$

となる．$V=0$ では $2\,mE_0=(q_1^2-q_2^2)+2iq_1q_2$ である．従って，$S=1+iT$, $E_0=E_\mathrm{r}+i\Gamma/2\ (E_\mathrm{r},\Gamma\in\mathbb{R})$ と表すと，$T\sim-\Gamma/(E-E_0)$ となり，共鳴状態の断面積に関する **Breit-Wigner** 公式，

*2) この場合，エネルギー固有値も複素数となり H のエルミート性とも矛盾する．規格化不可能性と合わせて，この状態は Hilbert 空間には属さない状態となる．

$$\sigma \sim |T|^2 \sim \frac{\Gamma^2}{(E-E_{\mathrm{r}})^2+\Gamma^2/4},$$

を得る．E_{r} は共鳴エネルギー，Γ は共鳴の幅である．

5.2 相対論的場の理論におけるS行列

次に，相対論的な場の理論におけるS行列を議論しよう．相対論的な場の理論においては，S行列は量子論・相対論の原理，物理的な要請を満たすと共に，量子力学・摂動論の結果などに基づく様々な性質を持つと考えられる．逆に，このような原理・性質を要請（仮定）することにより，ラグランジアン/ハミルトニアンによる定式化を経ずに，S行列を記述する理論が**S行列理論**である．S行列理論の出発点をまとめると次のようになる：

1. 漸近場/状態の存在，
2. 重ね合わせの原理，
3. 確率の保存（ユニタリ性），
4. Lorentz 不変性，
5. 因果律，
6. 解析性．

これらについてもう少し詳しく見ていこう．しばらく次元は特定せず一般の $(1+d)$ とする．まず，散乱とは，前節の量子力学の場合と同様に，時間 $t=-\infty$ にあった相互作用をしていない（複数の）自由粒子が $t=$ (有限) の領域で相互作用し，$t=\infty$ で再び自由粒子となって伝播する過程だと考える．従って，粒子が互いに十分離れている $t=\pm\infty$ では，状態は（自己相互作用を除いて）自由な粒子から成るはずである．1. はこのような漸近的“自由粒子状態”が確かに存在するということである．そのためには，十分離れた粒子間の相互作用はは十分小さくなければならない．

2., 3. は量子論の基本原理である．$t=-\infty$ の自由粒子から成る始状態 $|i\rangle=|\alpha\rangle$ が時間発展し相互作用をした後に $t=+\infty$ で再び自由粒子から成る終状態 $|f\rangle$ になったとすると，2. の重ね合わせの原理により，2つの状態を関係付ける線形演算子 $\hat{S}$ が存在し，

$$|f\rangle=\hat{S}|\alpha\rangle, \tag{5.12}$$

となる．この時，散乱による終状態が $|\beta\rangle$ を与える確率は，

$$S_{\beta\alpha}=\langle\beta|f\rangle=\langle\beta|\hat{S}|\alpha\rangle, \tag{5.13}$$

を用いて $|S_{\beta\alpha}|^2$ と表される．演算子 $\hat{S}$ を**S行列**という．$\hat{S}$ は $t=-\infty$ から

$t = +\infty$ への時間発展の演算子である[*3)].

正規直交系 $\{|\alpha\rangle\}$ を用いて，規格化された始状態を $|i\rangle = \sum_\alpha a_\alpha|\alpha\rangle$ $(\sum_\alpha |a_\alpha|^2 = 1)$ と展開すると，3. により $|i\rangle$ が正規直交基底 $\{\langle\beta|\}$ の状態 $\langle\beta|$ へ遷移する全確率は 1 になる．即ち，$1 = \sum_\beta \left|\langle\beta|\hat{S}|i\rangle\right|^2 = \langle i|\hat{S}^\dagger\hat{S}|i\rangle = \sum a_\alpha^* a_{\alpha'}\langle\alpha|\hat{S}^\dagger\hat{S}|\alpha'\rangle$．任意の始状態 $|i\rangle$ に対応する $\{a_\alpha\}$ についてこれが成り立つ．同様に，終状態 $\langle f|$ を定めた時，それはいずれかの始状態から遷移してきたものであるから任意の終状態について $1 = \sum_\beta \left|\langle f|\hat{S}|\beta\rangle\right|^2$ も成り立つ．よって，$\hat{S}$ が時間発展の演算子であることからもわかるように，

$$\hat{S}^\dagger\hat{S} = \hat{S}\hat{S}^\dagger = \mathbb{1}\ (\text{恒等演算子}), \tag{5.14}$$

となり，確率の保存により S 行列はユニタリ演算子でなければならない．

4. は特殊相対性理論の基本原理である．このことから，運動学的な因子を取り除いた後では S 行列は Lorentz 不変量で表されることになる．5. は物理的に成り立つべき性質である．

6. は 5. の因果律，量子力学（(1+0) 次元理論)，場の量子論の摂動論などから得られた結果をまとめたものとなる．因果律との関係は場の理論の先進・遅延・Feynman 伝播関数の運動量表示などからもわかるが，ここでは (1+0) 次元の簡単な例を挙げておこう．今，$a(t)$ を源とする信号が伝播関数 $G(t)$ により伝わり $b(t)$ となったしよう：$b(t) = \int_{-\infty}^t G(t-t')a(t')dt'$．$G(t)$ を 2 乗可積分としてその Fourier 変換を $\tilde{G}(\omega)$ と書くと，

$$\tilde{G}(\omega) = \int_{-\infty}^{\infty} dt\, e^{i\omega t}G(t), \quad G(t) = \int_{-\infty}^{\infty} \frac{d\omega}{2\pi}e^{-i\omega t}\tilde{G}(\omega).$$

因果律が成り立てば $t < 0$ で $G(t) = 0$ なので，第 1 式は $t > 0$ の寄与のみから成る．この時，$\omega = \omega_1 + i\omega_2$ $(\omega_2 > 0)$ とすると，被積分関数には $e^{-\omega_2 t}$ の減衰因子が掛かり $\tilde{G}(\omega)$ は有限，つまり，$\tilde{G}(\omega)$ は ω の上半平面で解析的となる．逆に $\tilde{G}(\omega)$ が ω の上半平面で解析的だとすると，第 2 式の積分路は $t < 0$ において上半平面中の半径無限大の半円に閉じることができ，$G(t) = 0$ $(t < 0)$，つまり，$G(t)$ は因果律を満たす．

5.3 2 体散乱

S 行列についての性質・要請を 2 体散乱の場合に具体的に見てみよう．図 5.2 (a) のように，粒子 A_1, A_2 が入射し，散乱後に粒子 A_3, A_4 が出射したとする．A_j の質量を $m_j(\neq 0)$，運動量を $p_j = (p_j^0, \vec{p}_j)$ と書こう[*4)]．S 行列理

*3) 場の理論におけるより精密な議論では，時間 $t \to \pm\infty$ の漸近状態に対応する Heisenberg 表示での状態 $|\alpha\ \mathrm{out/in}\rangle$ を用いて，S 行列は $\langle\beta\ \mathrm{out}|\alpha\ \mathrm{in}\rangle = \langle\beta\ \mathrm{in}|\hat{S}|\alpha\ \mathrm{in}\rangle$ により与えられる．S 行列の詳細については，例えば，[99], [101]～[103] 参照.

*4) 無質量粒子については，赤外発散などとも関連して漸近状態を定義することが困難となり，通常 S 行列理論では考えない.

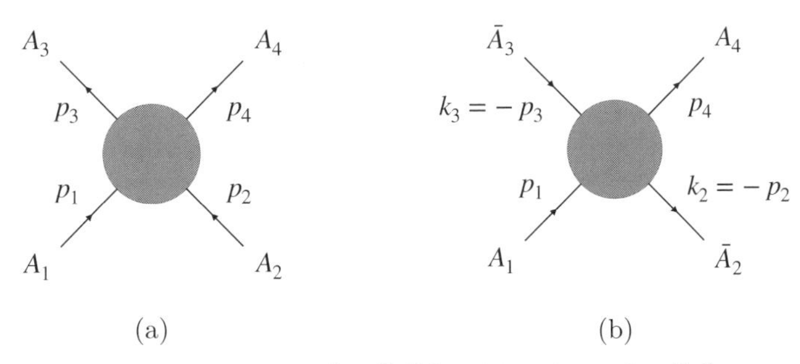

図 5.2　(a) s チャンネル散乱と，(b) t チャンネル散乱.

論に現れる粒子は Feynman 図の中間状態に現れるような仮想粒子ではなく物理的であり，運動量は質量殻上にある*5)：

$$p_j \cdot p_j := (p_j)^\mu (p_j)_\mu = m_j^2 . \tag{5.15}$$

また，エネルギー・運動量の保存より，

$$p_1 + p_2 = p_3 + p_4 . \tag{5.16}$$

2 対散乱を表すための，運動量から成る標準的な Lorentz 不変量としては，

$$s := (p_1 + p_2)^2 , \quad t := (p_1 - p_3)^2 , \quad u := (p_1 - p_4)^2 , \tag{5.17}$$

で与えられる **Mandelstam 変数**がある．(5.15), (5.16) より，s, t, u は，

$$s + t + u = \sum_{j=1}^{4} m_j^2 , \tag{5.18}$$

を満たす．$\vec{p}_1 + \vec{p}_2 = 0$ となる重心系では，$s = (p_1^0 + p_2^0)^2$ となり，s は重心エネルギーを表す.

5.3.1　交差対称性

相対論的場の量子論では，運動量 p を持つ粒子が入（出）射する過程の S 行列を $k = -p$ で評価すると，他の部分は同じで運動量 k を持つ反粒子が出（入）射する過程の S 行列になる．この性質は，摂動論では Feynman 図を具体的に書き出すと確かめられる．より一般には，S 行列に対する LSZ (Lehmann-Symanzik-Zimmermann) 簡約公式の帰結として，摂動論に依らずに理解できる[102]．この対称性を**交差対称性**といい，S 行列理論では一般に成り立つことを要請する.

交差対称性により，左から見ると図 5.2 (a) は，図 5.2 (b) のように運動量 p_1 の粒子 A_1 と運動量 $k_3 = -p_3$ の A_3 の反粒子 $\bar{A}_3$ が入射し，運動量 $k_2 = -p_2$ の A_2 の反粒子 $\bar{A}_2$ と運動量 p_4 の粒子 A_4 が出射する過程を表すことになる.

---

*5)　本章では平坦な時空の計量を $\eta_{\mu\nu} = \mathrm{diag}(+1, -1, .., -1)$ とする.

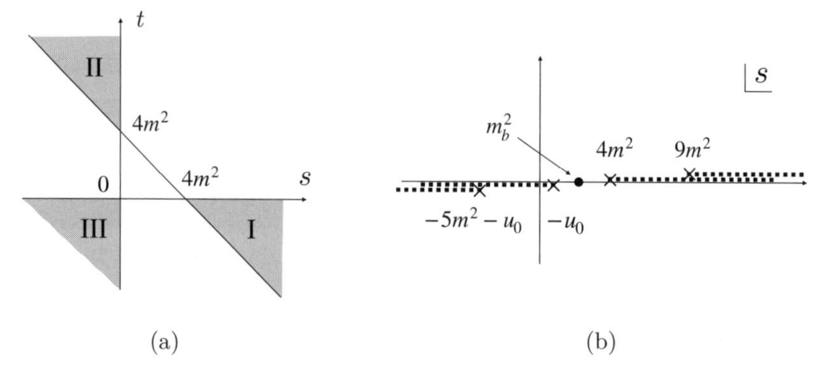

図 5.3　$m_j = m$ の場合の，(a) (s,t) 平面での物理的領域，(b) 複素 s 平面での S 行列の解析性．点線は切断線，● は束縛状態などの極を表す．

t 変数はその重心エネルギーを表す．同様に，$A_1, \bar{A}_4$ が入射，$\bar{A}_2, A_3$ が出射する過程の重心エネルギーを表すのが u である．これまでの 3 つの散乱過程をそれぞれ s,t,u チャンネルと呼ぶ．模式的に書くと，

$$s:\ A_1 + A_2 \to A_3 + A_4\,, \qquad t:\ A_1 + \bar{A}_3 \to \bar{A}_2 + A_4\,,$$
$$u:\ A_1 + \bar{A}_4 \to \bar{A}_2 + A_3\,. \tag{5.19}$$

それぞれのチャンネルに対応する s,t,u の物理的領域は異なる．簡単化のため粒子の質量を全て等しく $m_j = m$ としよう．この時，図 5.2 (a) の過程で，重心系での入射粒子の空間運動量の大きさを $|\vec{p}_j| = q$，散乱角を φ とすると，

$$s = 4(m^2 + q^2)\,, \quad t = -2q^2(1 - \cos\varphi)\,, \quad u = -2q^2(1 + \cos\varphi)\,,$$

となる．よって，全ての粒子のエネルギーが正，運動量の空間成分が実となる物理的な s チャンネルの過程に対する s,t,u の領域は，

$$\mathrm{I}:\ s \geq (2m)^2\,,\ t \leq 0\,,\ u \leq 0\,, \tag{5.20}$$

である．同様に，物理的な t,u チャンネルの領域は，

$$\mathrm{II}:\ s \leq 0\,,\ t \geq (2m)^2\,,\ u \leq 0\,; \quad \mathrm{III}:\ s \leq 0\,,\ t \leq 0\,,\ u \geq (2m)^2\,, \tag{5.21}$$

である．これらの物理的領域を図示すると図 5.3 (a) となる．

交差対称性によれば，対称性で結び付く散乱過程の S 行列は，一つの関数をそれぞれの物理的な運動学的領域で評価したものとなる．例えば，(5.18) により独立変数を s,u にとり，s,t チャンネルの S 行列を $S_{12\to34}(s,u)$, $S_{1\bar{3}\to\bar{2}4}(s,u)$, と表すと，$s,t$ チャンネル間の交差対称性は次のように表される：

$$S_{12\to34}(s,u) = f(s,u)\Big|_{\mathrm{I}}\,, \qquad S_{1\bar{3}\to\bar{2}4}(s,u) = f(s,u)\Big|_{\mathrm{II}}\,. \tag{5.22}$$

5.3.2 S 行列の解析性

次に，$m_j = m$ として $u = u_0$ を固定した S 行列 $S(s, u_0)$ の解析性を見よう[46], [99], [102], [104]．まず，物理的な過程に対応して，s を $(2m)^2$ から増加させていくと，高エネルギーの 2 体の弾性散乱となる．さらに s が $s = (3m)^2$ になると，質量 m の新たな粒子が生成可能になる．同様に $s = (Nm)^2$ $(N \geq 2)$ ごとに粒子の生成が可能になり，S 行列に特異性が現れるはずである．実際，摂動論や 2 点関数のスペクトル表示などから $s \geq s_N := (Nm)^2$ に切断線 (branch cut) が現れることがわかる．(5.18) より，t チャンネルでの閾値 $t = (Nm)^2$ に対応して，$s = -u_0 - (N^2 - 4)m^2$ からも切断線が出る（図 5.3 (b)）.

さらに，$m_b < 2m$ となる束縛状態があれば，（エネルギー保存を満たさない物理的ではない値の）$s < (2m)^2$ に極が生じることも摂動論で具体的に確かめられる．より一般に，ユニタリ性と因果律からこのような特異性が切断線ではなく極になることが言える．

切断線があると，どのように実軸上の s に近づいた場合が物理的な S 行列の値になるかを指定する必要がある．摂動論では Feynman 則の $i\epsilon$ 処方に従い，切断線を越えない s 平面のシート（物理的シート）上で，

$$S_{12\to34}(s)\Big|_{\text{phys}} = \lim_{\epsilon\to0^+} S_{12\to34}(s+i\epsilon) \qquad (s \geq 4m^2 - u_0)\,, \tag{5.23}$$

としたものが物理的な s チャンネル散乱の S 行列になる．ここで変数 u_0 は省略し，s の範囲は (5.18), (5.20) から従う．同様に t チャンネルでの物理的な S 行列は $t + i\epsilon$ での値に対応し，(5.18), (5.21) より，$S_{12\to34}(s)$ を $s - i\epsilon$, $s \leq -u_0$ で評価したものとなる．いずれにせよ，物理的な S 行列は解析関数 $S_{12\to34}(s)$ の実軸での “境界値” になる．

摂動論あるいは S 行列のユニタリ性 (5.14) などの一般的な性質から，$S^\dagger$ と S は互いに同じ解析関数の切断線を挟んだ反対側の境界値となることも示せる．よって，物理的な s について，

$$S_{ij\to kl}(s+i\epsilon) = \left[S_{kl\to ij}(s-i\epsilon)\right]^*\,, \tag{5.24}$$

が成り立つ．$f(z)$ が解析関数であれば，$[f(z^*)]^*$ も解析関数となるので，上の両辺を解析接続することにより一般の s について $S_{ij\to kl}(s) = \left[S_{kl\to ij}(s^*)\right]^*$ となる．(5.24) あるいはそれを解析接続したものを**エルミート解析性**と呼ぶ．

S 行列理論では，摂動論や S 行列についての一般的な要請から従うこれらの解析性が成り立つと仮定する．$m_i \neq m_j$ としても同様である．

5.4 (1+1) 次元可積分場の理論における S 行列

S 行列理論は，時間・空間 1 次元の (1+1) 次元の “可積分” な相対論的場の理論においては非常に強力となる．量子場の理論が**可積分**とは，2.6 節の古典

的場の理論と同様に，無限個の保存量が量子論的にも存在することとしよう．

(1+1) 次元では，質量 m の質量殻条件 (5.15) を満たす運動量は，

$$p^0 = m\cosh\theta\,, \qquad p^1 = m\sinh\theta\,, \tag{5.25}$$

と表せる．θ はラピディティである．空間は 1 次元なので散乱が起こるためには，入射する $t=-\infty$ での漸近状態では，空間座標 x の小さい方から順に運動量 p^1 が大きな粒子が並ぶことになる．この状態を，

$$\text{in}: \quad \big|\,A_{a_1}(\theta_1)A_{a_2}(\theta_2)\cdots A_{a_n}(\theta_n)\,\big\rangle \quad (\theta_1>\theta_2>\ldots>\theta_n)\,, \tag{5.26}$$

と書こう．ここで，j 番目の粒子の種類を a_j とした．散乱後に出射した $t=\infty$ の漸近状態では，逆に運動量が小さな順に粒子が並ぶので，この状態を，

$$\text{out}: \quad \big|\,A_{b_1}(\theta_1)A_{b_2}(\theta_2)\cdots A_{b_m}(\theta_m)\,\big\rangle \quad (\theta_1<\theta_2<\ldots<\theta_m)\,, \tag{5.27}$$

と書くことにしよう．

5.4.1 高階保存量と S 行列の因子化

相対論的量子場の理論では，通常 Poincaré 不変性（時空の並進に対する不変性と Lorentz 不変性）があり，エネルギー・運動量 p^μ，角運動量 J^μ が保存される．さらに，階数が 2 以上のテンソルで表される保存量があると，理論は強い制限を受ける．空間の次元が $d\geq 2$ であれば **Coleman-Mandula の定理**により，一般の n 体散乱の S 行列が自明 ($S=\mathbb{1}$) となる．

sine-Gordon 模型などの具体例からもわかるように無限個の保存量がある場合，それらは一般に高階のテンソルで表される．しかし $d=1$ の場合は，高階の保存量があっても Coleman-Mandula の定理は回避され，S 行列は自明とはならない．その代わりに，無限個の高階保存量を持つ (1+1) 次元理論の散乱は次のような制限を受ける：

1. 粒子の質量・運動量の組 $\{m_j\}$，$\{p_j\}$ は散乱の前後で変わらない．
2. n 体散乱は全て，2 体散乱が組み合わさったものとして表される．

1. の性質を持つ散乱を**純弾性散乱**，2. の性質を**散乱の因子化**という[*6)]．

1. の性質を見るために，保存量を表す r 階のテンソル演算子を $Q_r^{\mu_1\cdots\mu_r}$ としよう．これが局所カレントの積分で書かれているとすると，各粒子が十分に離れている漸近状態への作用は，

$$Q_r^{\mu_1\cdots\mu_r}|\,A_{a_1}(\theta_1)\cdots A_{a_n}(\theta_n)\,\rangle = \sum_{j=1}^{n}\chi_r^{(a_j)}p_j^{\mu_1}\cdots p_j^{\mu_r}|\,A_{a_1}(\theta_1)\cdots A_{a_n}(\theta_n)\,\rangle\,,$$

と書けるであろう．$Q_r^{\mu_1\cdots\mu_r}$ が保存量であるので，入射・出射状態の持つ

*6) 粒子の内部状態に変化がなく，エネルギー保存に内部エネルギーを考慮する必要がない散乱を弾性散乱という．

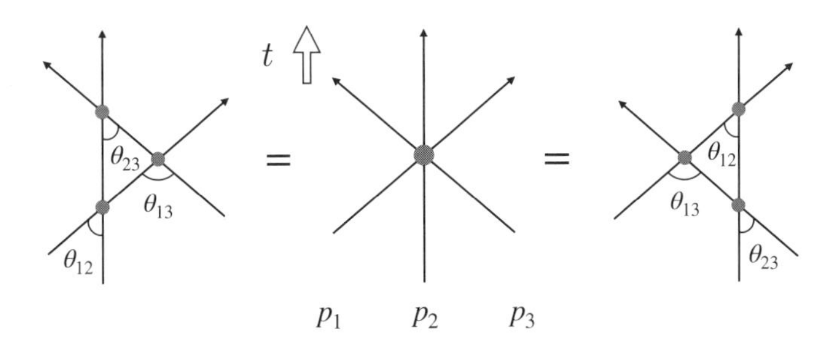

図 5.4　散乱の因子化．縦方向は時間 t，横方向は空間 x を表す．θ_{ij} はラピディティの差である（5.4.2 節参照）．

$Q_r^{\mu_1\cdots\mu_r}$ の値は等しい：

$$\sum_{j:\ \mathrm{in}} \chi_r^{(a_j)} p_j^{\mu_1}\cdots p_j^{\mu_r} = \sum_{k:\ \mathrm{out}} \chi_r^{(b_k)} p_k^{\mu_1}\cdots p_k^{\mu_r}\,.$$

無限個の保存量についてこの関係式が成り立つためには，運動量の組が散乱前後で等しく，$\{p_j\}_{\mathrm{in}} = \{p_k\}_{\mathrm{out}}$，従って，質量の組も等しくなければならない，$\{m_j\}_{\mathrm{in}} = \{m_k\}_{\mathrm{out}}$．同じ質量を持つ粒子がなければ，散乱による影響は単に粒子間での運動量 $\{p_j\}$ の交換ということになる．

次に，添字を全て空間成分 $\mu_j = 1$ にとった $Q_r^{1\ldots1}$ を考えると，上と同様に 1 粒子状態への作用は $e^{iQ_r^{1\ldots1}}|\,A_a(\theta)\,\rangle = e^{ic\,(p)^r}|\,A_a(\theta)\,\rangle$ の形に書ける．$p = m_a \sinh\theta$ とした．ここで $x \sim x_0$ にピークがある波束 $\psi(x) = \int_{-\infty}^{\infty} dp\, e^{-\alpha(p-p_0)^2} e^{ip(x-x_0)}$ に保存量を作用させると，

$$\tilde{\psi}(x) := e^{iQ_r^{1\ldots1}}\psi(x) = \int_{-\infty}^{\infty} dp\, e^{-\alpha(p-p_0)^2} e^{ip(x-x_0)+icp^r}\,,$$

となる．$\tilde{\psi}(x)$ のピークは，p 積分の主な寄与を与える $p = p_0$ 付近で位相による相殺が起こらないよう，$\Omega(p) := p(x-x_0) + cp^r$ として $\Omega'(p) = 0$ が成り立つ所にあるはずである．これを評価すると $x = x_0 - rcp^{r-1}$ となり，$r \geq 2$ の高階の保存量があれば運動量に依存して粒子の位置がずれることになる[105]．

今，$e^{iQ_r^{1\ldots1}}$ は保存量なので，これを作用した状態間の散乱と作用しない元の状態間の散乱は等価である．従って，例えば，3 体散乱については図 5.4 のような等価性があることになる*7)．ここで，散乱の各粒子を表す線が途中で生成・消滅せずに繋がって書かれているのは，上の 1. の性質を用いたためである．同様に，n 体散乱も 2 体散乱の組み合わせとして書くことができ，2. の散乱の因子化が理解される．

さて，図 5.4 の左右両側を見ると，3 体散乱は 2 体散乱に 2 通りに因子化できることがわかる．A_{a_1} と A_{a_2} の 2 体散乱の S 行列を $S(p_1, p_2)$ と書くと，2

*7)　$d \geq 2$ では，このような保存量の作用により粒子の軌道が交わらないようにでき，Coleman-Mandula の定理にあるように散乱は自明となる．

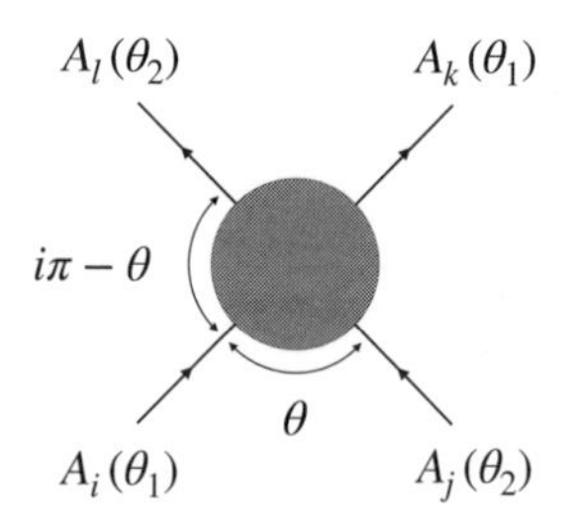

図 5.5　純弾性 2 体散乱.

つの因子化はどちらも同じ散乱を表しているので，因子化の整合性条件として，

$$S(p_1,p_2)S(p_1,p_3)S(p_2,p_3)=S(p_2,p_3)S(p_1,p_3)S(p_1,p_2)\,, \tag{5.28}$$

が成り立つ必要がある．これを，(4.6) と比べると同じ形の関係式であることがわかる．即ち，可積分な相対論的量子場の理論の散乱が再び **Yang-Baxter 方程式**で特徴付けられていることになる．

5.4.2　S 行列の解析性と交差対称性

5.2 節，5.3 節で述べた S 行列の性質も，可積分な (1+1) 次元散乱の場合にはラピディティ θ を用いて簡潔に表せる．

まず，$A_i+A_j\to A_k+A_l$ となる 2 体散乱を考え，粒子の質量･運動量･ラピディティを m_i,p_i,θ_i などと書くと，上で述べた 1. の性質から $(m_i,p_i)=(m_k,p_k)$，$(m_j,p_j)=(m_l,p_l)$ とおける（図 5.5）．この時，Mandelstam 変数は，$\theta_1:=\theta_i$，$\theta_2:=\theta_j$，$\theta:=\theta_1-\theta_2$ を用いて次のように表される：

$$s=m_i^2+m_j^2+2m_im_j\cosh\theta\,,\qquad t=m_i^2+m_j^2-2m_im_j\cosh\theta\,,$$
$$u=0\,. \tag{5.29}$$

よって，s,t,u のうち独立なものは 1 つであり，次の関係式が成り立つ[*8]：

$$t(\theta)=s(i\pi-\theta)\,. \tag{5.30}$$

この θ を（虚数）角度と見なすと，s チャンネルと t チャンネルの関係は，角度 θ と $i\pi-\theta$ の変換に対応し，図 5.5 のように図形的に表せる．

今，粒子の生成は起こらないので，5.3.2 節と同様に考えると，S 行列は s 平面で $s\le(m_i-m_j)^2$, $(m_i+m_j)^2\le s$ にのみ切断線を持つことがわかる（図 5.6 (a)）．(5.29) により，$s\gg1$ が $\theta\gg1$ となるように θ を s について解くと，

$$\theta=\log\left[\frac{s-(m_i^2+m_j^2)+\sqrt{\left(s-(m_i+m_j)^2\right)\left(s-(m_i-m_j)^2\right)}}{2m_im_j}\right]\,, \tag{5.31}$$

*8）すぐ後で見るように，θ 平面での物理的な領域 $0\le\mathrm{Im}\,\theta\le\pi$ 内で記述できるよう $s(i\pi+\theta)$ とはしていない．

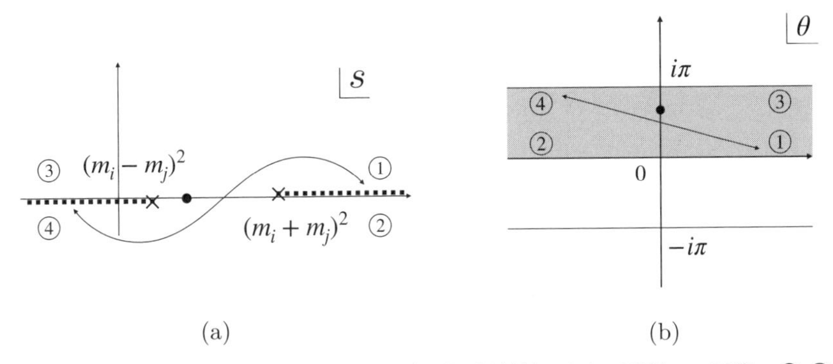

図 5.6　(a) s 平面での純弾性散乱の S 行列の解析性．(b) θ 平面への写像．①-④ の番号は，s 平面での切断線の上下と対応する θ 平面の領域，● は束縛状態などの極を表す．(b) の灰色部分は物理的帯状領域である．

となる．θ 平面では，切断線は $\mathrm{Im}\,\theta = 0, \pi$ に，切断線を横切らない物理的シートは $0 \le \mathrm{Im}\,\theta \le \pi$ の帯状の領域に写される（図 5.6 (b)）．切断線のある s 平面が切断線のない θ 平面に写されたことなる（Riemann 面の**一様化**）．

次に，$A_i + A_j \to A_k + A_l$ の S 行列 $S_{ij\to kl}$ を $S_{ij}^{kl}(\theta)$ と記すと，この過程は，

$$\big|\, A_i(\theta_1)A_j(\theta_2)\,\big\rangle = S_{ij}^{kl}(\theta)\,\big|\, A_l(\theta_2)A_k(\theta_1)\,\big\rangle \quad (\theta_1 > \theta_2)\,, \tag{5.32}$$

と表せる[*9]．(5.32) は，状態 $|A_i(\theta_1)A_j(\theta_2)\rangle$ が，

$$\hat{A}_i(\theta_1)\hat{A}_j(\theta_2) = S_{ij}^{kl}(\theta)\,\hat{A}_l(\theta_2)\hat{A}_k(\theta_1)\,, \tag{5.33}$$

を満たす“生成演算子” $\hat{A}_i(\theta)$ によって $\hat{A}_i(\theta_1)\hat{A}_j(\theta_2)|0\rangle$ のように表されると解釈できる．(5.33) は **Zamolodchikov-Faddeev 代数**と呼ばれ，可積分模型の散乱の性質を簡潔に表す記法として有用である．

θ 平面では切断線はないので，$S_{ij}^{kl}(\theta)$ **は θ の有理型関数となる**．通常，物理的な過程と S 行列の整合性から要求される最小限の（ミニマルな）特異点が現れると仮定する．(5.23) の物理的な s チャンネル散乱の値を与える $s + i\epsilon$ は $\theta > 0$, $s - i\epsilon$ $(s < 0)$ は $\mathrm{Re}\,\theta < 0$, $\mathrm{Im}\,\theta = \pi$ など，s 平面の切断線での“境界”は $\mathrm{Im}\,\theta = 0, \pi$ 中の半直線になる．束縛状態などの極は物理的帯状領域の虚軸上 $\theta = i\kappa$ $(0 < \kappa < \pi)$ に現れる（図 5.6 (b)）[*10]．

可積分な系では 2 体散乱のみ考えればよいので，物理的な s チャンネル散乱のユニタリ条件 (5.14) を θ 平面で表すと，

$$S_{ij}^{kl}(\theta)\left[S_{mn}^{kl}(\theta)\right]^* = \delta_{im}\delta_{jn} \quad (\theta > 0)\,. \tag{5.34}$$

*9)　入射/出射状態の関係を見ると，S_{ij}^{kl} は (5.12), (5.13) の S 行列の逆行列に相当するが，(1+1) 次元散乱理論の多くの文献に従い S^{-1} ではなく，S と書くことにする．また，(4.1) で述べたテンソル積の記法と整合するよう，S_{ij}^{kl} 中の k, l の順序が図 5.5 あるいは $|\, A_l(\theta_2)A_k(\theta_1)\,\rangle$ 中の順序と逆になっている．

*10)　(1+1) 次元散乱では，束縛状態以外に対応する（高次の）極もある[46], [57], [87]．

エルミート解析性 (5.24) は，$p \to \theta$ の変数変換にも注意して，θ 平面では，

$$S_{ij}^{kl}(\theta) = \left[S_{lk}^{ji}(-\theta)\right]^* \quad (\theta > 0), \tag{5.35}$$

と表される[104]．(5.24) の場合と同様に解析接続すると，$S_{ij}^{kl}(\theta) = \left[S_{lk}^{ji}(-\theta^*)\right]^*$ を得る．(5.34) についても同様である．(5.34) と (5.35) を合わせると，

$$S_{ij}^{kl}(\theta)\, S_{lk}^{nm}(-\theta) = \delta_i^m \delta_j^n\,, \tag{5.36}$$

$\theta > 0$ となる．解析接続により上の関係式は一般の θ についても成り立つ．(5.22) と (5.30) を合わせると，交差対称性は，

$$S_{ij}^{kl}(\theta) = S_{\bar{l}i}^{\bar{j}k}(i\pi - \theta), \tag{5.37}$$

と表される．(1+1) 次元の可積分な散乱理論ではこれらの性質を仮定する．

5.1 節では，パリティ不変性を持つ量子力学系を考えたが，場の理論でもこのような離散対称性が現れる．空間反転（パリティ，P），時間反転 (T) は図 5.5 を左右反転させる，上から下へ見ることに対応し，荷電共役 (C) は粒子と反粒子の入れ替えである．よって，これらの対称性があれば S 行列は，それぞれ，

$$\mathrm{P}:\ S_{ij}^{kl}(\theta) = S_{ji}^{lk}(\theta),\quad \mathrm{T}:\ S_{ij}^{kl}(\theta) = S_{lk}^{ji}(\theta),\quad \mathrm{C}:\ S_{ij}^{kl}(\theta) = S_{\bar{i}\bar{j}}^{\bar{k}\bar{l}}(\theta), \tag{5.38}$$

を満たす．(5.35) を解析接続した関係式の右辺に T 変換を施すと，

$$S_{ij}^{kl}(\theta) = \left[S_{ij}^{kl}(-\theta^*)\right]^*, \tag{5.39}$$

を得る．(5.39) を**実解析性**という．可積分な散乱理論では，これらの対称性・解析性も適宜仮定される．

この節の最後に，3 体散乱を考えよう．3 粒子の空間に作用する 3 体散乱の S 行列を 2 体散乱に因子化し，2 体の S 行列を $\theta_{ij} := \theta_i - \theta_j$ を用いて，$S_{12}(\theta_{12}) = S_{ij}^{kl}(\theta_{12}) \otimes \mathbb{1}$, $S_{23}(\theta_{23}) = \mathbb{1} \otimes S_{ij}^{kl}(\theta_{23})$ などと書くと，(5.28) は，

$$S_{12}(\theta_{12})\, S_{13}(\theta_{13})\, S_{23}(\theta_{23}) = S_{23}(\theta_{23})\, S_{13}(\theta_{13})\, S_{12}(\theta_{12}), \tag{5.40}$$

となる．θ_j をスペクトルパラメータと読み替えると，これはスピン鎖模型で用いた **Yang-Baxter 方程式** (4.6) と全く同じであることがわかる．図 5.4 の両側の関係も図 4.3 と同じである．

5.5 su(2) 対称性を持つ S 行列

前節では，(1+1) 次元可積分場の理論の S 行列について，ユニタリ性，解析性，交差対称性，2 体散乱への因子化の整合性（Yang-Baxter 方程式）など様々な性質が満たされる（仮定される）ことを見た．ここでは，具体例として su(2) 対称性を持つ S 行列を考えよう．上で述べた性質により S 行列はほぼ決

定されることがわかる[106], [107].

各粒子がスピン 1/2 を持つとすると，su(2) 対称性により 2 体の S 行列は，

$$S(\theta)=\tilde{a}(\theta)P_{\mathrm{t}}+\tilde{b}(\theta)P_{\mathrm{s}}=S_0(\theta)\big[a(\theta)\mathbb{1}+b(\theta)\mathcal{P}\big]\,, \tag{5.41}$$

の形になる．ここで，$P_t=(\mathbb{1}+\mathcal{P})/2$, $P_{\mathrm{s}}=(\mathbb{1}-\mathcal{P})/2$ はスピン 3 重項，1 重項への射影演算子，$\mathcal{P}$ は (4.3) の置換演算子である．su(2) 対称性は，表現論に従った $P_{\mathrm{t}},P_{\mathrm{s}}$ による表式，あるいは，4.5.1 節で述べた $\mathcal{P}$ の不変性からわかる．また，スカラー因子 $S_0(\theta)$ を導入して $a(\theta)+b(\theta)=1$ となるようにした．

簡単化のため初めにスカラー因子を $S_0(\theta)=1$ としてみよう．この時, (5.41) は $S_{ij}^{kl}=S_{ji}^{lk}$ を満たし，ユニタリ条件 (5.36) を課すと，

$$a(\theta)a(-\theta)+b(\theta)b(-\theta)=1\,,\quad a(\theta)b(-\theta)+b(\theta)a(-\theta)=0\,, \tag{5.42}$$

を得る．次に (4.16) と同様に，(5.41) の成分表示 $S_{\alpha\beta}^{\alpha'\beta'}(\theta)=a(\theta)\delta_{\alpha}^{\alpha'}\delta_{\beta}^{\beta'}+b(\theta)\delta_{\alpha}^{\beta'}\delta_{\beta}^{\alpha'}$ を用いて (5.40) 書き下すと，Yang-Baxter 方程式は，

$$b(\theta_{12})a(\theta_{13})b(\theta_{23})=a(\theta_{12})b(\theta_{13})b(\theta_{23})+b(\theta_{12})b(\theta_{13})a(\theta_{23}) \tag{5.43}$$

に帰着する．さらに，$a+b=1$ と (5.42), (5.43) より次式が従う：

$$b^{-1}(\theta)+b^{-1}(-\theta)=2\,,\quad b^{-1}(\theta_{12})-b^{-1}(\theta_{13})+b^{-1}(\theta_{23})=1\,.$$

最も簡単な場合として，b が 1 位の極を 1 つ持つとすると b の形は $b=(c_1\theta+c_2)/(c_3\theta+c_4)$ となる．ユニタリ条件により，この形は $b^{-1}=1+c\theta$ あるいは $b^{-1}=1+c\theta^{-1}$ に制限され，さらに Yang-Baxter 方程式を満たすためには $b^{-1}=1+c\theta$ となる．ここで，エルミート解析性 (5.35) を課すと，

$$b(\theta)=\frac{i\kappa}{\theta+i\kappa}\,,\quad a(\theta)=\frac{\theta}{\theta+i\kappa}\,,\quad \kappa\in\mathbb{R}\,, \tag{5.44}$$

を得る．S_0 を復活させると，ユニタリ性・エルミート解析性より，$S_0(\theta)$ は

$$S_0(\theta)S_0(-\theta)=1\,,\qquad S_0(\theta)=\big[S_0(-\theta^*)\big]^* \tag{5.45}$$

を満たす必要がある．

最後に，交差対称性を課そう．粒子と反粒子を区別して S 行列と交差対称性の条件を具体的に書き下してもよいが[107]，結果は次のようにも理解できる．粒子と反粒子は荷電共役の関係にある．(5.37) の右辺の反粒子を含む S 行列が粒子のみの S 行列から荷電共役変換で得られるとすると，荷電共役を表す行列 C を用いて $S_{\bar{l}i}^{\bar{j}k}(\theta)=C_{j\bar{j}}C_{\bar{l}l}S_{li}^{jk}(\theta)$ となるであろう．一般に $[\tau^a,\tau^b]=if^{ab}{}_{c}\tau^c$ を満たす表現行列 $\{\tau^a\}$ があれば，$\{-(\tau^a)^*\}$ も同じ代数を満たし $\{\tau^a\}$ の表現の複素共役表現を成す．粒子と反粒子の属する表現はこの複素共役の関係にある．su(2) のスピン 1/2 表現では $\tau^a=\sigma_a/2$ なので，$C=i\sigma_2$ とおくと $-(\tau^a)^*=C\tau^aC^{-1}$ となり，この C が荷電共役を表す．

従って，$C=i\sigma_2$ による添字の変換をおこない (5.37) を書き下すと，

$$S_0(\theta)a(\theta)=-S_0(i\pi-\theta)\,,\quad S_0(i\pi-\theta)a(i\pi-\theta)=-S_0(\theta)\,,$$
$$S_0(\theta)b(\theta)=S_0(i\pi-\theta)b(i\pi-\theta)\,,$$

を得る．(5.44) で $\kappa=-\pi$ とすると，3 つの条件のうち 1 つが満たされれば残りの条件も満たされることがわかる．また，物理的領域 $0\le \operatorname{Im}\theta\le\pi$ で $S(\theta)$ が極も零点もないような最も単純（“ミニマル”）な解として，

$$S_0(\theta)=\frac{\Gamma\left(\frac{1}{2}+\frac{\theta}{2\pi i}\right)\Gamma\left(-\frac{\theta}{2\pi i}\right)}{\Gamma\left(\frac{1}{2}-\frac{\theta}{2\pi i}\right)\Gamma\left(\frac{\theta}{2\pi i}\right)}\,, \tag{5.46}$$

がとれる．この $S_0(\theta)$ は条件 (5.45) も確かに満たしている．

まとめると，su(2) 対称性を持つ相対論的な理論において S 行列の基本的性質を要請すると，それらを全て満たす解として (5.46) の S_0 を用いた，

$$S(\theta)=S_0(\theta)\left[\frac{\theta}{\theta-i\pi}\mathbb{1}+\frac{-i\pi}{\theta-i\pi}\mathcal{P}\right]=S_0(\theta)\left[P_{\rm t}+\frac{\theta+i\pi}{\theta-i\pi}P_{\rm s}\right], \tag{5.47}$$

が得られた[107], [108]．このように，理論の基本的性質・整合性により“模型を解く”ことを**ブートストラップ** (bootstrap) という*11)．ブートストラップは S 行列理論だけではなく，可積分場の理論の形状因子，共形場理論，8.7 節で議論するゲージ理論の散乱振幅の解析などでも登場する．

上の議論では，スカラー因子の“最も単純”なものとして (5.46) をとったが，

$$f(\theta)f(-\theta)=1\,,\quad f(\theta)=\left[f(-\theta^*)\right]^*,\quad f(i\pi-\theta)=f(\theta)\,, \tag{5.48}$$

を満たすどのような因子を S_0 に掛けても，これまでの条件を全て満たす．従って，これまでの S 行列の決定法には本質的な不定性があることになる．(5.48) を満たす関数としては 5.8.1 節 (5.63) 中の $f_\alpha(\theta)$ などがある．このような因子を **Castillejo-Dalitz-Dyson (CDD) 因子**という．CDD 因子は物理的領域での極を加えたり除いたりするため，S 行列の物理的内容を変える．異なる CDD 因子は異なる物理を表す．

5.6 スピノンの散乱

前節では，S 行列についての性質・要請により su(2) 対称性を持つ可積分模型の S 行列がほとんど決定されることを見た．本節では，4 章で議論した su(2) 対称性を持つスピン 1/2 XXX 模型の S 行列を直接計算により求めてみよう．$N\to\infty$ となる熱力学的極限を考え，円周の半径が無限大となり近似的

*11) “bootstrap”とは，ブーツのストラップ（つまみ皮），転じて，自分を引っ張り上げる，自力・自動でおこなう，などの意味．ここでは，基本的性質・整合性により理論の中で物事が内在的・自動的に決まっていく，といった意味であろう．

にこれまでのS行列の考え方が成り立つとする．

強磁性真空の周りでは，4.4.5節で述べたように，(4.22) の右辺の各因子は真空上のスピン1を持つ励起の2体散乱因子，つまり，2体S行列（による位相のずれ）を表している．スピン1の励起を通常**マグノン**という．

次に，反強磁性真空周りの散乱を考える．格子点の数 N を偶数とすると，4.4.6節の結果より真空は，(4.34) の I_j が $-(N/2-1)/2 \leq I_j \leq (N/2-1)/2$ の範囲で隙間なく値をとる，全て実の $K_0 = N/2$ 個のルートで与えられる．$N/2$ は最大の Bethe ルートの数でなので，真空周りの最も簡単な励起状態は，実ルートの数を $N/2$ から1つ減らし $K_0 - 1$ としたものになる．この場合の I_j を $\tilde{I}_j$ と書くと，(4.35) より，$-N/4 \leq \tilde{I}_j \leq N/4$ のとり得る値の数は $K_0 + 1$ 個となり，そのうち2つに空きができる．つまり，2ホール励起となる．この励起は (4.26) より全体でスピン1を持ち，スピン1/2の励起（**スピノン**）が対になった su(2) の3重項状態と考えられる．1重項は，実ルート $K_0 - 2$ 個（ホール2個）と2ストリング1つに対応する．

ホールのルート μ_a $(a = 1, 2)$ も含めて，$\tilde{I}_j$ のとり得る値全てに対応するルートを $\{\tilde{\lambda}_j\}$ $(j = 1, ..., K_0 + 1)$, 元の基底状態のルートを $\{\lambda_j\}$ $(j = 1, ..., K_0)$ とし，励起によりルートが $\lambda_j \to \tilde{\lambda}_j$; $\lambda_j - \tilde{\lambda}_j = \mathcal{O}(1/N)$, と変化したとする．この時，2ホール励起状態の場合の (4.34) は，

$$Np(\tilde{\lambda}_j) + \sum_{k=1}^{K_0+1} \Theta(\tilde{\lambda}_j - \tilde{\lambda}_k) - \sum_a \Theta(\tilde{\lambda}_j - \mu_a) + 2\pi \tilde{I}_j = 0, \tag{5.49}$$

と書ける．(5.49) と元の (4.34) の差をとり，$1/N$ の高次の項を落とすと，

$$\begin{aligned} 0 &= N(\tilde{\lambda}_j - \lambda_j)\frac{dp}{d\lambda} - \sum_a \Theta(\tilde{\lambda}_j - \mu_a) + \sum_k \left[(\tilde{\lambda}_j - \lambda_j) - (\tilde{\lambda}_k - \lambda_k)\right] \widehat{K}(\lambda_j - \lambda_k) \\ &= N(\tilde{\lambda}_j - \lambda_j)\big(-2\pi\rho_0(\lambda_j)\big) - \sum_k (\tilde{\lambda}_k - \lambda_k)\widehat{K}(\lambda_j - \lambda_k) - \sum_a \Theta(\lambda_j - \mu_a), \end{aligned}$$

となる*12)．4.4.6節同様，ρ_0 は基底状態の密度関数，また，$\widehat{K}(\lambda) = \partial_\lambda \Theta(\lambda)$ である．$\sum_k$ は (4.37) のように積分で書き換え (4.39) を用いた．さらに，

$$F(\lambda_j|\mu_a) := \frac{\lambda_j - \tilde{\lambda}_j}{\lambda_{j+1} - \lambda_j} = N(\lambda_j - \tilde{\lambda}_j)\rho_0(\lambda_j),$$

により**シフト関数**を導入すると，上の式から，

$$0 = 2\pi F(\lambda_j|\mu_a) + \int \widehat{K}(\lambda_j - \lambda) F(\lambda|\mu_a)\, d\lambda - \sum_a \Theta(\lambda_j - \mu_a), \tag{5.50}$$

を得る．ホールではなくルートが増えた（基底状態以外からの）粒子励起の場合も Θ の符号を変えるなどの変更を除いて同様である．

---

*12) 正確には，他に I_j と $\tilde{I}_j$ の差からくる定数 π もある．また，(5.49) の和の $k = K_0 + 1$ の項には，対応する基底状態の項がないが，$\tilde{\lambda}_{K+1} \to \infty$ で定数と考えられる．これら省略した定数は，以下の $F(u)$, ϕ_1 でルート依存性のない定数項を与える．

今，スピン変数が並ぶ円周をホール 1 が 1 周したとすると，その際にホール 1 が受ける波動関数の位相変化は，定数を除いて，

$$\varphi_{12} = Np(\mu_1) + \sum_k \Theta(\mu_1 - \tilde{\lambda}_k) - \Theta(\mu_1 - \mu_2)\,,$$

となる．一方，（仮想的に）ホール 2 がないとして，ホール以外のルートが $\tilde{\lambda}'_j$ であるとすると，ホール 1 が受ける同様の位相の変化は，

$$\varphi_1 = Np(\mu_1) + \sum_k \Theta(\mu_1 - \tilde{\lambda}'_k)\,.$$

2 つのホールの散乱に対する S 行列の（固有値の）位相はこの差 $\phi_1 := \varphi_{12} - \varphi_1$ だと考えられる．ϕ_1 中の和の部分を，

$$\begin{aligned}\sum_k \bigl[\Theta(\mu_1 - \tilde{\lambda}_k) - \Theta(\mu_1 - \tilde{\lambda}'_k)\bigr] &= \sum_k (\tilde{\lambda}'_k - \tilde{\lambda}_k)\widehat{K}(\mu_1 - \lambda_k) \\ &= \int d\lambda\, \widehat{K}(\mu_1 - \lambda)\bigl[F(\lambda|\mu_1, \mu_2) - F(\lambda|\mu_1)\bigr]\,, \end{aligned} \tag{5.51}$$

と変形し，(5.50) から従う $F(\lambda|\mu_1,\mu_2) = F(\lambda|\mu_1) + F(\lambda|\mu_2)$ を用いると，

$$\phi_1 = \int \widehat{K}(\mu_1 - \lambda) F(\lambda|\mu_2)\, d\lambda - \Theta(\mu_1 - \mu_2)\,,$$

となる．これを (5.50) と比べると，次の関係式を得る：

$$\phi_1 = -2\pi F(\mu_1|\mu_2)\,.$$

$F(\lambda|\mu_1)$ は $u := \lambda - \mu_1$ の関数と見なせるので改めて $F(u)$ とおく．その Fourier 変換 $\tilde{F}(\omega)$ を (5.50) から求め，逆変換から $F(u)$ を求めると，

$$\tilde{F}(\omega) = \frac{i}{\omega}\frac{1}{1 + e^{|\omega|}}\,, \qquad 2\pi F(u) = \frac{1}{i}\log\frac{\Gamma\bigl(\frac{1}{2} + \frac{u}{2i}\bigr)\Gamma\bigl(1 - \frac{u}{2i}\bigr)}{\Gamma\bigl(\frac{1}{2} - \frac{u}{2i}\bigr)\Gamma\bigl(1 + \frac{u}{2i}\bigr)}\,,$$

となる．ここで，(4.42) および，

$$\int_{-\infty}^{\infty} e^{i\omega\lambda} \arctan\frac{\lambda}{a} = \frac{i\pi}{\omega}e^{-a|\omega|}\,,$$

$$\int_{-\infty}^{\infty} \frac{d\omega}{i\omega}\frac{e^{i\omega x}}{1 + e^{a|\omega|}} = i\log\left[\frac{\Gamma\bigl(\frac{1}{2} + \frac{ix}{2a}\bigr)\Gamma\bigl(1 - \frac{ix}{2a}\bigr)}{\Gamma\bigl(\frac{1}{2} - \frac{ix}{2a}\bigr)\Gamma\bigl(1 + \frac{ix}{2a}\bigr)}\right]\,,$$

を用いた．よって，$u = \theta/\pi$ とおくと，散乱の位相因子は，

$$e^{-i\phi_1} = -S_0(\theta)\,, \tag{5.52}$$

となり，定数因子を除いて (5.46) の $S_0(\theta)$ と一致する．2 つのホールは su(2) の 3 重項を成しているので，直接計算によりブートストラップから求めた (5.47) が（定数因子を除いて）再現されたことになる．このような散乱位相の計算法を **Korepin の方法**という．スピン鎖模型は元々非相対論的であるが，スピノンの励起はこれまでの相対論的な取り扱いと整合している．反強磁性真

空上の励起の分散関係は，$H/J = \tilde{\epsilon}(p) = \frac{\pi}{2}\cos p\ (-\frac{\pi}{2} \le p \le \frac{\pi}{2})$ である．

5.7 因子化されたS行列とBethe仮説

5.4節では，(1+1)次元の可積分模型の散乱は2体散乱に因子化することを見た．ここでは，一般のn体散乱についてもう少し考えてみよう．以下，K個の粒子A_{a_j} $(j=1,...,K)$が前節と同様に周の長さ$L \to \infty$の円周を運動しているとし，粒子の位置，運動量，ラピディティをそれぞれx, p, θで表す．

各粒子が十分離れていて粒子間の相互作用が無視できる時，各粒子は自由粒子と考えられ，系の波動関数は，平面波の重ね合わせにより表される．従って，粒子A_{a_j}の位置をx_j，また$\{\sigma_j\}, \{\sigma'_j\}$を$K$次の置換群$\mathfrak{S}_K$の元とすると，座標領域$x_{\sigma_1} \ll x_{\sigma_2} \ll \cdots \ll x_{\sigma_K}$での波動関数は

$$\psi^{\{\sigma_j\}}_{a_1\ldots a_K}(x;p) = \sum_{\{\sigma'_j\}} \mathcal{A}^{\{\sigma_j\}|\{\sigma'_j\}}_{a_1\ldots a_K} \exp\left[i\sum_{j=1}^{K} p_{\sigma'_j} x_{\sigma_j}\right],$$

と表される．これは，(4.29)のBethe仮説波動関数と同じ形である．

例えば，$K=2$, $x_1 \ll x_2$とすると，

$$\psi^{12}_{a_1a_2}(x_1,x_2;p_1,p_2) = \mathcal{A}^{12|12}_{a_1a_2}\, e^{i(p_1x_1+p_2x_2)} + \mathcal{A}^{12|21}_{a_1a_2}\, e^{i(p_2x_1+p_1x_2)},$$

である．$x_1 \ll x_2$なので各項は近似的に漸近状態の波動関数と見なせ，それぞれ$|A_{a_1}(\theta_1)A_{a_2}(\theta_2)\rangle$, $|A_{a_1}(\theta_2)A_{a_2}(\theta_1)\rangle$に対応すると考えられる．よって，Zamolodchikov-Faddeev代数(5.33)により，異なる係数$\mathcal{A}^{12|ij}_{a_1a_2}$は，

$$\mathcal{A}^{12|ij}_{a_1a_2} = S^{b_1b_2}_{a_1a_2}(\theta_i - \theta_j)\, \mathcal{A}^{12|ji}_{b_2b_1}, \tag{5.53}$$

のように2体の散乱行列で結び付けられる．この関係は，便宜的に$\mathcal{A}^{12|ij}_{a_1a_2} \sim \hat{A}_{a_1}(\theta_i)\hat{A}_{a_2}(\theta_j)$などと見なすと理解し易い．4.4.5節では，エネルギー固有関数であるという条件により波動関数の係数が関係付き，そこからS行列が読み取れたが，ここでは逆に，可積分性に基づいたS行列を用いて波動関数の係数を関係付けたことになる．

一般のK粒子の場合，$x_1 \ll x_2 \ll ... \ll x_K$および$x_2 \ll ... \ll x_K \ll x_1$での波動関数はそれぞれ，

$$\psi^{12\ldots K}_{a_1\ldots a_K}(x;p) = \mathcal{A}^{12\ldots K|12\ldots K}_{a_1\ldots a_K} e^{i(p_1x_1+p_2x_2\cdots+p_Kx_K)} + \cdots,$$
$$\psi^{2\ldots K1}_{a_1\ldots a_K}(x;p) = \mathcal{A}^{2\ldots K1|2\ldots K1}_{a_1\ldots a_K} e^{i(p_2x_2+\cdots p_Kx_K+p_1x_1)} + \cdots,$$

となる．この形と全波動関数の周期性条件，

$$\psi^{12\ldots K}_{a_1\ldots a_K}(x_1,x_2,...,x_K;p) = \psi^{2\ldots K1}_{a_1\ldots a_K}(x_1+L,x_2,...,x_K;p),$$

より，係数の間には，

$$\mathcal{A}^{12\ldots K|12\ldots K}_{a_1\ldots a_K} = \mathcal{A}^{2\ldots K1|2\ldots K1}_{a_1\ldots a_K}\, e^{ip_1 L}\,, \tag{5.54}$$

の関係があることがわかる．一方，(5.33) を繰り返し用いると，

$$\begin{aligned}
&\hat{A}_{a_1}(\theta_1)\hat{A}_{a_2}(\theta_2)\cdots\hat{A}_{a_K}(\theta_K) = S^{b_2 a_2'}_{a_1 a_2}(\theta_1-\theta_2)\,\hat{A}_{a_2'}(\theta_2)\hat{A}_{b_2}(\theta_1)\cdots \\
&= S^{b_2 a_2'}_{a_1 a_2}(\theta_1-\theta_2)S^{b_3 a_3'}_{b_2 a_3}(\theta_1-\theta_3)\,\hat{A}_{a_2'}(\theta_2)\hat{A}_{a_3'}(\theta_3)\hat{A}_{b_3}(\theta_1)\cdots \\
&= -\,t^{a_1'\ldots a_K'}_{a_1\ldots a_K}(\theta_1;\theta_1,\ldots,\theta_K)\,\hat{A}_{a_2'}(\theta_2)\cdots\hat{A}_{a_K'}(\theta_K)\hat{A}_{a_1'}(\theta_1)
\end{aligned}$$

となる．これを，(5.53) と同様に係数の関係に焼き直すと，

$$\mathcal{A}^{12\ldots K|12\ldots K}_{a_1\ldots a_K} = -t^{a_1'\ldots a_K'}_{a_1\ldots a_K}(\theta_1;\theta_1,\ldots,\theta_K)\,\mathcal{A}^{2\ldots K1|2\ldots K1}_{a_1'\ldots a_K'}\,, \tag{5.55}$$

となる．ここで，(4.52) と同様の非等質性を持つ**転送行列**を，

$$t^{a_1'\ldots a_K'}_{a_1\ldots a_K}(\theta;\{\theta_k\}) := S^{b_1 a_1'}_{b_K a_1}(\theta-\theta_1)S^{b_2 a_2'}_{b_1 a_2}(\theta-\theta_2)\cdots S^{b_K a_K'}_{b_{K-1} a_K}(\theta-\theta_K)\,,$$

で定め，$S^{cd}_{ab}(0) = -\delta^d_a\delta^c_b$ となる場合を考えた．この $S^{cd}_{ab}(0)$ は，粒子の交換でマイナス符号が出る“フェルミオン的”な性質を表すが，(1+1) 次元ではスピンと統計の関係は通常と異なるので必ずしも“フェルミオン”を意味しない．

係数についての 2 つの条件 (5.54), (5.55) より，$\mathcal{A}^{2\ldots K1|2\ldots K1}_{a_1'\ldots a_K'}$ は固有値 $-e^{ip_1 L}$ を持つ $t^{a_1'\ldots a_K'}_{a_1\ldots a_K}(\theta;\{\theta_k\})$ の固有ベクトルであり，

$$\begin{aligned}
&t^{a_1'\ldots a_K'}_{a_1\ldots a_K}(\theta;\{\theta_k\})\mathcal{A}^{2\ldots K1|2\ldots K1}_{a_1'\ldots a_K'} = \Lambda(\theta;\{\theta_k\})\,\mathcal{A}^{2\ldots K1|2\ldots K1}_{a_1\ldots a_K}\,, \\
&\Lambda(\theta_1;\{\theta_k\}) = -e^{ip_1 L}\,,
\end{aligned}$$

を満たす必要がある．この $\mathcal{A}^{2\ldots K1|2\ldots K1}_{a_1'\ldots a_K'}$ は，4.4.2 節，4.5.3 節と同様にして，Yang-Baxter 方程式 (5.40) に基づく Bethe 仮説法で求められる．

他の係数についても同様の解析をおこなうと，一般に，

$$\begin{aligned}
e^{ip_j L} &= -\Lambda(\theta_j;\{\theta_k\}) \qquad (5.56)\\
&= S_{a_j a_{j+1}}(\theta_{j\,j+1})\cdots S_{a_j a_K}(\theta_{jK})S_{a_j a_1}(\theta_{j1})\cdots S_{a_j a_{j-1}}(\theta_{j\,j-1})\,,
\end{aligned}$$

を得る．ここで，各項は転送行列の固有ベクトルに作用するとし，$\theta_{jk} := \theta_j - \theta_k$ である．(5.56) は系の周期的境界条件を要約するものであり **Bethe-Yang 方程式**と呼ばれる．この方程式により，ラピディティ θ_j のスペクトルが定まる．

5.7.1 S 行列がスカラーの場合

少し一般的な議論をしたが，(5.56) の意味は単純である．S 行列がスカラーの場合それは単に位相因子である．今 (5.32) で S 行列を定めており，(5.53) は粒子の入れ替え $A_{a_j}A_{a_k} \to A_{a_k}A_{a_j}$ の位相変化が $S^{-1}_{a_j a_k}$ であることを意味する．A_{a_j} が円周を 1 周した時の全位相変化はこれら粒子の入れ替えと平面波からの寄与を合わせたものと考えられ，1 周後の状態が元と同じであれば，

$$e^{ip_jL}\prod_{k\neq j}S^{-1}_{a_ja_k}(\theta_j-\theta_k)=1\,,$$

となる．これは (5.56) の特別な場合に他ならない．S 行列が粒子の種類について行列となる場合にこの条件を一般化したものが (5.56) である．

5.7.2 su(2) 対称性を持つ S 行列の場合

次に su(2) 不変な S 行列 (5.41) の簡単な場合として

$$S(\theta)=\frac{1}{\theta-i\pi}\big(\theta\,\mathbb{1}+i\pi\,\mathcal{P}\big)\,, \tag{5.57}$$

を考えよう．この S 行列は，(5.47) と比べてスカラー因子 S_0 と置換演算子 $\mathcal{P}$ の前の符号が異なり，交差対称性を満たさない．従って，相対論的な場合とは異なる非相対論的な S 行列である．しかし，周期性を表す Bethe-Yang 方程式の考え方は同じである．

(5.57) は 4.5.3 節で用いた su(2) 不変 R 行列と，

$$S(\theta)=\frac{\lambda+i}{\lambda-i}\,\tilde{R}(\lambda)\,,\quad \theta=\pi\lambda\,, \tag{5.58}$$

と関係付けられる．非等質転送行列 $t^{a'_1\cdots a'_K}_{a_1\cdots a_K}(\theta;\{\theta_k\})$ の固有ベクトルは (4.53) と同様に構成され，固有値は (4.55) から読みとれる．(5.58) の $\frac{\lambda+i}{\lambda-i}$ による転送行列の規格化の違いを考慮し，$\lambda_k\to\lambda_k-i/2$, $\mu_m\to\mu_m-i$ とシフトした後に $\lambda_k=\theta_k/\pi$, $\mu_m=\eta_m/\pi$ とおくと，

$$\Lambda(\theta;\{\theta_k\},\{\eta_m\})=\prod_{k=1}^{K}\frac{1}{\theta-\theta_k-i\pi}\times$$
$$\left[\prod_{k=1}^{K}(\theta-\theta_k)\prod_{m=1}^{M}\frac{\theta-\eta_m+\frac{3i\pi}{2}}{\theta-\eta_m+\frac{i\pi}{2}}+\prod_{k=1}^{K}(\theta-\theta_k+i\pi)\prod_{m=1}^{M}\frac{\theta-\eta_m-\frac{i\pi}{2}}{\theta-\eta_m+\frac{i\pi}{2}}\right]$$

となる．ここで，$\Lambda(\theta;\{\theta_k\})$ の補助ルート $\{\eta_m\}$ の依存性を顕わに記した．M 個の η_p により固有ベクトルが指定され，$\{\eta_p\}$ の満たすべき方程式は，

$$1=\prod_{m\neq p}^{M}\frac{\eta_p-\eta_m+i\pi}{\eta_p-\eta_m-i\pi}\prod_{k=1}^{K}\frac{\eta_p-\theta_k-\frac{i\pi}{2}}{\eta_p-\theta_k+\frac{i\pi}{2}}\,, \tag{5.59}$$

である．従って，Bethe-Yang 方程式は上の η_p を用いた次の形になる：

$$e^{ip_jL}=\prod_{k\neq j}^{K}\frac{\theta_j-\theta_k+i\pi}{\theta_j-\theta_k-i\pi}\prod_{m=1}^{M}\frac{\theta_j-\eta_m-\frac{i\pi}{2}}{\theta_j-\eta_m+\frac{i\pi}{2}}\,. \tag{5.60}$$

この結果を，4.5 節の (4.58) と比べてみよう．4.5 節の場合は，Bethe ルートと運動量の関係は (5.25) ではなく，4.4.4 節と同様の議論により非相対論的な (4.27) となる[94]．よって，su(2) 対称性を持つ理論の Bethe-Yang 方程式 (5.59), (5.60) は，su(3) スピン鎖模型の Bethe 仮説方程式 (4.58) と同じ形に

なる．これは，次のように理解できる：まず，su(3) スピン鎖模型の対称性は su(3) であるが，(4.46) の ${}^t(1,0,0)$ から成る“強磁性真空” $|\Omega\rangle$ を固定すると対称性が自発的に破れ，その上の励起は ${}^t(0,1,0), {}^t(0,0,1)$ に対応する 2 つのモードで表される．4.4.5 節と同様に，波動関数がエネルギー固有状態になるという条件からこれらの（非相対論的な）励起の S 行列を読み取ると su(2) 不変性を持つ (5.57) の形となる．従って，su(3) スピン鎖模型の周期的境界条件 (4.58) も (5.57) の散乱に対する周期性条件と同じ形になる訳である．

同様に su(2) スピン鎖模型の強磁性真空の周りの励起の散乱行列は (4.32) で与えられるスカラーであり，(4.27) によりルート/ラピディティ λ を運動量 p で表すと (5.56) は (4.22) と一致する．

5.8 対角散乱とブートストラップ方程式

5.8.1 対角 S 行列

5.4.2 節の図 5.5 のような相対論的な 2 体散乱において，$A_i(\theta_1)A_j(\theta_2) \to A_i(\theta_2)A_j(\theta_1)$ $(\theta = \theta_1 - \theta_2 > 0)$ となる過程は，重心系で見ると容易にわかるように反射を表す．反射がない場合，2 体散乱は $A_i(\theta_1)A_j(\theta_2) \to A_j(\theta_2)A_i(\theta_1)$ の透過/前方散乱過程のみとなる．従って，質量の縮退がない，あるいは，同質量を持つ粒子が他の保存量で区別できる場合には，S 行列は，

$$S_{ij}^{kl}(\theta) = \delta_i^k \delta_j^l S_{ij}(\theta) \,, \tag{5.61}$$

の形の対角行列になる．この時，Yang-Baxter 方程式 (5.40) は自明に満たされ*13)，ユニタリ条件 (5.36) と交差対称性 (5.37) は，

$$S_{ij}(\theta)S_{ji}(-\theta) = 1 \,, \qquad S_{ij}(\theta) = S_{\bar{j}i}(i\pi - \theta) \,, \tag{5.62}$$

となる．$S_{ij}(\theta)$ は数因子であり，第 1 式の添字の和はとらない．この 2 式から，$S_{ij}(\theta)$ は周期 $2\pi i$ を持ち，$-\pi \le \mathrm{Im}\,\theta \le \pi$ の帯状領域を考えれば十分となる．元の Mandelstam 変数 s の Riemann 面は，複素平面の 2 重被覆となる．

よって，対角散乱の S 行列は (5.62) を満たす周期 $2\pi i$ の有理型関数で与えられる．この対角 S 行列の基本構成要素として用いられる関数に，

$$\begin{aligned} s_\alpha(\theta) &:= \frac{\sinh \frac{1}{2}(\theta + i\pi\alpha)}{\sinh \frac{1}{2}(\theta - i\pi\alpha)} \,, \\ f_\alpha(\theta) &:= s_\alpha(\theta)s_\alpha(i\pi - \theta) = \frac{\sinh\theta + i\sin\alpha\pi}{\sinh\theta - i\sin\alpha\pi} \,, \end{aligned} \tag{5.63}$$

がある．θ についての周期性により $-1 \le \alpha \le 1$ としてよい．これらは例えば，

$$s_\alpha(\theta)s_\alpha(-\theta) = s_\alpha(\theta)s_{-\alpha}(\theta) = 1 \,, \quad s_\alpha(i\pi - \theta) = -s_{1-\alpha}(\theta) \,,$$

*13) (5.40) の $S_{ab}(\theta)$ は行列であり，(5.61) の $S_{ij}^{kl}(\theta)$ に対応し，数因子 $S_{ij}(\theta)$ ではない．

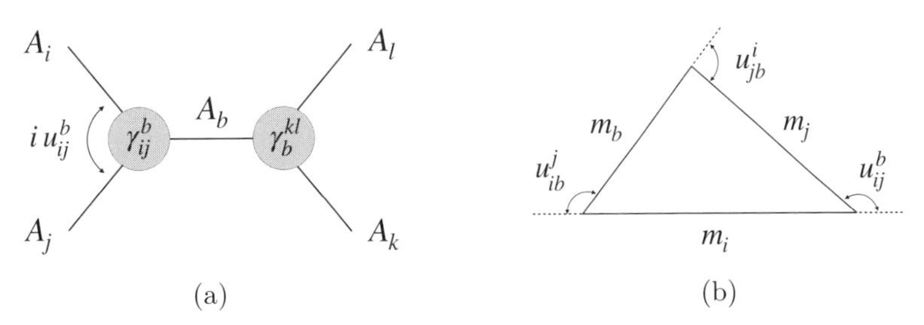

図 5.7　(a) 束縛状態．(b) 極の位置 iu_{pq}^r の図形的表現．

$$f_\alpha(\theta)f_\alpha(-\theta) = f_\alpha(\theta)f_{-\alpha}(\theta) = 1\,, \quad f_\alpha(i\pi-\theta) = f_{1-\alpha}(\theta) = f_\alpha(\theta)\,,$$

など，(5.48), (5.62) と同様の条件を満たす．従って，

$$S_{ij}(\theta) = \prod_{\alpha\in\mathcal{A}_{ij}} s_\alpha(\theta)\,, \qquad S_{ij}(\theta) = \prod_{\alpha\in\mathcal{A}_{ij}} f_\alpha(\theta)\,, \tag{5.64}$$

などとおき，各模型からの要請を満たすよう α の集合 $\mathcal{A}_{ij}$ が決定できればその模型の S 行列が構成できる．上のどちらの表式でも，ユニタリ条件は既に満たされている．パリティ不変性がある場合，反粒子と粒子の区別のない中性粒子では f_α を用いた表式により交差対称性も満たされる．

5.8.2　束縛状態とブートストラップ方程式

$s_\alpha(\theta)$, $f_\alpha(\theta)$ は $\theta = i\pi\alpha$ に極を持つ．特に，$0 < \alpha (< 1)$ の極は，5.4.2 節で述べたように（通常）束縛状態に対応する．今，粒子 A_i, A_j の散乱により束縛状態 A_b が生じたとしよう（図 5.7 (a)）．対応する極の位置を $\theta = iu_{ij}^b$ とすると，(5.11) と同様にユニタリ性から，極の近傍で S 行列演算子は，

$$S \sim \frac{\theta + iu_{ij}^b}{\theta - iu_{ij}^b} \sim \frac{iR_b}{\theta - iu_{ij}^b}\,,$$

と振る舞う．$A_iA_j \to A_b$, $A_b \to A_kA_l$ の結合（頂点関数）をそれぞれ γ_{ij}^b, γ_b^{kl} と表すと $R_b = \gamma_{ij}^b\gamma_b^{kl}$ である．束縛状態の質量 m_b は散乱の重心エネルギーで与えられるので，(5.29) より，

$$m_b^2 = s(iu_{ij}^b) = m_i^2 + m_j^2 + 2m_im_j\cos u_{ij}^b\,, \tag{5.65}$$

となる．$m_b^2 < (m_i + m_j)^2$ なので，A_b は確かに束縛状態と考えられる．

ここで，束縛状態と散乱（漸近）状態が同等であるとする考え（ブートストラップ原理）をとると，$A_{\bar{j}}$ は $A_{\bar{b}}$ と A_i の束縛状態，$A_{\bar{i}}$ は A_j と $A_{\bar{b}}$ の束縛状態と考えられる．すると，(5.65) と同様に，

$$m_i^2 = m_j^2 + m_b^2 + 2m_jm_b\cos u_{jb}^i\,, \quad m_j^2 = m_b^2 + m_i^2 + 2m_bm_i\cos u_{ib}^j\,,$$

が成り立ち，S 行列は $\theta = iu_{ib}^j, iu_{jb}^i$ でも極を持つことになる．質量は粒子と

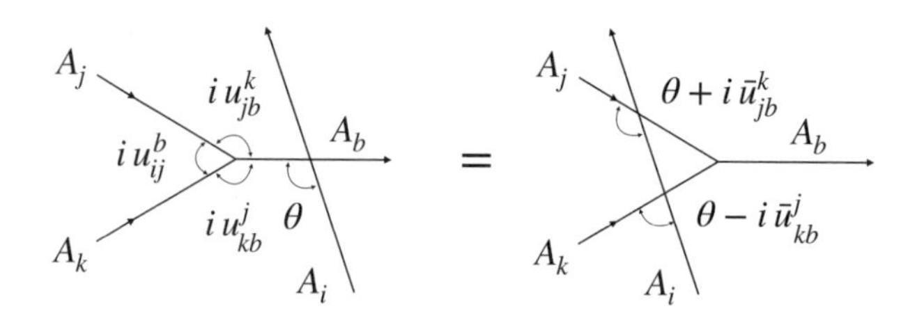

図 5.8　ブートストラップ方程式を表す図.

反粒子で共通なので添字の区別はしていない．極の位置 iu_{pq}^{r} は余弦定理より図 5.7 (b) のように幾何学的に表せる．

一旦このように考えると，“束縛状態” と漸近状態の散乱を考えることができる．例えば，図 5.8 のような散乱を考えると，2 つの表し方は同等であるので，

$$S_{bi}(\theta) = S_{ki}(\theta - i\bar{u}_{kb}^{j})S_{ji}(\theta + i\bar{u}_{jb}^{k})\,, \tag{5.66}$$

$\bar{u}_{ij}^{k} := \pi - u_{ij}^{k}$ を得る．右辺の S 行列の引数は，各粒子のラピディティを表す線分の角度が図 5.8 の両辺で等しいことを用いると図形的に求められる．(5.66) を**ブートストラップ方程式**という．この方程式により S 行列はさらに制限され，(5.64) で現れた $\mathcal{A}_{ij}$ を決定できる場合がある．

5.8.3　Lee-Yang 模型の例

ブートストラップ方程式の最も簡単な例として，Lee-Yang 模型の場合を考えよう．この模型は，臨界点直上では中心電荷 (central charge) $c = -22/5$ を持つ共形場理論の**ミニマル模型** $\mathcal{M}(5,2)$ となる．一般に $\mathcal{M}(p,q)$ は中心電荷 $c = 1 - 6(p-q)^2/pq$ を持つ模型である．共形場理論については例えば，[89], [109]〜[115] 参照．$\mathcal{M}(5,2)$ に現れる場は恒等場 $\mathbb{1}$ と共形次元 $\Delta = -1/5$（スケーリング次元 $2\Delta = -2/5$）の場 ϕ のみである．ミニマル模型の場を表す標準的な記法（**Kac テーブル**）に従うと $\phi = \phi_{1,3}$ となる．この模型の場合，場 $\phi_{1,3}$ は $\phi_{1,2}$ に一致する．一般にユニタリなミニマル模型 $\mathcal{M}(p+1,p)$ $(p = 3,4,...)$ を $\phi_{1,3}$, $\phi_{1,2}$, $\phi_{2,1}$ のいずれかの場で摂動すると，共形不変性は破れるが，高階保存量がある有質量の可積分場の理論になる．同様に非ユニタリな $\mathcal{M}(5,2)$ を $\phi = \phi_{1,2} = \phi_{1,3}$ で摂動した模型も可積分となり，これが今考えている（スケーリング）Lee-Yang 模型である．この模型は，純虚数の磁場中での Ising 模型の臨界現象を記述する．

Lee-Yang 模型に現れる粒子は 1 種類であり，反粒子と束縛状態も同じものである．これらを A と書くと，(5.65) より $u_{AA}^{A} = 2\pi/3$，よって (5.66) は，

$$S_{AA}(\theta) = S_{AA}\left(\theta - \frac{\pi}{3}i\right) S_{AA}\left(\theta + \frac{\pi}{3}i\right)\,, \tag{5.67}$$

となる．このブートストラップ方程式の最も簡単な解として，

$$S_{AA}(\theta) = f_{2/3}(\theta)\,, \tag{5.68}$$

がとれる．Lee-Yang 模型を $\mathcal{M}(5,2)$ の可積分摂動と見なし，次の 6 章で議論する熱力学的 Bethe 仮説を用いると，この結果の妥当性を検証できる*14)．(5.67) の解の一般的な形としては，極・零点の数がより多い，

$$\prod_j f_{\alpha_j}(\theta) f_{2/3-\alpha_j}(\theta)\,,$$

がとれる．このような解は別の模型に対応する[46]．

5.9 Lie 代数と対角散乱理論

対角散乱理論には（アファイン）Lie 代数で特徴付けられるものがある．そのような散乱理論のうち，後の議論で用いるものについて見てみよう．

5.9.1 ADE 散乱理論

Dynkin 図のノードが単純に繋がった (simply-laced) 単純 Lie 代数 $A_n = \mathrm{su}(n+1)$, $D_n = \mathrm{so}(2n)$, E_6, E_7, E_8 を考え，代数の階数を r，Cartan 行列を C，隣接行列 (adjacency matrix) を $I = 2\mathbb{1} - C$，Coxeter 数を h としよう．I は成分が全て正数の正行列であり，その固有値は $2\cos(\pi\varpi_a/h)$ $(a = 1, ..., r)$ と書ける．$\varpi_a \in \mathbb{Z}_{>0}$ は代数の指数である．この時，各代数について次の性質を持つ S 行列理論が知られている[116]：(i) 粒子の種類の数が代数の階数 r と同じ．(ii) 粒子の質量 m_a は，正行列 I の，成分が全て非負の固有ベクトル (**Perron-Frobenius ベクトル**) を成す．固有値は $2\cos\frac{\pi}{h}$ であり，

$$\sum_b I_{ab} m_b = 2m_a \cos\frac{\pi}{h}\,, \tag{5.69}$$

となる．(iii) 5.4.1 節で述べた高階保存量のスピンが指数 $\varpi_a \pmod h$ と一致する．(iv) S 行列は整合性から要求される最小の数の特異点持つ．このような散乱理論を **ADE 散乱理論**と呼ぼう*15)．

具体例として，A_n 代数の場合をもう少し詳しく見よう．A_n の階数は $r = n$，隣接行列は図 5.9 の Dynkin 図のノードの繋がり方を表していて，$I_{ab} = \delta_{a\,b-1} + \delta_{a\,b+1}$（但し $\delta_{a0} = \delta_{a\,n+1} = 0$）となる．また，Cartan 行列は $C_{ab} = 2\delta_{ab} - I_{ab}$, Coxeter 数は $h = n+1$，指数は $\{\varpi_a\} = \{1, 2, ..., n\}$ である．Perron-Frobenius ベクトル m_a は m を正の定数として，

---

*14) Lee-Yang 模型は純虚数の磁場からもわかるように非ユニタリな理論であるが，S 行列は (5.62) のユニタリ条件を満たしている．

*15) A_{2n} の Dynkin 図を半分に折り返した $A_{2n}/\mathbb{Z}_2$ 図（あるいは $A_{2n}^{(2)}$ アファイン Lie 代数）で特徴付けられる散乱理論も同様に構成される．

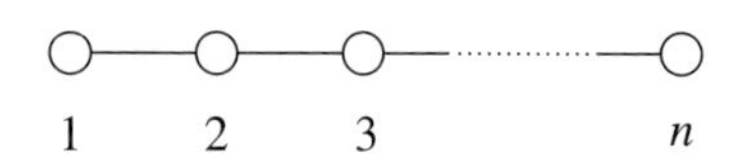

図 5.9　A_n 代数の Dynkin 図.

$$m_a = m\frac{\sin\frac{\pi a}{n+1}}{\sin\frac{\pi}{n+1}}\,, \tag{5.70}$$

と表せる．Dynkin 図の対称性を反映して $m_a = m_{n+1-a}$ となり，これらの粒子は互いに粒子・反粒子の関係にある．S 行列は，(5.63) の $s_\alpha(\theta)$ を用いて，

$$S_{ab}(\theta) = s_{|a-b|/h}(\theta)s_{(a+b)/h}(\theta)\prod_{p=1}^{\min(a,b)-1}\left[s_{(a+b-2p)/h}(\theta)\right]^2, \tag{5.71}$$

で与えられる．対応する可積分模型は，sine-Gordon 模型を複素化した**複素 sine-Gordon 模型**となる．この模型は，中心電荷 $c = 2n/(n+3)$ を持つ $\mathbb{Z}_{n+1}$ パラフェルミオン（$= \mathrm{su}(2)_{n+1}/\mathrm{u}(1)$ コセット）共形場理論を共形次元 $\Delta = 2/(n+3)$ を持つ演算子で摂動したものとも見なせる．

A_n 型の散乱理論に現れる粒子の質量比 (5.70) は，2.6.6 節で述べた A_n 代数に付随するアファイン戸田場の理論の質量比 (2.47) と同じであり，(5.71) の散乱行列に CDD 因子を掛けるとアファイン戸田場の理論の散乱行列となる[117]．

5.9.2　等質 sine-Gordon 模型

5.9.1 節の散乱理論では，質量のスケールは 1 つ，m, であり，粒子の質量比は (5.70) により定まっていた．このような理論をさらに拡張子し，複数の質量スケールを持つ対角散乱理論を構成することもできる．

Lie 群 G をターゲット空間とする共形場理論，**Wess-Zumino-Novikov-Witten (WZNW) 模型**，を G の部分群 H に付随する共形場理論で “割る” と G/H コセット共形場理論（ゲージ化された WZNW 模型）となる*16)．以下，$\mathrm{H} = \mathrm{U}(1)^{r_\mathrm{G}}$ とした $\mathrm{G}_k/\mathrm{U}(1)^{r_\mathrm{G}}$ コセット共形場理論（一般化されたパラフェルミオン共形場理論）を考え，具体的に $\mathrm{G} = \mathrm{SU}(n+1)$，その Lie 代数を $\mathfrak{g} = \mathrm{su}(n+1)$ とする．k は WZNW 模型のレベル，r_G は G の階数である．

このコセット理論を，

$$S = k\left(S_{\mathrm{gWZNW}} - \int d^2\sigma\, V(g)\right), \tag{5.72}$$

$g \in \mathrm{G}$ のように，共形場理論の作用 S_{gWZNW} にポテンシャル項を加え摂動する．ポテンシャルは，次の形をとる：

$$V(g) = \frac{m^2}{4\pi}\,\mathrm{tr}\big(\Lambda_+ g^\dagger \Lambda_- g\big)\,,\quad \Lambda_\pm = i\boldsymbol{\lambda}_\pm\cdot\boldsymbol{h}\,,\ \boldsymbol{\lambda}_\pm = \sum_{j=1}^{n}\tilde{m}_j e^{\pm\sigma_j}\boldsymbol{\lambda}_j\,. \tag{5.73}$$

*16)　ゲージ化された WZNW 模型のゲージ変換は左右両側の作用 $g \to hgh^{-1}$ ($g \in$G, $h \in$ H) となり，ターゲット空間は G から右または左作用で得られる空間 G/H ではない．

$\boldsymbol{h}$ は $\mathfrak{g}$ の Cartan 部分代数 $\mathfrak{h}$ の元，$\boldsymbol{\lambda}_j$ は $\mathfrak{g}$ の基本ウェイトである．例えば，$m\tilde{m}_1$ により質量スケールを定め $\tilde{m}_1 = 1$ とおくと，$m, \tilde{m}_j$ $(j = 1, ..., r_{\mathrm{G}})$ による独立なパラメータは $r_{\mathrm{G}} = n$ 個である．また，$V(g)$ 中で σ_j は $\sigma_i - \sigma_j$ の形で現れるので，σ_j による独立なパラメータは $\sigma_{ij} := \sigma_i - \sigma_j$ の $r_{\mathrm{G}} - 1$ 個である．従って，理論の独立なパラメータは $2r_{\mathrm{G}} - 1$ 個となる．古典作用 (5.72) から得られる運動方程式は (2.23) のようなゼロ曲率表示ができ，この系は相対論的な古典可積分系となる．作用 (5.72) で与えられる模型を**等質 sine-Gordon (HSG) 模型** (homogeneous sine-Gordon model) という[118]~[122]．

さらに，5.8.3 節の場合と同様な共形場理論の摂動の考え方を用いると，高階保存量の存在が言え，この模型が複数のパラメータを持つ量子可積分系となることがわかる．g の変換 $g \mapsto g_{\mathrm{L}} g g_{\mathrm{R}}^{-1}$ は，$\Lambda_{\pm} \in \mathfrak{h}$ の変換 $\Lambda_+ \mapsto g_{\mathrm{R}}^{-1} \Lambda_+ g_{\mathrm{R}}$, $\Lambda_- \mapsto g_{\mathrm{L}}^{-1} \Lambda_- g_{\mathrm{L}}$ と見なせる．よって，量子論的にはポテンシャル項 $V(g)$ は，コセット共形場理論の正則・反正則セクターそれぞれにおける，$\mathfrak{g}$ の随伴表現でのウェイト 0 演算子を組み合わせた $\phi_i \bar{\phi}_j$ $(i, j = 1, ..., r_{\mathrm{G}})$ の線形結合に対応する．$\phi_i \bar{\phi}_j$ の共形次元は（i, j に依らず）$\Delta = \bar{\Delta} = \frac{n+1}{k+n+1}$ である．

また，運動方程式はソリトン解を持ち，半古典的な解析によりその質量は，

$$m_j^a = m\tilde{m}_j \tilde{\mu}_a \,, \qquad \tilde{\mu}_a = \frac{\sin \frac{\pi a}{k}}{\sin \frac{\pi}{k}} \,, \tag{5.74}$$

$j = 1, ..., r_{\mathrm{G}}$; $a = 1, ..., k-1$ となることがわかる．ソリトンの散乱は摂動的に解析できる．今，ラピディティを θ, (i, a) と (j, b) でラベルされる粒子（ソリトン）の散乱行列を $S_{ia,jb}(\theta)$ とする．摂動論の結果とその他理論の整合性などを合わせ，この模型が次の対角 S 行列を持つことが提案されている：

$$S_{ia,jb}(\theta) = \begin{cases} S_{ab}(\theta) & (i = j)\,, \\ (\eta_{i,j})^{ab} \displaystyle\prod_{p=0}^{\min(a,b)-1} (-|a-b| - 1 - 2p)_{\sigma_{ji}} & (i \neq j)\,. \end{cases} \tag{5.75}$$

ここで，S_{ab} は (5.71) の A_n 散乱理論の S 行列，$\eta_{i,j} = \eta_{j,i}^{-1}$ は任意の (-1) の k 乗根，$(y)_\sigma$ は (5.63) 中の $s_\alpha(\theta)$ を用いて表すと $(y)_\sigma = s_{y/k}(\theta - \sigma)$ となる．5.8.3 節の Lee-Yang 模型の場合と同様に，スペクトルと S 行列 (5.74), (5.75) は，次の 6 章で述べる熱力学的 Bethe 仮説により妥当性を検証できる．(5.73) より，i, j は G の単純ルートに付随するラベルであるが，各 j での質量スペクトル (5.74) は $A_{n'}$ $(n' = k-1)$ 散乱理論のスペクトル (5.70) と一致し，同じ j を持つ粒子間の S 行列も $A_{n'}$ 散乱の場合と一致する．従って，HSG 模型は，r_{G} 個の $A_{n'}$ 散乱理論の多重項が相互作用する模型と見なせる．

HSG 模型の大きな特徴としては，複数の質量スケール $m\tilde{m}_j$ を持つこと，また，$\sigma_{ji} \neq 0$ の一般の場合には (5.38) のパリティ不変性が破れることが挙げられる．また，$i \neq j$ の場合には (5.75) より，S 行列は $\theta = \sigma_{ji} + i\kappa$ $(\kappa < 0)$ に極を持つ．$\sigma_{ji} > 0$ ではこれは 5.1.2 節で述べた共鳴状態に対応する．（$\sigma_{ji} < 0$

の場合は，理論の整合性から要求される“影の極”となる.）可積分性からの素朴な期待と相容れないように思われるが，このように不安定粒子が存在することもこの模型の特徴である*17).

5.10 境界のある場合の散乱

これまで，空間方向が無限に広がった（あるいは円周の半径を無限大とする極限での）(1+1) 次元時空における可積分な散乱理論を考えてきた．このような境界のない場合（“バルク”）の S 行列についての基本的性質・要請には，

1. ユニタリ性 (5.34), (5.36),
2. 解析性と交差対称性 (5.35), (5.37),
3. 散乱の因子化と Yang-Baxter 方程式 (5.28), (5.40),
4. ブートストラップ方程式 (5.66),

などがあった．これらに基づくブートストラップのアプローチは，境界がある場合の散乱にも拡張できる[124]．以下，境界が 1 つある 1 次元の半無限空間 $x \in (-\infty, 0]$ で散乱が起こるとしよう．

境界がある場合にも，(5.26), (5.27) と同様に粒子 $A_{a_1}(\theta_1), ..., A_{a_n}(\theta_n)$ $(\theta_1 > \theta_2 > ... > \theta_n > 0)$ から成る入射状態，および，$x = 0$ の境界で反射し $A_{b_1}(\theta'_1), ..., A_{b_m}(\theta'_m)$ $(\theta'_1 < \theta'_2 < ... < \theta'_m < 0)$ から成る出射状態を，

$$\big| A_{a_1}(\theta_1) A_{a_2}(\theta_2) \cdots A_{a_n}(\theta_n) \big\rangle\!\big\rangle_{\rm in}, \quad \big| A_{b_1}(\theta'_1) A_{b_2}(\theta'_2) \cdots A_{b_m}(\theta'_m) \big\rangle\!\big\rangle_{\rm out},$$

と書こう．境界のないバルクの理論が可積分であれば，適当な境界条件が満たされる時，境界のある理論でも可積分性が保たれる．この時，バルクの場合の 5.4.1 節と同様にして，散乱は粒子の質量・運動量の組 $\{m_j\}$, $\{p_j\}$ が変わらない純弾性散乱となり，$(\theta'_1, ..., \theta'_m) = (-\theta_1, ..., -\theta'_n)$ であることがわかる．さらに，散乱が因子化することも議論できる．境界があれば粒子は境界で反射されるので，2 体のバルク散乱だけではなく，1 体の反射，

$$\big| A_a(\theta) \big\rangle\!\big\rangle_{\rm in} = R_a^b(\theta) \big| A_b(-\theta) \big\rangle\!\big\rangle_{\rm out} \tag{5.76}$$

も考える必要がある．境界を無限に重い粒子 B と見なすと，$R_a^b(\theta)$ は，A_a と B の散乱行列と見なせる．$R_a^b(\theta)$ を**反射因子**という．(5.32) と同様に，

$$\big| A_{a_1}(\theta_1) \cdots A_{a_n}(\theta_n) \big\rangle\!\big\rangle_{\rm in} = R_{a_1 a_2 \dots a_n}^{b_1 b_2 \dots b_n} \big| A_{b_1}(-\theta_1) \cdots A_{b_n}(-\theta_n) \big\rangle\!\big\rangle_{\rm out}$$

のように境界のある場合の散乱を表すと，S 行列 $R_{a_1 a_2 \dots a_n}^{b_1 b_2 \dots b_n}(\theta_1, ..., \theta_n)$ は反射

*17) この模型を構成した 1 人である J. L. Miramontes からは，可積分模型に不安定粒子があることに対して随分と批判があった，と聞いている．同様に共鳴のある可積分模型には“階段模型” (staircase model) がある[123].

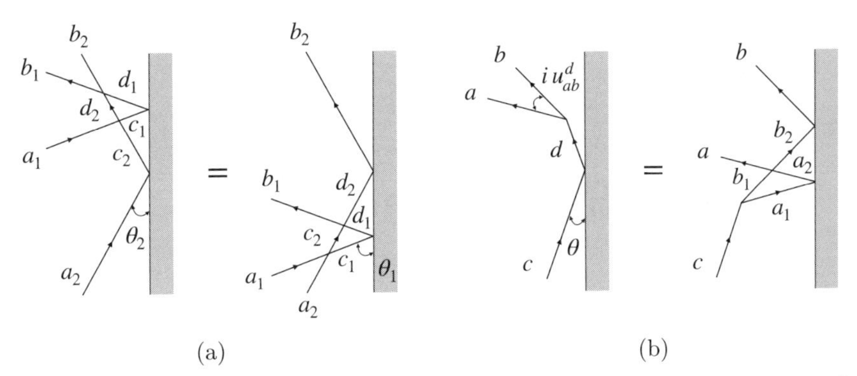

図 5.10　(a) 境界 Yang-Baxter 方程式，(b) 境界ブートストラップ方程式，の図形表示．

因子 $R_a^b(\theta)$ とバルクの 2 体散乱行列 $S_{a_1a_2}^{b_1b_2}(\theta)$ により因子化される．

上の 1.～4. で述べたバルク S 行列についての性質・要請は境界のある場合もそのままであり，境界の関わる R_a^b についても同様の性質が成り立つ/要請される．簡単化のため (5.38) の P,T,C 対称性が成り立つとすると，それらは次のようになる：

1'. **境界ユニタリ性**： $R_a^c(\theta)R_c^b(-\theta) = \delta_a^b\,,$

2'. **境界交差-ユニタリ条件**： $R_{\bar{a}}^b\Big(\dfrac{i\pi}{2} - \theta\Big) = S_{cd}^{ab}(2\theta)\,R_{\bar{d}}^c\Big(\dfrac{i\pi}{2} + \theta\Big)\,,$

3'. **境界 Yang-Baxter 方程式**：

$$
\begin{aligned}
&R_{a_2}^{c_2}(\theta_2)\,S_{a_1c_2}^{c_1d_2}(\theta_1+\theta_2)\,R_{c_1}^{d_1}(\theta_1)\,S_{d_2d_1}^{b_2b_1}(\theta_1-\theta_2)\\
&\qquad = S_{a_1a_2}^{c_1c_2}(\theta_1-\theta_2)\,R_{c_1}^{d_1}(\theta_1)\,S_{c_2d_1}^{d_2b_1}(\theta_1+\theta_2)\,R_{d_2}^{b_2}(\theta_2)\,,
\end{aligned}
\tag{5.77}
$$

4'. **境界ブートストラップ方程式**：

$$
\gamma_d^{ab}\,R_c^d(\theta) = \gamma_c^{b_1a_1}\,R_{a_1}^{a_2}(\theta + i\bar{u}_{ad}^b)\,S_{b_1a_2}^{b_2a}(2\theta + i\bar{u}_{ad}^b - i\bar{u}_{bd}^a)\,R_{b_2}^b(\theta - i\bar{u}_{bd}^a)\,.
$$

1'. は，1. の直接的な一般化である．2'. は，境界を表す状態（**境界状態**）と反射因子 R_a^b の関係を具体的に調べることにより導かれる．1. のユニタリ性と 2. の交差対称性を組み合わせると交差-ユニタリ条件 $S_{a_1c_2}^{c_1b_2}(i\pi-\theta)\,S_{a_2c_1}^{c_2b_1}(i\pi+\theta) = \delta_{a_1}^{b_1}\delta_{a_2}^{b_2}$ を得るが，2'. はその境界版である．3'. はバルクの Yang-Baxter 方程式と同様，散乱の因子化の整合性から要請され，図 5.10 (a) の散乱の表し方の等価性に対応する．4'. もバルクの場合と同様に，図 5.10 (b) の境界反射を含む過程の表し方の等価性を表す．S 行列，反射因子の引数は，(5.66) の場合と同様に，図 5.10 (a), (b) の両辺の線分の傾きから幾何学的に読み取れる．バルクの (5.66) では両辺に共通の結合 γ_{ab}^c は相殺されている．

これらの性質・要請に基づいたブートストラップにより，境界を含む可積分場の理論における S 行列を定めていくことができる．R_a^b にはスケール変換 $R_a^b(\theta) \to \Phi_B(\theta)R_a^b(\theta)$ の不定性があるが，1'., 2'. より，因子 Φ_B は CDD 因子と同様の $\Phi_B(\theta)\Phi_B(-\theta) = 1,\ \Phi_B(\theta) = \Phi_B(i\pi - \theta)$ を満たす必要がある．

第 6 章
熱力学的 Bethe 仮説

第 4 章，第 5 章では，量子可積分性の現れる量子スピン系，(1+1) 次元の散乱理論を議論した．どちらの場合も系のスペクトルは周期的境界条件を通して定まり，Bethe ルート λ_j，ラピディティ θ_j は Bethe 仮説方程式 (4.22), (4.58), Bethe-Yang 方程式 (5.56) の解として与えられた．このような Bethe(-Yang) 方程式に基づき可積分系の熱力学を論じる方法が**熱力学的 Bethe 仮説** (Thermodynamic Bethe Ansatz; TBA) 法である．本章では，対角 S 行列が与えられた相対論的 (1+1) 次元可積分場の理論を考える．熱力学的 Bethe 仮説により，系の有限サイズ効果や繰り込み群の下での振舞いが解析可能となる．Schrödinger 方程式のスペクトルとの関係や数学的に興味深い構造など，熱力学的 Bethe 仮説は不思議で豊かな内容を含んでいる．本章の内容全般に関する参考文献としては [46] がある．

6.1 Bethe(-Yang) 方程式と熱力学

以下，種類 a_j の粒子を A_{a_j} と記し，その質量を m_{a_j}，ラピディティを $\theta_j^{(a_j)}$，運動量を $p_j^{(a_j)} = m_{a_j} \sinh \theta_j^{(a_j)}$ とする．また，粒子は長さ $L \gg 1$ の円周上で運動し，粒子間の S 行列は (5.61) のように対角的であるとする．この時，$p_j^{(a_j)}, \theta_j^{(a_j)}$ の添字 (a_j) を省略すると，周期的境界条件 (5.56) は，

$$e^{ip_j L} \prod_{k \neq j} S_{a_j a_k}(\theta_j - \theta_k) = 1 , \tag{6.1}$$

となる[*1]．(4.34) と同様に，この両辺の対数をとり $a_j = a$ とおくと，

$$m_a \sinh \theta_j - \frac{i}{L} \sum_k \log S_{a a_k}(\theta_j - \theta_k) = \frac{2\pi}{L} I_j^a . \tag{6.2}$$

ユニタリ性 (5.36) より $S_{ab}(0) = \pm 1$ であり，それぞれに対応して $I_j^a \in \mathbb{Z}$ また

*1) ここでの S 行列は，(5.12) と同様に，(5.32), (5.56) 中の S 行列の逆に相当する．

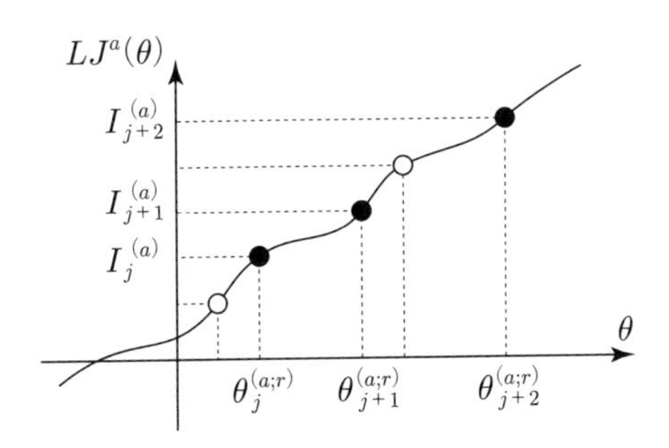

図 6.1　計測関数．黒丸はルート，白丸はホールに対応する．

は $\mathbb{Z}+1/2$ である．左辺を関数 $2\pi J^a(\theta)$ の $\theta=\theta_j$ での値と見なすと，(6.2) は $J^a(\theta_j)=I_j^a/L$ となる．この $J^a(\theta)$ を**計測関数** (counting function) という．

粒子がボソンで $S_{ab}(0)=-1$ の場合，同じ種類の粒子が同じ θ の値をとると波動関数の統計性と矛盾する．粒子がフェルミオンで $S_{ab}(0)=+1$ の場合も同様である．これらの場合，各 a ごとに $\theta_j^{(a)}$ は全て異なり I_j^a と 1 対 1 に対応する．ボソン/フェルミオンにかかわらず，このような状態に重複のない場合を "フェルミオン的" と呼ぶことにしよう．"フェルミオン的" な場合には，$\theta_j^{(a)}$ と I_j^a の関係は，4.4.6 節，5.6 節で議論した Heisenberg 模型の Bethe ルートの場合と同様であり，計測関数が単調関数であれば整合する（図 6.1)．以下，"フェルミオン的" な場合を考え，$J^a(\theta)$ は単調増加関数であると仮定する．

(6.1) の解（ルート）は I_j^a に許される値を実際に "占有する" と呼ぶことにし，改めて $\theta_j^{(a;\mathrm{r})}$ と書こう．また，許される（半）整数のうち占有されていない値に対応する θ をホールと呼び $\theta_j^{(a;\mathrm{h})}$ と書く．ルート $\theta_j^{(a;\mathrm{r})}$ についての和が，

$$\frac{1}{L}\sum_j f(\theta_j^{(a;\mathrm{r})})=\int_{-\infty}^{\infty}d\theta\, f(\theta)\rho_a^{(\mathrm{r})}(\theta),$$

となるようにルート密度関数 $\rho_a^{(\mathrm{r})}(\theta)$ を導入する．同様に定められるホール密度関数 $\rho_a^{(\mathrm{h})}$ と合わせると，全ての許される I_j^a の密度関数 $\rho_a(\theta)$ が得られ，

$$\rho_a^{(\mathrm{r})}(\theta)+\rho_a^{(\mathrm{h})}(\theta)=\rho_a(\theta)=\frac{d}{d\theta}J^a(\theta),$$

となる（(4.36) 参照)．他の種類 (a) についての密度関数も同様である．(6.2) を θ_j で微分し，これらの関数を用いて表すと，Bethe-Yang 方程式は，

$$\rho_a^{(\mathrm{r})}(\theta)+\rho_a^{(\mathrm{h})}(\theta)=\frac{m_a}{2\pi}\cosh\theta+\sum_b\bigl(\varphi_{ab}*\rho_a^{(\mathrm{r})}\bigr)(\theta), \tag{6.3}$$

となる．ここで，

$$\varphi_{ab}(\theta):=-i\partial_\theta\log S_{ab}(\theta), \tag{6.4}$$

また，$*$ は畳み込みである：

$$(f * g)(\theta) := \int_{-\infty}^{\infty} \frac{d\theta'}{2\pi} f(\theta - \theta') g(\theta') .$$

6.1.1 熱力学的 Bethe 仮説 (TBA) 方程式

さて，上の準備の下でこの系の熱力学を考えよう[125]．以下，温度を T，エントロピーを $S = L\mathcal{S}$，また，系のエネルギーを $E = L\mathcal{E}$，自由エネルギーを $F = L\mathcal{F}$ とする．$\mathcal{E}, \mathcal{F}$ を各粒子のエネルギーで表すと，

$$\mathcal{E} = \sum_a \int_{-\infty}^{\infty} d\theta\, \rho_a(\theta)\, m_a \cosh\theta , \qquad \mathcal{F} = \mathcal{E} - T\mathcal{S} , \tag{6.5}$$

となる．また，密度関数 $\rho_a^{(\mathrm{r})}, \rho_a^{(\mathrm{h})}$ が与えられた時に $\theta \sim \theta + \Delta\theta$ 間にあるルート $\theta^{(a;\mathrm{r})}$ の数は $N_a^{(\mathrm{r})} = L\rho_a^{(\mathrm{r})}(\theta)\Delta\theta$，ホール $\theta^{(a;\mathrm{h})}$ の数は $N_a^{(\mathrm{h})} = L\rho_a^{(\mathrm{h})}(\theta)\Delta\theta$，全ての許される（半）整数 I_j^a の数はその和である．この分布に対応する状態の数は $N_a^{(\mathrm{r})}$ の分配の仕方の数だけあり，状態に重複がないとすると，$(N_a^{(\mathrm{r})} + N_a^{(\mathrm{h})})!/N_a^{(\mathrm{r})}!N_a^{(\mathrm{h})}!$ となる．これを全ての $\theta^{(a;\mathrm{r})}$ について足し上げると，エントロピー，

$$\begin{aligned} \mathcal{S} &= \frac{1}{L} \sum \log \frac{(N_a^{(\mathrm{r})} + N_a^{(\mathrm{h})})!}{N_a^{(\mathrm{r})}! N_a^{(\mathrm{h})}!} \\ &\approx \sum_a \int d\theta \Big[(\rho_a^{(\mathrm{r})} + \rho_a^{(\mathrm{h})}) \log(\rho_a^{(\mathrm{r})} + \rho_a^{(\mathrm{h})}) - \rho_a^{(\mathrm{r})} \log \rho_a^{(\mathrm{r})} - \rho_a^{(\mathrm{h})} \log \rho_a^{(\mathrm{h})} \Big] , \end{aligned} \tag{6.6}$$

が得られる．2 行目に移る時に Stirling の公式を用いた．

$\rho_a^{(\mathrm{r})}, \rho_a^{(\mathrm{h})}$ は (6.3) を満たすので，平衡状態は未定乗数を $\lambda_a(\theta)$ として，

$$\widehat{\mathcal{F}} := \mathcal{E} - T\mathcal{S} + \sum_a \int_{-\infty}^{\infty} d\theta\, \lambda_a(\theta) \Big[(6.3)\ \text{の}\ (\text{左辺}) - (\text{右辺}) \Big] ,$$

を極小とする．(6.3), (6.5), (6.6) を $\widehat{\mathcal{F}}$ に代入し変分をとると，$\delta\widehat{\mathcal{F}}/\delta\lambda_a = 0$ より (6.3) が再び得られ，$\delta\widehat{\mathcal{F}}/\delta\rho_a^{(\mathrm{h})} = 0$ より，

$$\frac{\lambda_a(\theta)}{T} = L_a(\theta) := \log(1 + e^{-\epsilon_a(\theta)}) , \qquad e^{\epsilon_a(\theta)} := \frac{\rho_a^{(\mathrm{h})}(\theta)}{\rho_a^{(\mathrm{r})}(\theta)} , \tag{6.7}$$

が従う．$\epsilon_a(\theta)$ を擬エネルギーと呼ぶ．また，$\delta\widehat{\mathcal{F}}/\delta\rho_a^{(\mathrm{r})} = 0$ と合わせると，

$$\epsilon_a(\theta) = \frac{m_a}{T} \cosh\theta - \sum_b \int_{-\infty}^{\infty} \frac{d\theta'}{2\pi} \varphi_{ab}(\theta - \theta') \log\big(1 + e^{-\epsilon_b(\theta')}\big) , \tag{6.8}$$

を得る．(5.36) から従う $\varphi_{ab}(\theta) = \varphi_{ba}(-\theta)$ を用いた．右辺第 2 項は，$\varphi_{ab} * L_b$ の和である．(6.8) は Bethe(-Yang) 方程式から出発して L, T が与えられた時の熱平衡状態を定める式であり，**熱力学的 Bethe 仮説 (TBA) 方程式**と呼ばれる．この式の成り立つ平衡状態の自由エネルギーは，以下のようになる：

$$\mathcal{F} = -\sum_a T \int_{-\infty}^{\infty} \frac{d\theta}{2\pi} m_a \cosh\theta\, \log\big(1 + e^{-\epsilon_a(\theta)}\big) . \tag{6.9}$$

(6.6) では $\theta^{(a;\mathrm{r})}$ が同じ値をとらない“フェルミオン的”な場合を考えたが，同じ値が許される“ボソン的”な場合を（整合する解があるとして）考えると，状態数の数え方が変わり，結果も $L_a(\theta) \to -\log\bigl(1-e^{-\epsilon_a(\theta)}\bigr)$ と変更される．また，(6.9) をエネルギー $\tilde{\epsilon}$，状態密度 $D(\tilde{\epsilon})$ の Fermi 気体の自由エネルギー，

$$\mathcal{F}_{\mathrm{f}} = -T\int d\tilde{\epsilon}\, D(\tilde{\epsilon})\, \log\bigl(1+e^{-\tilde{\epsilon}/T}\bigr),$$

と比べると，$\epsilon_a T$ が $D(\tilde{\epsilon})\,d\tilde{\epsilon} \sim dp/2\pi = m\cosh\theta\, d\theta/2\pi$ とする（自由な）準粒子のエネルギーに相当することがわかる．

6.2 有限サイズ効果

系の相対論的不変性を用いると，TBA 方程式から基底状態の有限サイズ効果が求められる[116], [126], [127]．まず，長さ R の円周上でハミルトニアンを $\tilde{H}_R$ とする系を考えよう．温度を $1/\beta$，系の分配関数を $Z(R;\beta)$ とすると，系の基底状態のエネルギー $\tilde{E}_0(R)$ は分配関数の低温極限から読み取れる：

$$Z(R;\beta) = \widetilde{\mathrm{tr}}\, e^{-\beta \tilde{H}_R} \quad\longrightarrow\quad e^{-\beta \tilde{E}_0(R)} \quad (\beta\to\infty)\,. \tag{6.10}$$

$\widetilde{\mathrm{tr}}$ は $\tilde{H}_R$ についての状態空間でのトレースである．$Z(R;\beta)$ は図 6.2 (a) のトーラス上の経路積分で表され，温度の逆数 β は虚時間方向の長さに相当する．

Lorentz 不変性を持つ系を Euclid 化すると，虚時間と空間が同等となる回転不変な系となる．従って，$Z(R;\beta)$ は (6.10) における虚時間と空間を入れ替えた図 6.2 (b) のトーラス上で考えてもよい．よって，長さ β の方向を空間だと考えた時のハミルトニアンを H_β，自由エネルギーを $F(\beta;R)$ とすると，

$$Z(R;\beta) = \mathrm{tr}\; e^{-RH_\beta} = e^{-RF(\beta;R)}\,, \tag{6.11}$$

となる．tr は H_β についての状態空間でのトレースである．F は示量性なので $\beta\to\infty$ で $F(\beta;R)\to\beta\mathcal{F}(R)$ とすると，(6.10), (6.11) より，

$$\tilde{E}_0(R) = R\mathcal{F}(R)\,, \tag{6.12}$$

となる．さらに，空間方向の長さは $\beta\to\infty$ なので，S 行列理論および 6.1 節

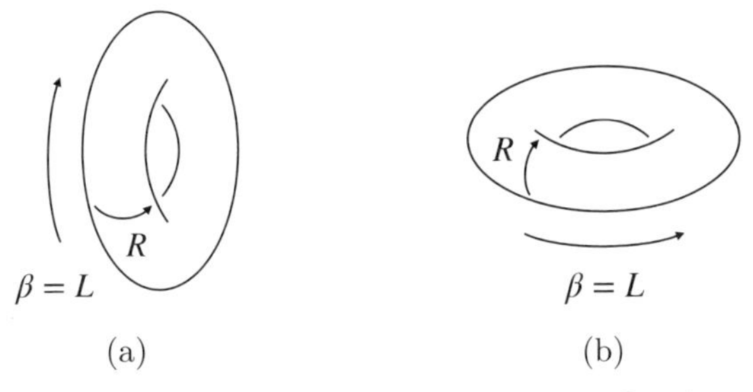

図 6.2　(a) L チャンネルトーラスと (b) R チャンネルトーラス．

の議論が適用可能となり，$\mathcal{F}(R)$ は熱力学的 Bethe 仮説により求められる．(6.9) の $\mathcal{F}$ は体積 L，温度 T での単位体積あたりの自由エネルギーであり，

$$R = 1/T\,, \qquad \beta = L\,,$$

とおくと，$\mathcal{F}(R)$ と (6.9) の $\mathcal{F}$ は同じものとなる．

まとめると，有限サイズの長さ R の方向を空間，長さ $L \to \infty$ の方向を（虚）時間とする系（L チャンネル）の基底エネルギー $\tilde{E}_0$ は，空間と（虚）時間の役割を入れ替えた系（R チャンネル）の自由エネルギー $\mathcal{F}(R)$ で与えられ，後者は TBA 方程式 (6.8) により求められる．

6.2.1 スケーリング関数

以下，系の粒子の最小の質量を $m(=\min\{m_a\})$ とおき，

$$\tilde{E}_0(R) =: -\frac{\pi}{6R}\tilde{c}(r)\,, \qquad r := mR\,, \tag{6.13}$$

により**スケーリング関数** $\tilde{c}(r)$ を導入する．また，$m_a = \hat{m}_a m$ と記す．次元により $\tilde{c}$ は無次元パラメータ r の関数である．$r \to 0$ では無次元量 kR が消えない大きな運動量 k を持つ励起のみが残るので，$r \to 0$ は質量が無視できる**紫外 (UV) 極限**になる．この時，系は共形不変性を持つ共形場理論で記述され，基底エネルギーの有限サイズ効果はその有効中心電荷で与えられる[128]~[130]：

$$\lim_{r\to 0}\tilde{c}(r) = c_{\mathrm{eff}} := c - 24\Delta_{\mathrm{min}}\,. \tag{6.14}$$

c は対応する共形場理論の中心電荷，$\Delta_{\mathrm{min}} = \bar{\Delta}_{\mathrm{min}}$ は正則/反正則セクターに現れる最小の共形次元である．ユニタリな理論では $c_{\mathrm{eff}} = c$ である．

逆の極限 $r \to \infty$ は**赤外 (IR) 極限**である．この極限では系は，粒子が重く相互作用が無視できる有質量自由粒子系に帰着する．このように，r の変化は系のスケール変換に対応する．従って，TBA 方程式を用いて $\tilde{E}_0(R)$ あるいは $\tilde{c}(r)$ 求めることにより，繰り込み群の流れを解析できるのである．

TBA 方程式 (6.8) は擬エネルギー $\epsilon_a(\theta)$ についての非線形積分方程式であり，一般には解析的に解くことはできない．しかし，IR, UV 極限では解析的な取り扱いも可能となる．

6.2.2 赤外 (IR) 極限

まず，IR 極限 $r \to \infty$ では “駆動項” (driving term) $\hat{m}_a r\cosh\theta$ が大きく，積分項は $e^{-\epsilon_b} \to 0$ で無視できる．よって，$\epsilon_a(\theta)$ は自由粒子の形，

$$\epsilon_a(\theta) \;\to\; \hat{m}_a r\cosh\theta := \nu_a(\theta)\,, \tag{6.15}$$

となる．この時スケーリング関数は，$K_1(z)$ を変形 Bessel 関数として，

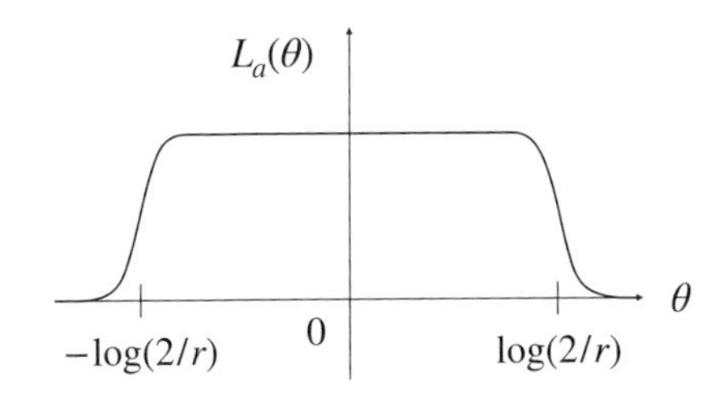

図 6.3　L_a の定数領域（中央部）とキンク（両端）.

$$\tilde{c}(r) \to \frac{3}{\pi^2} r \sum_a \hat{m}_a \int_{-\infty}^{\infty} d\theta \, \cosh\theta \, e^{-\hat{m}_a r \cosh\theta} = \frac{6}{\pi^2} r \sum_a \hat{m}_a K_1(\hat{m}_a r),$$

で与えられる．さらに，(6.15) を TBA 方程式 (6.8) の右辺に代入し $L_a \approx e^{-\hat{m}_a r \cosh\theta}$ とすると ϵ_a の IR 極限からの補正が，またそれにより $\tilde{c}(r)$ の補正が求まる．このような操作を反復すると $r \gg 1$ での $\epsilon_a(\theta)$, $\tilde{c}(r)$ の逐次近似が可能であり，それらは積分核 φ_{ab} を含む多重積分で表される[126]．

TBA 方程式を数値的に解く際には通常このような反復法を数値的におこなう．解の“種”（初期値）として駆動項で近似された $\epsilon_a^{[[1]]} = \hat{m}_a r \cosh\theta$ をとり，これを右辺に代入して得られる左辺を $\epsilon_a^{[[2]]}$ とする．この操作を繰り返して $\epsilon_a^{[[n]]}$ と $\epsilon_a^{[[n+1]]}$ が要求する精度で一致したところで $\epsilon_a = \epsilon_a^{[[n]]}$ を数値解とするのである．反復法の収束性については原論文 [125] で既に議論されている．

6.2.3　紫外 (UV) 極限

次に UV 極限を考えよう．駆動項を，

$$r\cosh\theta = e^{\theta - \log(2/r)} + e^{-\theta - \log(2/r)}, \tag{6.16}$$

と書き換えると，$-\log(2/r) \ll \theta \ll \log(2/r)$ では非常に小さく無視できることがわかる．$r \to 0$ ではこの領域は十分大きくなり，この領域で (6.8) は，

$$\epsilon_a^{(0)} = \sum_b N_{ab} \log(1 + e^{\epsilon_b^{(0)}}), \quad N_{ab} := -\int_{-\infty}^{\infty} \frac{d\theta}{2\pi} \varphi_{ab}(\theta), \tag{6.17}$$

から得られる近似的な定数解 $\epsilon_a(\theta) = \epsilon_a^{(0)}$ を持つ．$|\theta|$ が $\log(2/r)$ より大きくなり駆動項が再び主要な寄与を与える領域では，ϵ_a は IR 極限の場合と同様に自由粒子の形 $\epsilon_a(\theta) \approx \hat{m}_a r \cosh\theta$ になる．従って，$r \to 0$ での $L_a(\theta)$ に振舞いは図 6.3 のようになる．ここで，S 行列がパリティ不変性を持ち $\varphi_{ab}(-\theta) = \varphi_{ba}(\theta) = \varphi_{ab}(\theta)$ が成り立つとした．図にように $|\theta| \ll \log(2/r)$ の定数領域から $L_a \approx 0$ の領域へ遷移する際に“キンク”が現れる．

共鳴極を持つ S 行列の場合など，$\log r$ と S 行列に含まれるパラメータとの兼ね合いにより r が大きい領域がさらに区別され，それぞれの領域で (6.17) に寄与する積分核 φ_{ab} が異なることがある．そのような場合には，それぞれの領

域で近似的な ϵ_a の定数解が求まる．

UV 極限ではスケーリング関数 $\tilde{c}(r)$ も求められる．以下，L_a が図 6.3 のような単純な場合を考える．まず，$r \to 0$ とすると $\tilde{c}(r)$ の非自明な寄与は (6.7) の L_a が変化する $|\theta| \sim \log(2/r)$ のキンク部分からくる．パリティ不変性から 2 つのキンクは対称なので $\theta > 0$ のキンクに注目すると，駆動項 (6.16) の $\theta > 0$ 部分だけ考えればよい．キンクが十分離れているとするとこの部分は "キンク TBA 方程式",

$$\hat{m}_a e^{\theta'} = \tilde{\epsilon}_a(\theta') + \big(\varphi_{ab} * \tilde{L}_b\big)(\theta'), \tag{6.18}$$

で記述される．ここで，$\theta' = \theta - \log(2/r)$, $\tilde{L}_a(\theta') := \log\big(1 + e^{-\tilde{\epsilon}_a(\theta')}\big)$, とした．スケーリング関数は，2 つのキンク（$\theta > 0$ と $\theta < 0$）の寄与を合わせて，

$$\tilde{c}(0) = 2 \cdot \frac{3}{\pi^2} \lim_{r \to 0} \sum_a \int_{-\log(2/r)}^{\infty} \hat{m}_a e^{\theta'} \tilde{L}_a(\theta')\, d\theta', \tag{6.19}$$

となる．これを評価するために (6.18) の微分をとった式,

$$\hat{m}_a e^{\theta'} = \partial_{\theta'} \tilde{\epsilon}_a - \varphi_{ab} * \frac{\partial_{\theta'} \tilde{\epsilon}_b}{1 + e^{\tilde{\epsilon}_b}}$$

を (6.19) に代入し，途中に現れる畳み込み $\varphi_{ab} * \tilde{L}_b$ を再び (6.18) により $\hat{m}_a e^{\theta'} - \tilde{\epsilon}_a(\theta')$ と表すなどして整理すると，右辺は $-\tilde{c}(0) + \cdots$ の形になる．$-\tilde{c}(0)$ を左辺に移項して 2 で割り，$\tilde{\epsilon}_0(\infty) = \infty$, $\tilde{\epsilon}_0(-\infty) = \epsilon_a^{(0)}$ を用いると，

$$\tilde{c}(0) = \frac{6}{\pi^2} \sum_a \int_{\epsilon_a^{(0)}}^{\infty} d\epsilon \left[\tilde{L}_a(\epsilon) + \frac{1}{2}\partial_\epsilon\big(\epsilon \tilde{L}_a(\epsilon)\big)\right].$$

記法の乱用だが $\tilde{L}_a(\theta)$ を $\epsilon = \tilde{\epsilon}_a$ の関数と見なして $\tilde{L}_a(\epsilon)$ とした．さらに，

$$\mathrm{Li}_2(z) = \sum_{k=1}^{\infty} \frac{z^k}{k^2} = \int_0^z \frac{\log(1-t)}{-t} dt, \quad \mathrm{L_R}(z) = \mathrm{Li}_2(z) + \frac{1}{2} \log x \, \log(1-x),$$

となる二重対数関数 (dilogarithm) Li_2, **Rogers 二重対数関数** $\mathrm{L_R}$ を用いると，

$$\begin{aligned}\tilde{c}(0) &= \frac{6}{\pi^2} \sum_a \Big[-\mathrm{Li}_2(-e^{-\epsilon_a^{(0)}}) + \frac{1}{2}\epsilon_a^{(0)} \log\big(1 + e^{-\epsilon_a^{(0)}}\big)\Big] \\ &= \frac{6}{\pi^2} \sum_a \mathrm{L_R}\left(\frac{1}{1 + e^{\epsilon_a^{(0)}}}\right),\end{aligned} \tag{6.20}$$

を得る．$\mathrm{Li}_2(z)$, $\mathrm{L_R}(z)$ には様々な恒等式が知られており[132]，それらを用いた．

6.2.4 Lee-Yang 模型の例

UV 極限の例として，5.8.3 節の Lee-Yang 模型を考えよう．この模型では粒子は 1 種類であり S 行列は (5.68) であった．(5.63) の関数 $s_\alpha(\theta)$ について，

$$-i\partial_\theta \log s_\alpha(\theta) = \frac{-\sin \alpha\pi}{\cosh\theta - \cos\alpha\pi}, \tag{6.21}$$

が成り立つので,

$$\varphi_{AA}(\theta)=\frac{-\sqrt{3}}{2\cosh\theta+1}+\frac{-\sqrt{3}}{2\cosh\theta-1}\,,\quad N_{AA}=1\,,\quad e^{\epsilon_A^{(0)}}=\frac{1+\sqrt{5}}{2}\,,\qquad(6.22)$$

となる．これを (6.20) に代入すると，次の結果を得る：

$$\tilde{c}(0)=\frac{6}{\pi^2}\,\mathrm{L_R}\Big(\frac{3-\sqrt{5}}{2}\Big)=\frac{2}{5}\,.\qquad(6.23)$$

この模型は中心電荷 $c=-22/5$ のミニマル共形場理論 $\mathcal{M}(5,2)$ を，この理論における最低の共形次元 $\Delta=-1/5$ を持つ演算子で摂動したものであった．よって，UV 極限 $r\to 0$ の結果は，UV 固定点にある $\mathcal{M}(5,2)$ の結果を再現するはずである．実際，$\mathcal{M}(5,2)$ の有効中心電荷は，

$$c_{\rm eff}=-\frac{22}{5}-24\Big(-\frac{1}{5}\Big)=\frac{2}{5}=\tilde{c}(0)\,,\qquad(6.24)$$

となり (6.23) と一致する．5.8.3 節では UV 極限の共形場理論とは関係なくブートストラップにより S 行列を定めた．中心電荷の一致 (6.24) はブートストラップによる結果の非自明な検証となっている．

逆に見ると，共形場理論を“知らない”S 行列から TBA 方程式により共形場理論の情報を引き出せたことになる．可積分な散乱理論が与えられた時，TBA 方程式により UV 固定点の未知の共形場理論を探ることができるのである．(6.23) に至るには $\mathrm{L_R}(z)$ の非自明な恒等式を用いたが，それと合わせて，この簡単な例からも TBA 方程式の“マジック”が垣間見える．

6.3 共形摂動論

6.2.3 節，6.2.4 節では，熱力学的 Bethe 仮説の UV 極限を議論した．可積分模型を共形場理論からの摂動として表すと，UV 極限での TBA 方程式の結果と UV 固定点での共形場理論のデータが対応していた．摂動を推し進めると，UV 固定点直上に限らずその周りでもこのような対応が見られる[126],[127]．

共形場理論は一般にラグランジアンによる記述を必要としないが，その作用があるとして S_0 と書こう．可積分模型がこの共形場理論を（IR への流れで）有効な (relevant) 演算子 $\Phi(x)$ で摂動したものだとすると，その作用は，

$$S=S_0-\lambda\int d^2x\,\Phi(x)\,.\qquad(6.25)$$

以下 $\lambda>0$ とする*2)．この時 (6.10) より，系の基底状態のエネルギーは，

$$\tilde{E}_0(R)\approx\lim_{L\to\infty}\frac{-1}{L}\log Z(R;L)=\lim_{L\to\infty}\frac{-1}{L}\log\Big\langle e^{-\lambda\int d^2x\,\Phi(x)}\Big\rangle_0\,,\quad(6.26)$$

となる．Euclid 化 $S\to -S_{\rm E}$ の後に分配関数 $Z(R;L)$ を $e^{-S_{\rm E}}$ のトーラス上で

*2) 駆動項が $\hat{m}_a re^{\pm\theta}$ となり，$r\to\infty$ で別の共形場理論に流れる“無質量”($p^0=p^1$) TBA 方程式は，$\lambda>0$ の場合に対応する[131]．

の経路積分で表し，$\lambda=0$ の無摂動での作用による期待値を $\langle\cdot\rangle_0$ で表した．

$\tilde{E}_0$ の基準点については2つ注意すべきことがある．まず，摂動による (6.26) の右辺では，TBA 側で 6.2.3 節のように求められる，c_{eff}/R に比例する有限サイズ項がない．また，$\tilde{E}_0$ は示量性の量であり，(6.26) には $R \gg 1$ で $RB(\lambda)$ のように振る舞うバルク項がある．一方，TBA 側の (6.9), (6.12) から得られる $\tilde{E}_0(R)$ にはバルク項はない．バルク項はスキームに依存する非ユニバーサルな項である．

TBA 側の基準点に合わせこれらの項を差し引きし，(6.26) を展開すると，

$$\tilde{E}_0(R) = -\frac{\pi c_{\mathrm{eff}}}{6R} - RB(\lambda) - R\sum_{n=1}\frac{(-\lambda)^n}{n!}\left(\frac{2\pi}{R}\right)^{2(\Delta-1)n+2} \tag{6.27}$$
$$\times \int \Big\langle V(0)\Phi(1,1)\Phi(z_2,\bar{z}_2)\cdots\Phi(z_n,\bar{z}_n)V(\infty)\Big\rangle_{0,\mathrm{c}} \prod_{j=2}^{n}(z_j\bar{z}_j)^{\Delta-1}d^2z_j\,,$$

を得る．ここで，$L\to\infty$ のトーラス（無限に長い円筒）の座標を $x\sim x+R$, $y\sim y+L$ とし，並進不変性を用いて最初の摂動演算子 $\Phi(x)$ の座標を円筒の原点 $(x_1,y_1)=(0,0)$ とした．(x_1,y_1) の積分は円筒の体積 $\int d^2x = LR$ を与える．V は円筒での共形場理論の真空に対応する演算子である．また，（計算の便宜上）各項を $z=e^{-2\pi i\zeta/R}$, $\zeta = x+iy$ となる z を座標とする複素平面上の積分で表した*3)．期待値の添字 c は，(6.26) の log に対応した連結 (connected) 相関関数を表す．Δ は Φ の共形次元である．このような共形場理論からの摂動論を**共形摂動論** (conformal perturbation theory) という．

(6.27) の右辺の積分は $0<\Delta<1/2$ の時有限である．円筒では周の長さ R が赤外の正則化因子として働き，円筒から出発した効果は被積分関数中の $(z_j\bar{z}_j)^{\Delta-1}$ にも反映されている．また，共形摂動は0でない収束半径を持つと考えられている[126], [127], [133]．$\Delta \notin (0,1/2)$ の場合の相関関数は積分が収束する領域からの解析接続で評価する．

(6.27) により，R が小さい領域では $\tilde{E}_0(R)$ は初めの 2 項を除いて $R^{2(1-\Delta)n-1}$ のように R の分数冪で展開される．従って，R が小さい領域での $\tilde{E}_0(R)$ の振舞いから，摂動演算子 Φ の共形次元 Δ が読み取れる．共形場理論との関係が推測される可積分模型の場合に，数値的に TBA 方程式 (6.8) を解いて (6.12) を求め (6.27) と比較すると，中心電荷 c_{eff} と共に共形次元 Δ も確認できる．こうした解析により新たな繰り込み群の流れも議論できる．

TBA 方程式を解析的に解くこと，共形摂動を高次まで実行することは共に困難であるが，2つのアプローチは相補的に有用である．また，TBA 方程式の駆動項には $r=mR$ の1次の冪しか現れないが，非線形積分方程式を通して方程式が“知らない”はずの分数冪（共系次元）がどのように生ずるのかは謎である．これも TBA 方程式の“マジック”の一つである．

---

*3) 有限サイズ項 $\sim c_{\mathrm{eff}}/R$ は，$z\to\zeta$ の共形変換で現れる Schwartz 微分に対応する[89]．

6.3.1 質量-結合関係

(6.27) の展開についていくつかコメントしておこう．まず，粒子の質量は共形場（無質量）理論の摂動により生じるため，次元を考慮すると（繰り込まれた）質量と結合定数は κ を無次元の定数として，

$$\lambda = \kappa m^{2(1-\Delta)}, \tag{6.28}$$

$m = \min\{m_a\}$ と関係付けられる．この関係を**質量-結合関係**と呼ぶ．(6.28) から，(6.27) も $r^{2(1-\Delta)}$ の冪で展開されることがわかる．

例えば，カイラル（無質量）極限での 4 次元 QCD で相互作用を通してダイナミカルに核子の質量が生成されたとして，その質量を求めるには大規模な数値計算が必要になる．もちろん解析的には求められない．しかし可積分場の理論においては，結合定数と質量の関係が厳密に求まる場合がある．次元のあるパラメータを 1 つだけ持つ単一スケールの理論については様々な場合にこの関係が求められている[134],[135]．多重スケールの場合には単一スケールの場合の議論が適用できなくなり，厳密な質量-結合関係は長い間知られていなかった．しかし，8 章におけるゲージ理論の強結合散乱振幅の解析に用いられる多重スケール可積分模型（5.9.2 節の HSG 模型）の場合に，近年初めて厳密な関係式が求められた[136]．

6.3.2 バルク項

次に，(6.27) の級数には R に比例する項は含まれないが，級数をまとめた結果を大きな R に接続した結果は $\tilde{E}_0$ の示量性により R に比例する項を含むはずである．その項を予め差し引くのが $RB(\lambda)$ であった．共形摂動での級数を実際に大きな R まで接続することは通常不可能であるが，TBA 側の結果との比較から $B(\lambda)$ を読み取ることもできる．実際，6.2.3 節と同様の解析と 5.8.2 節の議論などを合わせると，適当な仮定の下で以下の表式を得る[46],[127]：

$$B(\lambda) = -\frac{m_1^2}{2\varphi_{11}^{(1)}}\,.$$

$m_1 = m = \min\{m_a\}$ であり，$\varphi_{11}^{(1)}$ は，TBA 方程式の積分核を $\varphi_{ab}(\theta) = -\sum_{k=1}^{\infty}\varphi_{ab}^{(k)}e^{-k|\theta|}$ と展開した時の係数である．

6.4 Dynkin TBA

6.2.4 節では，Lee-Yang 模型の TBA 方程式を考えたが，次の例として 5.9.1 節の ADE 散乱理論の熱力学的 Bethe 仮説を考をえよう[137]．S 行列は A_n 型散乱理論の (5.71) とする．TBA 方程式の積分核 φ_{ab} は (5.71), (6.21) より読み取れる．積分核の Fourier 変換 $\tilde{\varphi}_{ab}(\omega) = \int_{-\infty}^{\infty} d\theta e^{i\omega\theta}\varphi_{ab}(\theta)$ は恒等式，

$$
\left(\delta_{ab}-\frac{1}{2\pi}\tilde{\varphi}_{ab}(\omega)\right)^{-1}=\delta_{ab}-\frac{I_{ab}}{2\cosh(\pi\omega/h)}\,, \tag{6.29}
$$

を満たす[137], [138]．5.9.1 節と同様，$h=n+1$, I_{ab} は A_n の Coxeter 数，隣接行列である．(6.29) により，6.2.3 節の UV 極限で用いた N_{ab} は,

$$
N=-\frac{1}{2\pi}\tilde{\varphi}_{ab}(0)=I(2-I)^{-1}=IC^{-1}\,,
$$

と表される．C は Cartan 行列である．

例えば A_2 =su(3) の場合,

$$
S_{11}(\theta)=S_{22}(\theta)=s_{2/3}(\theta)\,,\qquad S_{12}(\theta)=S_{21}(\theta)=-s_{1/3}(\theta)\,,
$$
$$
\varphi_{11}(\theta)=\varphi_{22}(\theta)=\frac{-\sqrt{3}}{2\cosh\theta+1}\,,\quad \varphi_{12}(\theta)=\varphi_{21}(\theta)=\frac{-\sqrt{3}}{2\cosh\theta-1}\,,
$$

である．(6.29) も積分公式,

$$
\int_{-\infty}^{\infty}\frac{d\theta}{2\pi}\,e^{i\omega\theta}\frac{\sin a}{\cosh\theta+\cos a}=\frac{\sinh a\omega}{\sinh\pi\omega}\quad(-\pi<a<\pi)\,,
$$

を用いて具体的に確かめられる．また，$N=\frac{1}{3}\left(\begin{smallmatrix}1&2\\2&1\end{smallmatrix}\right)$ となる*4)．

さて，(6.7) の $L_a(\theta)$，(6.15) の $\nu_a(\theta)$ と共に,

$$
K_a(\theta):=\log\bigl(1+e^{+\epsilon_a(\theta)}\bigr)\,,
$$

を用いて (6.8) を書き換えると $K_a-\nu_a=L_a-\sum_b\varphi_{ab}*L_b$ となる．ϵ_a は $|\theta|\gg 1$ で $\epsilon_a\approx\nu_a$ となるので，この両辺は $|\theta|\gg 1$ で十分早く減少し Fourier 変換が可能である．Fourier 変換を ~ で表し，(6.29) を用いると,

$$
\tilde{L}_a(\omega)=\sum_b\left(\delta_{ab}-\frac{I_{ab}}{2\cosh(\pi\omega/h)}\right)(\widetilde{K_b-\nu_b})(\omega)\,, \tag{6.30}
$$

となる．さらに，積分公式 (4.42) を用いて Fourier 逆変換をおこなうと,

$$
\epsilon_a(\theta)=\nu_a(\theta)-\sum_b I_{ab}\varphi_h*\Bigl(\nu_b-\log\bigl(1+e^{+\epsilon_a(\theta)}\bigr)\Bigr)(\theta)\,, \tag{6.31}
$$

のように (6.8) を書き直すことができる．ここで,

$$
\varphi_h(\theta):=\frac{h}{2\cosh(h\theta/2)}\,,\qquad \tilde{\varphi}_h(\omega)=\frac{\pi}{\cosh(\pi\omega/h)}\,. \tag{6.32}
$$

(6.29), (6.31), (6.32) は D 型, E 型の場合も, h, I_{ab}, m_a をそれぞれの Coxeter 数，隣接行列，粒子の質量（Perron-Frobenius ベクトル）として成り立つ．

---

*4) この模型は中心電荷 $c=4/5$ のミニマル共形場理論 $\mathcal{M}(6,5)$（臨界 3 状態 Potts (3SP) 模型）を共形次元 $\Delta=2/5$ の $\phi_{2,1}$ 演算子で摂動したものと見なせる．6.2.4 節の (6.22) と比べると，$\varphi_{AA}=\varphi_{11}+\varphi_{12}=\varphi_{21}+\varphi_{22}$ なので，粒子 (1) と反粒子 $(2=\bar{1})$ が対称な $\epsilon_1=\epsilon_2$ の場合，これらの TBA 方程式は Lee-Yang (LY) 模型の方程式と一致し，$\epsilon_A=\epsilon_1=\epsilon_2$ となる．また (6.9) より，2 つの模型の自由エネルギーは $\mathcal{F}_{3SP}=2\mathcal{F}_{LY}$ となる．UV 極限では確かに（有効）中心電荷は $c^{3SP}=2c_{\mathrm{eff}}^{LY}=4/5$ となっている．

(6.31) では，積分核は全て“普遍積分核”φ_h になり，擬エネルギー間の結合（“相互作用”）は隣接行列で表される．この意味で，ADE 散乱理論の TBA 方程式は図 5.9 のような Dynkin 図で簡明に表現される．こうした熱力学的 Bethe 仮説を **Dynkin TBA** と呼ぼう[138]．6.2.4 節と同様に UV 極限を考えると，ADE 散乱理論の UV 固定点にある共形場理論の中心電荷が再現される．

6.5 Y 系と T 系

TBA 方程式は非線形積分方程式であるが，関数関係式に書き換えることもできる．まず，前節の (6.31) の場合に具体的に考えてみよう．

6.5.1 Y 系

(6.31) の導出を逆に戻ることになるが，(6.30) より ω 空間では (6.31) は，

$$\widetilde{U_a}(\omega)\cdot 2\cosh\frac{\pi\omega}{h} = -\sum_b I_{ab}\widetilde{(\nu_b - K_b)}(\omega)\,, \tag{6.33}$$

と書ける．$U_a(\theta)=\epsilon_a(\theta)-\nu_a(\theta)$ とした．この形のまま θ 空間に戻ると，

$$U_a\Big(\theta+\frac{i\pi}{h}\Big)+U_a\Big(\theta-\frac{i\pi}{h}\Big) = -\sum_b I_{ab}\big[\nu_b(\theta)-K_b(\theta)\big]\,, \tag{6.34}$$

となる．$\varphi_h(\theta)$ は $\theta=\pm i\pi/h$ で極を持つが，(6.31) より U_a は θ 平面の帯状領域 $|\,\mathrm{Im}\,\theta\,|<\pi/h$ で収束し，(帯状領域の内側から境界に近づけば) $U_a(\theta\pm i\pi/h)$ は確かに存在する．また，粒子の質量 m_a は (5.69) を満たすので，(6.34) の両辺の駆動項 ν_a は相殺する．よって，$Y_a(\theta):=e^{\epsilon_a(\theta)}$ とおくと，

$$Y_a\Big(\theta+\frac{i\pi}{h}\Big)Y_a\Big(\theta-\frac{i\pi}{h}\Big) = \prod_b\Big[1+Y_b(\theta)\Big]^{I_{ab}}\,, \tag{6.35}$$

を得る．この関数関係式を **Y 系** (Y-system)，Y_a を **Y 関数**という[137],[139]．Y 系も TBA 方程式と同様，隣接行列 I_{ab}, Dynkin 図で特徴付けられる．

逆に，$\epsilon_a\approx\nu_a$ ($|\theta|\gg 1$) の場合には，$U_a=\epsilon_a-\nu_a$ により Fourier 変換可能な関数が定められる．さらに，$|\,\mathrm{Im}\,\theta\,|<\pi/h$ で U_a が正則であれば，

$$\int_{\mathbb{R}} d\theta\, e^{i\omega\theta}U_a^{[\pm]}(\theta) = \int_{\mathbb{R}\pm\frac{i\pi}{h}} d\theta\, e^{i\omega(\theta\mp\frac{i\pi}{h})}U_a(\theta) = e^{\pm\frac{\pi\omega}{h}}\int_{\mathbb{R}} d\theta\, e^{i\omega\theta}U_a(\theta)\,, \tag{6.36}$$

$U^{[\pm]}(\theta):=U(\theta\pm i\pi/h)$, が積分路の変形から従う．よって，Y 系 (6.35) から遡り (6.34) を Fourier 変換し，(6.33) そして TBA 方程式 (6.31) に戻れる．Y 系は TBA 方程式を含むより一般的な方程式であることがわかる．

6.5.2 Y 系の周期

引数をずらした Y 関数を $Y_a^{[k]}(\theta):=Y_a(\theta+i\pi k/h)$ と表示すると，Y 系 (6.35) は $Y_a^{[k]}$ の k についての漸化式と見なせる．この漸化式より Y 関数は，

A_n, D_n, E_n それぞれの散乱理論の場合に，

$$
\begin{aligned}
&Y_a^{[h+2]}(\theta) = Y_{h-a}(\theta) && [A_n], \\
&Y_a^{[h+2]}(\theta) = Y_a(\theta) && [D_n\,(n \geq 4),\, E_6,\, E_7,\, E_8], \qquad (6.37)
\end{aligned}
$$

の周期性を持つことがわかる．Coxeter 数は $h(A_n) = n+1$, $h(D_n) = 2n-2$, $h(E_6) = 12$, $h(E_7) = 18$, $h(E_8) = 30$ である．例えば，$Y_a^{[0]}(\theta) = c_a^{[0]}$（定数），$Y_a^{[1]}(\theta) = c_a^{[1]}$（定数）とおいて，(6.37) を数値的に確かめるのは容易である．A_3 の場合に適当な初期値 $c_a^{[0]}$, $c_a^{[1]}$ $(a = 1, 2, 3)$ を与えて (6.35) により $\left(Y_a^{[n]}\right)$ を求めると，$n = 0, 1, \ldots$ の順に次のようになり確かに $Y_a^{[6]} = Y_{4-a}^{[0]}$ が成り立つ：

$$
\begin{aligned}
&\left(\frac{1}{7}, \frac{1}{3}, \frac{1}{5}\right), \quad \left(\frac{3}{5}, \frac{5}{7}, \frac{2}{3}\right), \quad \left(12, 8, \frac{60}{7}\right), \quad \left(15, \frac{871}{5}, \frac{27}{2}\right), \\
&\left(\frac{73}{5}, 29, \frac{511}{25}\right), \quad \left(2, \frac{48}{25}, \frac{20}{9}\right), \quad \left(\frac{1}{5}, \frac{1}{3}, \frac{1}{7}\right).
\end{aligned}
$$

周期性の数学的な証明は**団代数** (cluster algebra) を用いてなされている[139]．

Y 関数の周期性 (6.37) は数学的に興味深いだけでなく，TBA 系について重要な情報を与える．元の TBA 方程式 (6.31) を見ると，$Y_a(\theta)$ は $|\mathrm{Im}\,\theta| < \pi/h$, $|\theta| < \infty$ の帯状領域で正則であり零点も持たない（$|\epsilon_a|$ は発散しない）．さらに，Y 系 (6.35) により，この帯状領域から別の帯状領域 $(-1+k)\pi/h < \mathrm{Im}\,\theta < (1+k)\pi/h$ へ $Y_a(\theta)$ を解析接続してゆくことが可能である．その結果，$Y_a(\theta)$ は $|\theta| < \infty$ で正則となる．$|\mathrm{Im}\,\theta| < \pi/h$ では $\epsilon_a(\theta) \to r\hat{m}_a \cosh\theta$ $(|\theta| \to \infty)$ なので，$Y_a(\theta)$ は θ の超越整関数 (transcendental entire function) である．周期性 (6.37) と合わせると，$y_a^{(k)}$ を係数として Y 関数は $t = e^{\frac{2h}{h+2}\theta}$ により次のように展開される：

$$
\begin{aligned}
&Y_a(\theta) = \sum_{k=-\infty}^{\infty} y_a^{(k)} t^{k/2}, \quad y_a^{(k)} = (-1)^k y_{h-a}^{(k)} && [A_n], \\
&Y_a(\theta) = \sum_{k=-\infty}^{\infty} y_a^{(k)} t^{k} && [D_n,\, E_n]. \qquad (6.38)
\end{aligned}
$$

駆動項が $\nu_a = r\hat{m}_a \cosh\theta$ で与えられる TBA 方程式 (6.31) から出発した場合，$\theta \leftrightarrow -\theta$ の対称性があり $y_a^{(k)} = y_a^{(-k)}$ となる．また，A_n 型で粒子と反粒子が対称な $Y_a(\theta) = Y_{h-a}(\theta)$ となる場合，奇数次の係数は $y_a^{(k)} = 0$ $(k \in 2\mathbb{Z}+1)$ となり消え，周期性も D_n, E_n 型と同じになる．

6.2.3 節で議論した UV 極限では，擬エネルギー ϵ_a は $-\log(2/r) \ll \theta \ll \log(2/r)$ でほぼ定数になっていた．この振舞いが展開 (6.38) と整合するためには，例えば A_n 型の場合，$y_a^{(k)}$ の $r = mR$ 依存性は，

$$
y_a^{(k)} \sim r^{\frac{h}{h+2}|k|}, \qquad (6.39)
$$

となる．A_n 散乱理論は共形場理論を共形次元 $\Delta = 2/(h+2)$ の演算子で摂動

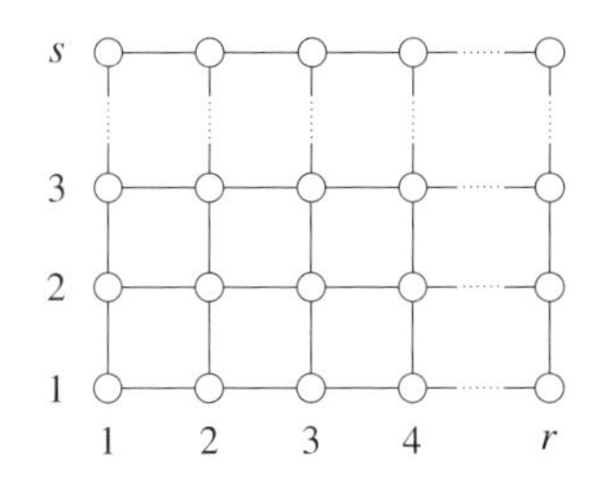

図 6.4　$A_r \times A_s$ 型の Y 系の結合.

したものであったが，(6.39) の r の指数に現れる $h/(h+2)$ は丁度 $(1-\Delta)$ である．D_n, E_n 型の場合も同様である．共形場理論を知らないはずの Y 系が摂動演算子の次元を知っていたことになる．

6.5.3　$\mathcal{G} \times \mathcal{H}$ 型の Y 系

(6.35) は右辺が Dynkin 図に従って結合した Y 系であるが，結合の仕方を一般化することもできる．例えば，2 つの Lie 代数 $\mathcal{G}, \mathcal{H}$ をとり，その階数を $r_{\mathcal{G}}, r_{\mathcal{H}}$, 隣接行列を $I^{\mathcal{G}}_{ab}$, $I^{\mathcal{H}}_{ml}$ としよう．この時，$\mathcal{G}, \mathcal{H}$ のラベルを持つ Y 関数 $Y_{a,m}(\theta)$ $(a=1,...,r_{\mathcal{G}};\ m=1,...,r_{\mathcal{H}})$ が $I^{\mathcal{G}}_{ab}, I^{\mathcal{H}}_{ml}$ に従って結合する Y 系は，

$$Y^{[+]}_{a,m} Y^{[-]}_{a,m} = \prod_{b,l} \frac{(1+Y_{b,m})^{I^{\mathcal{G}}_{ab}}}{(1+Y^{-1}_{a,l})^{I^{\mathcal{H}}_{ml}}}\,, \tag{6.40}$$

となる．ここで，θ の虚軸方向への単位シフトを $\theta \to \theta + i\alpha$ とし，$Y^{[k]}_{a,m}(\theta) = Y_{a,m}(\theta + ik\alpha)$, $Y^{[\pm]}_{a,m}(\theta) = Y^{[\pm 1]}_{a,m}(\theta)$ と記した．(6.40) の Y 系は $\mathcal{H} = A_1$, $\mathcal{G} = A_n, D_n, E_n$ とすると，(6.35) に帰着する．また，$\mathcal{G} = A_r$, $\mathcal{H} = A_s$ とすると，図 6.4 のように "長方形に" 結合した Y 系，

$$Y^{[+]}_{a,m} Y^{[-]}_{a,m} = \frac{(1+Y_{a+1,m})(1+Y_{a-1,m})}{(1+Y^{-1}_{a,m+1})(1+Y^{-1}_{a,m-1})}\,, \tag{6.41}$$

となる．ここで，a, m の範囲に対応して，

$$Y_{0,m} = Y_{r+1,m} = 0\,, \qquad Y^{-1}_{a,0} = Y^{-1}_{a,s+1} = 0\,, \tag{6.42}$$

$m = 1,...,s;\ a = 1,...,r$ とした．(6.37) と同様に Y 系 (6.41) は，

$$Y^{[h_r+h_s]}_{a,m}(\theta) = Y_{h_r-a,h_s-m}(\theta)\,,$$

$h_r = r+1$, $h_s = s+1$, の周期性を持つ．他の Y 系にも同様に周期性がある．

6.5.4　T 系

Y 系と密接に関連する関数関係式に **T 系** (T-system) がある[139]．$A_r \times A_s$ 型の Y 系 (6.41) に対応する T 系は，

$$T^{[+]}_{a,m} T^{[-]}_{a,m} = T_{a,m+1} T_{a,m-1} + T_{a+1,m} T_{a-1,m}\,, \tag{6.43}$$

となる．$T_{a,m}(\theta)$ を **T 関数**という．Y 関数と同様に $T^{[k]}_{a,m}(\theta)=T_{a,m}(\theta+ik\alpha)$, $T^{[\pm]}_{a,m}(\theta)=T^{[\pm1]}_{a,m}(\theta)$ とした．(6.43) の最後の項は，$\prod_b T_{b,m}^{I^{A_r}_{ab}}$ と書け，他の Lie 代数の場合にも拡張できる．(6.43) の形の関係式は，4.7 節で見たような可積分な統計系の転送行列の間の関係式として見い出された[140]．(6.43) は，3 つの変数 θ, a, m それぞれについて前後に単位シフトしたものの和であり，様々な可積分系で現れる**広田方程式**の形となっている．

T 関数を用いて，

$$Y_{a,m}=\frac{T_{a+1,m}T_{a-1,m}}{T_{a,m+1}T_{a,m-1}}, \tag{6.44}$$

とすると，この $Y_{a,m}$ は $A_r\times A_s$ 型の Y 系 (6.41) を満たす．(6.44) から，T 関数は Y 関数より少し広い範囲の a, m で定義されている必要がある．Y 系の境界条件 (6.42) と対応するためには，

$$T_{-1,m}=T_{r+2,m}=0\,, \qquad T_{a,-1}=T_{a,s+2}=0\,,$$

$m=1,...,s; a=1,...,r$ とすればよい．また, Y 関数と T 関数の関係 (6.44) には大きな“ゲージ不変性”がある．実際，任意の 4 つの関数 $\gamma_{pq}(\theta)$ $(p,q=\pm1)$ と定数 κ に対する以下の変換の下で (6.44) の $Y_{a,m}$ は不変である：

$$T_{a,m}(\theta)\ \to\ T_{a,m}(\theta)\prod_{p,q=\pm1}\gamma_{pq}\Big(\theta+i\kappa(ap+mq)\Big)\,.$$

6.5.5 T 関数の TBA 方程式

T 関数も擬エネルギー/Y 関数と同様の積分方程式を満たす．A_n 散乱理論の TBA 系を具体例として考えてみよう．この場合の T 系は，(6.43) で $A_r\times A_1$ 型としたものであり，$T_{a,1}=:T_a$, $T_{a,0}=T_{a,2}=1$ とすると，

$$T^{[+]}_aT^{[-]}_a=1+T_{a+1}T_{a-1}\,, \tag{6.45}$$

となる．(6.35) の Y 関数との関係は (6.44) より，

$$Y_a(\theta)=T_{a+1}(\theta)\,T_{a-1}(\theta)\,. \tag{6.46}$$

(6.35) と整合するように θ のシフトにおいて $\alpha=\pi/h$ $(h=r+1)$ とする．また，未定の境界値を $T_0=T_{r+1}=1$ とする．

今，T_a の $|\theta|\to\infty$ での漸近形が $\log T_a(\theta)\to\mu_a\cosh\theta$ とすると，Y 関数の漸近形 $\log Y_a\to m_a\cosh\theta$, (6.45), (6.46), (5.70) より，r が偶数であれば,

$$\mu_a=\mu\frac{\sin\frac{\pi a}{h}}{\sin\frac{\pi}{h}}\,, \qquad \mu=\frac{m}{2\cos\frac{\pi}{h}}\,, \tag{6.47}$$

となる．r が奇数の場合もこの形は可能であり，以下 (6.47) が成り立つとしよう．この時，(6.33) と同様に $V_a(\theta):=\log T_a(\theta)-\mu_a\cosh\theta$ とおくと，

$$\log\bigl(1+Y_a^{-1}\bigr)=\log\frac{T_a^{[+]}T_a^{[-]}}{T_{a+1}T_{a-1}}=V_a^{[+]}+V_a^{[-]}-V_{a+1}-V_{a-1}\,.$$

両辺を Fourier 変換し，帯状領域 $|\operatorname{Im}\theta|<\pi/h$ で V_a が正則だとして (6.36) と同様の積分路の変形をおこなうと，

$$\Bigl(2\cosh\frac{\pi\omega}{h}\delta_{ab}-I_{ab}\Bigr)\tilde{V}_b(\omega)=\log\widetilde{\bigl(1+Y_a^{-1}\bigr)}(\omega)\,,$$

となる．I_{ab} は A_r の隣接行列である．さらに，

$$\mathcal{K}_{ab}:=\sqrt{\frac{2}{h}}\sin\Bigl(\frac{\pi}{h}ab\Bigr)\,,\quad(\mathcal{K}\cdot\mathcal{K})_{ab}=\delta_{ab}\,,\quad(\mathcal{K}\cdot I\cdot\mathcal{K})_{ab}=\delta_{ab}\cdot 2\cos\frac{\pi a}{h}\,,$$

のように隣接行列 I_{ab} を対角化する $\mathcal{K}_{ab}$ を用いると，

$$\begin{aligned}\tilde{V}_a(\omega)&=\bigl(\mathcal{K}\cdot\tilde{D}(\omega)\cdot\mathcal{K}\bigr)_{ab}\log\widetilde{\bigl(1+Y_b^{-1}\bigr)}(\omega)\,,\\ \tilde{D}_{ab}(\omega)&=\delta_{ab}\cdot\alpha_a(\omega)\,,\quad\alpha_a(\omega)=\frac{1}{2(\cosh\frac{\pi\omega}{h}-\cos\frac{\pi a}{h})}\,,\end{aligned}\tag{6.48}$$

となる．例えば再び A_2 の場合は，

$$\mathcal{K}\cdot\tilde{D}\cdot\mathcal{K}=\frac{1}{2}\begin{pmatrix}\alpha_1+\alpha_2 & \alpha_1-\alpha_2\\ \alpha_1-\alpha_2 & \alpha_1+\alpha_2\end{pmatrix}=\frac{1}{\frac{1}{2}+\cosh\frac{2\pi\omega}{3}}\begin{pmatrix}\cosh\frac{\pi\omega}{3} & \frac{1}{2}\\ \frac{1}{2} & \cosh\frac{\pi\omega}{3}\end{pmatrix}\,,$$

である．(6.48) を逆 Fourier 変換すると，T_a についての積分方程式，

$$\log T_a(\theta)=\mu_a\cosh\theta+\bigl(\mathcal{K}\cdot 2\pi D\cdot\mathcal{K}\bigr)_{ab}*\log\bigl(1+Y_b^{-1}\bigr)(\theta)\,,\tag{6.49}$$

を得る．$D(\theta)$ は $\tilde{D}(\omega)$ の逆 Fourier 変換である．従って，T 関数は擬エネルギー ϵ_a/Y 関数 Y_a を用いて表せる．

6.6 境界エントロピーと T 関数

6.3 節では，共形場理論の摂動により基底状態のエネルギー $\tilde{E}_0(R)$ が (6.27) のように求められ，TBA 方程式の結果 (6.9), (6.12) と比較できることを見た．前節で述べた T 関数，5.10 節の境界散乱理論，境界のある共形場理論の摂動論を合わせると，TBA 方程式 (6.8) の解である擬エネルギー ϵ_a そのものについても摂動展開ができ TBA 方程式の結果と比較できる[141]~[144]．

6.6.1 境界エントロピー（g 関数）

まず，境界エントロピー（g 関数）と呼ばれる量を導入しよう．両端における境界条件が α,β とラベルされる長さ L の系を考え，そのハミルトニアンを $H_{\alpha\beta}$，温度を $1/R$ とする．この時，系の分配関数 $Z_{\alpha\beta}(R;L)$ は，6.2 節の周期的な場合のトーラスではなく，図 6.5 のような円筒上の分配関数となる．空間と（虚）時間の役割を入れ替え，長さ R の円周上のハミルトニアンを $\tilde{H}_R$ とすると，$Z_{\alpha\beta}(R;L)$ は，状態 $|\beta\rangle$ から $\langle\alpha|$ への $\tilde{H}_R$ による（虚）時間発展の遷

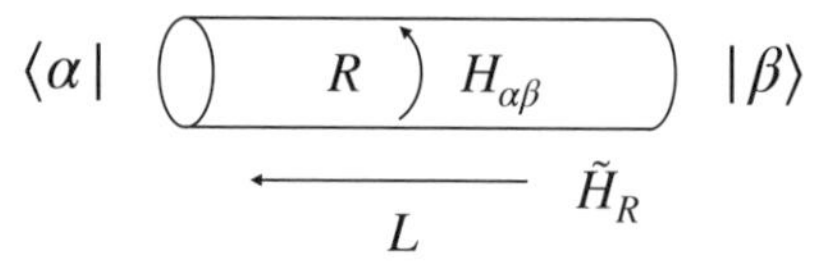

$$\langle\alpha| \quad R \quad H_{\alpha\beta} \quad |\beta\rangle$$
$$\tilde{H}_R \quad L$$

図 6.5　円筒での L/R チャンネル.

移を表す．従って，(6.10), (6.11) と同様に，$Z_{\alpha\beta}(R;L)$ は次の 2 通りに表される：

$$Z_{\alpha\beta}(R;L) = \mathrm{tr}_{\alpha\beta}\, e^{-RH_{\alpha\beta}} = \langle\alpha|e^{-L\tilde{H}_R}|\beta\rangle\,.$$

$\mathrm{tr}_{\alpha\beta}$ は $H_{\alpha\beta}$ の状態空間でのトレースである．2 番目の表式に $\tilde{H}_R$ の固有値 $\tilde{E}_k(R)$ を持つ固有状態 $|\psi_k\rangle$ による完全系 $\{|\psi_k\rangle\}$ を挿入すると，

$$Z_{\alpha\alpha}(R;L) = \sum_{k=0}^{\infty}\left|\mathcal{G}^{(k)}_{|\alpha\rangle}(r)\right|^2 e^{-L\tilde{E}_k(R)}\,, \quad \mathcal{G}^{(k)}_{|\alpha\rangle}(r) = \frac{\langle\alpha|\psi_k\rangle}{\langle\psi_k|\psi_k\rangle^{1/2}}\,, \tag{6.50}$$

となる．ここで，簡単化のため $\alpha=\beta$ とし，理論の質量スケール m を用いて $r=mR$ とおいた．よって，基底状態に縮退がない時，$L\gg 1$ で，

$$\log Z_{\alpha\alpha}(R;L) \approx -L\tilde{E}_0(R) + 2\log\left|\mathcal{G}^{(k)}_{|\alpha\rangle}(r)\right|, \tag{6.51}$$

となる．この $\mathcal{G}^{(k)}_{|\alpha\rangle}(r)$ から R に比例する（バルク）項を差し引いて，

$$\log g_{|\alpha\rangle}(r) := \log\mathcal{G}^{(0)}_{|\alpha\rangle}(r) + f_{|\alpha\rangle}R\,, \tag{6.52}$$

と定めた関数を $\boldsymbol{g}$ **関数**という[144]~[147]．$|\psi_0\rangle$ の位相を適当に定めて $\mathcal{G}^{(0)}_{|\alpha\rangle}>0$ とした．(6.50) より，$g_{|\alpha\rangle}(r)$（あるいは $\mathcal{G}^{(0)}_{|\alpha\rangle}(r)$）は円筒の長さ L の方向（L チャンネル）に基底状態 $|\psi_0\rangle$ が伝播する縮退度を数えていることになる．また，$\log Z_{\alpha\alpha}(R;L)$ を長さ L の系の温度 $T=1/R$ での分配関数と見ると，(6.51) から $\log g_{|\alpha\rangle}(r)$ はエントロピー $S(T)=(1-R\partial_R)\log Z_{\alpha\alpha}$ の，系の大きさ $L\gg 1$ に依らない境界からの寄与を与えていることもわかる．この意味で $\log g_{|\alpha\rangle}(r)$ は**境界エントロピー**とも呼ばれる．g 関数は，境界の繰り込み群の UV から IR への流れに沿って減少する（$\boldsymbol{g}$ **定理**）[145],[148]．これは，2 次元共形場理論のバルクの繰り込み群において，固定点で中心電荷に一致する $\boldsymbol{c}$ **関数**が，IR への流れに沿って減少するという $\boldsymbol{c}$ **定理**[149],[150] の境界版である．

UV 極限 $(r=0)$ では，系は共形場理論により記述される．ミニマル模型のように，共形変換を表す Virasoro 代数（あるいは拡大された代数）の表現が有限個だけ現れる有理共形場理論においては，境界は **Cardy（境界）状態**，

$$|\alpha\rangle = \sum_i \frac{S_{\alpha i}}{\sqrt{S_{0i}}}|i\rangle\rangle\,, \tag{6.53}$$

で表される．$S_{\alpha i}$ はプライマリー（最高ウェイト）状態 i の属する表現の指標 $\chi_i(\tau)$ をモジュラー S 変換 $(\tau\to -1/\tau)$ した時の変換を表す**モジュラー S 行**

列，τ は共形場理論の“住んでいる”トーラスのモジュラスである．0 は恒等状態を表す．$|i\rangle\rangle$ は，各表現 i ごとに境界条件を満たすように定められる境界状態の基本構成要素であり，**石橋状態**と呼ばれる．S_{ij} で表される $|i\rangle\rangle$ の係数は，R チャンネル側で見てプライマリー状態が整数個だけ伝播するという物理的要請により定まる．(6.53) により，有理共形場理論の境界状態はプライマリー状態でラベルされる．$\langle\psi_0|\psi_0\rangle = 1$ と規格化しておくと，(6.53) から UV 極限の g 関数は，モジュラー S 行列で与えられる以下の定数となる：

$$g_{|\alpha\rangle} := g_{|\alpha\rangle}(0) = \frac{S_{\alpha 0}}{\sqrt{S_{00}}}\,. \tag{6.54}$$

6.6.2 境界散乱理論と境界共形摂動論

このように定めた g 関数は，(6.9) の自由エネルギー $\mathcal{F}$ と同様に，共形摂動による展開が可能であり，TBA 方程式と類似の積分方程式を満たす．

まず (6.25) と同様に，境界のある系が，

$$S = S_0 - \lambda \int d^2x\, \Phi(x) - \kappa \int dy\, \phi(y)\,, \tag{6.55}$$

のように共形場理論からバルクと境界の摂動をしたものだとしよう．右辺の第 3 項は境界上の積分である．バルクの摂動演算子 Φ の共形次元を Δ，境界の摂動演算子 ϕ の共形次元を δ とすると，バルク結合定数 λ の次元は $2(1-\Delta)$，境界結合定数 μ の次元は $(1-\delta)$ となる．g 関数/$\mathcal{G}^{(0)}_{|\alpha\rangle}$ は，分配関数あるいはエントロピーへの境界の寄与を表す物理量であり，この作用に従って摂動展開が可能である．$\mathcal{F}, \tilde{E}_0(R)$ に対する (6.27) と同様の考察により，展開は，

$$\log \mathcal{G}^{(0)}_{|\alpha\rangle}(\lambda, \kappa, R) = \sum_{m,n=0} c^{|\alpha\rangle}_{mn} (\kappa R^{1-\delta})^m \left(\lambda R^{2(1-\Delta)}\right)^n\,, \tag{6.56}$$

の形となる．$c^{|\alpha\rangle}_{mn}$ は定数である．(6.28) のように，結合定数 λ, κ を基本質量スケール m で表すと $r = mR$ の展開となる．

また，この系が，バルク・境界の散乱が共に対角 S 行列を持つ可積分系である時，散乱データを用いて，g 関数に対する TBA 方程式が導ける[144]：

$$\begin{aligned}\log g_{|\alpha\rangle}(r) =& \frac{1}{4} \sum_a \int_{\mathbb{R}} \frac{d\theta}{2\pi} \left(\varphi^{|\alpha\rangle}_a(\theta) - \delta(\theta) - 2\varphi_{aa}(2\theta)\right) \log\left(1 + e^{-\epsilon_a(\theta)}\right) \\ &+ \log C_{|\alpha\rangle} + \Sigma(r)\,.\end{aligned}$$

ϵ_a は (6.7) の擬エネルギー，$\delta(\theta)$ はデルタ関数である．積分核は，

$$\varphi_{ab}(\theta) = -i\partial_\theta \log S_{ab}(\theta)\,, \quad \varphi^{|\alpha\rangle}_a(\theta) = -2i\partial_\theta \log R^{|\alpha\rangle}_a(\theta)\,,$$

により，バルクの対角散乱行列 S_{ab}，$|\alpha\rangle$ で指定される (5.76) 中の境界での対角反射因子 $R^{|\alpha\rangle}_a$ で定まる．$C_{|\alpha\rangle}$ は $r \to \infty$ での基底状態の縮退度に関わる対称因子，$\Sigma(r)$ は境界に依らない寄与である．2 種類の境界 $|\alpha\rangle, |\beta\rangle$ についての

差を考えると，境界に依存しない項が消え，$c_\alpha^\beta := \log\bigl(C_{|\beta\rangle}/C_{|\alpha\rangle}\bigr)$ とおくと，次式を得る：

$$\log\left(\frac{g_{|\alpha\rangle}(r)}{g_{|\beta\rangle}(r)}c_\alpha^\beta\right) = \frac{1}{4}\sum_a\int_{\mathbb{R}}\frac{d\theta}{2\pi}\left(\varphi_a^{|\alpha\rangle}(\theta)-\varphi_a^{|\beta\rangle}\right)\log\left(1+e^{-\epsilon_a(\theta)}\right). \quad (6.57)$$

6.6.3 T 関数と g 関数

6.5.5 節で求めたような T 関数の TBA 方程式と (6.57) を比べると，様々な場合にこれらが一致し，T 関数と g 関数が関係付けられる．詳細は少し込み入ってくるので 8.6.3 節の具体例で述べるが，T_a の種類 a の違いは $g_{|\alpha\rangle}$ を定める境界 $|\alpha\rangle$ の違いに対応する．また，境界には (6.55) の境界結合 κ のような変形自由度があり，これが $T_a(\theta)$ の θ に対応する．

(6.49) のような T 関数の TBA 方程式により，T 関数は数値的に評価できるが，g 関数との関係および g 関数の境界共形摂動展開 (6.56) を用いると，UV 極限周り ($r \ll 1$) で T 関数も摂動展開できる．さらに，T 関数と Y 関数の関係 (6.44) により，Y 関数/擬エネルギーも $r \ll 1$ で摂動展開できるのである．本節の初めに述べたように，この展開は TBA 方程式 (6.8) を数値的に解いた結果と比較できる．また，(6.54) を通して，UV 極限 ($r \to 0$) での T 関数，(6.17) 中の ϵ_a/Y_a も共形場理論のモジュラー S 行列で表される．

元々 T 関数はバルクの量であるが，一見関連が明らかでない補助的な境界散乱理論を通して，UV 極限やその周りの摂動展開の情報を引き出せる訳である．

第 7 章
極大超対称ゲージ理論/$\mathbf{AdS_5 \times S^5}$ 中の超弦理論のスペクトル

ゲージ-重力対応の重力・弦理論側である $\mathrm{AdS}_5 \times \mathrm{S}^5$ 中の超弦理論が古典可積分系であることを 3.1 節で述べた．一方，ゲージ理論側の 4 次元極大超対称ゲージ理論（$\mathcal{N}=4$ SYM 理論）では，この古典可積分性とは違った量子可積分性が現れる．ただし，ここでの量子可積分性とは，弦のエネルギーに対応する複合演算子の量子異常次元が，第 4 章で見た可積分な量子スピン鎖模型のハミルトニアンで与えられる，という "一捻り" したものである．平面 (planar) 極限での摂動論の低次で発見されたこの量子可積分性は，3.3 節で述べた有限帯解の解析を通して，重力・弦理論側の古典可積分性と結び付く．さらに，第 5 章で議論した S 行列の考え方を援用すると，極大超対称ゲージ理論の可積分性に基づく解析は（適当な仮定の下に）摂動論の全次数・有限結合の場合に拡張される．その結果，極大超対称ゲージ理論/$\mathrm{AdS}_5 \times \mathrm{S}^5$ 中の超弦理論のスペクトルは，任意の't Hooft 結合で，第 6 章で見た熱力学的 Bethe 仮説方程式により与えられる．このように，ゲージ-重力対応は，対応の両側のゲージ理論・弦理論を包含する "可積分な理論" の異なる結合領域の間の対応として理解されるようになる．本章の内容全般に関する参考文献としては [1]～[5] がある．

7.1 Penrose 極限

1.8 節でも述べたように，ゲージ-重力対応は強-弱結合対応であり，ゲージ理論側と重力・弦理論側の定量的な比較は一般には難しい．この困難を乗り越える糸口となったのが，内部対称性（R 対称性）に付随する保存量（**R** チャージ）が大きな極限の議論であった[69]．まずは，重力・弦理論側から見ていこう．

今，D 次元時空を考え，その中にアファインパラメータを Y^+ とする光的測地線があるとする．この時測地線近傍では，線素が，

$$ds^2 = -4dY^- \Big[dY^+ + \alpha(Y^M)dY^- + \beta_m(Y^M)dY^m\Big] + C_{mn}(Y^M)dY^m dY^n ,$$

$Y^{\pm} = (Y^0 \pm Y^{D-1})/2,\ M = 0, 1, ..., D-1;\ m, n = 1, ..., D-2,$ の形となる座標がとれる．ここで，Ω を定数として座標変換，

$$Y^+ = X^+ , \quad Y^- = \Omega^2 X^- , \quad Y^m = \Omega X^m ,$$
$$ds^2 = g^{(Y)}_{MN} dY^M dY^N = g^{(X)}_{MN}(\Omega) dX^M dX^N , \tag{7.1}$$

に続き，光的測地線近傍を拡大するスケール変換，

$$\bar{g}_{MN} := \Omega^{-2} g^{(X)}_{MN}(\Omega) , \qquad \Omega \to 0 , \tag{7.2}$$

をおこなうと，以下の時空を得る：

$$\overline{ds}^2 := \bar{g}_{MN} dX^M dX^N = -4dX^+ dX^- + C_{mn}(X^+) dX^m dX^n . \tag{7.3}$$

C_{mn} は X^+ のみに依存する．スカラー曲率を計量で表すと，$R[\bar{g}] = \Omega^2 R[g^{(X)}(\Omega)]$ となるので，体積要素と合わせて Einstein-Hilbert 作用は，

$$S_{\rm EH}\big[\bar{g}\big] = \Omega^{-(D-2)} S_{\rm EH}\big[g^{(X)}(\Omega)\big] , \tag{7.4}$$

とスケールする．計量の添字は省略した．従って，元の $g^{(Y)}_{MN}$ が Einstein 方程式の解であれば，それを座標変換した $g^{(X)}_{MN}(\Omega)$，さらに (7.3) の $\bar{g}_{MN}$ も解となる．(7.1), (7.2) の変換・極限を **Penrose 極限**という[151]~[153]．

超弦理論の低エネルギー有効理論である 10 次元超重力理論には計量 g_{MN} の他に，1.5.2 節でも述べたようにディラトン場 ϕ，NS-NS 2 形式場 B_2，p 形式ポテンシャル C_p，それらに対応した場の強さ H_3, F_{p+1} もある．これらをまとめて，p 形式ポテンシャルを $\mathcal{A}_p$，場の強さを $\mathcal{F}_{p+1}$ と書こう．この時，$\mathcal{A}_p$ の X^+ 成分が消えるゲージ $(\mathcal{A}_p)_{+MN....} = 0$ をとり，場のスケール変換を，

$$\bar{\phi}(\Omega) = \phi(\Omega) , \quad \bar{\mathcal{A}}_p(\Omega) = \Omega^{-p} \mathcal{A}_p(\Omega) , \quad \bar{\mathcal{F}}_{p+1}(\Omega) = \Omega^{-p} \mathcal{F}_{p+1}(\Omega) , \tag{7.5}$$

とすると，上の議論が拡張できる．その結果，(7.1), (7.5) により，元の超重力解から (7.3) の形の計量を持ち X^+ のみに依存する新たな解が得られる[152]．

7.1.1 平面波時空，pp 波時空

(7.3) で得られた時空の計量は，$(\dot{\ })$ で X^+ 微分を表すとして，

$$C_{kl} Q^k{}_m Q^l{}_n = \delta_{mn} , \quad C_{kl} \big[\dot{Q}^k{}_m Q^l{}_n - Q^k{}_m \dot{Q}^l{}_n\big] = 0 , \tag{7.6}$$

を満たす関数 $Q^k{}_m(X^+)$ を用いた座標変換，

$$X^+ = x^+ , \quad X^- = x^- + \frac{1}{4} C_{mn} \dot{Q}^m{}_k Q^n{}_l x^k x^l , \quad X^m = Q^m_{\ n} x^n , \tag{7.7}$$

により，

$$\overline{ds}^2 = -4dx^+ dx^- - h_{mn}(x^+) x^m x^n (dx^+)^2 + \delta_{mn} dx^m dx^n ,$$

$$h_{mn} = \left[\dot{C}_{kl}\dot{Q}^k{}_m + C_{kl}\ddot{Q}^k{}_m\right]Q^l{}_n\,, \tag{7.8}$$

の形になる．C_{mn} は実対称行列であり (7.6) を満たす $Q^k{}_m$ は確かに存在する[153]．(7.8) は，∂_{x^-} を Killing ベクトルとし，$x^+ = $(一定) とする平面が x^+ 方向に発展していく時空を表している．(7.8) の形の時空を**平面波時空** (plane waves) と呼ぶ．より一般に，

$$ds^2 = -4dx^+dx^- + K(x^+, x^m)(dx^+)^2 + 2A_n(x^+, x^m)dx^n dx^+ + d\vec{x}^2\,,$$

の形で表される時空を **pp 波時空** (plane-fronted waves with parallel rays) という．“parallel rays” は，各 x^- ごとに平行な光的ベクトル ∂_{x^+} が存在していることを指す．平面波時空は $A_n = 0$, $K = $($x^m$の 2 次式) とできる特別な場合である．(7.3), (7.8) は平面波時空を表す標準的な座標系であり，それぞれ，**Rosen 座標**，**Brinkmann 座標**（**調和座標**）と呼ばれる．

平面波時空は，(7.1), (7.2) のスケール極限で得られ，また x^+ にのみ依存することから，その幾何学量は非常に簡単化されていると推測できる．実際，Brinkmann 座標 (7.8) でゼロとならない独立な曲率の成分は，

$$R_{+m+n} = h_{mn}\,, \qquad R_{++} = \delta^{mn}h_{mn}\,,$$

スカラー曲率は $R = 0$ となる．また，ゼロとならない Christoffel 記号は，

$$\Gamma^m_{++} = 2\Gamma^-_{m+} = h_{mn}x^n\,, \qquad \Gamma^-_{++} = \frac{1}{4}x^m x^n \frac{d}{dx^+}h_{mn}\,.$$

曲率テンソルの下付き添字に $-$，従って，$(+-), (--)$ の組み合わせが現れないため，曲率テンソルからつくられるスカラー量は（スカラー曲率以外も）ゼロとなる．また，Γ^K_{LM} の形から，曲率テンソルに共変微分を作用させると消えないのは ∇_+ のみであり，曲率テンソルの微分を含むスカラー量もゼロとなる．同様の性質は他の場を含めた場合にも拡張することができ，平面波時空により量子 (α') 補正のない弦理論の厳密な背景 (background) が得られる．

7.1.2 AdS$_5$ × S^5 の Penrose 極限

これまでの議論を，AdS$_5 \times$ S^5 時空に適用してみよう．AdS$_5$ の曲率の具体形は (1.27) に示したが，スケール変換 (7.2) の下では，半径も $a \to \Omega^{-1}a$ とスケールする．(7.4) で用いたスカラー曲率のスケール則もこのようにして確かめられる．一方，Ricci テンソルは $R_{\mu\nu}[\bar{g}] = R_{\mu\nu}[g] = -(4/a^2)g_{\mu\nu}$ でスケールしないが，$g_{\mu\nu}/a^2 = \Omega^2\bar{g}_{\mu\nu}/a^2$ より，$\bar{g}$ を固定して $\Omega \to 0$ とすると $R_{\mu\nu}[\bar{g}] \to 0$ となる．Riemann テンソルも同様にして $\Omega \to 0$ で消える．従って，Penrose 極限で AdS$_5$ は $h_{mn} = 0$ の平坦な時空となる．

非自明な平面波時空を得るには，時間方向を AdS$_5$ から，空間方向を S^5 からとった光円錐座標を用いればよい．これを見るため，AdS$_5 \times$ S^5 の計量を，

$$ds^2 = r_{\mathrm{AdS}}^2\Big(-d\tilde{t}^2 + \sin^2\tilde{t}\, d\tilde{\Omega}_4^2\Big) + r_{\mathrm{S}}^2\Big(d\theta^2 + \sin^2\theta\, d\Omega_4^2\Big)\,, \tag{7.9}$$

の形にとろう．$r_{\mathrm{AdS}}, r_{\mathrm{S}}$ はそれぞれ $\mathrm{AdS}_5, \mathrm{S}^5$ の半径，$d\tilde{\Omega}_4^2, d\Omega_4^2$ は 4 次元双曲面 H^4, 4 次元球面 S^4 の計量を表す．タイプ IIB 超弦理論の背景時空 (1.22) では $r_{\mathrm{AdS}} = r_{\mathrm{S}} = r_+$ である．ここで，$Y^\pm = (r_{\mathrm{AdS}}\,\tilde{t} \pm r_{\mathrm{S}}\,\theta)/2$ とおき Penrose 極限をとると，$\mathrm{H}^4, \mathrm{S}^4$ 部分は半径 $\to \infty$（平坦）極限になり，

$$\overline{ds}^2 = -4dX^+dX^- + \sin^2(X^+/r_{\mathrm{AdS}})\, d\vec{X}^2 + \sin^2(X^+/r_{\mathrm{S}})\, d\vec{X'}^2\,, \tag{7.10}$$

$\vec{X}, \vec{X'} \in \mathbb{R}^4$ を得る．これは，(7.3) で C_{mn} が対角な場合なので，対角な $Q^m_{\ n}$ を用いて計量を Brinkmann 座標で表示すると，(7.8) の h_{mn} は，

$$h_{mn} = \mathrm{diag}(r_{\mathrm{AdS}}^{-2}, \cdots, r_{\mathrm{AdS}}^{-2}, r_{\mathrm{S}}^{-2}, \cdots, r_{\mathrm{S}}^{-2})\,, \tag{7.11}$$

と $r_{\mathrm{AdS}}^{-2}, r_{\mathrm{S}}^{-2}$ が 4 つずつ並んだ対角形になる．

$\mathrm{AdS}_5 \times \mathrm{S}^5$ の計量を (3.15) の形，

$$\begin{aligned} ds^2 &= ds^2_{\mathrm{AdS}_5} + ds^2_{\mathrm{S}^5} \qquad (7.12)\\ &= \frac{1}{\mu^2}\Big[-\cosh^2\rho\, dt^2 + d\rho^2 + \sinh^2\rho\, d\Omega_3^2 + \cos^2\phi\, d\psi^2 + d\phi^2 + \sin^2\phi\, d\Omega'^2_3\Big]\,, \end{aligned}$$

とし，$\mu Y^\pm = (t \pm \psi)/2$, $\mu Y^m = (\rho, \phi)$ に対してスケーリング極限 (7.1), (7.2) をとると，Rosen 座標の (7.10) を経由せずに Brinkmann 座標の結果 (7.11) が直接得られる．ここで，S^3 部分 $d\Omega_3^2$, $d\Omega'^2_3$ はスケールさせず，タイプ IIB 超弦理論の背景に合わせて $r_{\mathrm{AdS}} = r_{\mathrm{S}} = 1/\mu$ とした．

Penrose 極限をとる前のタイプ IIB 超弦理論の解には，$\mathrm{AdS} \times \mathrm{S}^5$ の計量の他に，$\mathrm{AdS}_5, \mathrm{S}^5$ の体積形式 $\epsilon_{\mathrm{AdS}}, \epsilon_{\mathrm{S}}$ で表される自己双対 5 形式場 $F_5 \sim \epsilon_{\mathrm{AdS}} + \epsilon_{\mathrm{S}}$ もある．F_5 についても，(7.5) のようにスケール極限をとると，計量と合わせて，タイプ IIB 超弦理論の背景時空となるタイプ IIB 超重力理論の平面波解が得られる．この背景時空は，平坦な時空や $\mathrm{AdS}_5 \times \mathrm{S}^5$ 時空と同様に，極大の超対称性（32 個の超電荷）を保つ[153], [155]．$\mathrm{AdS}_5, \mathrm{S}^5$ それぞれからくる Brinkmann 座標中の $\mathbb{R}^4$ の座標 $\vec{x}, \vec{x'}$ をまとめて，$x^j = z^j$, $x'^j = z^{4+j}$ $(j = 1, ..., 4)$ とおき $^-$ を省略すると，この平面波時空解の非自明な場は，

$$\begin{aligned} ds^2 &= -4dX^+dX^- - \mu^2(z^I)^2(dX^+)^2 + (dz^I)^2\,,\\ (F_5)_{+1234} &= (F_5)_{+5678} = \mu \times (\text{定数})\,, \end{aligned} \tag{7.13}$$

$(I = 1, ..., 8)$ と表される．極限の過程を追うと，x^j, x'^j はそれぞれ $\mathrm{AdS}_5, \mathrm{S}^5$ の埋め込み座標 (3.14) 中の Y_p, X_m $(p, m = 1, ..., 4)$ に対応することがわかる．

7.1.3 平面波時空中の弦理論

次に，(7.13) 背景中の弦理論の量子化を考える[69], [156], [157]．共形ゲージでの作用 (1.3) に背景の計量を代入すると，場の 4 次の項が現れそのままでは量子

化はできない．だが，共形ゲージを保つ残りの共形変換により光円錐ゲージ，

$$X^+(\tau,\sigma)=\tau\,, \tag{7.14}$$

をとる，あるいは，(1.1) で $\eta_{\mu\nu}\to G_{\mu\nu}(X)$ とした作用から直接世界面の計量まで含めた光円錐ゲージの標準的な手続きに従うと[7]，非自明な力学変数は，

$$S=\frac{1}{4\pi\alpha'}\int_{-\infty}^{\infty}d\tau\int_0^{\ell}d\sigma\Big[(\dot{z}^I)^2-(z'^I)^2-\mu^2(z^I)^2\Big]\,, \tag{7.15}$$

を作用とする z^I のみとなる．$(\dot{\ })$, $(\ )'$ はそれぞれ τ,σ 微分を表し，σ 方向の周期を $\ell=2\pi\alpha' p^+$ とした．$p_-=-2p^+$（定数）は X^- 方向の運動量である．(7.15) より，(7.13) 背景中の弦のシグマ模型は，平坦な時空の場合と同様に，自由場の理論に帰着する．ただし，平面波時空では μ^2 による質量項がある．通常の共形ゲージでの量子化では，共形不変性により質量項は許されないが，光円錐ゲージではこのような項も現れ得る．

z^I の運動方程式は $(\partial_\tau^2-\partial_\sigma^2+\mu^2)z^I=0$ であり，周期的境界条件 $z^I(\tau,\sigma+\ell)=z^I(\tau,\sigma)$ の下で z^I をモード展開すると，

$$z^I(\tau,\sigma)=x_0^I\cos\mu\tau+\frac{\ell}{\mu}p_0^I\sin\mu\tau+\sum_{n\neq0}\frac{i}{\omega_n}\Big[\alpha_n^I\zeta_n(\tau,\sigma)+\tilde{\alpha}_n^I\tilde{\zeta}_n(\tau,\sigma)\Big]\,,$$

$$\zeta_n(\tau,\sigma)=e^{-i(\omega_n\tau-k_n\sigma)}\,,\quad \tilde{\zeta}_n(\tau,\sigma)=e^{-i(\omega_n\tau+k_n\sigma)}\,,$$

$$k_n=\frac{n}{\alpha' p^+}\,,\quad \omega_n=\mathrm{sign}(n)\sqrt{k_n^2+\mu^2}\,. \tag{7.16}$$

光円錐ゲージ (7.14) のために，(7.15) から得られる世界面のハミルトニアンは X^+ 方向の運動量 p_+ で表され，$a_0^I=\sqrt{p^+/2\mu}(\mu x_0^I+i\ell p_0^I)$ とおくと，

$$H=-p_+=2p^-=\mu a_0^{\dagger I}a_0{}^I+2p^+\sum_{n=1}^{\infty}\big(\alpha_{-n}^I\alpha_n^I+\tilde{\alpha}_{-n}^I\tilde{\alpha}_n^I\big)\,, \tag{7.17}$$

となる．正準交換関係 $\big[z^I(\tau,\sigma),\dot{z}^J(\tau,\sigma')/(2\pi\alpha')\big]=i\delta^{IJ}\delta(\sigma-\sigma')$ より，各モードのゼロとならない交換関係は，

$$\big[x_0^I,p_0^J\big]=(i/p^+\ell)\delta^{IJ}\,,\qquad \big[a_0^I,a_0^{\dagger J}\big]=\delta^{IJ}\,,$$

$$\big[\alpha_m^I,\alpha_n^J\big]=\big[\tilde{\alpha}_m^I,\tilde{\alpha}_n^J\big]=(\omega_m/2p^+)\delta_{m+n,0}\delta^{IJ}\,, \tag{7.18}$$

である．この交換関係から，$a_0^{\dagger I},\alpha_{-n}^I,\tilde{\alpha}_{-n}^I$ $(n\geq1)$ がそれぞれ，重心運動，右向き，左向きのモードの生成演算子，$a_0{}^I,\alpha_n^I,\tilde{\alpha}_n^I$ $(n\geq1)$ が消滅演算子であることがわかる．従って，状態空間は，

$$0=a_0^I|0;p^+\rangle=\alpha_n^I|0;p^+\rangle=\tilde{\alpha}_n^I|0;p^+\rangle\,,$$

となる Fock 真空 $|0;p^+\rangle$ に生成演算子を作用させた，

$$a_0^{\dagger K_1}\cdots a_0^{\dagger K_r}\alpha_{-n_1}^{I_1}\cdots\alpha_{-n_k}^{I_k}\tilde{\alpha}_{-m_1}^{J_1}\cdots\tilde{\alpha}_{-m_l}^{J_l}\,|0;p^+\rangle\quad(n_i,m_j\geq1)\,, \tag{7.19}$$

の形の状態により生成される．$a_0^{\dagger I}, \alpha_{-n}^I, \tilde{\alpha}_{-n}^I$ の占有数をそれぞれ $N_0^I, N_n^I, \tilde{N}_n^I$ とし，$N_{-n}^I = \tilde{N}_n^I$ $(n \geq 1)$, $\omega_0 = \mu$ とおくと，ハミルトニアン (7.17) は，

$$H = \sum_{I=1}^{8}\Big[\omega_0^I N_0^I + \sum_{n\geq 1}\omega_n\big(N_n^I + \tilde{N}_n^I\big)\Big] = \sum_{I=1}^{8}\sum_{n\in\mathbb{Z}}|\omega_n|N_n^I\,, \tag{7.20}$$

と書ける．σ 方向の並進の生成子は，

$$P = \frac{2\pi}{\ell}\sum_{n=1}^{\infty}\frac{2p^+}{\omega_n}n\big(\alpha_{-n}^I\alpha_n^I - \tilde{\alpha}_{-n}^I\tilde{\alpha}_n^I\big)\,, \tag{7.21}$$

であり，並進対称性により状態は以下の条件を満たす必要がある：

$$0 = \frac{\ell}{2\pi}P = \sum_{I=1}^{8}\sum_{n=1}^{\infty}n\big(N_n^I - \tilde{N}_n^I\big) = \sum_{I=1}^{8}\sum_{n\in\mathbb{Z}}^{\infty}nN_n^I\,. \tag{7.22}$$

(7.13) の場合と同様に，一般に平面波時空 (7.8) 中の弦理論で光円錐ゲージ (7.14) をとると，光円錐方向以外の非自明な座標場の作用は場の 2 次式となり，上と同様の取り扱いが可能となる．

7.1.4　平面波時空中の超弦理論

7.1.3 節では，(7.13) 中のボソン的弦理論を考えたが，フェルミオンも含めた極大超対称な超弦理論も量子化が可能である．Green-Schwarz 定式化でフェルミオン部分の作用を構成し，ボソン的な場合と同様に光円錐ゲージをとると，フェルミオン部分も有質量の自由場理論に帰着するのである[156], [157]．

また，一般の平面波時空 (7.8) の場合も，（適当な仮定の下で）光円錐ゲージでのフェルミオン部分の作用は場の 2 次式になり，(7.13) の場合と同様の取り扱いが可能である[158], [159]．このように，平面波時空は可解な弦理論を与える（数少ない）曲がった背景時空となっている．7.1.1 節でも触れたように，弦のシグマ模型の量子補正も強く制限される．

7.2　BMN 極限

前節では，$\mathrm{AdS}_5 \times \mathrm{S}^5$ 時空とその背景中の弦理論の Penrose 極限を考えた．ゲージ-重力対応によれば，ゲージ理論側でも対応する極限があるはずである．

7.2.1　エネルギーとスケーリング次元

ゲージ理論側の極限を議論する前に，1.5 節，1.6 節で述べたゲージ-重力対応の対称性についてもう少し見てみよう．(1.38) では，4 次元 Minkowski 空間の共形代数の生成子 $D, P_\mu, K_\mu, M_{\mu\nu}$ $(\mu,\nu = 0,...,3)$ と，共形代数と同型な so(2,4) 代数の生成子 S_{pq} $(p,q = -1,0,...,3,4)$ の対応を見た．ここで，

$$S_{-10} = \frac{1}{i}D'\,,\quad S_{r0} = \frac{1}{2i}(P'_r - K'_r)\,,$$

$$S_{-1r} = \frac{1}{2}(P'_r + K'_r), \quad S_{rs} = M'_{rs}, \tag{7.23}$$

$r, s = 1, ..., 4$, とすると，D', P'_r, K'_r, M'_{rs} は (1.37) で $\eta_{\mu\nu} \to \delta_{rs}$ とした Euclid 空間での共形代数 so(1,5) を満たす．（虚数単位 i によりエルミート性は保たれない．）大域座標 (7.12) と埋め込み座標 X_m, Y_p の関係 (3.14) を見ると，(Y_{-1}, Y_0) の回転を生成する S_{-10} は時間座標 t の並進，つまり，エネルギー演算子であることがわかる．(7.23) から，この時空のエネルギーが 4 次元 Euclid 空間のスケール変換に対応することになる．

実際，$t = -i\hat{t}$, $r = e^{\hat{t}}$ とおいて (7.12) を "Euclid 化" し，AdS_5 の境界（無限遠）$\rho \to \infty$ で見ると，

$$ds^2 \sim d\rho^2 + \frac{e^{2\rho}}{4r^2}\left(dr^2 + r^2 d\Omega_3^2\right),$$

となり，AdS_5 の境界の 4 次元 Euclid 空間（または $\mathbb{R} \times \mathrm{S}^3$）におけるスケール変換 $r \to \Lambda r$ が $\hat{t}$ の並進となる．従って，ゲージ-重力対応において弦・重力側のエネルギー E に対応するゲージ理論側の量は，Euclid 化されたゲージ理論のスケーリング次元 Δ ということになる．Euclid 化されたゲージ理論で，動径方向 r を時間と見なして量子化する**動径量子化**をおこなうと，スケール変換の生成子 D' がハミルトニアンの役割を果たし，スケーリング次元は確かに "エネルギー" に相当する．以下，ゲージ理論は Euclid 化した $\mathbb{R}^4$ 中で考える．

7.2.2 対称性・チャージ/保存量の対応

弦・重力側とゲージ理論側の対称性・保存量の関係をさらに見よう．ゲージ-重力対応の対称性 $\mathrm{psu}(2,2|4)$ のボソン部分は so(2,4) ⊕ so(6) であった．so(2,4), so(6) はそれぞれ (1.26), (1.24) で表される階数 3 の代数であり，3 つのチャージ（ウェイト）で状態が指定される．3.2 節で見たように，弦・重力側ではこれらのチャージ/保存量は (3.14) の埋め込み座標における (Y_{2p-1}, Y_{2p}), $(X_{2m-1} X_{2m})$ $(p+1, m = 1, 2, 3)$ 平面内の回転の角運動量 $S_p := S_{p\,p+1}, J_m := J_{m\,m+1}$，即ち (3.16), ととれる．7.2.1 節の議論から $S_0 = E = \Delta$ であった．

S_1, S_2 は，Y_r $(r = 1, ..., 4)$ に対応する z^I $(I = 1, ..., 4)$ が担うチャージであり，それぞれ (z^1, z^2), (z^3, z^4) 平面の回転の角運動量である*1)．一方ゲージ理論側では，(7.23) より S_1, S_2 はゲージ理論の住んでいる $\mathbb{R}^4$ 中の角運動量生成子 M'_{12}, M'_{34} に対応し，例えば共変微分 $D_r (r = 1, ..., 4)$ によって担われる．

同様に，弦・重力側では $J_3 =: J$ は (7.12) 中の ψ 周りの角運動量，J_1, J_2 は (z^5, z^6), (z^7, z^8) 平面内の回転の角運動量である．ゲージ理論側では，J_k は (1.35) 中の 6 つのスカラー場が担い，各々 (Φ_{2k-1}, Φ_{2k}) の回転に対応する．

まとめると，対称性・チャージと演算子の対応は以下のようになる：

---

*1) Penrose 極限により，$\mathrm{psu}(2,2|4)$ 代数もその極限となるが[160]，ここでは元の $\mathrm{psu}(2,2|4)$ の観点から対応を見ることにする．

$$
\begin{array}{rccc}
S_0 = E = \Delta : & i\partial_t & \longleftrightarrow & D' \ , \\
S_r\,(r=1,2) : & z^{2r-1} + iz^{2r} & \longleftrightarrow & D_{2r-1} + iD_{2r} \ , \\
J_3 = J \quad : & -i\partial_\psi & \longleftrightarrow & \Phi_5 + i\Phi_6 \ , \\
J_k\,(k=1,2) : & z^{2k+3} + iz^{2k+4} & \longleftrightarrow & \Phi_{2k-1} + i\Phi_{2k} \ .
\end{array}
\tag{7.24}
$$

7.2.3 BMN 極限

以上の議論を踏まえて，Penrose 極限に対応するゲージ理論側の極限を考えよう．(7.12) から (7.13) を得る過程は，半径を $1/\mu$ ではなく L とし，$ds^2 = L^2(\cdots) = (L\mu)^2(\cdots)/\mu^2$ と書き換えて $\Omega = 1/L\mu \to 0$ のスケーリング極限 (7.1), (7.2) をとったと考えてもよい．従って，7.1.3 節の弦の量子化で現れた保存量は以下のように書ける：

$$
H = 2p^- = -p_+ = i\partial_{X^+} = i\partial_{Y^+} = i\mu(\partial_t + \partial_\psi) = \mu(\Delta - J)\,, \tag{7.25}
$$
$$
2p^+ = -p_- = i\partial_{X^-} = i\Omega^2\partial_{Y^-} = i\mu\Omega^2(\partial_t - \partial_\psi) = \frac{\Delta + J}{\mu L^2}\,.
$$

Δ, J の間には，超対称性の表現論によるチャージ間の不等式（**BPS 不等式**; BPS bound）$\Delta \geq |J|$ が成り立つ．

D3 ブレインの地平面近傍極限で得られる $\mathrm{AdS}_5 \times \mathrm{S}^5$ 時空では，半径 $L = r_{\mathrm{AdS}}$ は (1.41) により，弦理論・ゲージ理論のパラメータと関係付いていた．7.1.3 節では，H, p^+ が有限であるとしたが，さらに摂動論が成り立つように弦・ゲージ理論の結合定数 g_s, g_{YM} も有限で小さいことを要請すると，ゲージ理論側では $\Omega \to 0$ の下でゲージ群 $\mathrm{SU}(N)$ の階数 N も大きくなり，Penrose 極限は，

$$
g_{\mathrm{YM}} \ll 1 : \text{固定}, \quad N \to \infty, \quad \Delta, J = \mathcal{O}(N^{\frac{1}{2}}), \quad \Delta - J = \mathcal{O}(N^0), \tag{7.26}
$$

に対応する．$\mathcal{N} = 4$ SYM 理論のこの極限を **Berenstein-Maldacena-Nastase (BMN) 極限**という[69]．この時，

$$
\lambda = g_{\mathrm{YM}}^2 N \to \infty\,, \qquad \lambda' := \frac{\lambda}{J^2} = \mathcal{O}(N^0)\,,
$$

のように 't Hooft 結合は発散し通常の 't Hooft/平面極限とは異なるが，有効結合となる λ' は有限である．(1.41), (7.25) を用いると弦理論側では，$p^+ \to J/(\mu L^2) = J/(\mu\alpha'\sqrt{\lambda})$ となり，(7.16) の弦の励起モードは，

$$
\omega_n = \mu\sqrt{1 + \lambda' n^2} = \mu\Big(1 + \frac{1}{2}\lambda' n^2 + \cdots\Big) \quad (n \geq 0)\,, \tag{7.27}
$$

と λ' が小さい時に展開できる．

7.2.4 状態と演算子の対応

7.1.3 節では，平面波時空中の弦の状態は拘束条件 (7.22) を満たす (7.19) の形で与えられた．真空 $|0; p^+\rangle$ は $H/\mu = E - J = 0$ を満たし，超対称性を半分保つ 1/2 BPS 状態である．これは，(3.17), (3.18) の S^5 中の大円に沿って回転する点粒子解に対応する．Penrose 極限はこの点粒子の軌道（光的測地線）

に沿って時空を拡大する極限であり，平面波時空中の弦理論はこの点粒子の周りの弦の励起を記述する．真空に生成演算子 $a_0^{\dagger I}, \alpha_{-n}^I, \tilde{\alpha}_{-n}^I$ を作用させると，$E-J$ は (7.20) により与えられ，他の保存量も (7.24) に従って変化する．

1.7.3 節では，ゲージ-重力対応では弦・重力側の状態とゲージ理論側の演算子が対応することを述べた．(7.26) のラージ N 極限では，(1.42) の形の単一トレース演算子がゲージ理論側の摂動論において主要な寄与を与えるため，これらの演算子が弦・重力側の状態に対応するはずである．まず，弦理論側の真空に対応する $E=\Delta=J$ となる単一トレース演算子が確かに一意に存在し，

$$\mathrm{tr}\big(Z^J(x)\big)\,, \quad Z := \Phi_5 + i\Phi_6\,, \tag{7.28}$$

で与えられる．場 $Z(x)$ は全て同一点 x にあり，tr はゲージ群についてのトレースである．次に，弦理論側の真空に生成演算子 $a_0^{\dagger I}, \alpha_{-n}^I, \tilde{\alpha}_{-n}^I$ を作用させた状態は，チャージの比較から (7.24) に従い D_a, Φ_m を (7.28) に挿入したものと推測できる．モード中の n 依存性と拘束条件 (7.22) についても，演算子の適当な線形結合をとることでゲージ理論側で表せる．例えば，R チャージ J_2, J_3 が加わった状態について対応を書くと，例えば次のようになる：

$$\begin{aligned}
|0;p^+\rangle \quad &\longleftrightarrow \quad \mathrm{tr}\big(Z^J\big)\,, \\
\alpha_{-n}^j|0;p^+\rangle \quad &\longleftrightarrow \quad \sum_{l=1}^{J} e^{2\pi i n l/J}\,\mathrm{tr}\big(Z^l\Phi_j Z^{J-l}\big)\,, \\
\alpha_{-n}^j\tilde{\alpha}_{-n}^k|0;p^+\rangle \quad &\longleftrightarrow \quad \sum_{l=1}^{J} e^{2\pi i n l/J}\,\mathrm{tr}\big(\Phi_j Z^l \Phi_k Z^{J-l}\big)\,,
\end{aligned} \tag{7.29}$$

$j,k=1,...,4$．トレースの巡回性により 2 番目の表式は消え，確かに拘束条件と整合する．さらに，具体的な摂動計算により右辺のゲージ理論演算子のスケーリング次元を求めると，$\Delta - J$ は有効結合 λ' の展開となり，(7.20), (7.25), (7.27) による弦理論側の結果，

$$\frac{1}{\mu}H = \Delta - J = \sum_{I=1}^{8}\sum_{n\in\mathbb{Z}} N_n^I\Big(1+\frac{1}{2}\lambda' n^2+\cdots\Big)\,, \tag{7.30}$$

と一致することも確かめられる．この摂動計算については 7.3.3 節で再び議論する．ゲージ理論側では，展開の $\mathcal{O}(\lambda'^k)$ $(k\geq 1)$ の項は，演算子のスケーリング次元に対する量子補正（**量子異常次元**）である．

z^μ $(\mu=1,...,4)$ についても同様に，適当な係数 $c(n,l)$ を用いて，

$$\alpha_{-n}^\mu|0;p^+\rangle \quad \sim \quad \sum_{l=1}^{J} c(n,l)\,\mathrm{tr}\big(Z^l D_\mu Z^{J-l}\big)\,, \tag{7.31}$$

のような対応になる．このように，ゲージ理論側に現れる $\mathrm{tr}(Z^J)$, $J\to\infty$ に他の演算子をいくつか挿入した演算子を **BMN 演算子**という．ゲージ-重力対応にはフェルミオンも現れるが，弦理論側の励起と BMN 演算子との対応は同

様であり，弦理論側のフェルミオンを含む状態はゲージ理論側では $\mathrm{tr}(Z^J)$ にフェルミオン演算子を挿入したBMN演算子に対応する．

弦理論側の真空と $\mathrm{tr}(Z^J)$ は，どちらも超対称性で保護された1/2 BPS状態であり，結合定数の領域が異なるこのような対応も意味を持つ．一方，ゲージ-重力対応は't Hooft 結合 λ についての強弱結合対応であり，一般の励起状態では量子補正のために状態/量子数の単純な比較は意味を成さない．それにも拘らず， Penrose極限と対応するBMN（ラージ角運動量）極限により，弦理論・ゲージ理論どちら側も有効結合 λ' での量子数の展開が可能となり，**超対称性で保護された状態/セクターを超えて対応の定量的な比較ができる**のである．

7.2.5 対応の拡張と弦の古典解

7.2.4節で述べた対応は，$\mathrm{so}(2,4)\oplus\mathrm{so}(6)$ のチャージ，

$$(E=\Delta, S_1, S_2; J, J_1, J_2)\,, \tag{7.32}$$

が同じとなる，平面波時空中の弦の状態とBMN演算子との対応である．顕わに実現される対称性のボソン部分 $\mathrm{so}(4)\oplus\mathrm{so}(6)$ のチャージ $(S_1, S_2; J, J_1, J_2)$ 用いて量子補正を受ける $E=\Delta$ を表し，比較したことになる．

結果として，この対応は，対称性や1.7.3節の場と演算子の対応からも自然と思われる．以下では，超対称性が“少し”破れるPenrose/BMN極限の場合だけでなく，超対称性が大きく破れた場合，あるいは，Penrose/BMN極限をとる前の元のゲージ-重力対応の場合にも，対応が拡張されることを見ていく．

一般の場合の議論を進める前に，ここでは，3章で述べた弦の古典解からも，このような拡張が期待できることを見ておこう．まず，Penrose極限では，全角運動量を J_{tot} として $E-J_{\mathrm{tot}}$ が小さいBPS極限近傍の状態を見ているが，(3.22), (3.34) の S^5 中で回転する弦の古典解は，$E-J_{\mathrm{tot}}$ もマクロな超対称性が大きく破れた状態を与える．これらの弦のエネルギーは，$E=J_{\mathrm{tot}}(1+c\lambda/J_{\mathrm{tot}}^2+\cdots)$ の形で与えられ，Penrose極限の場合の (7.20), (7.27) と同様に $\lambda/J_{\mathrm{tot}}^2$ で展開される*2)．従って，古典弦の描像が成り立つ $\lambda\gg 1$ においても $J_{\mathrm{tot}}\gg 1$ であれば,

$$\frac{\lambda}{J_{\mathrm{tot}}^2}\ll 1\,, \tag{7.33}$$

となる領域を摂動的ゲージ理論と共有し，$E-J_{\mathrm{tot}}$ の展開を比較することも可能となる．BMN極限を一般化した大きな角運動量の極限 (7.33) を **Frolov-Tseytlin 極限**という[71], [161]．

また，3.2.3節のAdS中で回転するGKP解は (3.31) のように $E-S_1\propto\log S_1$ $(S_1\gg 1)$ を満たす．スケーリング次元 Δ と Lorentz スピン S の差

*2) J_i は同等なので，$J_1\leftrightarrow J_3$ と読み替えると (3.34) は (7.20) とより直接対応する．

$\Delta - S$ （ツイスト）の $\log S$ の振舞いは，一般にゲージ理論の演算子に特有のものであり，大きく超対称性を破る古典弦とゲージ理論との対応を示唆する[73]．3.3 節と同様の有限帯解の考察などにより，このような $\log S$ の振舞いが AdS 中で回転する古典弦に一般的に現れることもわかる[162]~[164]．

7.3 極大超対称ゲージ理論の量子可積分性

前節の Penrose/BMN 極限でのゲージ-重力対応の解析を進める，あるいは，対応をより一般の場合に拡張するには，ゲージ理論演算子のスケーリング次元 Δ を具体的に求める必要がある．その過程で，極大超対称ゲージ理論の "量子可積分性" が見えてくる．

7.3.1 単一トレース演算子

以下，Penrose/BMN 極限での対応を一般化して，チャージ (7.32) が同じとなる，$AdS_5 \times S^5$ 中の弦と極大超対称ゲージ理論の単一トレース演算子，

$$\mathrm{tr}\Big(\chi_1(x)\chi_2(x)\cdots\chi_L(x)\Big), \tag{7.34}$$

の対応を考えよう．(7.34) の "構成要素" $\chi_l(x) \in \mathrm{su}(N)$ は（同一点での）スカラー場 Φ_j $(j = 1, ..., 6)$，共変微分 D_μ $(\mu = 1, ..., 4)$，あるいはフェルミオン場である．共変微分はゲージ場 A_μ を含み，場の強さ $F_{\mu\nu}$ は共変微分の交換関係で表せる．(7.29), (7.31) の BMN 演算子のように $J \to \infty$ である必要はない．

(7.24) より，ボソン的な構成要素のチャージ (7.32) は，

$$\begin{aligned}
&D_1 + iD_2 : (1,1,0;0,0,0)\,, \quad D_3 + iD_4 : (1,0,1;0,0,0)\,,\\
&\Phi_1 + i\Phi_2 : (1,0,0;0,1,0)\,, \quad \Phi_3 + i\Phi_4 : (1,0,0;0,0,1)\,,\\
&\Phi_5 + i\Phi_6 : (1,0,0;1,0,0)\,,
\end{aligned} \tag{7.35}$$

となる．Δ については，摂動論の最低次での値 Δ_0 を記した．フェルミオンのチャージについては，Dynkin ラベルを用いるとよい．"Lorentz" 対称性は $\mathrm{so}(4) \simeq \mathrm{su}(2) \oplus \mathrm{su}(2)$，R 対称性は $\mathrm{so}(6) \simeq \mathrm{su}(4)$ なので，顕わな対称性 $\mathrm{so}(4) \oplus \mathrm{so}(6)$ のチャージは，$\mathrm{su}(4)$ と 2 つの $\mathrm{su}(2)$ の Dynkin ラベル $[q_1, p, q_2]$, $[s_\pm]$ で指定される．フェルミオンを $\mathrm{su}(2)$ の添字 $\alpha, \dot{\alpha}$ と $\mathrm{su}(4)$ の添字 a を用いて $\psi_{\alpha a}, \bar{\psi}^a_{\dot{\alpha}}$ と書くと，これらは $\Delta_0 = 3/2$ を持ち，属する表現（の最高ウェイト）は $[s_+, s_-; q_1, p, q_2] = [1,0;0,0,1], [0,1;1,0,0]$ である．スピノルの表現の構成，$\mathrm{su}(4)$ の基本ウェイトの表式から Dynkin ラベルと角運動量は，

$$s_\pm = (S_1 \pm S_2)\,, \quad q_1 = J_1 - J_2\,, \quad p = J - J_1\,, \quad q_2 = J_1 + J_2\,, \tag{7.36}$$

と対応する．これより，フェルミオンを含む演算子のチャージが読み取れる．後に見るように，量子異常次元は演算子の属する表現がわかれば求められる．

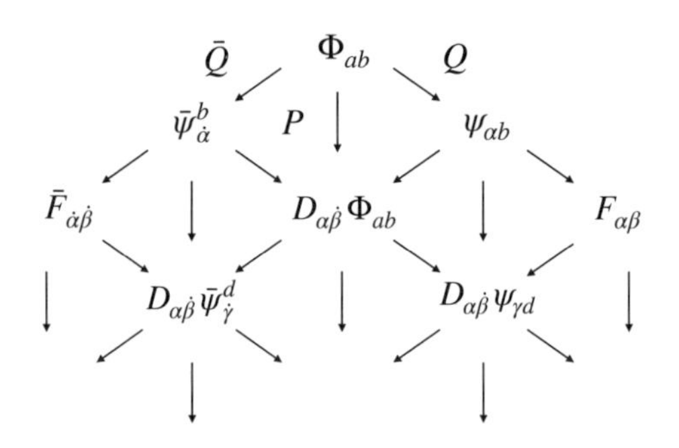

図 7.1　$\mathcal{N}=4$ の超対称多重項．$Q^a_\alpha, \bar{Q}_{\dot{\alpha}a}$ は超電荷，P_μ は運動量演算子であり，添字は省略した．

$\mathrm{su}(2)\oplus\mathrm{su}(2)$ の添字 $\alpha, \dot{\alpha}$ と $\mathrm{su}(4)$ の添字 a を用いると，全ての場を統一的に表すこともできる[1]．具体的には，4 次元，6 次元の Dirac (Pauli) 行列 $\sigma_\mu^{\alpha\dot{\beta}}, \sigma_j^{ab}$ と反対称テンソル $\epsilon_{\alpha\beta}, \epsilon_{\dot{\alpha}\dot{\beta}}$ により，

$$\Phi_j \sim \sigma_j^{ab}\Phi_{ab}\,, \tag{7.37}$$
$$D_\mu \sim \sigma_\mu^{\alpha\dot{\beta}} D_{\alpha\dot{\beta}}\,, \quad F_{\mu\nu} \sim \sigma_\mu^{\alpha\dot{\gamma}}\epsilon_{\dot{\gamma}\dot{\delta}}\sigma_\nu^{\beta\dot{\delta}}F_{\alpha\beta} + \sigma_\mu^{\gamma\dot{\alpha}}\epsilon_{\gamma\delta}\sigma_\nu^{\delta\dot{\beta}}\bar{F}_{\dot{\alpha}\dot{\beta}}\,,$$

のようになる．$\mathrm{so}(6)$ のベクトル表現は $\mathrm{su}(4)$ の基本表現を反対称に組んだものなので，Φ_{ab} は反対称である．$F_{\alpha\beta}, \bar{F}_{\dot{\alpha}\dot{\beta}}$ は対称であり，$F_{\mu\nu}$ の自己双対・反自己双対部分に対応する．これらの場は，図 7.1 のように超対称多重項を成す．

7.3.2　量子異常次元とスピン鎖

単一トレース演算子 (7.34) は複合演算子であり，量子異常次元はその繰り込みを通して求められる．特に，BMN 極限・Frolov-Tseytlin 極限のような場合には，(7.34) は非常に多くの場から成り，多数の演算子の混合を解かなければならない．このような問題は一般に容易ではないが，以下の Minahan と Zarembo による洞察により系統的に解くことができる[165], [166]．

4 次元極大超対称ゲージ理論は共形不変性を持ち，結合定数 g_{YM} はスケール不変である．スケーリング次元 Δ の規格化された演算子 $\mathcal{O}(x)$ の 2 点関数は，

$$\left\langle \bar{\mathcal{O}}(x)\mathcal{O}(y)\right\rangle = \frac{1}{|x-y|^{2\Delta}}\,, \tag{7.38}$$

と書ける．$\bar{\mathcal{O}}$ は $\mathcal{O}$ の双対である．場の理論の繰り込み群の議論に従うと，Δ は古典的（裸の）次元 Δ_0 と繰り込みにより生ずる量子異常次元 γ により，

$$\Delta = \Delta_0 + \gamma\,, \tag{7.39}$$

と表される．裸の演算子 $\mathcal{O}_0$，切断スケール Λ と繰り込みの規格化因子 $Z_{\mathcal{O}}(\Lambda)$ を用いて $\mathcal{O} = Z_{\mathcal{O}}\mathcal{O}_0$ と書くと，γ は，

$$\gamma = \frac{dZ_{\mathcal{O}}}{d\log\Lambda}\cdot Z_{\mathcal{O}}^{-1}\,, \tag{7.40}$$

で与えられる．(7.38), (7.39), (7.40) は裸の 2 点関数が $|x-y|^{-2\Delta_0}(1-2\gamma\log(|x-y|\Lambda)$ となっていることに対応する．繰り込みにおいては，一般に同じ量子数を持つ演算子が混ざり，繰り込まれた演算子は $\mathcal{O}^A = (Z_{\mathcal{O}})^A{}_B \mathcal{O}_0^B$ の形になる．よって，(7.40) の $\gamma, Z_{\mathcal{O}}$ も一般には行列となり，混合を解いて得られる γ の固有演算子の量子異常次元がその固有値で与えられる．

以下，摂動の最低次 $\mathcal{O}(\lambda^0)$ で $Z_{\mathcal{O}} = \mathbb{1}$ とし，簡単化のため，スカラー場のみから成る演算子,

$$\mathcal{O}(x)_{i_1 \ldots i_L} = (Z_{\mathcal{O}})^{j_1 \ldots j_L}_{i_1 \ldots i_L} \operatorname{tr}\Big(\Phi_{j_1}(x) \cdots \Phi_{j_L}(x)\Big), \tag{7.41}$$

を考えよう．(7.35) より，$\Delta_0 = L$ である．量子異常次元を求めるには，(1.35) を Euclid 化した作用から定まるボソンの 3 点・4 点相互作用 $A\Phi\partial\Phi$, $\Phi\Phi\Phi\Phi$, $A\Phi A\Phi$，フェルミオン項からくる 3 点相互作用 $\psi\psi\Phi$, $\bar{\psi}\bar{\psi}\Phi$ などと，伝播関数,

$$\Big\langle(\Phi_j)^A_B(x)(\Phi_k)^{A'}_{B'}(0)\Big\rangle = \delta_{ik} D^{AA'}_{BB'}(x)\,, \ \Big\langle(A_\mu)^A_B(x)(A_\nu)^{A'}_{B'}(0)\Big\rangle = \delta_{\mu\nu} D^{AA'}_{BB'}(x)\,,$$
$$D^{AA'}_{BB'}(x) = \frac{g^2_{\mathrm{YM}}}{8\pi^2}\frac{1}{|x|^2}\Big(\delta^A_{B'}\delta^{A'}_B - \frac{1}{N}\delta^A_B\delta^{A'}_{B'}\Big)\,,$$

を用いた摂動計算をおこなう．ここで，$A, B, \ldots$ は su(N) の添字であり，ゲージ場について Feynman ゲージをとった．$D^{AA'}_{BB'}$ の $1/N$ 項は su(N) のトレースが消えることを保証するがラージ N では無視できる．

$Z_{\mathcal{O}}$ は，通常の複合演算子の繰り込みに従い，Φ_k の因子 $Z_\Phi^{1/2}$ を含んだ,

$$\Big\langle \mathcal{O}(x)_{i_1 \ldots i_L} Z_\Phi^{1/2}\Phi_{k_1}(x_1) \cdots Z_\Phi^{1/2}\Phi_{k_L}(x_L)\Big\rangle,$$

が有限になるように（Z_Φ と共に）定めればよい．$\Phi_{k_l}(x_l)$ の su(N) の添字は省略した．1 ループで寄与する Feynman 図には図 7.2 のような 3 種類のタイプがある．図中の ● で表された相互作用の頂点 (vertex) を経ずに伝播関数が交差する図は，非平面 (non-planar) 図となりラージ N では無視できる．従って，1 ループで主要な寄与を与える図では，“サイト”(j_l, j_{l+1}) が縮約される相手は $(k_{l'}, k_{l'+1})$ のように（トレースの巡回を除いて）隣接するサイトのみとなる．

具体的な計算をおこなうと，(a), (b) タイプの図からの Z 因子への寄与は,

$$\big(Z^{(\mathrm{a})}_{\mathcal{O}}\big)^{j_1 \ldots j_L}_{i_1 \ldots i_L} = \mathbb{1} - \frac{\lambda}{16\pi^2}\log\Lambda \sum_{l=1}^{L} \delta^{j_l}_{i_l}\delta^{j_{l+1}}_{i_{l+1}}\,,$$
$$\big(Z^{(\mathrm{b})}_{\mathcal{O}}\big)^{j_1 \ldots j_L}_{i_1 \ldots i_L} = \mathbb{1} - \frac{\lambda}{16\pi^2}\log\Lambda \sum_{l=1}^{L} \big(2\delta^{j_{l+1}}_{i_l}\delta^{j_l}_{i_{l+1}} - \delta^{j_l}_{i_l}\delta^{j_{l+1}}_{i_{l+1}} - \delta_{i_l i_{l+1}}\delta^{j_l j_{l+1}}\big)\,,$$

$\lambda = g^2_{\mathrm{YM}}N$, $l + L \equiv l$ となる．(c) タイプの図は Φ_j の自己エネルギーを与える．その発散の半分は $Z_\Phi^{1/2} = 1 + (\lambda/8\pi^2)\log\Lambda$ に吸収され，残りの半分は,

$$\big(Z^{(\mathrm{c})}_{\mathcal{O}}\big)^{j_1 \ldots j_L}_{i_1 \ldots i_L} = \mathbb{1} + \frac{\lambda}{8\pi^2}\log\Lambda \sum_{l=1}^{L} \delta^{j_l}_{i_l}\delta^{j_{l+1}}_{i_{l+1}}\,,$$

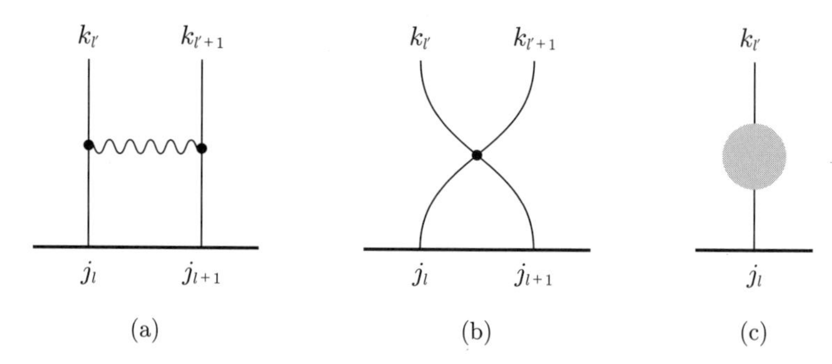

図 7.2　1 ループの $Z_{\mathcal{O}}$ に寄与する Feynman 図．細い実線，波線はそれぞれスカラー場，ゲージ場の伝播関数を表す．下部の太い横線は $\mathcal{O}$ に対応する．(c) の灰色部分はフェルミオンの寄与も含むループを表す．

を与える．(a), (b), (c) の寄与を合わせた全体の因子 $Z_{\mathcal{O}} = Z_{\mathcal{O}}^{(a)} Z_{\mathcal{O}}^{(b)} Z_{\mathcal{O}}^{(c)}$ は，

$$(Z_{\mathcal{O}})_{i_1 \ldots i_L}^{j_1 \ldots j_L} = \mathbb{1} + \log\Lambda \cdot \Gamma\,,$$
$$\Gamma := \frac{\lambda}{16\pi^2} \sum_{l=1}^{L} \big(\mathcal{K}_{l,l+1} + 2\mathbb{1}_{l,l+1} - 2\mathcal{P}_{l,l+1}\big)\,, \tag{7.42}$$

となる．ここで，λ の 1 次までとり，

$$\mathcal{K}_{l,l+1} = \delta_{i_l i_{l+1}} \delta^{j_l j_{l+1}}\,, \quad \mathbb{1}_{l,l+1} = \delta_{i_l}^{j_l} \delta_{i_{l+1}}^{j_{l+1}}\,, \quad \mathcal{P}_{l,l+1} = \delta_{i_l}^{j_{l+1}} \delta_{i_{l+1}}^{j_l}\,,$$

とした．$\Gamma = \frac{dZ_{\mathcal{O}}}{d\log\Lambda} \cdot Z_{\mathcal{O}}^{-1}$ であり，(7.39), (7.40) より，この Γ を対角化すると量子異常次元と対応する演算子が求まる*3)．

Γ は隣接するサイト $l, l+1$ の空間に働く演算子の和であり，4 章で見たスピン鎖模型のハミルトニアンと同じ構造をしている．また，演算子 (7.34) は，χ_l をサイト l にあるスピン自由度とする“スピン鎖”と見なせる．tr によりこの“スピン鎖”は周期的となる．特に，6 つの Φ_j から成る (7.41) 中の演算子は，$\vec{\Phi}$ を so(6) スピンとする周期的な so(6) スピン鎖と同一視できる（図 7.3）この時，Γ はこのスピン鎖に作用する演算子となる．では，このような形式的な対応の下で Γ はどのような意味を持つであろうか? 驚くことに，

$$\sum_l \big(c_{\mathcal{K}} \mathcal{K}_{l,l+1} + c_{\mathbb{1}} \mathbb{1}_{l,l+1} + c_{\mathcal{P}} \mathcal{P}_{l,l+1}\big)\,,$$

をハミルトニアンとする so(n) スピン鎖模型は，係数が $c_{\mathcal{P}}/c_{\mathcal{K}} = -(n-2)/2$ を満たす時に可積分となることが知られており[95],[96]，Γ は可積分な so(6) スピン鎖模型のハミルトニアンと見なせるのである! 従って，(7.41) の演算子の 1 ループ量子異常次元の計算は，可積分な so(6) スピン鎖模型のハミルトニアンの対角化に帰着し，4 章で議論した Bethe 仮説法を用いることができる．

単一トレース演算子の構成要素 χ_l を Φ_j 以外の共変微分 D_μ やフェルミオ

*3)　(a), (c) の寄与は，$\mathbb{1}$ に比例することは予めわかり，例えば $\mathrm{tr}\, Z^L$ の量子異常次元がないことを用いると，その係数も摂動計算をせずに求まる[166]．

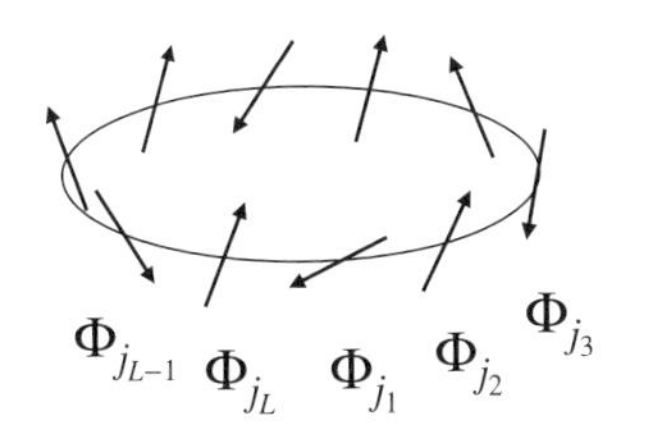

図 7.3　$\mathrm{tr}\left(\Phi_{j_1}(x)\cdots\Phi_{j_L}(x)\right)$ と周期的 so(6) スピン鎖の同一視.

ン場とした時も，1 ループの量子異常次元を与える Γ は，対応する様々なスピン自由度を持つ可積分なスピン鎖模型のハミルトニアンとなる．このような一般の場合については 7.3.5 節で再び議論する．

以上の議論をまとめると，次のようになる：

> 単一トレース演算子のスペクトル（スケーリング次元）を求める過程で補助的なスピン鎖が同定され，そのスピン鎖を通して極大超対称ゲージ理論の "量子可積分性" が立ち現れた．

本書のこれまでの議論の多くは，この特筆すべき結果を理解するための "長い準備" でもあった．

7.3.3　量子異常次元の具体例

(7.42) の Γ を用いて，量子異常次元の具体的な計算をしてみよう．簡単な場合は，Bethe 仮説を用いることなく直接対角化が可能である．以下，

$$\mathcal{O}[\psi] := \psi^{j_1\cdots j_L}\,\mathrm{tr}\Big(\Phi_{j_1}(x)\cdots\Phi_{j_L}(x)\Big)\,, \tag{7.43}$$

としよう．トレース内の巡回対称性に対応して $\psi^{j_1\cdots j_L} = \psi^{j_2\cdots j_L j_1}$ と ψ も巡回不変にとる．Γ の作用は，

$$\Gamma\mathcal{O}[\psi] = \psi^{j_1\cdots j_L}\Gamma^{k_1\cdots k_L}_{j_1\cdots j_L}\,\mathrm{tr}\Big(\Phi_{k_1}(x)\cdots\Phi_{k_L}(x)\Big) = \mathcal{O}[\Gamma\psi]\,,$$

$(\Gamma\psi)^{j_1\cdots j_L} = \Gamma^{k_1\cdots k_L}_{j_1\cdots j_L}\psi^{j_1\cdots j_L}$ と書けるので，ψ を Γ の固有ベクトルととれば，対応する演算子 $\mathcal{O}[\psi]$ も固有演算子となる．

小西演算子

最も簡単な例として $\psi^{ij} = \delta^{ij}$ となる**小西演算子**を考えよう：

$$\mathcal{O}_{\mathrm{KO}} = \mathrm{tr}\big(\Phi_j\Phi_j\big)\,. \tag{7.44}$$

この時，$\mathcal{P}_{12}\psi = \psi$, $\mathcal{K}_{12}\psi = 6\psi$, また，$\mathcal{P}_{21}, \mathcal{K}_{21}$ についても同様なので，

$$\Gamma\mathcal{O}_{\mathrm{KO}} = \frac{3\lambda}{4\pi^2}\mathcal{O}_{\mathrm{KO}}\,,$$

となり，Γ の固有値は，知られている量子異常次元の結果と一致する[167]．

BMN 演算子

次に，保留となっていた 7.2.4 節の BMN 演算子の量子異常次元の計算例として，$Z = \Phi_5 + i\Phi_6$ から成る真空に 2 つの "不純物" Φ_j, Φ_k がある場合，

$$\mathcal{O}_{\text{BMN}} = \sum_{l=0}^{J} \psi_l \operatorname{tr}\bigl(\Phi_j Z^l \Phi_k Z^{J-l}\bigr),$$

$j \neq k,\ j,k = 1, ..., 4,$ を考えよう．ψ_l が j,k の入れ替えについて対称・反対称な場合 $\psi_l = \pm\psi_{J-l}$ があるが，どちらの場合も Γ の作用は，

$$(\Gamma\psi)_l = -\frac{\lambda}{4\pi^2}\left[\psi_{l+1} + \psi_{l-l} - 2\psi_l + \frac{1}{2}(\delta_{l0} - \delta_{lJ})(\psi_0 - \psi_J)\right],$$

となる．よって，対称 (S)・反対称 (A) な場合の Γ の固有値・固有ベクトルは，

$$\begin{aligned}
\gamma_n^{\text{S}} &= \frac{\lambda}{\pi^2}\sin^2\!\left(\frac{\pi n}{J+1}\right), \quad \psi_l^{\text{S}} = \cos\left[\frac{(2l+1)\pi n}{J+1}\right], \\
\gamma_n^{\text{A}} &= \frac{\lambda}{\pi^2}\sin^2\!\left(\frac{\pi n}{J+2}\right), \quad \psi_l^{\text{A}} = \sin\left[\frac{2(l+1)\pi n}{J+2}\right],
\end{aligned} \tag{7.45}$$

$n = 1, ..., J+1,$ となる[168]．$J, l \gg 1$ とすると，$\mathcal{O}_{\text{BMN}}$ は (7.29) に一致し，固有値も $\gamma_n^{\text{S,A}} \to \lambda' n^2$ となり (7.30) に正確に一致する．(7.45) では (7.29) で考慮していなかった j,k の入れ替え対称性も読み取れる．これらの導出の過程は，4.4.5 節の座標 Bethe 仮説の場合の計算と同様である．

7.3.4 so(6) Bethe 仮説方程式

Frolov-Tseytlin 極限のように "不純物" Φ_j の数も大きくなる一般の場合には，Γ の固有値は Bethe 仮説を用いて求めることになる．今考えている so(6) のベクトル表現は su(4) の Dynkin ラベルを [0,1,0] とする最高ウェイト表現に対応する．例えば，su(4) の Cartan 行列 $C_{pq} = 2\delta_{p,q} - \delta_{p,q+1} - \delta_{p,q-1}$，および so(6) と su(4) の単純ルートの関係 $\alpha_j^{\text{so}(6)} = \alpha_{3-j}^{\text{su}(4)} \pmod 3$ を用いて，so(6) のベクトル表現に対する Bethe 仮説方程式 (4.59) を書き下すと，

$$\begin{aligned}
1 &= \prod_{k\neq j}^{K_2} \frac{u_{2,j} - u_{2,k} + i}{u_{2,j} - u_{2,k} - i} \prod_{k=1}^{K_1} \frac{u_{2,j} - u_{1,k} - \frac{i}{2}}{u_{2,j} - u_{1,k} + \frac{i}{2}}, \\
\left(\frac{u_{1,j} + \frac{i}{2}}{u_{1,j} + \frac{i}{2}}\right)^L &= \prod_{k\neq j}^{K_1} \frac{u_{1,j} - u_{1,k} + i}{u_{1,j} - u_{1,k} - i} \prod_{k=1}^{K_2} \frac{u_{1,j} - u_{2,k} - \frac{i}{2}}{u_{1,j} - u_{2,k} + \frac{i}{2}} \prod_{k=1}^{K_3} \frac{u_{1,j} - u_{3,k} - \frac{i}{2}}{u_{1,j} - u_{3,k} + \frac{i}{2}}, \\
1 &= \prod_{k\neq j}^{K_3} \frac{u_{3,j} - u_{3,k} + i}{u_{3,j} - u_{3,k} - i} \prod_{k=1}^{K_1} \frac{u_{3,j} - u_{1,k} - \frac{i}{2}}{u_{3,j} - u_{1,k} + \frac{i}{2}},
\end{aligned} \tag{7.46}$$

となる．L はスピン鎖の長さである．この時，(スピン鎖のエネルギー) = (量子異常次元) は，(4.27) と同様に，

$$\gamma = \frac{\lambda}{8\pi^2}\sum_{j=1}^{K_1} \epsilon(u_{1,k}), \qquad \epsilon(u) = \frac{1}{u^2 + 1/4}, \tag{7.47}$$

となる．単一トレース演算子の巡回対称性に対応して，スピン鎖の全運動量が消える状態を考えるため，以下の拘束を課す：

$$\exp\left[i\sum_{j=1}^{K_1}p(u_{1,j})\right]=\prod_{j=1}^{K_1}\frac{u_{1,j}+\frac{i}{2}}{u_{1,j}-\frac{i}{2}}=1\,. \tag{7.48}$$

例えば，Z が J 個並んだ真空に 2 つの励起がある，$L=J+2,\ K_1=2, K_2=K_3=0$ の場合を考えると，

$$u_{1,1}=-u_{1,2}\,,\qquad \left(\frac{u_{1,j}+i/2}{u_{1,j}-i/2}\right)^{L-1}=1\,, \tag{7.49}$$

を満たす $u_{1,1},u_{1,2}$ は (7.46), (7.48) の解である．この時，

$$p(u_{1,1})=-p(u_{1,2})=\frac{2\pi n}{J+1}\,,\quad \epsilon(u_{1,1})=\epsilon(u_{1,2})=4\sin^2\frac{\pi n}{J+1}\,,$$

となり，(7.45) の γ_n^{S} を得る．γ_n^{A} に対応する解は，$K_1=2, K_2=1, K_3=0$ として，上の解に $u_2=0$ を加えたものである．

対称性により同じ so(6) の表現に属する演算子は同じ量子異常次元を持ち，4.4.4 節で見たように，Bethe 仮説方程式の解は最高ウェイト状態に対応する．従って，量子異常次元を求めるには，まず与えられた演算子を表現で分解し，各表現に対する最高ウェイト状態の量子異常次元を Bethe 仮説の結果から読み取ればよい．例えば，su(2) スピンの合成で $|\uparrow\downarrow\rangle+|\downarrow\uparrow\rangle$ とするとスピン 1 状態が得られるように，(7.29), (7.45) の係数は，定まった表現に分解するための係数となっている．4.4.4 節と同様に，(7.46) の Bethe ルートの数 K_j と so(6) の表現の最高ウェイト (J,J_1,J_2) の間には，

$$(K_1,K_2,K_3)=\frac{1}{2}(2L-2J,\ L-J-J_1+J_2,\ L-J-J_1-J_2)\,, \tag{7.50}$$

の関係があり，(7.46) の解と演算子が対応付けられる．これは，各ルート $u_{p,j}$ が単純ルート α_p 分だけウェイトを下げることに対応している．

Frolov-Tseytlin 極限

Bethe 仮説方程式 (7.46) を L, K_p が大きな極限で解くと，Frolov-Tseytlin 極限 (7.33) を通して，ゲージ理論のスケーリング次元 Δ と弦の古典解のエネルギー E が比較できる．例えば，3.2.3 節で述べた $\mathrm{S}^3\subset\mathrm{S}^5$ 中で 2 つのスピンを持つ折畳解は，チャージの対応から，$\mathrm{tr}\,Z^J$ に複素スカラー場 $\Phi_1+i\Phi_2$ を挿入した演算子に対応する．弦のエネルギーの展開 (3.34) 中の $\epsilon_1(x),\ x=J_1/(J+J_1)$ はゲージ理論側の Δ の 1 ループ部分に相当するが*4)，この場合の Bethe 仮説方程式から，$\epsilon_1(x)$ の関数形全体が正確に再現される[75]．これは，Frolov-Tseytlin 極限での対応の非常に非自明な検証となっている．

*4) (3.34) での J_1, J_2 を J, J_1 とおいた．

7.3.5　1 ループ psu(2, 2|4) Bethe 仮説方程式

7.3.2 節–7.3.4 節では，主にスカラー場 Φ_j のみから成る単一トレース演算子を考えたが，共変微分 D_μ，フェルミオン $\psi_{\alpha a}, \bar{\psi}^a_{\dot\alpha}$ も含めた全ての構成要素を用いた演算子ではどうなるだろうか? 原理的には，7.3.2 節と同様の摂動計算を全ての演算子についておこなえばよいのであるが容易ではない．

しかし，Feynman 図の構造と理論の対称性を用いて，1 ループのスケール変換演算子 Γ を決定することができる[169]．結果として得られる Γ は，可積分な psu(2, 2|4) スピン鎖模型のハミルトニアンとなる[170]．psu(2, 2|4) はフェルミオンも含む超 Lie 代数であるが，このスピン鎖模型の Bethe 仮説方程式はやはり (4.59) の形となる．超 Lie 代数の Dynkin 図では，フェルミオン的ルートの取り扱いに自由度があり，psu(2, 2|4) の Dynkin 図とり方の 1 つとして図 7.4 (a) の形がある．$\otimes$ はフェルミオン的な単純ルートを表す．この時，Cartan 行列と，Γ に対応する表現の Dynkin ラベルは，

$$C = \left(\begin{array}{c|c|ccc|c|c} -2 & +1 & & & & & \\ \hline +1 & & -1 & & & & \\ \hline & -1 & +2 & -1 & & & \\ & & -1 & +2 & -1 & & \\ & & & -1 & +2 & -1 & \\ \hline & & & & -1 & & +1 \\ \hline & & & & & +1 & -2 \end{array}\right), \qquad \kappa = \left(\begin{array}{c} 0 \\ \hline 0 \\ \hline 0 \\ 1 \\ 0 \\ \hline 0 \\ \hline 0 \end{array}\right),$$

となる．空白部分の要素は 0 である．Γ の固有値（量子異常次元）は $u_{1,j}$ のみで表され，(7.47) と同じ表式となる．Bethe ルートは，単一トレース演算子の巡回対称性から従う (7.48) を満たす必要がある．

(7.50) と同様に，対応する単一トレース演算子の表現は Bethe ルートの数により決まる．(7.36) の Dynkin ラベル，古典的（$\mathcal{O}(g^0)$ の）スケーリング次元 Δ_0，u(2, 2|4) に含まれる u(1) のチャージ B，$B(\Phi_j) = B\bigl(D_\mu\bigr) = 0$,

$$B(\psi_{\alpha a}) = +\frac{1}{2}, \quad B(\psi^a_{\dot\alpha}) = -\frac{1}{2}, \quad B\bigl(F_{\alpha\beta}\bigr) = +1, \quad B\bigl(F_{\dot\alpha\dot\beta}\bigr) = -1,$$

を用いると，対応は，

$$\begin{pmatrix} K_6 \\ K_4 \\ K_2 \\ K_1 \\ K_3 \\ K_5 \\ K_7 \end{pmatrix} = \begin{pmatrix} \frac{1}{2}\Delta_0 - \frac{1}{2}(L-B) - \frac{1}{2}s_+ \\ \Delta_0 - \phantom{\frac{1}{2}}(L-B) \\ \Delta_0 - \frac{1}{2}(L-B) - \frac{1}{4}(2p+3q_1+q_2) \\ \Delta_0 \qquad\qquad\qquad - \frac{1}{2}(2p+q_1+q_2) \\ \Delta_0 - \frac{1}{2}(L+B) - \frac{1}{4}(2p+q_1+3q_2) \\ \Delta_0 - \phantom{\frac{1}{2}}(L+B) \\ \frac{1}{2}\Delta_0 - \frac{1}{2}(L+B) - \frac{1}{2}s_- \end{pmatrix}, \tag{7.51}$$

となる．$K_4 = K_5 = K_6 = K_7 = 0$ とすると，$u_{p,j}$ $(p = 1, 2, 3)$ のみの Bethe 仮説方程式となり (7.46) に帰着する．

図 7.4　psu(2, 2|4) の Dynkin 図の例.

7.4　ゲージ-重力対応の古典/量子可積分性

7.3 節では，演算子のスペクトル問題を通して極大超対称ゲージ理論の量子可積分性が現れることを述べた．スケーリング次元を与える Bethe 仮説方程式を，角運動量が大きな極限（Frolov-Tseytlin 極限）で解析すると，弦理論側の古典可積分性とゲージ理論側の量子可積分性が結び付く[76]．

7.4.1　su(2) セクター

以下，簡単化のためスカラー場のみから成る (7.43) の形の演算子をとり，Bethe 仮説方程式 (7.46) で $K_2 = K_3 = 0$ となる場合を考えよう．この時，(7.46) は su(2) スピン鎖模型の (4.22) に帰着する．(7.50) により，スピン鎖の長さ，および，対応する so(6) の表現の最高ウェイトは，

$$L = J + J_1\,, \qquad (J, J_1, J_2) = (L - K_1, K_1, 0)\,. \tag{7.52}$$

これは，真空 $\operatorname{tr} Z^J$ に K_1 個の $X := \Phi_1 + i\Phi_2$ を挿入した演算子に対応する．スケール変換演算子 D' と J, J_1 は交換するので，同じ J, J_1 を持つ演算子が混合して D' の固有演算子となる．Z, X を上，下向きスピン $\uparrow, \downarrow$ と同定すると，

$$\operatorname{tr}\bigl(ZZXZX\cdots\bigr) \;\approx\; |\uparrow\uparrow\downarrow\uparrow\downarrow\cdots\rangle,$$

のように su(2) スピン鎖との対応が顕わとなる．定まった J, J_1 を持つこの形の演算子の集合を **su(2) セクター**と呼ぶ．チャージの保存により，このセクターは（摂動の全次数で）演算子の混合問題において閉じている．

さて，su(2) セクターの Bethe 仮説方程式で，角運動量が大きな $L \gg 1$ の場合を調べていこう．まず，4.4 節の (4.22) から (4.34) への書き換えと同様に，(7.46) で $K_2 = K_3 = 0$ とした方程式の両辺の対数をとり，Bethe ルートを $u_j = Lx_j$ $(L \to \infty)$ とスケールすると，Bethe 方程式は，

$$\frac{1}{x_j} = \frac{2}{L}\sum_{k\neq j}^{K}\frac{1}{x_j - x_k} - 2\pi n_j \qquad (n_j \in \mathbb{Z})\,, \tag{7.53}$$

となる．ここで $K := K_1$ とした．拘束条件 (7.48) も同様に次のようになる：

$$\frac{1}{L}\sum_{k=1}^{K}\frac{1}{x_k} = 2\pi m \qquad (m \in \mathbb{Z})\,. \tag{7.54}$$

ルートは経路 **C** 上に分布するとして，密度関数 $\rho(x)$，レゾルベント $G(x)$ を，

$$\rho(x)=\frac{1}{L}\sum_{k=1}^{K}\delta(x-x_k)\,,\quad G(x)=\frac{1}{L}\sum_{k=1}^{K}\frac{1}{x-x_k}=\int_{\mathbf{C}}d\xi\frac{\rho(\xi)}{x-\xi}\quad(x\notin\mathbf{C})\,,$$

により導入する．3.3 節の場合と同様に，定義から，

$$G(x-i0)-G(x+i0)=2\pi i\rho(x)\,,\quad G(x+i0)+G(x-i0)=⨍_{\mathbf{C}}\frac{2\rho(\xi)d\xi}{x-\xi}\,,$$

が成り立つ．$G(x)$ を用いると，(7.53), (7.54) は，

$$\begin{aligned}&G(x_k+i0)+G(x_k-i0)=\frac{1}{x_k}+2\pi n_k\quad(x_k\in\mathbf{C})\,,\\&\frac{-1}{2\pi i}\oint_{\mathbf{C}}\frac{G(x)}{x}dx=\int_{\mathbf{C}}\frac{\rho(\xi)}{\xi}d\xi=2\pi m\,,\end{aligned}\tag{7.55}$$

となる．$\oint$ は時計回りの周回積分である．また，量子異常次元 (7.47) は，

$$\gamma=\frac{\lambda}{8\pi^2L}\cdot\frac{-1}{2\pi i}\oint_{\mathbf{C}}\frac{G(x)}{x^2}dx=\frac{\lambda}{8\pi^2L}\int_{\mathbf{C}}\frac{\rho(\xi)}{\xi^2}d\xi\,,\tag{7.56}$$

と表される．同様に，あるいは，$G(x)\to K/(Lx)$ $(x\gg1)$ を用いて，

$$\frac{-1}{2\pi i}\oint_{\mathbf{C}}G(x)\,dx=\int_{\mathbf{C}}\rho(\xi)d\xi=\frac{K}{L}\,,\tag{7.57}$$

を得る．Bethe 仮説方程式と運動量の拘束が $G(x)$ を用いて (7.55) で表され，その解から，γ と $K=J_1=L-J$ が (7.56), (7.57) により得られる訳である．

7.4.2 弦理論の古典可積分性とゲージ理論の量子可積分性

上の結果を，3.3 節の S^3 中で回転する弦の有限帯解と比べてみよう．まず，古典弦側の方程式系 (3.51), (3.46) とゲージ理論側の方程式系 (7.55), (7.56), (7.57) はよく似ているが特異点の構造が異なる．しかし，古典弦側で $x=\frac{4\pi L}{\sqrt{\lambda}}x'$ と変数をスケールし，x' を改めて x とおくと，(3.51), (3.46) は，

$$\begin{aligned}&⨍_{\mathbf{C}}\frac{2\rho(\xi)d\xi}{x-\xi}=\frac{E}{L}\frac{x}{x^2-\frac{\lambda}{16\pi^2L^2}}+2\pi n\quad(x\in\mathbf{C})\,,\\&\int_{\mathbf{C}}\frac{\rho(\xi)}{\xi}d\xi=2\pi m\,,\\&\int_{\mathbf{C}}\rho(\xi)d\xi=\frac{E-|Q_{\mathrm{R}}|}{2L}\,,\qquad\frac{\lambda}{8\pi^2L}\int_{\mathbf{C}}\frac{\rho(\xi)}{\xi^2}d\xi=E-|Q_L|\,,\end{aligned}\tag{7.58}$$

となる．ここで，$E=\sqrt{\lambda}\kappa$ を用いた．チャージ $Q_{\mathrm{L}}^A,Q_{\mathrm{R}}^A$ $(A=1,2,3)$ は (3.35) の $g\in\mathrm{SU}(2)$ に対する $\mathrm{SU_L}(2)\times\mathrm{SU_R}(2)$ 変換，$g\mapsto h_{\mathrm{L}}gh_{\mathrm{R}}$，を生成する．(3.35) の $Z_j,\bar{Z}_j$ $(j=1,2)$ で見ると，$(Z_1,-\bar{Z}_2)$, $(Z_2,\bar{Z}_1)$ が Q_{L}^A の 2 重項であり，(3.38) の規格化の下では Z_1, Z_2 共に $Q_{\mathrm{L}}^3=+1$ を持つ．(Z_1,Z_2), $(-\bar{Z}_2,\bar{Z}_1)$ は Q_{R}^A の 2 重項であり，Z_1, Z_2 はそれぞれ $Q_{\mathrm{R}}^3=+1,-1$ を持つ．

ゲージ理論側の対称性と比較すると，この変換は 4 つのスカラー場に作用する SO(4) 変換に対応する．(3.35) の Z_j とゲージ理論の複素スカラー場 Z,X

を $Z_1 = Z, Z_2 = X$ と同定すると，$\mathrm{SO}(4) \simeq \mathrm{SU_L}(2) \times \mathrm{SU_R}(2)$ の分解に従い，チャージは $Q^3_\mathrm{L} = J + J_1, Q^3_\mathrm{R} = J - J_1$ とおける．古典解が最高ウェイト状態に対応していて $|Q_\mathrm{L,R}| = Q^3_\mathrm{L,R}$ であるとすると，チャージ (7.52) を持つ su(2) セクターの演算子に対応する古典解側のチャージは，

$$E = \Delta\,, \quad |Q_\mathrm{L}| = L\,, \quad |Q_\mathrm{R}| = L - 2K\,, \tag{7.59}$$

となる．この時 (7.58) の第 1 式より，$\lambda/L^2 \ll 1$ で $E = L + \mathcal{O}(\lambda/L)$ となるので，(7.58) の他の式は (7.55), (7.56), (7.57) に一致することがわかる．即ち，BMN/Frolov-Tseytlin 極限において，弦の有限帯解とゲージ理論側の Bethe 仮説方程式の解がチャージの規格化も含めて正確に対応する．よって，古典弦のエネルギー E と単一トレース演算子のスケーリング次元 Δ も一致する．これは，7.3 節で見た，BMN/Frolov-Tseytlin 極限での弦の古典解/ゲージ理論の演算子のスペクトルの一致を統合・一般化するものである．

このような弦の古典可積分性とゲージ理論の量子可積分性の対応は，一般の psu(2, 2|4) Bethe 仮説方程式の場合にも成り立つ[171],[172]．従って，大きな角運動量を持つ $\mathrm{AdS}_5 \times \mathrm{S}^5$ 中の超弦の有限帯解と極大超対称ゲージ理論の単一トレース演算子の定量的な対応が超対称性を大きく破る場合にも成立する．

BNM 演算子

具体例として，3.3.1 節の縮退解を考えよう．(3.52) に (7.59) を代入すると，

$$\sum_k N_k n_k = 0\,, \quad \sum_k N_k = K\,, \quad \sum_k N_k \sqrt{1 + \lambda \frac{n_k^2}{E^2}} = \Delta - J\,,$$

となり，第 1 式は Penrose 極限での弦の拘束条件 (7.22) に，第 3 式は $\lambda/L^2 \ll 1$, $E = L + \mathcal{O}(\lambda/L)$ の下で（量子化された）弦のスペクトル (7.20), (7.27) と一致する．即ち，“不純物” X の数 K が一般の場合に，Penrose 極限での弦のエネルギーは $\lambda/L^2 \ll 1$ でのゲージ理論演算子のスケーリング次元と一致する．

7.5 ゲージ-重力対応の有限結合スペクトル

7.3 節，7.4 節では，極大超対称ゲージ理論の 1 ループ量子異常次元が Bethe 仮説方程式で与えられること，また，そのスペクトルが BMN/Frolov-Tseytlin 極限で古典弦のスペクトルと一致することを見た．この結果は摂動の高次，さらに有限の 't Hooft 結合の場合に拡張される．

7.5.1 高次ループとスピン鎖の長距離相互作用

1 ループの結果を高次のループへ直接的に拡張するには，高次ループの混合問題を解き，量子補正を受けたスケーリング演算子が可積分なスピン鎖のハミルトニアンになることを確かめ $\cdots$, と進んでいけばよい．しかし，高次のルー

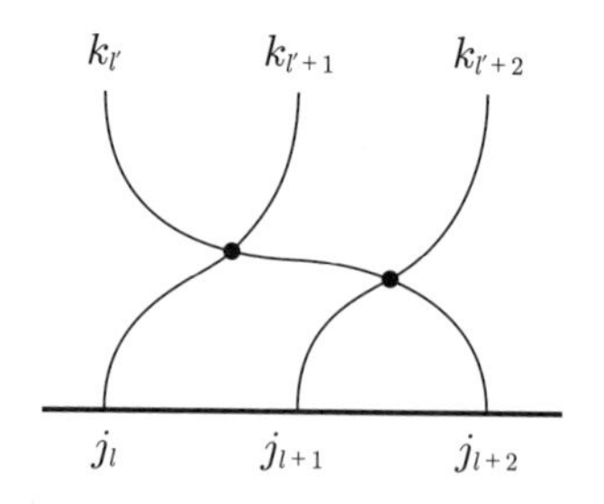

図 7.5　2 ループの $Z_{\mathcal{O}}$ に寄与する Feynman 図の例.

プ計算を実行するのは（BMN 極限においてさえ）容易ではない．また，7.3.2 節で見たように，ラージ N の 1 ループでは演算子の繰り込みに寄与するのは“隣接する”サイト（演算子）の関わる縮約のみであったが，ℓ 次のループでは相互作用項をつなげることで ℓ サイト離れた縮約も寄与する（図 7.5）．スピン鎖の見方では，これは ℓ サイト離れたスピンの相互作用に対応し，4 章で扱ったような，隣接相互作用に基づく解析はできなくなる．摂動の次数を上げると $\ell \gg 1$ となり，遠く離れたサイトの相互作用を含むスピン鎖を考えることになる．このようなスピン鎖を**長距離スピン鎖** (long-range spin chain) と呼ぶ.

例えば，7.4.1 節で考えた su(2) セクターの場合は，Heisenberg スピン鎖を拡張する可積分な長距離スピン鎖（**Inozemtsev スピン鎖**）模型が知られている．この模型は高次ループの量子異常次元を記述する可積分模型の候補と考えられ，具体的な摂動計算・Feynman 図の構造・対称性・可積分性の仮定などに基づくゲージ理論の詳しい解析もなされたが，3 ループ以上で弦理論側の Penrose/Frolov-Tseytlin 極限と整合しないことがわかっている[173], [174].

7.5.2　ハミルトニアンから S 行列へ

高次ループの困難を解決するヒントとして，5.7 節での議論を思い出そう．可積分な系の S 行列がわかっている時，Bethe 仮説方程式は与えられた S 行列に対する周期的境界条件を表す Bethe-Yang 方程式 (5.56) と見なせる．従って，摂動の高次でも可積分性が成り立つと仮定すると，何らかの方法で S 行列が得られれば Bethe 仮説方程式が書き下せる．一旦ハミルトニアン（スケーリング演算子）を忘れて S 行列に注目した場合でも，既知の結果と整合するハミルトニアンの固有値の形は限られる．このようにハミルトニアンから S 行列へ視点を変えることで新たな見通しが開けるのである[175].

実際，摂動論や対称性から得られる 1 ループ・高次ループの知見，制限されたセクターの結果，Penrose/Frolov-Tseytlin 極限などでの弦理論側の知見を総合し，7.3.5 節の全セクターの結果を摂動論の全次数に拡張する Bethe 仮説方程式とスケーリング次元の表式が提案された．この方程式を **Beisert-Staudacher 方程式**という[174], [176]．具体的な表式は 7.5.4 節で述べる.

さらに，5.5 節の議論を思い出すと，S 行列は系の対称性により強く制限される．様々な知見を統合して提案された Beisert-Satudacher 方程式中の S 行列も 5.5 節の su(2) S 行列と同様に，対称性によりほぼ決定されることがわかる．

7.5.3 中心拡大された su(2|2) 対称性を持つ S 行列

時系列を逆転させて，対称性により S 行列がどのように定まるかをまず議論しよう[177]~[180]．5.7 節で見たように，su(2) スピン鎖では上向きスピンだけから成る強磁性真空上の励起は下向きスピンのみであり，励起間の S 行列はスカラーになる．su(3) スピン鎖では励起は 2 種類あり，S 行列はこれらの励起を変換する $\mathrm{su}(2) \subset \mathrm{su}(3)$ 対称性を持つ．スケーリング次元を与える $\mathrm{psu}(2,2|4)$ スピン鎖では，BMN 真空 $\mathrm{tr}\, Z^J$ の周りの励起は 7.3.1 節で見たように，スカラー場 Φ_j，フェルミオン $\psi_{\alpha a}, \bar{\psi}^a_{\dot{\alpha}}$，共変微分 D_μ である．量子数の対応から 3 つのボソンが 2 つのフェルミオンになる変換 $\Phi\Phi\Phi \to \psi\psi$ が許され，一般に励起の数（“粒子数”）は変化する．S 行列の対称性は，励起の数を変化させない励起間の変換であり，2 組の psu(2|2) を**中心拡大** (central extension) したものとなる*5)．中心電荷を $\mathcal{C}$ として，これを $\left[\mathrm{psu}(2|2)\oplus\mathrm{psu}(2|2)\right]_{\mathcal{C}}$ と書く．

この変換の $\left[\mathrm{psu}(2|2)\right]_{\mathcal{C}} \simeq \mathrm{su}(2|2)$ 部分の生成子は ${\mathcal{R}^a}_b, {\mathcal{L}^\alpha}_\beta, {\mathcal{Q}^\alpha}_a, {\mathcal{S}^a}_\alpha, \mathcal{C}$ から成る．${\mathcal{R}^a}_b$ は $Z = \Phi_5 + i\Phi_6$ 以外の複素スカラー場 ϕ^a $(a = 1, 2)$ に作用する $\mathrm{su}(2) \subset \mathrm{su}(4) \simeq \mathrm{so}(6)$ の生成子である．(7.37) の su(4) 記法で $Z \sim \Phi_{34}$ とすると，$\phi^1 \sim \Phi_{14}$, $\phi^2 \sim \Phi_{24}$ ととれる．${\mathcal{L}^\alpha}_\beta$ は ϕ^a の超対称パートナーとなるドットなしスピノル $\psi^\alpha \sim \psi_{\alpha 4}$ $(\alpha = 1, 2)$ に作用する su(2) 生成子であり，${\mathcal{Q}^\alpha}_a$ は ϕ^a と ψ^α を変換する．${\mathcal{S}^a}_\alpha$ は対応する “超共形変換” である．$\left[\mathrm{psu}(2|2)\oplus\mathrm{psu}(2|2)\right]_{\mathcal{C}}$ 中の残りの psu(2|2) は，${\mathcal{R}^a}_b$ と独立な su(2) 生成子 ${\mathcal{R}^{\dot{a}}}_{\dot{b}}$，ドット付きスピノルに作用する su(2) 生成子 ${\mathcal{L}^{\dot{\alpha}}}_{\dot{\beta}}$ と対応する超対称生成子 ${\mathcal{Q}^{\dot{\alpha}}}_{\dot{a}}, {\mathcal{S}^{\dot{a}}}_{\dot{\alpha}}$ から成る．

ここではさらに，2 つの中心電荷 $\mathcal{P}, \mathcal{K}$ を加えた $\left[\mathrm{psu}(2|2)\oplus\mathrm{psu}(2|2)\right]_{\mathcal{C},\mathcal{P},\mathcal{K}}$ 考える．解析の最後に $\mathcal{P} = \mathcal{K} = 0$ とおくことで，元々の代数の表現が得られる．Virasoro 代数の例でもわかるように，中心拡大により多様な表現を取り入れることができる．状態の空間を広げて解析し，最後に元の条件を満たす空間を切り取る過程は，弦の状態空間の構成と類似している．

このように中心拡大された代数において，2 組の psu(2|2) のうちの 1 つに注目し $\left[\mathrm{psu}(2|2)\right]_{\mathcal{C},\mathcal{P},\mathcal{K}} \simeq \left[\mathrm{su}(2|2)\right]_{\mathcal{P},\mathcal{K}}$ を考えると，その代数は，

$$
\begin{aligned}
&[{\mathcal{R}^a}_b, \mathcal{J}^c] = \delta^c_b \mathcal{J}^a - \frac{1}{2}\delta^a_b \mathcal{J}^c, \qquad [{\mathcal{L}^\alpha}_\beta, \mathcal{J}^\gamma] = \delta^\gamma_\beta \mathcal{J}^\alpha - \frac{1}{2}\delta^\alpha_\beta \mathcal{J}^\gamma, \\
&\{{\mathcal{Q}^\alpha}_a, {\mathcal{Q}^\beta}_b\} = \epsilon^{\alpha\beta}\epsilon_{ab}\mathcal{P}, \qquad \{{\mathcal{S}^a}_\alpha, {\mathcal{S}^b}_\beta\} = \epsilon^{ab}\epsilon_{\alpha\beta}\mathcal{K}, \\
&\{{\mathcal{Q}^\alpha}_a, {\mathcal{S}^b}_\beta\} = \delta^b_a {\mathcal{L}^\alpha}_\beta + \delta^\alpha_\beta {\mathcal{R}^b}_a + \delta^b_a \delta^\alpha_\beta \mathcal{C},
\end{aligned}
\tag{7.60}
$$

*5) 超 Lie 代数の中心拡大については例えば [181] 参照.

となる．ここで，$\mathcal{J}^a, \mathcal{J}^\alpha$ は添字の表す表現に属する任意の演算子，ϵ は反対称テンソルである．もう一組の psu(2|2) に共通の中心電荷 $\mathcal{C}, \mathcal{P}, \mathcal{K}$ を加えると，$(a, \alpha, ...) \to (\dot{a}, \dot{\alpha}, ...)$ とした同じ形の代数を成す．

特筆すべきことに，この対称性を満たす 2 体の S 行列は，対称性のみから，スカラー因子といくつかのパラメータを除いて決まってしまう[177]．Yang-Baxter 方程式は自動的に成り立ち*6)，パラメータを適切に選ぶとユニタリ性も満たされる[177]~[180]．5.5 節の su(2) の場合と比べても，対称性の制限が非常に強いことがわかる．

今考えている“スピン鎖模型”の S 行列は非相対論的なものであり，相対論的な場合と異なりラピディティの差ではなく 2 粒子の空間運動量 (p_1, p_2) の関数となる．粒子/励起 ϕ^a, ψ^α の種類を添字 $a, \alpha, ...$ により表し，S 行列を $S^{b\beta}_{a\alpha}(p_1, p_2)$ などと書くと，$\left[\mathrm{psu}(2|2)\right]_{\mathcal{C},\mathcal{P},\mathcal{K}}$ 対称性を持つ S 行列は，

$$
\begin{aligned}
&S^{aa}_{aa} = A\,,\quad S^{ab}_{ab} = \frac{1}{2}(A-B)\,,\quad S^{ba}_{ab} = \frac{1}{2}(A+B)\,,\quad S^{\alpha\beta}_{ab} = -\frac{1}{2}\epsilon_{ab}\epsilon^{\alpha\beta}\,C\,,\\
&S^{\alpha\alpha}_{\alpha\alpha} = D\,,\quad S^{\alpha\beta}_{\alpha\beta} = \frac{1}{2}(D-E)\,,\quad S^{\beta\alpha}_{\alpha\beta} = \frac{1}{2}(D+E)\,,\quad S^{ab}_{\alpha\beta} = -\frac{1}{2}\epsilon^{ab}\epsilon_{\alpha\beta}\,F\,,\\
&S^{a\alpha}_{a\alpha} = G\,,\quad S^{\alpha a}_{a\alpha} = H\,,\qquad S^{a\alpha}_{\alpha a} = K\,,\qquad S^{\alpha a}_{\alpha a} = L\,,
\end{aligned}
$$

$$
\begin{aligned}
A &= S_0\frac{x_2^- - x_1^+}{x_2^+ - x_1^-}\frac{\eta_1\eta_2}{\tilde{\eta}_1\tilde{\eta}_2}\,,\\
B &= -S_0\left[\frac{x_2^- - x_1^+}{x_2^+ - x_1^-} + 2\frac{(x_1^- - x_1^+)(x_2^- - x_2^+)(x_2^- + x_1^+)}{(x_1^- - x_2^+)(x_1^- x_2^- - x_1^+ x_2^+)}\right]\frac{\eta_1\eta_2}{\tilde{\eta}_1\tilde{\eta}_2}\,,\\
C &= S_0\frac{2ix_1^- x_2^-(x_1^+ - x_2^+)\eta_1\eta_2}{x_1^+ x_2^+(x_1^- - x_2^+)(1 - x_1^- x_2^-)}\,,\qquad D = -S_0\,,\\
E &= S_0\left[1 - 2\frac{(x_1^- - x_1^+)(x_2^- - x_2^+)(x_1^- + x_2^+)}{(x_1^- - x_2^+)(x_1^- x_2^- - x_1^+ x_2^+)}\right]\,,\\
F &= S_0\frac{2i(x_1^- - x_1^+)(x_2^- - x_2^+)(x_1^+ - x_2^+)}{(x_1^- - x_2^+)(1 - x_1^- x_2^-)\tilde{\eta}_1\tilde{\eta}_2}\,,\\
G &= S_0\frac{(x_2^- - x_1^-)}{(x_2^+ - x_1^-)}\frac{\eta_1}{\tilde{\eta}_1}\,,\qquad H = S_0\frac{(x_2^+ - x_2^-)}{(x_1^- - x_2^+)}\frac{\eta_1}{\tilde{\eta}_2}\,,\\
K &= S_0\frac{(x_1^+ - x_1^-)}{(x_1^- - x_2^+)}\frac{\eta_2}{\tilde{\eta}_1}\,,\qquad L = S_0\frac{(x_1^+ - x_2^+)}{(x_1^- - x_2^+)}\frac{\eta_2}{\tilde{\eta}_2}\,,
\end{aligned}
\tag{7.61}
$$

$a \neq b, \alpha \neq \beta$, となる．$S_0$ はスカラー因子である．$x_k^\pm$ は，

$$
\frac{x^+}{x^-} = e^{ip}\,,\qquad x^+ + \frac{1}{x^+} - x^- - \frac{1}{x^-} = \frac{i}{g}\,, \tag{7.62}
$$

を満たす運動量 p の関数 $x^\pm(p)$ により $x_k^\pm := x^\pm(p_k)$ で与えられ，Bethe ルートに相当する．g はパラメータであり，ゲージ理論との対応では結合定数と，

$$
(4\pi g)^2 = \lambda = g_{\mathrm{YM}}^2 N\,,
$$

*6) S 行列は一般には“ツイスト”された Yang-Baxter 方程式を満たす．

により関係付けられる．パラメータ $\eta_{1,2}, \tilde{\eta}_{1,2}$ には基底のとり方などにより自由度があるが，ユニタリ性を課すと，例えば位相因子 $e^{i\varphi}$ をパラメータとして，

$$\eta(p) := e^{i\varphi}\sqrt{i(x^- - x^+)}\,, \tag{7.63}$$
$$\eta_1 = \eta(p_1)e^{\frac{i}{2}p_2}\,, \quad \eta_2 = \eta(p_2)\,, \quad \tilde{\eta}_1 = \eta(p_1)\,, \quad \tilde{\eta}_2 = \eta(p_2)e^{\frac{i}{2}p_1}\,,$$

と表せる．中心電荷 $\mathcal{C}$ はゲージ理論との対応では量子異常次元に相当し，

$$\mathcal{C} = \sum_k \mathcal{C}_k\,, \quad \mathcal{C}_k = \frac{1}{2} + \left(\frac{ig}{x_k^+} - \frac{ig}{x_k^-}\right) = \pm\frac{1}{2}\sqrt{1 + 16g^2\sin^2\frac{p_k}{2}}\,, \tag{7.64}$$

と各粒子からの寄与 $\mathcal{C}_k$ の和となる．元の代数に戻る条件 $\mathcal{P} = \mathcal{K} = 0$ は，

$$1 = \prod_k e^{ip_k} = \prod_k \frac{x_k^+}{x_k^-}\,,$$

と全運動量が消える条件になる．$x^{\pm}$ はこれまでの Bethe ルートとは異なって見えるが，(7.62) の第 2 式を解く変数 u を，

$$x^{\pm} = x\Big(u \pm \frac{i}{2}\Big)\,, \quad \frac{u}{g} = x + \frac{1}{x}\,, \quad x = \frac{u}{2g}\left(1 + \sqrt{1 - \frac{4g^2}{u^2}}\right)\,, \tag{7.65}$$

により導入すると，$g \ll 1$ の時，

$$gx^{\pm} = u \pm \frac{i}{2} - \frac{g^2}{u \pm i/2} + \cdots\,, \tag{7.66}$$

となる．この u を用いると，S 行列中の因子は例えば $(x_2^- - x_1^+)/(x_2^+ - x_1^-) \approx (u_1 - u_2 + i)/(u_1 - u_2 - i)$ となり，これまで見てきた S 行列と同様である．

もう一組の $\big[\mathrm{psu}(2|2)\big]_{\mathcal{C},\mathcal{P},\mathcal{K}}$ 対称性を持つ励起についても同様にして S 行列が定まる．中心電荷 $\mathcal{C}, \mathcal{P}, \mathcal{K}$ を共通とした 2 組の $\big[\mathrm{psu}(2|2)\big]_{\mathcal{C},\mathcal{P},\mathcal{K}}$ S 行列（のテンソル積）において $\mathcal{P} = \mathcal{K} = 0$ の拘束を課すと，$\mathrm{tr}\, Z^J$ 真空の上の励起の散乱を表す $\big[\mathrm{psu}(2|2) \oplus \mathrm{psu}(2|2)\big]_{\mathcal{C}}$ S 行列となる．$\big[\mathrm{psu}(2|2)\big]_{\mathcal{C},\mathcal{P},\mathcal{K}}$ 対称性を持つ S 行列 (7.61) は，特別な場合として強相関電子系の模型である Hubbard 模型を記述する Shastry の R 行列を含む[178], [182], [183]．

7.5.4 Beisert-Staudacher 方程式

このように，$\mathrm{tr}\, Z^J$ 真空上の励起の対称性から，ユニタリ性，Yang-Baxter 方程式を満たす $\big[\mathrm{psu}(2|2) \oplus \mathrm{psu}(2|2)\big]_{\mathcal{C}}$ S 行列が求められる．さらに可積分性を仮定すると Bethe-Yang 方程式 (5.56) が書き下せ，右辺の S 行列の積を重層 (nested) Bethe 仮説法で対角化すると **Beisert-Staudacher 方程式**[174], [176]，

$$1 = \prod_{k=1}^{K_2} \frac{u_{1,j} - u_{2,k} + \frac{i}{2}}{u_{1,j} - u_{2,k} - \frac{i}{2}} \prod_{k=1}^{K_4} \frac{1 - 1/(x_{1,j}x_{4,k}^+)}{1 - 1/(x_{1,j}x_{4,k}^-)}\,,$$
$$1 = \prod_{\substack{k=1\\k\neq j}}^{K_2} \frac{u_{2,j} - u_{2,k} - i}{u_{2,j} - u_{2,k} + i} \prod_{k=1}^{K_3} \frac{u_{2,j} - u_{3,k} + \frac{i}{2}}{u_{2,j} - u_{3,k} - \frac{i}{2}} \prod_{k=1}^{K_1} \frac{u_{2,j} - u_{1,k} + \frac{i}{2}}{u_{2,j} - u_{1,k} - \frac{i}{2}}\,,$$

$$1=\prod_{k=1}^{K_2}\frac{u_{3,j}-u_{2,k}+\frac{i}{2}}{u_{3,j}-u_{2,k}-\frac{i}{2}}\prod_{k=1}^{K_4}\frac{x_{3,j}-x_{4,k}^{+}}{x_{3,j}-x_{4,k}^{-}},$$

$$1=\left(\frac{x_{4,j}^{-}}{x_{4,j}^{+}}\right)^{L}\prod_{\substack{k=1\\k\neq j}}^{K_4}\left(\frac{u_{4,j}-u_{4,k}+i}{u_{4,j}-u_{4,k}-i}\,e^{2i\theta(x_{4,j},x_{4,k})}\right) \tag{7.67}$$

$$\times\prod_{k=1}^{K_1}\frac{1-1/(x_{4,j}^{-}x_{1,k})}{1-1/(x_{4,j}^{+}x_{1,k})}\prod_{k=1}^{K_3}\frac{x_{4,j}^{-}-x_{3,k}}{x_{4,j}^{+}-x_{3,k}}\prod_{k=1}^{K_5}\frac{x_{4,j}^{-}-x_{5,k}}{x_{4,j}^{+}-x_{5,k}}\prod_{k=1}^{K_7}\frac{1-1/(x_{4,j}^{-}x_{7,k})}{1-1/(x_{4,j}^{+}x_{7,k})},$$

$$1=\prod_{k=1}^{K_6}\frac{u_{5,j}-u_{6,k}+\frac{i}{2}}{u_{5,j}-u_{6,k}-\frac{i}{2}}\prod_{k=1}^{K_4}\frac{x_{5,j}-x_{4,k}^{+}}{x_{5,j}-x_{4,k}^{-}},$$

$$1=\prod_{\substack{k=1\\k\neq j}}^{K_6}\frac{u_{6,j}-u_{6,k}-i}{u_{6,j}-u_{6,k}+i}\prod_{k=1}^{K_5}\frac{u_{6,j}-u_{5,k}+\frac{i}{2}}{u_{6,j}-u_{5,k}-\frac{i}{2}}\prod_{k=1}^{K_7}\frac{u_{6,j}-u_{7,k}+\frac{i}{2}}{u_{6,j}-u_{7,k}-\frac{i}{2}},$$

$$1=\prod_{k=1}^{K_6}\frac{u_{7,j}-u_{6,k}+\frac{i}{2}}{u_{7,j}-u_{6,k}-\frac{i}{2}}\prod_{k=1}^{K_4}\frac{1-1/(x_{7,j}x_{4,k}^{+})}{1-1/(x_{7,j}x_{4,k}^{-})},$$

が得られる[177], [178], [182], [184]．$\exp\bigl[2i\theta(x_{4,j},x_{4,k})\bigr]$ はスカラー因子であり，**装飾因子** (dressing factor) と呼ばれる．中心電荷 $\mathcal{P},\mathcal{K}$ が消える条件は，

$$1=\prod_{j=1}^{K_4}\frac{x_{4,j}^{+}}{x_{4,j}^{-}},$$

である．これは，単一トレース演算子の巡回対称性を表していた．また，中心電荷の 2 倍 $2\mathcal{C}$ を $\Delta-J$ と同定し，

$$\Delta-\Delta_0=\gamma=2ig\sum_{k=1}^{K_4}\Bigl(\frac{1}{x_{4,k}^{+}}-\frac{1}{x_{4,k}^{-}}\Bigr), \tag{7.68}$$

とすると摂動の低次の結果と整合する．$2\mathcal{C}_k$ は，(7.16) 中の Penrose 極限での弦の励起エネルギーに対応する，スピン鎖の各励起のエネルギーである．実際，2 つの励起を持つ BMN 演算子 (7.29) について (7.67) を解くと $p=2\pi n/J+\mathcal{O}(J^{-2})$ $(J\gg 1)$ となり[174]，(7.20) あるいは (7.45) が再現される．また，p を固定して $g\gg 1$ とすると，3.4 節の (3.56) に一致する．従って，(3.55) の弦の古典解はゲージ理論側の励起（マグノン）が $g\gg 1$ で“巨大化”して時空を伝播しているものと考えられる．そのため，この解は**巨大マグノン解**と名付けられた．次の 7.5.5 節では装飾因子の具体的な形を議論するが，そこで再びこの見方の妥当性について述べる．

(7.67) では，psu(2, 2|4) の Dynkin 図として，図 7.4 (b) の形を選び，対応する Cartan 行列は，

$$C=\begin{pmatrix} & +1 & & & & & \\ +1 & -2 & +1 & & & & \\ & +1 & & -1 & & & \\ & & -1 & +2 & -1 & & \\ & & & -1 & & +1 & \\ & & & & +1 & -2 & +1 \\ & & & & & +1 & \end{pmatrix},$$

である．1 ループの (7.51) と同様に，Bethe ルートの数と量子数の関係は，

$$\begin{pmatrix} K_1 \\ K_2 \\ K_3 \\ K_4 \\ K_5 \\ K_6 \\ K_7 \end{pmatrix} = \begin{pmatrix} \frac{1}{2}(L-B) - \frac{1}{4}(2p+3q_1+q_2) \\ \frac{1}{2}\Delta_0 \qquad - \frac{1}{4}(2p+3q_1+q_2) - \frac{1}{2}s_+ \\ \Delta_0 - \frac{1}{2}(L-B) - \frac{1}{4}(2p+3q_1+q_2) \\ \Delta_0 \qquad - \frac{1}{2}(2p+q_1+q_2) \\ \Delta_0 - \frac{1}{2}(L+B) - \frac{1}{4}(2p+q_1+3q_2) \\ \frac{1}{2}\Delta_0 \qquad - \frac{1}{4}(2p+q_1+3q_2) - \frac{1}{2}s_- \\ \frac{1}{2}(L+B) - \frac{1}{4}(2p+q_1+3q_2) \end{pmatrix}, \quad (7.69)$$

となる．(7.66) により，(7.67) 中の $x^{\pm}$ を g で展開すると，ゲージ理論の摂動展開に対応する Bethe 方程式が得られる．摂動的には $\theta = \mathcal{O}(g^6)$ である．

7.5.2 節で述べたように，元々 (7.67) は様々な知見に基づいて提案されたものであるが，このように，対称性と可積分性により概念的に明瞭な形で導ける．この方程式は摂動の全次数の情報を含むが，適用範囲には注意が必要である．7.5.2 節では，摂動の次数が上がるごとにスピン鎖の相互作用の範囲が広がることを述べた．例えばスピン鎖の長さを L とすると，$\mathcal{O}(g^{2L})$ 程度でスピン鎖を 1 周する相互作用が生ずる．このような相互作用（**巻き付き相互作用**; wrapping interaction）があれば，自由な粒子が相互作用が及ぶ近距離に近づいた時に 2 体散乱が起こるという Bethe 仮説の描像が破綻する．従って，(7.67) は各励起が十分離れられる L が十分大きな時に成り立ち，適用範囲は摂動の $\mathcal{O}(g^{2L})$ 程度までとなる．この意味で，(7.67) は**漸近 Bethe 仮説方程式**と呼ばれる．

7.5.5 スカラー（装飾）因子

5.5 節の例では，交差対称性により S 行列のスカラー因子が（CDD 因子を除いて）定まることを見た．(7.61) は非相対論的な S 行列であるため交差対称性に相当する対称性があるかどうかは自明ではない．しかし，交差対称性は非相対論的な場合にも適用可能な形に (Hopf) 代数的に拡張できる[179],[185]．

また 7.2.5 節では，Lorentz スピン $S \gg 1$ の場合にゲージ理論のツイストは $\Delta - S = f(g)\log S$ と振る舞うことを述べた．$\mathcal{N}=4$ SYM 理論の場合は，具体的な摂動計算からこの係数 $f(g)$（**スケーリング関数***7)）が特定の**超越性** (transcendentality) を持つと考えられていた．即ち，π^k とゼータ関数 $\zeta(k)$ に超越度 k，積 $\zeta(k_1)\zeta(k_2)$ に超越度 k_1+k_2 を割り当てたとすると，「$f(g)$ への ℓ ループの寄与は全て超越度 $2\ell-2$ の項から成る」というものである[186],[187]．

一方，これまで Bethe 方程式 (7.67) をゲージ理論側から考察してきたが，装飾因子を適切に選ぶと，(7.67) により（Frolov-Tseytlin 極限をとらない）古典弦や Penrose 極限（の直上ではなく）近傍の量子化された弦[188] のスペクト

*7) 6.2.1 節のスケーリング関数とは別のものである．

ル，弦のシグマ模型の量子補正も再現できることが知られていた[175],[189]~[191]．3.4 節では，巨大マグノン解 (3.55) は 2.6.3 節の sine-Gordon 模型のソリトン解に対応することを述べたが，この対応と 2.7.3 節のソリトンの散乱の結果を用いると，こうした弦理論側のスカラー因子が巨大マグノンの散乱の位相因子となっていることも確かめられる．この意味でも，(3.55) はスピン鎖上のマグノン励起に対応していると言える．

これらの結果を踏まえて，拡張された交差対称性・超越性を満たし，$g \ll 1$ でゲージ理論側の摂動低次の結果と整合すると共に，$g \gg 1$ で弦理論側の装飾因子に接続される装飾因子が得られている[187]．その積分表式は，

$$
\begin{aligned}
\theta(u_1,u_2) &= ig^2 \prod_{j=1}^{2} \int_{-\infty}^{\infty} dt_j \, e^{it_j u_j - |t_j|/2} \cdot \Big(\hat{K}(2gt_1, 2gt_2) - \hat{K}(2gt_2, 2gt_1) \Big) , \\
\hat{K}(t_1,t_2) &= 8g^2 \int_0^{\infty} ds \, \hat{K}_1(t_1, 2gs) \frac{s}{e^s - 1} \hat{K}_0(2gs, t_2) , \\
\hat{K}_0(t,s) &= \frac{tJ_1(t)J_0(s) - sJ_0(t)J_1(s)}{t^2 - s^2} , \\
\hat{K}_1(t,s) &= \frac{sJ_1(t)J_0(s) - tJ_0(t)J_1(s)}{t^2 - s^2} ,
\end{aligned}
\tag{7.70}
$$

となる[187],[193]．ここで，$J_n(t)$ は第 1 種 Bessel 関数である．この装飾因子を用いた漸近 Bethe 仮説方程式 (7.67) は，巻き付き相互作用の効果を除いて，ゲージ理論の摂動の全次数，弦のシグマ模型の全ての量子効果を含む，ゲージ-重力対応全体のスペクトルを与えると考えられる．

(7.70) の装飾因子 $\theta(u_1,u_2)$ は，拡張された交差対称性を満たすミニマルな解としても求められる[192]．また，5.6 節では，su(2) スピン鎖の反強磁性真空上の励起の散乱としてスカラー因子 (5.46) が得られることを述べた．(7.67) に対応するスピン鎖に対しても，Bethe 仮説の “基底状態/強磁性真空” ではない，非自明な “反強磁性真空” の存在を仮定すると，su(2) スピン鎖の場合と同様に **Korepin の方法**により，$\theta(u_1,u_2)$ を導くことができる[193]~[195]．

7.5.6　有限サイズ効果と熱力学的 Bethe 仮説

(7.67) の漸近 Bethe 仮説方程式と (7.70) の装飾因子により，演算子の長さ/角運動量 L が十分大きい時のゲージ-重力対応のスペクトルが求められることを見た．さらに，巻き付き相互作用の効果を取り込めれば，有限 L でのスペクトルも得られる．(1+1) 次元場の理論の観点からは，これは 6.2 節の有限サイズ効果を求める問題に他ならない．従って，6.1 節の**熱力学的 Bethe 仮説** (TBA) の考え方が適用できる．但し，以下の点に留意する必要がある：

1. (7.61), (7.67) の記述する系は非相対論的な系であり，相対論的不変性に基づいた 6.2 節の議論はそのまま用いることはできない．
2. 6.1 節，6.2 節では，基底状態のエネルギーについての有限サイズ効果を

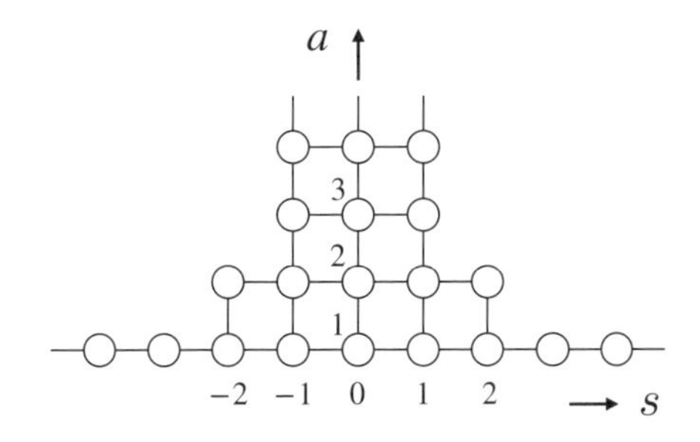

図 7.6 有限 L のスペクトルを与える Y 系の結合を表す T フック図.

扱ったが，ここでは一般の励起状態の有限サイズ効果が必要となる.

1. の問題は，相対論的不変性を用いる代わりに，時間と空間を入れ替えて（2 重 Wick 回転して）得られる**ミラー模型**[65], [196] を導入することで解決される．2. については，（不思議なことに）一般に基底状態の TBA 方程式をパラメータについて解析接続することにより，励起状態の TBA 方程式が得られる[197]~[199]．これらの結果に基づき，(7.67), (7.68) への有限サイズ効果を与える **TBA 方程式**が得られている[200]~[204]．6.5 節で議論したように，TBA 方程式は Y 系あるいは T 系（広田方程式）の形でも表せる.

具体的な導出は技術的に込み入ったものになるが，例えば，Y 系は 6.5.3 節のような長方形ではなく図 7.6 のような“T フック”型の図に対応した,

$$\frac{Y_{a,s}^{[+]}Y_{a,s}^{[-]}}{Y_{a+1,s}Y_{a-1,s}} = \frac{(1+Y_{a,s+1})(1+Y_{a,s-1})}{(1+Y_{a+1,s})(1+Y_{a-1,s})}, \tag{7.71}$$

となる．境界条件は，$Y_{0,s} = Y_{2,|s|>2} = \infty$, $Y_{a>2,\pm 2} = 0$ である．(6.40), (6.41) と比べると，添字の役割を入れ替え $(a,m) \to (s,a)$ とした形となっている．(7.71) 中の $Y_{a,s}$ には，4.4.3 節で見たような“ストリング解”の密度関数から定まる Y 関数がある．ストリングの長さごとに異なる $Y_{a,s}$ があるために図 7.6 は左右・上方に無限に伸びている．$Y_{a,s}$ の一部は 6.5 節の Y 関数の逆数に相当する.

Y 系 (7.71) に対応する TBA 方程式の解 $Y_{a,s}$ を用いると，単一トレース演算子のスケーリング次元/弦のエネルギーは,

$$\begin{aligned}\Delta - J &= \sum_j \epsilon_1(u_{4,j}) + \sum_{a=1}^{\infty}\int_{-\infty}^{\infty}\frac{du}{2\pi i}\frac{\partial\epsilon_a^*}{\partial u}\log\Bigl(1+Y_{a,0}^*(u)\Bigr),\\ \epsilon_a(u) &= a + \frac{2ig}{x^{[+a]}} - \frac{2ig}{x^{[-a]}},\end{aligned} \tag{7.72}$$

により与えられる．初項は，$L \gg 1$ での左辺の値，即ち，$2\mathcal{C}$ であり，第 2 項がミラー模型の TBA 方程式から得られる有限サイズ効果である．u と x の関係は (7.65) であり，u の関数に対して $f^{[a]}(u) = f\bigl(u+ia/2\bigr)$, $f^{[\pm]} = f^{[\pm 1]}$ とした．$*$ は，ミラー模型の運動学的配位に対応した $\mathrm{Im}\,x(u) > 0$ となる分

岐をとることを示す[196],[203],[211]．初項の $\epsilon_1(u)$ は元の運学的配位に対応した $\left|x^{[\pm a]}\right| > 1$ となる分岐で評価する．また，Bethe ルート $u_{4,j}$ は，

$$Y_{1,0}(u_{4,j}) = -1\,, \tag{7.73}$$

により与えられるものとする．一般に，(6.8) の形の TBA 方程式を体積パラメータ $R = 1/T$ などの解析接続により励起状態の TBA 方程式に接続する際には，積分路の変形を通して被積分関数 $\log(1 + e^{-\epsilon})$ の特異点 $1 + e^{-\epsilon} = 0$ からの寄与が生ずる．方程式の積分核は (6.4) のように S 行列の微分なので，これらの寄与も S 行列で表される．その結果，$L \gg 1$ で $1 + e^{-\epsilon} = 0$ は Bethe-Yang 方程式になることがわかる[204]．(7.72) を与える TBA 方程式では，対応する被積分関数は $\log(1 + Y_{1,0})$ である．よって，(7.73) は $L \gg 1$ での Bethe-Yang 方程式である (7.67) の 4 番目の方程式に有限 L の効果を取り込んだ，“厳密な Bethe-Yang 方程式” であると考えられる[200],[202]．

(7.71)–(7.73) の検証としては，例えば，$L = 2$ の小西演算子 (7.44)，あるいは，$\mathrm{tr}(ZD_{\mu_1}\cdots D_{\mu_k}Z)$ のような形のツイスト 2 演算子について，4 ループから存在する巻き付き効果[205]~[209] が確かに再現される[200]．また，小西演算子など tr 内の構成要素が少ない “短い” 演算子は粒子的な短い弦に対応し，1.7.3 節の（超重力）場と演算子の対応から，演算子の次元は $\lambda^{1/4}$ とスケールするはずである[73],[210]*8)．このスケーリング則も $g \gg 1$ で得られる[211]．

7.5.7 スペクトル問題の解

これまでの様々な議論・検証も踏まえると，7.5.6 節の (7.71)–(7.73) は，平面 (planar) 極限において，$g \ll 1$ の摂動的ゲージ理論の領域から $g \gg 1$ の古典弦の領域まで，有限 L の場合も含めて，一般の有限結合 g での単一トレース演算子/弦のスペクトルを正しく与えていると考えられる．

ゲージ-重力対応 (1.41) は数多くの傍証にもかかわらず仮説/予想である．対応の検証の難しさについては 1.8 節でも述べた．7.5 節で議論した，有限結合スペクトルを与える Bethe 仮説・熱力学的 Bethe 仮説は，有限の g においても可積分性が保たれることなどを仮定したものであるが，この結果により平面極限でのゲージ-重力対応のスペクトル問題は，よく理解されたと思われる．

---

*8) このスケーリング則は，(i) $\lambda \gg 1$（(時空の曲率) $\ll 1$）では角運動量・広がりが小さい弦はほぼ平坦な時空中の弦と見なせ，(ii) (3.9) より平坦な場合の α' に相当するパラメータが $1/\sqrt{\lambda}$ である，ことからも理解できる．

第 8 章

極大超対称ゲージ理論の強結合散乱振幅

本章では，可積分性に基づくゲージ-重力対応のもう一つの話題として，極大超対称ゲージ理論の強結合散乱振幅を議論する．ゲージ-重力対応により，強結合散乱振幅を求める問題が対応する弦の古典解が描く世界面（極小曲面）の面積を求める問題に帰着する．この面積を評価する過程で，再び意外な形で可積分性が立ち現れ，散乱振幅が熱力学的 Bethe 仮説 (TBA) 方程式により与えられることがわかる．この TBA 方程式は 7.5.6 節で見たスペクトル問題の TBA 方程式とは異なるものである．散乱振幅の TBA 系を解析する過程で，さらに，境界のある可積分系が現れ，“入れ子構造” の可積分性が見えてくる．また，このようなゲージ-重力対応に基づいた強結合側の解析と弱結合・摂動論側の解析が統合され，全・有限結合での散乱振幅の提案に至る．本章の内容全般に関する参考文献としては [212]〜[214] がある．

8.1 MHV 散乱振幅

5 章で述べた S 行列において，状態に変化のない部分 $\mathbb{1}$ を分離すると，

$$S = \mathbb{1} + iT\,,$$

と書ける．並進不変性のある通常の理論では，T（**T 行列**）の行列要素は，

$$\langle\alpha|iT|\beta\rangle = i(2\pi)^4\delta^{(4)}(k_\alpha - k_\beta)\mathcal{A}_{\alpha\beta}\,,$$

の形となる．ここで，4 次元の理論を考え，k_α, k_β を状態 $|\alpha\rangle, |\beta\rangle$ の運動量とした．状態が Lorentz 不変に規格化されている時，$\mathcal{A}_{\alpha\beta}$ を**不変散乱振幅**という．以下では，単に**散乱振幅**と呼ぶことにしよう．

以下，4 次元極大超対称ゲージ理論のゲージ粒子（**グルーオン**）の散乱を考える[212]．他の様々な散乱過程も対称性によりグルーオンの散乱と関係付く．n 粒子散乱振幅を結合定数 $\lambda = g_{\rm YM}^2 N$ により，

$$\mathcal{A}_n = \sum_{\ell} \lambda^{\ell} \mathcal{A}_n^{(\ell)},$$

と摂動展開した時，ℓ ループ項 $\mathcal{A}_n^{(\ell)}$ は，SU(N) の生成子 τ^a を括り出した，

$$\mathcal{A}_n^{(\ell)} = \sum_{\{\rho_j\}\in\mathfrak{S}_n/\mathbb{Z}_n} \mathrm{tr}\left[\tau^{a_{\rho_1}}\cdots\tau^{a_{\rho_n}}\right] \tilde{\mathcal{A}}_n^{(\ell)}(k_{\rho_1},...,k_{\rho_n};N) + (\text{多重トレース項}),$$

の形となる．$\mathfrak{S}_n/\mathbb{Z}_n$ は $(1,...,n)$ の巡回ではない置換を表す．右辺の $\tilde{\mathcal{A}}_n^{(\ell)}$ は**カラー順序振幅**と呼ばれる．以下，$N\to\infty$ の平面 (planar) 極限を考え，$\tilde{\mathcal{A}}_n^{(\ell)}$ の N 依存性と多重トレース項を落として考える．

散乱の粒子は $+$ または $-$ のヘリシティーを持つ．例えば，入射向きを運動量の正の向きとして，粒子のヘリシティーが $(+,+,\cdots,+)$, $(-,+,+,\cdots,+)$ のように全て同じ，あるいは，一つだけ異なる場合の振幅はゼロとなる．この性質は超対称性により摂動の全次数で成り立つ．従って，最初の非自明な散乱振幅は，2 つの粒子以外は全て同じヘリシティーを持つ $(-,-,+,+,\cdots,+)$ のような（あるいは $+$ と $-$ を入れ替えた）場合のものとなる．この散乱振幅を **MHV 散乱振幅** (maximally helicity violating amplitude) と呼ぶ．

例えば，3 粒子が入射し 5 粒子が出射する 8 粒子散乱を考え，ヘリシティーが上の意味で全て $+$ だとする．出射粒子の運動量の向きは入射向きと逆なので出射粒子の実際のヘリシティーは全て $-$ となる．上の結果はこのような意味でヘリシティーを大きく破る散乱は起こらないことを意味する．同様に出射粒子の実際のヘリシティーが $(-,-,-,-,+)$ となる過程も許されず，$(-,-,-,+,+)$ のような場合が許される最大限のヘリシティーの破れとなる．

極大超対称ゲージ理論の MHV 散乱振幅は著しい特徴を持つ．まず，各ループの振幅は摂動の最低次（ツリー）の振幅が因子化した，

$$\mathcal{A}_{n;\mathrm{MHV}}^{(\ell)} = \mathcal{A}_{n;\mathrm{MHV}}^{(\ell=0)} \cdot \mathcal{M}_n^{(\ell)}(s_{i,i+1}, s_{i,i+2}, \cdots), \tag{8.1}$$

の形となる．ここで，$s_{i,j} := (k_i + k_{i+1} + \cdots k_j)^2$ は Mandelstam 変数 (5.17) の拡張であり，$\mathcal{M}_n^{(\ell)}$ は運動量 k_i について巡回対称性を持つ．さらに，粒子の運動量が消える $(k_i\to 0)$ **ソフト極限**，隣接する運動量 k_i, k_{i+1} が平行となる $(k_i\cdot k_{i+1}\to 0)$ **共線極限** (collinear limit) などの解析も踏まえると，摂動の最低次部分を括り出した振幅 $\mathcal{M}_n := \sum_{\ell=0}\lambda^{\ell}\mathcal{M}_n^{(\ell)}$ は，1 ループの結果 $\mathcal{M}_n^{(1)}$ を反復した構造を持つと考えられる[215]：

$$\mathcal{M}_n = \exp\left[\sum_{\ell=1}^{\infty} a^{\ell} f^{(\ell)}(\epsilon)\mathcal{M}_n^{(1)}(\ell\epsilon) + C^{(\ell)} + \mathcal{O}(\epsilon) + \mathcal{R}_n(a)\right]. \tag{8.2}$$

ここで，ϵ は次元正則化のパラメータ，$a = \frac{\lambda}{8\pi^2}(4\pi e^{-\gamma})^{\epsilon}$，$\gamma$ はガンマ関数の展開 $\Gamma(\epsilon) = \epsilon^{-1} - \gamma + \mathcal{O}(\epsilon)$ に現れる Euler-Mascheroni 定数である．$C^{(\ell)}$ は n に依らない定数，$f^{(\ell)}(\epsilon)$ は同様に n に依らない係数であり，

$f^{(\ell)}(\epsilon) = f_0^{(\ell)} + \epsilon f_1^{(\ell)} + \epsilon^2 f_2^{(\ell)}$ と展開される．$f_0^{(\ell)}$ を足し上げた，

$$f(\lambda) = 4\sum_{\ell=0}^{\infty} a^\ell f_0^{(\ell)} = \frac{\lambda}{2\pi^2}\Bigl(1 - \frac{\lambda}{48} + \cdots\Bigr), \tag{8.3}$$

はカスプ（尖点）を持つ Wilson ループの量子異常次元（**カスプ量子異常次元**）に相当する量であり，7.5.5 節で述べたツイスト演算子のスケーリング関数 f と一致する．ゲージ-重力対応を用いると，古典弦の結果 (3.31) とその量子補正の解析により，$\lambda \gg 1$ で $f(\lambda)$ は次のように振る舞うと考えられる[71],[73]：

$$f(\lambda) = \frac{1}{\pi}(\sqrt{\lambda} - 3\log 2 + \cdots). \tag{8.4}$$

(8.2) で $\mathcal{R}_n = 0$ とした表式を **Bern-Dixon-Smirnov (BDS) 公式**という．文献 [215] では，$\mathcal{R}_n = 0$ とした表式が n 粒子 MHV 散乱振幅を与えると予想された．しかし，8.3.2 節で再び議論するように，一般には $\mathcal{R}_n \neq 0$ となる．この意味で，$\mathcal{R}_n$ を**残余関数** (remainder function) と呼ぶ．BDS 公式の構造により，残余関数は 1 ループではゼロであり，2 ループ以上の $n \geq 6$ で非自明となる．(8.2) で発散部分をまとめ，最も簡単な 4 粒子散乱を考えると，

$$\mathcal{M}_4 = \mathcal{M}_4^{\mathrm{div}}(\epsilon) \times \exp\left[\frac{1}{8}f(\lambda)\Bigl(\log\frac{s}{t}\Bigr)^2 + (\text{定数})\right], \tag{8.5}$$

となる．ここで，$\mathcal{M}_4^{\mathrm{div}}$ は発散項，s, t は Mandelstam 変数である．

極大超対称ゲージ理論は共形対称性を持ち，粒子は全て無質量である．従って，QED（量子電磁力学）と同様に，物理量には赤外発散も現れる．この発散は例えば (8.2) ように次元正則化し，赤外発散の現れない明確に定義された物理量を求める最後の段階で正則化因子 ϵ を除くことになる．赤外発散のない物理量としては，粒子のジェットを含む過程の振幅などがある．

8.2 強結合散乱振幅と反 de Sitter 時空中の極小曲面

8.1 節で述べた MHV 散乱振幅では，(8.1) のように摂動の最低次部分を因子化すると残りは単にスカラー因子となる．以下，このような簡潔な構造を持つ振幅について，ゲージ-重力対応により強結合での振舞いを解析しよう．

ゲージ-重力対応の元となった 1.4 節の D3 ブレイン系の観点からは，ゲージ理論の散乱振幅はブレイン上に端点を持つ開弦の散乱振幅の低エネルギー極限である．従って，$\mathrm{AdS}_5 \times \mathrm{S}^5$ 時空 (1.22) を与える地平面近傍極限では，AdS_5 の無限遠（境界）に端点を持つ開弦の散乱を考えればよいはずである．しかし，$\mathrm{AdS}_5 \times \mathrm{S}^5$ 中の弦理論の量子化はできておらず，散乱状態を表す頂点演算子も構成されていない．このように弦理論における第 1 原理的な散乱の取り扱いができないこともあり，赤外発散の正則化法も明らかではない．まず [80] に従い，これらの問題がどのように解決されるのかを見てみよう．

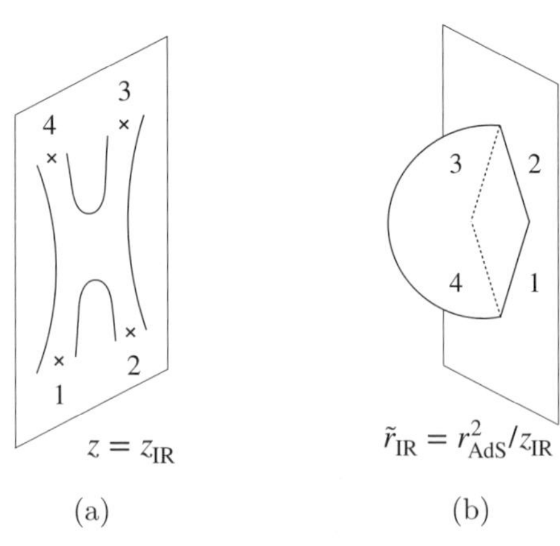

図 8.1　(a) 正則化ブレイン上の開弦の散乱．× は頂点演算子を表す．(b) その T 双対変換による描像．

8.2.1　赤外正則化と鞍点評価

赤外発散は遠距離に関わる発散なので，素朴には (1.29) の Poincaré 座標で AdS の無限遠部分を除くように $\epsilon < z$ ($\epsilon \ll 1$) となる領域を考えればよいと思われる．しかし，Alday と Maldacena は $z = z_{\rm IR} \gg r_+ = r_{\rm AdS}$ に正則化 D3 ブレインをおく赤外正則化を提案した．開弦の端点はこの正則化ブレイン上にあり，ブレイン上（4 次元時空）の無限遠からやってきた開弦が散乱し無限遠に去っていく過程を考えることになる（図 8.1 (a)）．このような正則化は一見奇妙に思えるが，(3.14) の大域座標を見ると，AdS_5 の無限遠は埋め込み座標で $|Y_{-1} + iY_0| \to \infty$ と表され，(1.25) の半径 a が（主要部分で）無視でき $Y^pY^q\eta_{pq} \sim 0$ と見なせる領域である．従って，$z = z_{\rm IR}$ でもブレイン上の無限遠は確かに AdS_5 の無限遠と重なる*1)．

このような正則化を採用し，元々の散乱状態の運動量 $\tilde{k}$ が Poincaré 座標 (1.29) の $(t, \vec{x})$ に対して定められているとすると，正則化ブレイン上での運動量 $k_{\rm br}$ は，共形因子 $h^2(z_{\rm IR}) := (r_{\rm AdS}/z_{\rm IR})^2$ による "青方偏移" を受け，

$$k := k_{\rm br} = \tilde{k} \cdot \frac{z_{\rm IR}}{r_{\rm AdS}},$$

となる．正則化因子を取り除く $z_{\rm IR} \to \infty$ では，$k_{\rm br} \to \infty$ となり，正則化ブレイン上の高エネルギー散乱を考えることになる．

平坦な時空の場合，頂点演算子は $e^{ik_j \cdot X_j}$ の因子を含み，散乱振幅は $\exp\left[-\sum k_i \cdot k_j G(\sigma_i, \sigma_j)\right]$ の形の項を世界面の座標・モジュライで積分して得られる．$G(\sigma_i, \sigma_j)$ は世界面の伝播関数である．従って，$k_i \cdot k_j$ が大きな高エネルギー散乱の振幅は，頂点演算子を相互作用項として取り込んだ作用の鞍点により評価できる[217]．今考えている正則化ブレイン上の散乱も高エネルギー

*1)　ゲージ-重力対応では，一般にゲージ理論側と弦理論側の紫外と赤外の効果が入れ替わることも知られている[216]．

散乱であり，鞍点近似が成り立つと期待できる．あるいは，強結合ゲージ理論では $\lambda \gg 1$ であり，弦の作用 (3.9) の“Planck 定数” $1/\sqrt{\lambda}$ は非常に小さく，古典（鞍点）近似が有効と考えられる．これらの考察に基づくと，正則化ブレイン上の散乱振幅 $\mathcal{M}_n$ は，(3.9) に相互作用を取り込んだ古典作用 S により，

$$\mathcal{M}_n \approx e^{iS}, \tag{8.6}$$

と評価できるであろう．この議論では，偏極・カラー因子など散乱振幅の詳細は得られないが，スカラー因子 $\mathcal{M}_n$ は弦理論側でも求められることになる．

8.2.2 T 双対変換と光的多角形を境界とする極小曲面

具体的に (8.6) の $\mathcal{M}_n$ を評価するには，頂点演算子の形，あるいは，頂点演算子が挿入された点での世界面の振舞い/弦の運動方程式の境界条件を知る必要がある．上で述べたようにこの問題はそのままでは解けないのであるが，弦理論の対称性である **T 双対性**を用いると回避できる．

今，Poincaré 座標 (1.29) の $\vec{x}$ 方向は時空の等長変換の方向となっており，$x^\mu = (t, \vec{x})$ $(\mu = 0, ..., 3)$ の 4 つの方向に T 双対変換をおこなうことができる．これらの方向は，時間方向も含み非コンパクトなので，通常のコンパクトな空間方向の場合と異なりこのままでは量子論的な対称性とはならない．しかし，フェルミオン部分も含めた変換をおこなうと量子論的な対称性となることが議論されている[218]．共形因子 $h^2(z)$ に注意すると，場の T 双対変換は，

$$\partial_a y^\mu = i h^2(z) \epsilon_{ab} \partial_b x^\mu, \qquad h^2(z) = \frac{r_{\rm AdS}^2}{z^2}, \tag{8.7}$$

また，T 双対性の **Buscher 則**を適用すると AdS_5 部分の計量は，

$$ds^2 = h^{-2}(z) dy_\mu dy^\mu + h^2(z) dz^2 = \frac{r_{\rm AdS}^2}{\tilde{r}^2}\Big(dy_\mu dy^\mu + d\tilde{r}^2\Big). \tag{8.8}$$

$\tilde{r} = r_{\rm AdS}^2/z$ とし，以降の議論に合わせて世界面は Euclid 的であるとした．(8.8) から変換後の時空も AdS_5 となることがわかる．但し，変換後の時空では，$\tilde{r}_{\rm IR} = r_{\rm AdS}^2/z_{\rm IR} \ll 1$ であり，正則化ブレインは AdS_5 の境界に位置する．

さらに，(8.7) により，

$$\Delta y^\mu := \int_0^{2\pi} d\sigma\, \partial_\sigma y^\mu = \int_0^{2\pi} d\sigma\, h^2 \partial_{i\tau} x^\mu = 2\pi\alpha' k^\mu, \tag{8.9}$$

となる．通常のコンパクトな方向の T 双対変換では，この関係は運動量と巻き付きモードの交換に対応するが，ここでは運動量 k^μ を持つ漸近状態/頂点演算子が，T 双対変換後には座標の変位が (8.9) で与えられる“巻き付き”状態/線分になったと考える．ゲージ理論の粒子は無質量であり，k^μ と線分 Δy^μ も光的である．不明であった境界条件（頂点演算子・相互作用の情報）が T 双対変換後の見方では $\tilde{r} \to 0$ にある正則化ブレイン上の光的な線分として表され

た訳である．運動量の保存により，これらの線分を繋げると閉じたループとなり，**光的多角形** (null polygon) を成す（図 8.1 (b)）．

さて，この境界条件で弦の運動方程式を解くことは，$\tilde{r} \to 0$ の AdS の無限遠（境界）での光的多角形を縁（境界）とする極小曲面を求めることと同じである．このような極小曲面を**光的多角形極小曲面** (null-polygonal minimal surface) と呼ぼう．1.1 節でも述べたように，弦の古典解を代入して得られる作用は対応する極小曲面の面積となる．

以上より，強結合ゲージ理論の散乱振幅を弦理論側で求める方法は，

1. ゲージ理論の粒子の運動量 k_j^μ を (8.9) に従って繋げた光的多角形を考え，
2. AdS の無限遠でこの光的多角形を境界とする弦の極小曲面を求め，
3. この光的多角形極小曲面の面積を評価する，

となる．摂動論の立場からは，強結合の結果は，摂動計算を高次まで実行して足し上げ，結合定数の大きな領域まで接続したものに相当する．このような**強結合散乱振幅の計算が，概念的にも明確な幾何学の問題に**なったのである．

結果として，n 粒子散乱振幅（のスカラー部分）$\mathcal{M}_n$ は，

$$\mathcal{M}_n \;\approx\; e^{-S_{\mathrm{E}}} = \exp\left[-\frac{\sqrt{\lambda}}{2\pi}A_n(k_1, ..., k_n)\right], \tag{8.10}$$

で与えられる．ここで，Euclid 的世界面に対応した Euclid 作用を $S_{\mathrm{E}}(= -iS)$，光的 n 角形を境界とする極小曲面の面積を $A_n(k_1, ..., k_n)$ とした．k_j は粒子の運動量/光的 n 角形の辺を表す．共形不変性のため，運動量 k_j を一斉にスケールした運動量配位も物理的に等価であるため，AdS 時空の境界に広がる巨大な線分に対応する k_j^μ を考えてもよいことに注意する．

8.2.3 強結合 4 粒子 MHV 散乱振幅

強結合散乱振幅の最も簡単な例として，4 粒子散乱を考えよう．$\mathcal{M}_4$ を求めるには，4 つの光的辺を持つ弦の古典解が必要であるが，3.5 節で述べた，光的多角形解 (3.62)–(3.64) が丁度そのような解となっている．(8.9) により各光的辺が粒子の運動量に対応するので，図 3.6 (b) の対角線の長さの 2 乗が Mandelstam 変数を表す．よって，長さのスケール a' を復活させると*2)，

$$(2\pi\alpha')^2 s = \frac{8a'^2}{(1-b)^2}\,, \quad (2\pi\alpha')^2 t = \frac{8a'^2}{(1+b)^2}\,, \quad \frac{s}{t} = \frac{(1+b)^2}{(1-b)^2}\,.$$

(8.10) により，この古典解を弦の作用に代入して評価すれば強結合散乱振幅を得るのであるが，解/極小曲面は AdS の無限遠に延びているため面積/作用は発散する．この発散を正則化する一つの方法である "次元正則化" では，まず，$p = (3-2\epsilon)$ の p ブレイン解を考え，p が整数の場合から $|\epsilon| \ll 1$ の場合

*2) 4 次元部分の平坦な計量を $\eta_{\mu\nu} = \mathrm{diag}(-,+,+,+)$ とした．

に接続する．この時，地平面近傍の $\mathrm{AdS}_5 \times \mathrm{S}^5$ 時空 (1.22) は，

$$ds^2 = f^{-\frac{1}{2}} dy_{4-2\epsilon}^2 + f^{\frac{1}{2}} \left(dr^2 + r^2 d\Omega_{5+2\epsilon}^3 \right),$$
$$f = c_\epsilon \frac{r_{\mathrm{AdS}}^4 \mu^{2\epsilon}}{r^{4+2\epsilon}}, \qquad c_\epsilon = (4\pi^2 e^\gamma)^\epsilon \Gamma(2+\epsilon), \tag{8.11}$$

となる．$r_{\mathrm{AdS}} = r_+$, μ は赤外の切断スケール，$\Gamma(z)$ はガンマ関数，$\gamma = -\Gamma'(1)$ は Euler-Mascheroni 定数である．作用も同様に，$\lambda = r_{\mathrm{AdS}}^4/\alpha'^2$ を't Hooft 結合，$\mathcal{L}_{\epsilon=0}$ を元のラグランジアンとして，次のように接続される：

$$S_\epsilon = \frac{\sqrt{c_\epsilon \mu^{2\epsilon} \lambda}}{2\pi} \int \frac{\mathcal{L}_{\epsilon=0}}{r^\epsilon}. \tag{8.12}$$

S_ϵ から従う運動方程式を ϵ の冪について逐次解き，その解を S_ϵ に代入すれば $\mathcal{M}_4$ が評価できる．しかし，結局元の $\epsilon = 0$ の場合の解を $S_{\epsilon\neq 0}$ に代入すれば十分であることがわかり，

$$\mathcal{M}_4 \approx e^{iS_\epsilon} = \exp\left[S_4^{\mathrm{div}} + \frac{\sqrt{\lambda}}{8\pi} \left(\log \frac{s}{t} \right)^2 + C \right],$$
$$S_4^{\mathrm{div}} = \frac{\sqrt{\lambda}}{\pi} \left(S_{\mathrm{div}}(s) + S_{\mathrm{div}}(t) \right), \qquad C = \frac{\sqrt{\lambda}}{4\pi} \left(\frac{\pi^2}{3} + 2\log 2 - \log^2 2 \right),$$
$$S_{\mathrm{div}}(s) = -\left[\frac{1}{\epsilon^2} + \frac{1}{2\epsilon}(1 - \log 2) \right] \left(\frac{\mu^2}{s} \right)^{\epsilon/2}, \tag{8.13}$$

を得る．この結果を，強結合でのカスプ量子異常次元 (8.4) を代入した BDS 公式 (8.5) と比べると，運動量依存性が一致していることがわかる．また，発散 S_4^{div} の構造も一致していることが確かめられる[80]．

面積/作用の発散を正則化する別の方法としては，発散の原因である AdS の無限遠を取り除くように，(8.8) の動径座標に $r = r_{\mathrm{c}} \ll 1$ と赤外切断を導入してもよい．より物理的なこの正則化でも次元正則化と同様の結果が得られる．但し，次元正則化によるゲージ理論側とスキームに依存する量も比較するには (8.11), (8.12) による次元正則化が適している．

強結合散乱振幅 (8.10) に至る議論にはいくつもの“飛躍”があると考えられるが，具体的な結果 (8.13) は，摂動論側の散乱振幅の構造を正確に再現している．ゲージ-重力対応 (1.41) を提唱した論文でもそうであったが，Maldacena の論文では，思いもよらない結果がどこからともなく“降って”きて，実際に調べて見ると確かにそうなっている，ということがしばしば起こる．

8.3 強弱結合における解析の交錯と進展

前節の平面 (planar) 極限での強結合散乱振幅の議論は，ゲージ-重力対応を仮定しない弱結合・摂動論側の研究にも重要な示唆を与えた．その結果，強弱結合双方の研究が相互発展し，極大超対称ゲージ理論の理解が大きく進んだ．

8.3.1 MHV 散乱振幅/光的 Wilson ループ双対性

1.7.4 節では，AdS の無限遠での経路 $\mathcal{C}$ を境界とする弦の古典解は $\mathcal{C}$ に沿った Wilson ループ (1.44) の真空期待値を与えることを述べた．8.2.2 節の結果と合わせると，強結合散乱振幅と光的多角形に沿った Wilson ループの真空期待値が同じものであることになる．このような Wilson ループを **光的 Wilson ループ** (light-like Wilson loop) と呼ぶことにする．実際，光的 Wilson ループについては，(1.45) と (8.10) は同じである．

例えば，1.7.4 節の観点からは，(3.58) のカスプ解は 2 つの光的な（閉じていない）経路から成る Wilson 線 (line) を表すはずであるが，この解を (1.45) に代入して $\langle W \rangle$ を評価すると，カスプから生ずる強結合カスプ量子異常次元 (8.4) の主要項の 1/4 倍が再現できる[81]．(8.13) で用いた古典解は，(3.58) における無限遠に隠れていた 3 つのカスプを有限領域へ移したものと考えられ，Wilson ループのカスプ量子異常次元は (3.58) の場合の 4 倍となり，(8.4) の主要項を得る．散乱振幅 (8.13) にカスプ量子異常次元が現れる理由は強結合側では例えばこのように理解できる．

強結合側でのこの発見に触発され，ゲージ理論の摂動計算が進められた結果，（驚くべきことに）弱結合でも散乱振幅と光的 Wilson ループの等価性が具体例で確かめられた[219], [220]．この対応を**散乱振幅/光的 Wilson ループ双対性**という．但し，光的 Wilson ループの真空期待値に現れる発散はカスプによる紫外発散である．一方，散乱振幅の発散は赤外発散であるため，紫外/赤外発散の読み替えが必要になる．

8.3.2 双対共形対称性

8.2.2 節では，T 双対変換により，座標の差と運動量が入れ替わり，(8.9) の関係が成り立つことを述べた．また，(8.8) で見たように，T 双対変換後の時空は元の AdS 時空と同じである．これらを合わせると，変換後の AdS の等長変換群/共形対称性は元の理論においては，“運動量空間での共形対称性” と見なせる．もう少し正確に述べると，n 粒子の運動量を保存則が成り立つように，

$$k_j^\mu = x_j^\mu - x_{j+1}^\mu \quad (j = 1, ..., n), \qquad x_{n+1}^\mu = x_1^\mu \,, \tag{8.14}$$

と表示すると，散乱振幅は x_j^μ の共形変換の下での対称性を持つと考えられる．

このような対称性があることは，強結合の弦理論側では T 双対性の帰結として（以下で見る正則化の問題を除いて）明らかと思われるが，弱結合側の元々のゲージ理論の観点からは自明ではない．しかし，8.2.2 節の強結合側の提案がなされる少し前から，ゲージ理論の摂動論側でこのような “隠れた” 対称性があることが少しずつ認識され始めていた[221]．さらに，強結合側の結果に触発された解析が進み，摂動論側でも確かにこのような対称性があることが明らかとなった．この対称性を**双対共形対称性** (dual conformal symmetry) とい

う[220],[221]．共形変換の生成子は，(1.36) に従い，

$$
\begin{aligned}
P^\mu &= \sum_j \partial_j^\mu \,, & M^{\mu\nu} &= \sum_j \left(x_j^\mu \partial_j^\nu - x_j^\nu \partial_j^\mu\right), \\
D &= -\sum_j x_j \cdot \partial_j \,, & K^\mu &= \sum_j \left(2x_j^\mu x_j \cdot \partial_j - x_j^2 \partial_j^\mu\right),
\end{aligned}
\tag{8.15}
$$

と表される．ここで，$\partial_j^\mu = \eta^{\mu\nu} \frac{\partial}{\partial x_j^\nu}$，計量は $\eta_{\mu\nu} = \mathrm{diag}(+,-,-,-)$ とした．

双対共形対称性は，この対称性に関する Ward 恒等式に要約される．並進 P^μ・Lorentz 変換 $M^{\mu\nu}$ に関する不変性からは，散乱振幅が $(x_i - x_j)^2$ の関数となることがわかる．ここで，発散の正則化がこれらの不変性を保つとした．スケール変換・特殊共形変換 D, K^μ については，正則化を適切に取り扱う必要がある．まず強結合散乱振幅の場合を考えてみよう[222]．

強結合散乱振幅を (8.12) を用いて次元正則化すると，4 粒子の場合の (8.13) と同様に，n 粒子散乱振幅の発散部分は n 個のカスプからの寄与，

$$
S_n^{\mathrm{div}} = \frac{\sqrt{\lambda}}{2\pi} \sum_{j=1}^{n} S_{\mathrm{div}}(s_{j,j+1}) \,,
$$

となる．ここで，(8.1) と同様に $s_{j,j+1} = (k_j + k_{j+1})^2$ とおいた．スケール変換演算子には切断スケールのために $\mu \frac{\partial}{\partial \mu}$ の項を付け加える必要があるが，$\mathcal{M}_n = \exp\left[S_n^{\mathrm{div}} + F_n\right]$ とおいた有限部分 F_n は $\epsilon \to 0$ で切断を含まず，スケール不変性は $D \cdot F_n = 0$ と表される．S_n^{div} は $\mu^2 / s_{j,j+1}$ の関数であり，切断による修正後の演算子 $D + \mu\partial_\mu$ の作用の下で不変となる．

特殊共形変換については，この変換の下での (8.12) の変化分から発散部分 S_n^{div} の変化分を差し引くと，有限部分についての変化分 $\delta_\beta F_n := (\beta_\mu K^\mu) \cdot F_n$ が求まる．変分パラメータ β_μ を外すと，Ward 恒等式，

$$
K^\mu \cdot F_n = \frac{f(\lambda)}{4} \sum_{j=1}^{n} \left(x_j^\mu + x_{j+2}^\mu - 2x_{j+1}^\mu\right) \log\left(s_{j,j+1}\right), \tag{8.16}
$$

を得る．$f(\lambda) = \sqrt{\lambda}/\pi$ は強結合でのカスプ量子異常次元 (8.4) の主要項である．右辺はゼロとならず，正則化のために生じた“量子異常”を表す．

時系列では摂動論側の解析が先に進められたのであるが，同様に摂動論側でも光的 Wilson ループに対して同じ形の Ward 恒等式を導くことができる[223],[224]．特殊共形変換に対するゲージ理論側の量子異常 Ward 恒等式 (anomalous Ward identity) は (8.16) の $f(\lambda)$ を摂動論側のカスプ量子異常次元 (8.3) としたものである．また，摂動論側の散乱振幅については，(8.2) で $\mathcal{R}_n = 0$ とした BDS 公式による散乱振幅が，光的 Wilson ループの真空期待値と同じ Ward 恒等式の解となることが確かめられる．

(8.16) の解に，右辺をゼロとした斉次方程式の解を加えたものも解であり，他の双対共形対称性も満たす斉次方程式の解は，x_j^μ の**交差比** (cross ratio)，

$$\frac{x_{ij}^2 x_{kl}^2}{x_{ik}^2 x_{jl}^2}, \quad x_{ij}^2 = x_{i,j}^2 := x_i - x_j, \tag{8.17}$$

の関数となる．x_j^μ は 4 成分あり，$x_{j,j+1}^2 = 0$ となる光的条件および共形対称性 so(2,4) の次元が ${}_6C_2 = 15$ であることを用いると，n 粒子散乱での独立な交差比の数は $4n - n - 15 = 3(n-5)$ となる．従って，4 粒子，5 粒子散乱では独立な交差比はなく，$f(\lambda)$ を与えれば Ward 恒等式により散乱振幅の形は定数を除いて一意に決まる．

以上の結果をまとめると，次のようになる：

1. ゲージ-重力対応により，強結合の MHV 散乱振幅/光的 Wilson ループは同じものとなるが，弱結合においてもこれらは同じ対称性（(量子異常) 双対共形対称性）により統制される物理量となる．
2. 8.3.1 節で述べた，MHV 散乱振幅と光的 Wilson ループの双対性も，具体例に留まらず双対共形対称性の帰結として理解される．
3. BDS 公式は双対共形対称性の Ward 恒等式の非斉次解となっていた．特に $n \leq 5$ の場合は Ward 恒等式の（定数を除いて）一意な解となる．
4. 粒子・カスプ数が $n \geq 6$ の場合は，斉次 Ward 恒等式の解を加える自由度が残る．(8.2) 中の残余関数 $\mathcal{R}_n$ は，ループ数が $\ell \geq 2$，$n \geq 6$ の時にあり得ることを述べたが，$\mathcal{R}_n$ は丁度この自由度に相当する．

このように，強弱結合両側の解析から明らかにされた双対共形対称性により，散乱振幅/光的 Wilson ループに対する明快な理解が得られる．共形対称性と双対共形対称性を合わせると，2.6.8 節で述べた弦のシグマ模型の場合と同様に，散乱振幅/Wilson ループに作用する **Yangian 代数**が生成される[220], [225]．フェルミオン的な対称性を含み，MHV 散乱振幅以外の振幅にも関わる**双対超共形対称性** (dual superconformal symmetry) を考えることもできる[220], [226]．

8.3.3 残余関数

MHV 散乱振幅/光的 Wilson ループには，$\ell \geq 2$, $n \geq 6$ で Ward 恒等式では決定されない残余関数 $\mathcal{R}_n$ がありうることを述べた．但し，これまでの議論では $\mathcal{R}_n$ はゼロである可能性もある．高次ループ・多粒子の摂動計算を実行するのは容易ではないが，双対共形対称性に対する理解の深まりを契機として，$\mathcal{R}_n$ の具体的な解析がおこなわれた．

まず強結合側では，多粒子の散乱では多数のカスプを持つ光的多角形極小曲面の面積を考えることになり，粒子数を $n \to \infty$ とすると（極限で特異なことが起こらなければ）多角形の“ジグザグ”を滑らかな線分で近似できると考えられる．この近似で極小曲面の面積を実際に評価することにより，強結合 $\lambda \to \infty$ では $\mathcal{R}_n \neq 0$ となることが示された[227]．さらにこの結果を受け，摂動論側で残余関数が可能な最初の場合である 2 ループ 6 粒子 MHV 散乱振幅および 6 カスプ光的 Wilson ループについて摂動計算が実行された．その結果，確かに $\mathcal{R}_6 \neq 0$ であると共に両者の一致が確認された[228], [229]．

8.4 強結合散乱振幅と可積分性

8.2 節では，極大超対称ゲージ理論の強結合 4 粒子 MHV 散乱振幅の具体的な結果を示した．5 粒子以上の強結合散乱振幅を求めるためには，5 つ以上のカスプを持つ光的多角形解が必要になる．3.6 節の Pohlmeyer 還元を用いると，2.7.5 節と同様の有限帯解の極限として特別な 6 カスプ解は得られるが[230], [231]，一般にこのような特別な境界条件を満たす極小曲面を構成することは難しい．しかし，このような曲面を具体的に構成することなく，散乱振幅の評価に必要な面積を求めることは可能である．その過程で，3.1 節で見た $\mathrm{AdS}_5 \times \mathrm{S}^5$ 中の古典弦の可積分性，7 章で見たゲージ-重力対応のスペクトル問題の可積分性とは異なる，新たな可積分性が現れる[82], [232]~[234] *3)．

8.4.1 光的多角形極小曲面/Wilson ループと Stokes 現象

以下しばらく，散乱を表す極小曲面が $\mathrm{AdS}_3 \subset \mathrm{AdS}_5$ に含まれる場合を考える．まず，8.2.3 節で用いた 4 カスプ（光的 4 角形）解をもう少し詳しく見よう[82]．3.6 節では，この解は，Pohlmeyer 還元を通して一般化された sinh-Gordon 方程式 (3.71) の自明解 $\alpha(z,\bar{z}) = 0$ に対応し，弦の座標は (3.79) で与えられた．以下 (3.79) 以下と同様に (1.30) の記法を少し変更し，

$$Y_\mu = \frac{x^\mu}{r}, \quad Y_{-1} + Y_2 = \frac{1}{r}, \quad Y_{-1} - Y_2 = \frac{r^2 + x^\mu x_\mu}{r}, \tag{8.18}$$

により Poincaré 座標を導入する．この時の AdS 時空の計量は $ds^2 = \big(dr^2 + dx^\mu dx_\mu\big)/r^2$ で与えられる．$Y_3 = Y_4 = 0$ なので，この解は $\mathrm{AdS}_3 \subset \mathrm{AdS}_5$ 中の弦（極小曲面）を表す．AdS_3 の境界は $x^\pm$ で表される 2 次元空間であり，散乱粒子の運動量も $k^\mu \in \mathbb{R}^{1,1}$ となる 2 次元的な配位を考えることになる．

(3.79) を (8.18) に代入すると，弦の世界面である $z = \tau + i\sigma$ 平面の無限遠が，AdS 時空の無限遠に写され，曲面の境界を成すことがわかる．(8.18) の座標では $|z| \to \infty$ で必ずしも $r \to 0$ とはならないが，確かに $|Y_{-1} + iY_0| \to \infty$ となっている．曲面の境界の形を見るために，図 8.2 (a) のように原点から十分離れて z 平面を 1 周してみる．まず，第 1 象限の原点から離れた領域が AdS_3 の境界である (x^+, x^-) 平面の原点近傍に写されることがわかる．$x^\pm = x^0 \pm x^1$ は光円錐座標である．同様に，第 2, 3, 4 象限の原点から離れた領域は，$(-x^+, -x^-) = (\infty, 0), (\infty, \infty), (0, \infty)$ の近傍にそれぞれ写される．従って，z 平面の実軸あるいは虚軸を超えるごとに，曲面の境界は図 8.2 (b) の

---

*3) 異なる観点からの，極小曲面と可積分性の関わりについては，例えば，[235] 参照．

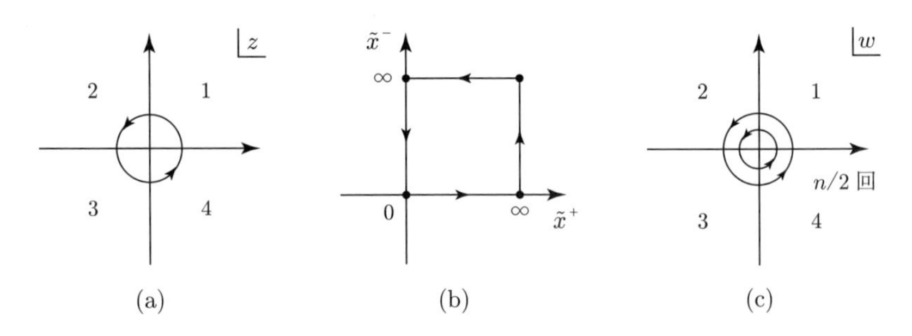

図 8.2 極小曲面と Stokes 現象．(a) z 平面での周回．(b) 極小曲面の境界の座標 $\tilde{x}^{\pm} := -x^{\pm}$ の“ジャンプ”．(c) z 平面の 1 周は w 平面での $n/2$ 周となる．

ように (x^+, x^-) 平面の 4 つのカスプ間を“ジャンプ”し，その過程で光的な線分を描く．よって，曲面の境界は確かに 4 つの光的な辺とカスプを持つ．

Y_p は 3.6 節で議論したように，線形系 (3.75) の解 $\psi(\zeta)$ を用いて，(3.77), (3.76) で与えられる．4 カスプ解の場合，$\psi(\zeta)$ の基底は (3.80) ととれるので，$\psi^L = \psi(\zeta = 1)$, $\psi^R = U\psi(\zeta = i)$ はそれぞれ z 平面（世界面）の虚軸・実軸を境として $|z| \to \infty$ での漸近的な振舞いがジャンプする．この実軸・虚軸で区切られた領域（象限）ごとの ψ^L, ψ^R の漸近的な振舞いが，AdS の境界での座標 x^+, x^- のジャンプにそれぞれ反映されているのである．

この場合の $z = \infty$ は (3.75) の不確定特異点であるが，一般に不確定特異点を持つ微分方程式では，解の漸近形が変数の領域ごとに異なる．このような現象を **Stokes 現象**という．4 カスプ解の存在は，運動方程式に対応する線形系 (3.75) の Stokes 現象の帰結ということになる．上の例では，ζ が実の時，$\psi(\zeta)$ の漸近形が変化する境界は z 平面の虚軸であったが，このような境界線を**反 Stokes 線** (anti-Stokes line) という*4)．$\zeta = i$ では，反 Stokes 線は実軸となる．以下，反 Stokes 線で区切られた領域を **Stokes 領域** (Stokes sector) と呼ぶことする．4 カスプ解では，ζ を固定した時に Stokes 領域は 2 つある．

一旦このような解のカスプと Stokes 現象の関係に気付くと，一般の AdS_3 中のカスプ解も同様に考えていくことができる．(3.71) により与えられる AdS_3 中の弦では，境界が閉じる（運動量が保存する）ためには偶数個のカスプが必要であり，以下 AdS_3 中の $2n$ カスプ解を考える．まず変数変換，

$$dw = \sqrt{v(z)}dz\,, \qquad \hat{\alpha} = \alpha - \frac{1}{4}\log v\bar{v}\,, \tag{8.19}$$

により，(3.71) の第 2 式を，

$$\partial_w \partial_{\bar{w}} \hat{\alpha} - 2\sinh(2\hat{\alpha}) = 0\,, \tag{8.20}$$

と書き換えよう．これは，楕円型 sinh-Gordon 方程式の第 2 項の符号を変え

*4) この時，実軸に沿って最も早く $\psi(\zeta) \to 0, \infty$ となるが，このような線を Stokes 線という．反 Stokes 線，Stokes 線は互いに逆の意味で用いることもある．

たものである．新たな世界面の座標 w と変数 $\hat{\alpha}(w,\bar{w})$ について，$\alpha(z,\bar{z})=0$, $v\bar{v}=1$ の 4 カスプ解の議論を繰り返すと，$|w|\to\infty$ で $\hat{\alpha}\to 0$ であれば，対応する解 Y_p は局所的には (3.79) の形ととれ，w 平面の象限を移るごとに光的カスプを持つと考えられる．さらに，Y_p で表される極小曲面が AdS 内部で滑らかで特異にならないよう（$\hat{\alpha}$ ではなく）$\alpha(z,\bar{z})$ が至るところ有限であることを要請し，実の Y_p に対する $v(z)=\big(\bar{v}(\bar{z})\big)^*$ が $n-2$ 次の多項式だとしよう．$\hat{\alpha}$ は (8.19) に従って $v(z)$ の零点に対応して対数的な特異性を持つ．この時，$|w|\gg 1$ で $w\sim z^{n/2}$ であるので，原点から十分離れて z 平面を 1 周すると w 平面を $n/2$ 周することになる（図 8.2 (c)）．w 平面で象限を移るごとに 1 つカスプが生じるので，z 平面を 1 周すると $4\times n/2=2n$ 個のカスプが現れる．よって，このような $v(z)$, $\alpha(z,\bar{z})$ により $2n$ カスプ解が与えられる．一般に解 $\alpha(z,\bar{z})$ の具体的な形は書き下せないが，解の表す極小曲面の面積，

$$A_{2n}=4\int d^2\sigma\, e^{2\alpha(z,\bar{z})} \tag{8.21}$$

を正則化すると，$2n$ 粒子散乱振幅 (8.10) が得られる．

8.4.2 散乱の運動学的配位

散乱の運動学的配位は，線形系 (3.75) の波動関数 $\psi(z,\bar{z};\zeta)$ を用いて表される．まず，(3.75) には $|z|\gg 1$ で増加，減少する 2 つの独立な解がある．これらをそれぞれ $b_\alpha(z,\bar{z};\zeta)$, $s_\alpha(z,\bar{z};\zeta)$ とし，異なる ψ を a でラベルすると，

$$\psi_a(z,\bar{z};\zeta)=c_a^{\text{large}}b(z,\bar{z};\zeta)+c_a^{\text{small}}s(z,\bar{z};\zeta)\,, \tag{8.22}$$

となる．添字 α は省略した．b に s の定数倍を加えても増加解なので (8.22) にはこの不定性があるが，まず s の規格化を定め，(3.78) と同様に $b\wedge s=1$ により b を規格化すると，ψ_a の漸近形より c_a^{large} が定まる．

極小曲面の各カスプは $\zeta=1, i$ の場合の (3.75) の反 Stokes 線で区切られた領域（各象限）に対応していたが，ζ を固定した時のこれらの Stokes 領域を j でラベルする．w 平面を 1 周した時に現れる Stokes 領域は 2 つなので，z 平面を 1 周した時に現れる Stokes 領域は $2\times n/2=n$ となる．各 Stokes 領域の増加・減少解も $b_{j,\alpha}$, $s_{j,\alpha}$ $(j=1,...,n)$ と書く．(8.14) により粒子の運動量はカスプの光円錐座標 $x^\pm$ の値の差であり，それらは (8.18), (3.77) から得られる．曲面の境界 $|z|\gg 1$ では，増加解が優勢となり，

$$Y_{a\dot{a}}=c_a^{L,\text{large}}c_{\dot{a}}^{R,\text{large}}\,(b_\alpha^L\delta^{\alpha\dot{\alpha}}b_{\dot{\alpha}}^R)=\psi_a^L\wedge s^L\,\psi_{\dot{a}}^R\wedge s^R\,(b_\alpha^L\delta^{\alpha\dot{\alpha}}b_{\dot{\alpha}}^R), \tag{8.23}$$

としてよい．ここで，$b^{L,R}$, $s^{L,R}$ は (3.76) と同様に定めた．従って，

$$x^+=\frac{Y_{21}}{Y_{11}}\bigg|_{|z|\to\infty}=\frac{\psi_2^L\wedge s^L}{\psi_1^L\wedge s^L}\,,\qquad x^-=-\frac{Y_{12}}{Y_{11}}\bigg|_{|z|\to\infty}=-\frac{\psi_2^R\wedge s^R}{\psi_1^R\wedge s^R}\,.$$

ψ_a は (3.78) により規格化されており，さらに，行列式に関する代数的恒等式，

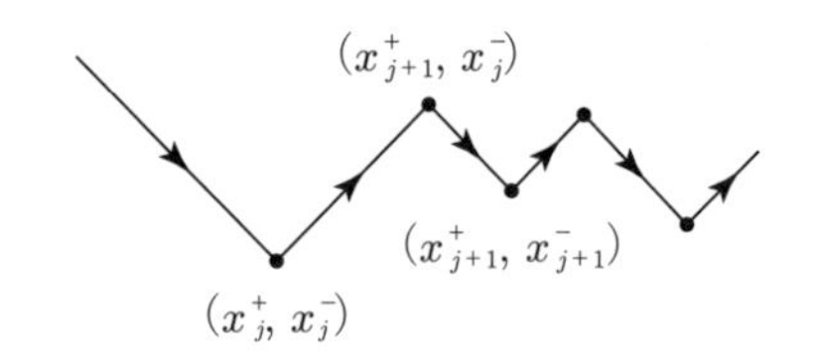

図 8.3　AdS_3 中の光的多角形極小曲面の境界.

$$(\eta_i \wedge \eta_j)(\eta_k \wedge \eta_l) = (\eta_i \wedge \eta_k)(\eta_j \wedge \eta_l) - (\eta_i \wedge \eta_l)(\eta_j \wedge \eta_k)\,, \tag{8.24}$$

(**Plücker 関係式**）を用いると，異なる Stokes 領域に対する座標の差が，

$$x_i^+ - x_j^+ = -\frac{s_i^L \wedge s_j^L}{\psi_1^L \wedge s_i^L\, \psi_1^L \wedge s_j^L}\,, \tag{8.25}$$

と書ける．x^- についても同様であり，$x^\pm$ から成る交差比は，

$$\frac{x_{ij}^\pm x_{kl}^\pm}{x_{ik}^\pm x_{jl}^\pm} = \frac{(s_i \wedge s_j)(s_k \wedge s_l)}{(s_i \wedge s_k)(s_j \wedge s_l)}(\zeta)\,, \tag{8.26}$$

と表される．ζ は x^+ については $\zeta = 1$，x^- については $\zeta = i$ ととるものとする．(3.78) と同様にして，$s_i \wedge s_j$ は世界面の座標 $z, \bar{z}$ に依らないこと，また，(8.26) は s_j の規格化にも依らないことに注意する．$s_j \wedge s_j$ は，Stokes 領域を移っていく時の解の変化の情報を与える．(3.75) の解の大域的な振舞いにより，基本的な運動学的変数である運動量の交差比が与えられたことになる．

8.4.1 節の 4 粒子散乱の場合と同様に，$|z| \gg 1$ で z 平面を回っていくと，$\zeta = 1$ と $\zeta = i$ の場合の反 Stokes 線を交互に横切り，$x_j^\pm$ も図 8.3 のように，$(x_j^+, x_j^-) \to (x_{j+1}^+, x_j^-) \to (x_{j+1}^+, x_{j+1}^-) \to \cdots$ と交互に変化する．よって，それぞれ n 個の $x_j^\pm$ により，$2n$ 個のカスプの座標が与えられる．

また，(8.17) 以下で述べた AdS_5 の場合と同様に，AdS_3 中の光的多角形解に対応する $2n$ 粒子散乱の独立な交差比の数は，$2(2n) - 2n - {}_4C_2 = 2(n-3)$ となる．x_i^+, x_j^- から成る交差比がそれぞれ $n-3$ 個である．一方，光的多角形解の自由度は (8.19) 中の $n-2$ 次多項式 $v(z)$ で与えられる．$v(z)$ の最高次の係数を z のスケールで吸収して 1 とおくと，$v(z) = z^{n-2} + c_{n-3}z^{n-3} + \cdots + c_0$ となり，さらに z の平行移動で例えば c_0 を 0 とすると，$v(z)$ は $2(n-3)$ 個の実パラメータを持ち，確かに独立な交差比の数と一致する．

8.4.3　MHV 散乱振幅と熱力学的 Bethe 仮説方程式

通常の素粒子の理論では，まず運動量を与えその関数として散乱振幅を求めるが，上で述べた強結合散乱振幅の場合は，まず (8.19) 中の $v(z)$ で定まる極小曲面を考え，対応する振幅と運動量・運動学的配位を読み取ることになる．強結合散乱振幅を求める問題が見通しよくなったが，依然として $\hat{\alpha}(w, \bar{w})$ や対応する曲面，線形問題の解 $\psi(\zeta)$ を具体的に構成することは容易ではない．例

えば，$v(z)=z^{n-2}$ のような場合に対応して，$\hat{\alpha}$ が回転対称性を持ち $|w|$ のみの関数 $\hat{\alpha}(|w|)$ だとすると，(8.20) は $\hat{\alpha}''+\hat{\alpha}'/|w|=8\sinh(2\hat{\alpha})$ となる．これは，**Painlevé III 方程式**の特別な場合である．しかし，$\hat{\alpha}(w,\bar{w})$ を具体的に構成することなく，A_{2n}, $x_j^{\pm}$ の交差比を求めることも可能となる．

そのために，まず，各 Stokes 領域での減少解 s_j により，

$$
\begin{aligned}
T_{1,2k+1}(\zeta) &:= (s_{-k-1}\wedge s_{k+1}), & T_{1,2k}(\zeta) &:= (s_{-k-1}\wedge s_k)^{[+]},\\
T_{0,2k+1}(\zeta) &:= (s_{-k-2}\wedge s_{-k-1})^{[+]}, & T_{0,2k}(\zeta) &:= (s_{-k-1}\wedge s_{-k}),\\
T_{2,2k+1}(\zeta) &:= (s_k\wedge s_{k+1})^{[+]}, & T_{2,2k}(\zeta) &:= (s_k\wedge s_{k+1}),
\end{aligned}
$$

を定める．$[\pm]$ は ζ の位相の変化 $f^{[\pm]}(\zeta):=f(e^{\pm i\pi/2}\zeta)$ を表す．$2n$ 粒子散乱を考え Stokes 領域は n 個としているが，$1\le j\le n$ 以外でも Stokes 領域を順に移っていった時に現れる減少解を s_j として j の範囲を拡張した．$2n$ の n が偶数の場合には，$\sqrt{v(z)}=z^{n/2-1}+\cdots+c/z+\cdots$ に $1/z$ 項があるため，(8.19) により w は $c\log z$ の形の対数項を含み，z 平面を 1 周した時に w や s_j は元に戻らない．よって，一般に $s_{j+n}\propto s_j$ であるが $s_{j+n}\neq s_j$ となる．

s_j は各 Stokes 領域の減少解であり，$\hat{\alpha}\to 0$ ($|w|\to\infty$) の時，$\psi(\zeta)$ の $|w|\to\infty$ での漸近形は，(3.80) で $z\to w$ とすれば読み取れる．$(s_i\wedge s_j)(e^{i\pi}\zeta)=(s_{i+1}\wedge s_{j+1})(\zeta)$ が成り立つので，$s_1\wedge s_2=1$ と規格化すると $j\neq 1$ でも $s_j\wedge s_{j+1}=1$ とできる．以下，s_j はこのように規格化され，$T_{0,s}=T_{2,s}=1$ であるとする．この時，さらに，

$$
Y_s := \frac{T_{1,s-1}T_{1,s+1}}{T_{0,s}T_{2,s}} := T_{s-1}T_{s+1}\,, \qquad T_s := T_{1,s}\,, \tag{8.27}
$$

により，Y_s $(s=0,...,n-2)$ を定める．$T_{-1}=(s_0\wedge s_0)=0$，また，同様に $T_{n-1}=0$ なので，$Y_0=Y_{n-2}=0$ となる．

このように定めた T_s は，行列式の恒等式 (8.24) により，

$$
T_s^{[+]}T_s^{[-]} = T_{s+1}T_{s-1}+1 \tag{8.28}
$$

を満たす．(8.28) は 6.5 節 (6.43) の T 系と同じ形である．また，Y_s は (6.44) の Y 関数の逆数に相当し，(8.28) から Y 系，

$$
Y_s^{[+]}Y_s^{[-]} = (1+Y_{s-1})(1+Y_{s+1})\,, \tag{8.29}
$$

が従う．(8.29) は 6.5.3 節の $A_r\times A_s$ 型 $(r=1)$ の Y 系で A_r と A_s の役割，あるいは，$Y_{a,m}$ の a と m の役割を入れ替えたものとなっている．

これまでの議論では (8.28), (8.29) は T_s, Y_s の定義から従う恒等式に過ぎない．ここで，物理的なインプットとして Y 関数の $\zeta\to 0,\infty$ での漸近的な振舞いを考える．$\zeta\to 0$ では，線形系 (3.75) の接続の主要項は (3.72) の Φ_z/ζ となる．Φ_z は ζ に依存しない行列で対角化でき，3.6.2 節の 4 カスプ解の場

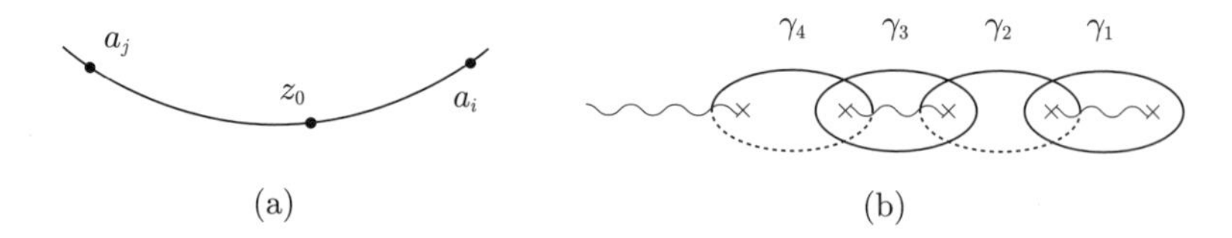

図 8.4 (a) WKB 線上での $s_i \wedge s_j$ の評価．(b) $v(z)$ の零点 $(\times)$ が全て実，$n=7$ の場合の周期 γ_s．波線は切断線，点線は別のシートでの経路を表す．

合と同様に，減少解 s_j は $(e^{w/\zeta}, 0)$, $(0, e^{-w/\zeta})$ の形の関数で "WKB 近似" できる[82], [232]~[234], [236]．w を z で表すと，$w = \int \sqrt{v}dz$ であり，WKB 近似は，$\mathrm{Im}\big(\sqrt{v(z)}dz/\zeta\big) = 0$ で定まる **WKB 線**に沿ってよい近似となる．WKB 線が s_i, s_j の属する Stokes 領域をつないでいるとすると，$s_i \wedge s_j$ は z に依らないので，WKB 線上の 1 点 $z = z_0$ で評価すればよい．WKB 線をたどると減少解は $(e^{w/\zeta}, 0)$ から $(0, e^{-w/\zeta})$，あるいは，逆に変化するので，行列式は，

$$s_i \wedge s_j \sim \exp\left[\frac{1}{\zeta}\Big(\int_{a_i}^{z_0} - \int_{a_j}^{z_0}\Big)\sqrt{v(z)}dz\right] = \exp\Big(\frac{1}{\zeta}\int_{a_i}^{a_j}\sqrt{v(z)}dz\Big),$$

と評価される（図 8.4 (a)）．a_k は s_k の規格化で決まる定数であり，対角化に伴う z に依る係数は省略した．T 関数の比である Y 関数はこれらに依らない．

Y 関数中の $s_i \wedge s_j$ に対して，（a_k を調節して）上の結果を組み合わせると，

$$\log Y_s \sim -\frac{m_s}{2\zeta} \quad (\zeta \to 0), \qquad m_s = 2c_s \oint_{\gamma_s} \sqrt{v(z)}dz, \tag{8.30}$$

となり，$y^2 = v(z)$ で定まる超楕円曲線上の周期 γ_s の積分にまとまる[233], [234]．c_s は $c_s = 1$ $(s \in 2\mathbb{Z})$, $1/i$ $(s \in 2\mathbb{Z}+1)$ となる定数である．$v(z)$ の零点が全て実の場合，$\sqrt{v(z)}$ の分岐を適切に選ぶと $m_s > 0$ ととれる．この場合の周期 γ_s を図 8.4 (b) に示した．$\zeta \to \infty$ の場合も同様にして，$\log Y_s \sim -\zeta\bar{m}_s/2$ となる．一般の $p(z)$ の場合の γ_s は図 8.4 (b) の場合からの変形され，一般に m_s は複素，m_s と $\bar{m}_s$ は互いに複素共役となる．以上より，$\zeta = e^{\theta}$ とおくと，$|\theta| \to \infty$ での Y 関数の漸近形は次の形となる：

$$\log Y_s \sim -\frac{1}{2}\big(m_s e^{-\theta} + \bar{m}_s e^{\theta}\big). \tag{8.31}$$

6.5 節と同様の議論により，Y 系 (8.29) と漸近形 (8.31) から，積分方程式，

$$\log Y_s(\theta) = -m_s \cosh\theta + \sum_{r=1}^{n-3} K_{sr} * \log(1+Y_r), \tag{8.32}$$

$s = 1, ..., n-3$, を得る．記法の乱用ではあるが，以前と同じ Y_s により，θ の関数としての Y 関数を $Y_s(\theta)$ と表した．$*$ は畳み込みであり，積分核 K_{sr} は，5.9.1 節でも用いた A_n 型の隣接行列 $I_{sr} = \delta_{s,r-1} + \delta_{s,r+1}$ を用いて，

$$K_{sr}(\theta) = \frac{I_{sr}}{\cosh\theta},$$

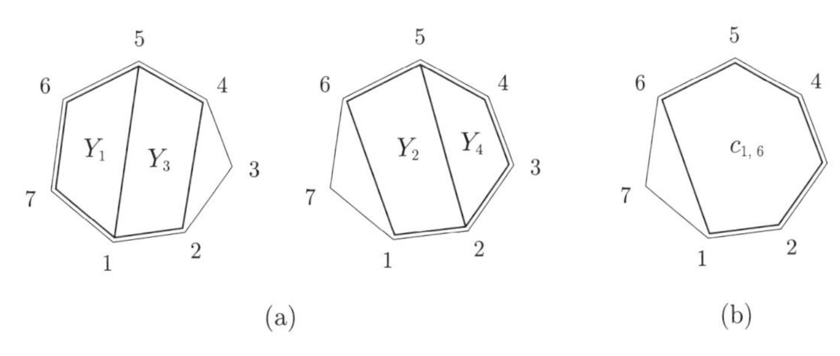

図 8.5 (a) (8.33), (b) (8.37) の図形表示の例（$n=7$ の場合）．7 角形内の $Y_s, c_{i,j}$ を囲む多角形の頂点の番号 j が右辺に現れる $x_j^\pm$ を表す．

と表される．(8.32) では，m_s が正の実数の場合の表式を示した．一般には，"駆動項" は (8.31) の右辺で与えられる．この積分方程式は，T 系 (8.28)，Y 系 (8.29) に対応する**熱力学的 Bethe 仮説 (TBA) 方程式**と見なせる．(6.8) と比べると，質量パラメータは $m/T = mR \to m$ と無次元化されている．

6 章では，TBA 方程式に現れる質量パラメータが 1 つ，あるいは，複数の質量の比が定まった場合，即ち，質量スケールが 1 つの場合を主に考えた．一方，(8.32) では，m_s は独立なパラメータであり，（$n>4$ では）複数の質量スケールがある方程式系となる．

8.4.4 散乱振幅，交差比，残余関数

光的多角形解の Stokes 現象の解析から得られた積分方程式 (8.32) を解き Y 関数が求められると，解自体を構成することなく，散乱振幅に対応する極小曲面の面積と粒子の運動学的配位を表す交差比が得られる．

まず，(8.26) と Y 関数の定義 (8.27) より，$x_j^\pm$ から成る交差比は，

$$
\begin{aligned}
Y_{2k+1}^{[-1]}(0) &= \mathcal{X}^+_{k,k+1,-k-2,-k-1}\,, \qquad & Y_{2k}^{[0]}(0) &= \mathcal{X}^+_{k,k+1,-k-1,-k}\,, \\
Y_{2k+1}^{[0]}(0) &= \mathcal{X}^-_{k,k+1,-k-2,-k-1}\,, \qquad & Y_{2k}^{[1]}(0) &= \mathcal{X}^-_{k,k+1,-k-1,-k}\,,
\end{aligned} \tag{8.33}
$$

で与えられる．$f^{[k]}(\theta) := f(\theta + i\pi k/2)$ とし，$\mathcal{X}^\pm_{ijkl} = x^\pm_{il} x^\pm_{jk} / x^\pm_{ij} x^\pm_{kl}$ とおいた．$n=7$ の場合，例えば，$Y_1(-\pi i/2) = x^+_{15} x^+_{67} / x^+_{56} x^+_{17}$, $Y_1(0) = x^-_{15} x^-_{67} / x^-_{56} x^-_{17}$，となる．Y 関数と交差比の関係 (8.33) は図 8.5 (a) のように図形的に表せる．

次に，散乱振幅 (8.10) 中の極小曲面の面積 A_{2n} は，(8.21) を用いて，

$$
A_{2n} = 4 \int d^2\sigma \left(e^{2\alpha} - \sqrt{v\bar{v}} \right) + 4 \int_{r(z,\bar{z}) \geq \epsilon} d^2\sigma \sqrt{v\bar{v}}\,, \tag{8.34}
$$

と正則化する．$r(z,\bar{z})$ は (8.18) の動径座標である．各項を具体的に評価すると[82], [214], [232], [233]，$2n$ の n が奇数の場合は，

$$
\begin{aligned}
A_{2n} =& A_{\rm free} + A_{\rm periods} + A_{\rm cutoff}\,, \\
& A_{\rm free} = \sum_{s=1}^{n-3} \int_{-\infty}^{\infty} \frac{d\theta}{2\pi} |m_s| \cosh\theta \, \log(1 + \tilde{Y}_s(\theta))\,,
\end{aligned}
$$

$$A_{\text{periods}} = -\frac{1}{4} m_r \, I_{rs}^{-1} \, \bar{m}_s \,, \tag{8.35}$$

となる．ここで，$\tilde{Y}_s(\theta)$ は，質量パラメータ $m_s = e^{i\varphi_s}|m_s|$ の位相で引数をずらした Y 関数 $\tilde{Y}_s(\theta) := Y_s(\theta + i\varphi_s)$ である．A_{free} は，(8.34) の右辺第 1 項を評価したものであり，TBA 系の自由エネルギー (6.9) の形となっている．$v(z)$ の零点が互いに十分離れた極限 ($|m_s| \gg 1$) に相当する定数項 $\propto (n-2)$ は省略した．A_{free}, A_{periods} の形は，(8.32) により，Y 関数を $\zeta \to 0$ で評価した時の展開項により $e^{2\alpha}$ が表されることなどから従う．このような評価には，(3.73) の Hitchin 系を通した見方も有用である．

A_{cutoff} は，(8.2) の BDS 公式と同様の発散および有限項から成る．BDS 公式と A_{2n} の差である残余関数 $\mathcal{R}_{2n}$ の形で書くと，散乱振幅は，

$$\begin{aligned} \mathcal{R}_{2n} &= A_{2n} - A_{\text{BDS}} = A_{\text{free}} + A_{\text{periods}} + \Delta A_{\text{BDS}} \,, \\ \Delta A_{\text{BDS}} &= A_{\text{cutoff}} - A_{\text{BDS}} = \frac{1}{4} \sum_{i,j=1}^{n} \log \frac{c_{i,j}^{+}}{c_{i,j+1}^{+}} \log \frac{c_{i-1,j}^{-}}{c_{i,j}^{-}} \,, \end{aligned} \tag{8.36}$$

となる．$c_{i,j}^{\pm}$ は，$x_i^{\pm}$, $x_j^{\pm}$ 以外は隣接する偶数個のカスプ座標から成る交差比であり，$j-i>0$ が奇数の時は，

$$c_{i,j}^{\pm} = \frac{x_{i+2,i+1}^{\pm} x_{i+4,i+3}^{\pm} \cdots x_{j,i}^{\pm}}{x_{i+1,i}^{\pm} x_{i+3,i+2}^{\pm} \cdots x_{j,j-1}^{\pm}} \,, \tag{8.37}$$

$j-i>0$ が偶数の時は，添字が i から j に減る方向に並ぶ同様の表式で与えられる．$n=7$ の時，例えば，$c_{1,6}^{\pm} = x_{23}^{\pm} x_{45}^{\pm} x_{16}^{\pm} / x_{12}^{\pm} x_{34}^{\pm} x_{56}^{\pm}$ である．$c_{i,j}^{\pm}$ は図 8.5 (b) のように図形的に表せる．(8.27), (8.33), (8.37)，および，8.6.5 節で述べる $\mathbb{Z}_{2n}$ 変換を用いると，$c_{i,j}^{\pm}$ は $T_s(\theta)$ により次のように一般的に表せる[237]：

$$c_{i,j}^{+} = T_{|i-j|-1}^{[i+j]}(0) \,, \qquad c_{i,j}^{-} = T_{|i-j|-1}^{[i+j+1]}(0) \,. \tag{8.38}$$

(8.36) の ΔA_{BDS} および $\mathcal{R}_{2n}$ は交差比とパラメータ m_s で書かれており，確かに双対共形不変な形となっている．$2n$ の n が偶数の場合には，w, s_j のモノドロミーにより，T 関数で表される項が A_{2n} に加わる[82], [238]．

8.4.5 AdS_5 中の極小曲面と散乱振幅

これまでの，粒子の運動量が $k^{\mu} \in \mathbb{R}^{1,1}$, AdS_3 中の極小曲面の場合と同様に，一般の $k^{\mu} \in \mathbb{R}^{1,3}$ の場合にも AdS_5 中の極小曲面を具体的に構成することなく，強結合散乱振幅と対応する運動量の交差比を評価できる[232], [233]．

まず，AdS_3 の場合，$\text{so}(2,2) \simeq \text{su}(2) \oplus \text{su}(2)$ に従い，弦の運動方程式の Pohlmeyer 還元により，場の配位が $\mathbb{Z}_2$ 対称性を持つ $\text{su}(2)\big(\simeq \text{sl}(2)\big)$ **Hitchin 系**（可積分系）(3.73) を得たが，AdS_5 の場合は，$\text{so}(2,4) \simeq \text{su}(4)\big(\simeq \text{sl}(4)\big)$ に従い，場の配位が $\mathbb{Z}_4$ 対称性を持つ su(4) Hitchin 系を得る．この系の可積分条件は，AdS_3 の場合と同様に (3.71) 中の一般化された sinh-Gordon 方程

式になる．一方，カスプ解を構成する際に用いる変数変換は (8.19) ではなく，z の多項式 $P(z)$ を用いた $dw = P^{1/4}(z)dz$ となる．n 粒子散乱の場合，$P(z)$ の次数は $n-4$ 次にとる．光的多角形を境界とする極小曲面は，AdS_3 の場合の (3.75) に相当する線形系の解 $\psi(\zeta) \in \mathbb{C}^4$ により構成できる．

線形系の Stokes 領域は n 個あり，$\psi(\zeta)$ の各領域での減少解 s_j から成る行列式 $f_{i,j,k,l}(\zeta) := \det(s_i, s_j, s_k, s_l)$ を用いて，

$$
\begin{aligned}
&T_{1,m}(\zeta) = f^{[-m]}_{-2,-1,0,m+1}\,, \qquad T_{2,m}(\zeta) = f^{[-m-1]}_{-1,0,m+1,m+2}\,,\\
&T_{3,m}(\zeta) = f^{[-m]}_{-1,m,m+1,m+2}\,,\\
&T_{0,m}(\zeta) = f^{[-m-1]}_{m,m+1,m+2,m+3}\,, \quad T_{4,m}(\zeta) = f^{[-m-1]}_{-2,-1,0,1}\,,
\end{aligned}
$$

のように $T_{a,m}(\zeta)$ を定めると，(8.28) と同様に，行列式間の恒等式として，

$$
T^{[+]}_{a,m}T^{[-]}_{4-a,m} = T_{4-a,m+1}T_{a,m-1} + T_{a+1,m}T_{a-1,m}\,, \tag{8.39}
$$

$a=1,2,3$ を得る．ここで，$f^{[k]} = f(e^{i\pi k/4}\zeta)$, $f^{[\pm]} = f^{[\pm 1]}$ とした．また，減少解 s_j の規格化により，$T_{0,m} = T_{4,m} = 1$, $T_{a,0} = 1$ $(a=1,2,3)$ とする．定義により $T_{a,-1} = T_{a,n-3} = 0$ $(a=1,2,3)$ である．AdS_3 の場合と同様に s_j の添字の範囲を $1 \le j \le n$ 以外にも拡張した．n が偶数の場合はモノドロミーにより一般に $s_n \neq s_0$ である．さらに，

$$
Y_{a,m} = \frac{T_{a,m+1}T_{4-a,m-1}}{T_{a+1,m}T_{a-1,m}}\,, \tag{8.40}
$$

により，$Y_{a,m}$ を導入すると，(8.39) から，

$$
\frac{Y^{[+]}_{a,m}Y^{[-]}_{4-a,m}}{Y_{a+1,m}Y_{a-1,m}} = \frac{(1+Y_{a,m+1})(1+Y_{4-a,m-1})}{(1+Y_{a+1,m})(1+Y_{a-1,m})}\,, \tag{8.41}
$$

$a=1,2,3;\ m=1,...,n-5$ が従う．定義より $Y_{a,0} = Y_{a,n-4} = 0$ $(a=1,2,3)$ であり，$Y_{0,m} = Y_{4,m} = \infty$ とした．(8.41) は，添字に a の代わりに $4-a$ となる場合があることを除いて，6.5.3 節の $A_r \times A_s$ 型 $(r=3)$ の Y 系で A_r と A_s，あるいは，$Y_{a,m}$ の a と m の役割を入れ替えたものと同じ形である．

$Y_{a,m}$ の $\zeta \to 0, \infty$ での漸近形は $y^4 = P(z)$ で与えられる代数曲線上の周期積分 m_s $(s=1,...,n-5)$ などにより評価される．こうした漸近形を用いると 6.5 節と同様の議論により，Y 系 (8.41) から $Y_{a,m}$ の満たす積分方程式，

$$
\begin{aligned}
\log Y_{2,s}(\theta) &= -m_s\sqrt{2}\cosh\theta - K_2 * \alpha_s - K_1 * \beta_s\,, \qquad (8.42)\\
\log Y_{1,s}(\theta) &= -m_s\cosh\theta - C_s - \frac{1}{2}K_2 * \beta_s - K_1 * \alpha_s - \frac{1}{2}K_3 * \gamma_s\,,\\
\log Y_{3,s}(\theta) &= -m_s\cosh\theta + C_s - \frac{1}{2}K_2 * \beta_s - K_1 * \alpha_s + \frac{1}{2}K_3 * \gamma_s\,,
\end{aligned}
$$

$s=1,...,n-5$, を得る．ここで，$\zeta = e^\theta$ とおいた．畳み込み $*$ の積分核は，

$$
K_1(\theta) = \frac{1}{\cosh\theta}\,, \quad K_2(\theta) = \frac{2\sqrt{2}\cosh\theta}{\cosh 2\theta}\,, \quad K_3(\theta) = 2i\tanh 2\theta\,,
$$

また，$\alpha_s, \beta_s, \gamma_s$ は，

$$\alpha_s = \log \frac{(1+Y_{1,s})(1+Y_{3,s})}{(1+Y_{2,s-1})(1+Y_{2,s+1})}\,, \qquad \gamma_s = \log \frac{(1+Y_{1,s-1})(1+Y_{3,s+1})}{(1+Y_{1,s+1})(1+Y_{3,s-1})}\,,$$

$$\beta_s = \log \frac{(1+Y_{2,s})^2}{(1+Y_{1,s-1})(1+Y_{1,s+1})(1+Y_{3,s-1})(1+Y_{3,s+1})}\,, \tag{8.43}$$

である．C_s は $Y_{a,s}$ の漸近形を定める定数である．

これまでの議論は，運動量が $k^\mu \in \mathbb{R}^{1,3}$ となる場合だけでなく，一般に $k^\mu \in \mathbb{R}^{p,4-p}$ となる場合も取り扱える枠組みとなっている．このように一般化された符号も含めて考えると，p が奇数の場合 C_s は純虚数，p が偶数の場合は実数となる．また，(8.42) は，全ての m_s が正の実数とした場合の表式である．一般に m_s は複素であり，その場合の方程式は (8.31) のように駆動項を複素に接続したものとなる．$m_s \in \mathbb{C}, C_s$ $(s=1,...,n-5)$ は $3(n-5)$ 個の実数パラメータとなり，(8.17) 以下で数えた独立な交差比の数と一致する．

(8.42) が極大超対称ゲージ理論の強結合散乱振幅を与える **TBA 方程式**となる．AdS_3 の場合と同様に，x_j^μ と減少解 s_j は，

$$x_j \cdot x_k \propto f_{j,j+1,k,k+1}(1)\,, \qquad f_{j,j+1,k,k+1}(\zeta) = f_{j-1,j,k-1,k}(e^{i\pi/2}\zeta)\,,$$

により関係付く．よって，

$$U_s^{[r]} := 1 + \frac{1}{Y_{2,s}}\bigg|_{\theta=\frac{\pi}{4}ir} = \frac{T_{2,s}^{[+]}T_{2,s}^{[-]}}{T_{2,s+1}T_{2,s-1}}\bigg|_{\theta=\frac{\pi}{4}ir}\,, \tag{8.44}$$

を組み合わせると運動量の交差比が読み取れる．Y 関数の定義をたどっていくと，例えば，$U_{2k-2}^{[0]} = x_{-k,k}^2 x_{-k-1,k-1}^2 / x_{-k-1,k}^2 x_{-k,k-1}^2$ となる．

また，8.4.4 節と同様に，正則化された極小曲面の面積を評価し，残余関数を求めると，$n \neq 4\mathbb{Z}$ の場合は再び，

$$\mathcal{R}_n = A_{\text{free}} + A_{\text{periods}} + \Delta A_{\text{BDS}}\,, \tag{8.45}$$

の形となる．A_{free} は TBA 系の自由エネルギー，

$$A_{\text{free}} = \sum_{a,s} \int \frac{d\theta}{2\pi} |m_s| \cosh\theta \log\left[\left(1+\tilde{Y}_{1,s}\right)\left(1+\tilde{Y}_{3,s}\right)\left(1+\tilde{Y}_{2,s}\right)^{\sqrt{2}}\right],$$

A_{periods} は m_s の 2 次形式で与えられる量，ΔA_{BDS} は運動量の交差比で書かれる双対共形不変な量である[232], [233]．A_{free} では (8.35) と同様に，$m_s = e^{i\varphi_s}|m_s|$ とした時の m_s の位相で引数をずらした $\tilde{Y}_{a,s}(\theta) = Y_{a,s}(\theta + i\varphi_s)$ を用いた．

$n = 4\mathbb{Z}$ の場合の結果は，AdS_3 の場合のように w 平面のモノドロミーを詳しく取り扱う，あるいは，$n \neq 4\mathbb{Z}$ の場合からの極限操作により得られる．(8.32), (8.42) は m_s をパラメータとして与えて解く方程式であるが，m_s を消去し，運動量の交差比を与えて解く方程式系を導くこともできる[239]．

$\mathbf{AdS_3}$，$\mathbf{AdS_4}$ 中の極小曲面

極小曲面の光的境界/粒子の運動量を $k^\mu \in \mathbb{R}^{1,2}$ あるいは $k^\mu \in \mathbb{R}^{1,1}$ に制限すると，AdS_4, AdS_3 中の極小曲面についての結果が得られる．

まず，AdS_4 中の極小曲面の場合，線形系の減少解 s_j にも制限が課され，

$$T_{1,s}(\theta) = T_{3,s}(\theta)\,, \quad Y_{1,s}(\theta) = Y_{3,s}(\theta)\,, \quad C_s = 0\,,$$

が成り立つ．この時，T/Y 関数の添字 a と $4-a$ を区別する必要がなくなり，(8.39), (8.41), (8.42) は，それぞれ標準的な T 系，Y 系，TBA 方程式となる．

さらに，AdS_3 中の極小曲面の場合，適当なゲージでは減少解を，

$$s_{2k} = \begin{pmatrix} s_k^{\mathrm{R}} \\ \vec{0} \end{pmatrix}, \quad s_{2k+1} = \begin{pmatrix} \vec{0} \\ s_k^{\mathrm{L}} \end{pmatrix}, \quad \vec{0} = \begin{pmatrix} 0 \\ 0 \end{pmatrix},$$

の形にとれ，$(s_j^{\mathrm{L}} \wedge s_k^{\mathrm{L}})^{[2]} = (s_j^{\mathrm{R}} \wedge s_k^{\mathrm{R}})$ が成り立つ．$T_k := (s_0^{\mathrm{L}} \wedge s_{k+1}^{\mathrm{L}})^{[-2k-2]}$, $Y_k := T_{k+1}T_{k-1} = Y_{2,2k}^{[-2]}$ とすると，T_k, Y_k はそれぞれ (8.28), (8.29) を満たし，AdS_3 中の極小曲面の場合の T,Y 関数が再現される．AdS_3 の場合は，$f^{[2k]} = f(e^{i\pi k/2}\zeta)$ あるいは $f^{[2k]} = f(\theta + i\pi k/2)$ を "$f^{[k]}$" と書いていたことに注意する．

8.4.6 赤外 (IR)，紫外 (UV) 極限

6.2 節でも述べたように，(8.32) あるいは (8.42) は質量パラメータが大きい/小さい IR/UV 極限では簡単化される．まず，$|m_s| \gg 1$ となる IR 極限では，Y 関数は $\log Y_s \sim -m_s \cosh\theta$ と駆動項で近似できる．さらに (8.33), (8.44) のような Y 関数と運動量の交差比の関係から，IR 極限では (交差比) $\to 0, \infty$ となり得る．この時，カスプ座標の差の大きさは $x_{ij}^2 = (x_i - x_j)^2 \to 0$ となり，極小曲面の境界に縮退が生ずる．ゲージ理論の観点からは，これは 8.1 節で述べた散乱のソフト極限，共線極限に対応する[82], [232]．

$|m_s| \to 0$ の UV 極限では，Y 関数はスペクトルパラメータに依存しない，(6.17) のような "定数 TBA 方程式" の解として与えられる．極小曲面の構成においては，m_s は (8.30) のように (8.19) 中の $v(z)$，あるいは，AdS_5 の場合の $P(z)$，で定まる代数曲線の周期積分であったので，$m_s \to 0$ は $v(z)$, $P(z)$ を z の単項式 z^k にとることに対応する．この時，n カスプ解は $\mathbb{Z}_n$ 対称性を持ち，極小曲面の境界あるいは対応する Wilson ループは正多角形となる*5)．

8.5 MHV 散乱振幅と等質 sine-Gordon 模型

6 章では，厳密な S 行列を持つ量子可積分系において TBA 方程式を導いたが，前節の議論では弦の古典可積分性以外に特定の量子可積分性は仮定してお

---

*5) 正多角形は単純（自己交差を持たない）とは限らない．

らず，“思いがけず” TBA（型の積分）方程式に至った．特定の形の常微分方程式/定常状態の 1 次元 Schrödinger 方程式の Stokes 現象を解析すると，(8.26) 中の $s_i \wedge s_j$ ように Stokes 領域間の解の変化の情報を与える量（**Stokes 係数**）が，可積分模型の転送行列で表されるなど，常微分方程式 (ordinary differential equation) と可積分模型 (integrable model) の間の不思議な対応が知られていた．この対応は **ODE/IM 対応**と呼ばれる[240]~[243]．弦のカスプ解の運動方程式と TBA 方程式との対応はその “偏微分バージョン” といえる*6)．

TBA 方程式 (8.32) と (8.42) の（特別な）場合には，より具体的に量子可積分系・散乱理論との対応が見える[234]．まず，AdS_3 中で $2n$ 個のカスプを持つ極小曲面を記述する (8.32) を考える．対応する可積分系については，UV 極限での共形場理論の中心電荷が手掛かりとなるが，6.2.3 節の手続きにより，(8.32) から（有効）中心電荷，

$$c_n = \frac{(n-2)(n-3)}{n}\,, \tag{8.46}$$

を得る．このような中心電荷を持つ共形場理論の候補を探すと，

$$\frac{\mathrm{su}(K)_k}{[\mathrm{u}(1)]^{K-1}} \simeq \frac{[\mathrm{su}(k)_1]^K}{\mathrm{su}(k)_K} \tag{8.47}$$

に付随するコセット共形場理論の中心電荷が $c = (k-1)K(K-1)/(k+K)$ であることがわかる．よって，$K = n-2,\ k = 2$ とした，

$$\frac{\mathrm{su}(n-2)_2}{[\mathrm{u}(1)]^{n-3}} \simeq \frac{[\mathrm{su}(2)_1]^{n-2}}{\mathrm{su}(2)_{n-2}} \tag{8.48}$$

の場合の c は (8.46) の c_n と一致する．(8.47) 中の $\mathrm{su}(K)_k$ の k はアファイン代数のレベルである．左辺の一般化されたパラフェルミオン理論と右辺の対角コセット理論の等価性は**レベル-階数双対性**の 1 例である[246],[247]．

UV 極限が (8.48) のコセット理論であるとすると，(8.32) に対応する可積分系は，この理論を摂動して得られるはずである．5.9.2 節の等質 sine-Gordon (HSG) 模型で $\mathfrak{g} = \mathrm{su}(n-2),\ k = 2$ とすると，正にそのような模型を得る．この時，模型の粒子の数は $n-3$ であり，確かに (8.32) の自由度と一致する．

(8.32) では m_s が実の場合の TBA 方程式を書いたが，m_s が複素の場合は，駆動項が (8.31) の形となり，(8.35) で用いた $\tilde{Y}_s(\theta)$ を用いると，方程式は，

$$\log \tilde{Y}_s(\theta) = -|m_s| \cosh\theta + \sum_{r=1}^{n-3} \tilde{K}_{sr} * \log(1+\tilde{Y}_r)\,, \tag{8.49}$$

$$\tilde{K}_{sr}(\theta) = 1/\cosh(\theta + i\varphi_s - i\varphi_r)\,,$$

*6) 筆者らが [234] の論文を公表した際に，[240] の著者である R. Tateo からこのようなコメントを述べたメールを頂いた．8.6 節で述べる研究は，そのメールを契機として始まった研究交流の成果でもある．弦のカスプ解/極小曲面の解析を端緒とした，微分方程式と可積分模型の対応に関する研究の進展については，例えば，[214], [244], [245] 参照．

となる．一方，$\mathfrak{g} = \mathrm{su}(n-2)$, $k=2$ の HSG 模型の S 行列は，A_n 型の隣接行列と定数 $\eta_{s,r} = \eta_{r,s}^{-1} = \pm 1$ を用いて次のように書ける：

$$S_{sr}(\theta) = (-1)^{\delta_{sr}} \left[\eta_{s,r} \tanh \frac{1}{2}\left(\theta + \sigma_s - \sigma_r - \frac{\pi}{2} i\right) \right]^{I_{sr}}. \tag{8.50}$$

よって，共鳴パラメータを $\sigma_r = i\varphi_r$ とおくと，この S 行列から従う TBA 方程式 (6.8) は (8.49) と一致する．極小曲面を記述する TBA 方程式は HSG 模型の TBA 方程式（でパラメータを調節したもの）と見なせるのである*7)．

(8.49) で $|\varphi_s - \varphi_r| \geq \pi/2$ となる場合には，積分核 $\tilde{K}_{sr}$ の極を避けるように積分路を変形する必要がある．あるいは，積分路を固定したとすると極の寄与を表す項が別途加わる．後者の見方をした場合の TBA 方程式の不連続な変化は，**壁超え現象** (wall-crossing phenomenon) と呼ばれる，超対称ゲージ理論の状態の数え上げや幾何学での指数の不連続な変化に対応している[233], [236], [248]．

$\mathbf{AdS_4}$ の場合

AdS_4 中の n カスプ極小曲面の場合も同様にして，UV 極限の共形場理論は，

$$\frac{\mathrm{su}(n-4)_4}{[\mathrm{u}(1)]^{n-5}} \simeq \frac{[\mathrm{su}(4)_1]^{n-4}}{\mathrm{su}(k)_{n-4}}$$

に付随するコセット共形場理論となることがわかる．また，極小曲面を記述する TBA 方程式は，（共鳴パラメータ σ_r と質量パラメータの位相 $i\varphi_r$ の読み替えの下で）$\mathfrak{g} = \mathrm{su}(n-4)$, $k=4$ の HSG 模型の TBA 方程式となる．

$\mathbf{AdS_5}$ の場合

AdS_5 中の極小曲面の場合には，Y 系 (8.41) に $Y_{a,s}$ と $Y_{4-a,s}$ が“ひねられた”形で現れ，対応する可積分模型は一般にはまだ同定されていない．但し，最も簡単な $n=6$ の場合は，対応する可積分模型は，$\mathfrak{g} = \mathrm{su}(2)$, $k=4$ の HSG 模型/複素 sine-Gordon 模型となる．

繰り込み群の流れ

極小曲面に対する TBA 方程式 (8.32), (8.42) と HSG 模型など可積分模型との関係が付くと，可積分模型の繰り込み群の流れは，極小曲面の変形，従って，散乱振幅の運動学的配位空間の軌道に対応することになる（図 8.6）．8.4.6 節で述べたように，スケールパラメータは $|m_s|$ で表され，$|m_s| \to \infty, 0$ がそれぞれ IR, UV 極限となる．可積分模型，極小曲面，散乱振幅における意味をまとめると表 8.1 のようになる．m_s の位相 φ_s（および AdS_5 の場合の C_s）の変化も，極小曲面，散乱振幅の運動学的配位の変形を引き起こす．

---

*7) TBA 方程式，HSG 模型は φ_s, σ_s 全体の定数シフト ($\varphi_s \to \varphi_s + a$, $\sigma_s \to \sigma_s + a'$) の下で不変であるが，運動量の交差比は $\tilde{Y}_s$ ではなく Y_s で評価するため変化する．

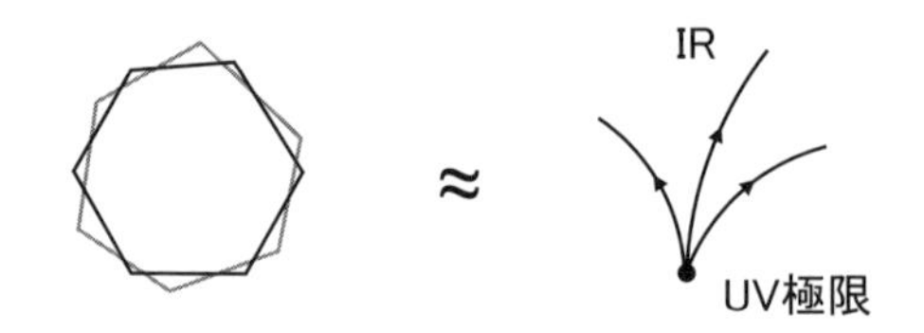

図 8.6　極小曲面の変形（左）と可積分模型の繰り込み群（右）の対応の概念図.

表 8.1　可積分模型の繰り込み群の IR, UV 極限と極小曲面，強結合散乱振幅の対応.

	可積分模型	極小曲面	強結合散乱振幅
$\|m_s\| \to \infty$	IR 極限（自由場理論）	縮退など	ソフト・共線極限
$\|m_s\| \to 0$	UV 極限（共形場理論）	正多角形極限	$\mathbb{Z}_n$ 対称配位

8.6　強結合散乱振幅の解析的評価

8.4.6 節で述べたように，前節最後で考えた IR, UV 極限では，熱力学的 Bethe 仮説方程式 (8.32), (8.42) の解析的な取り扱いが可能となる．本節では，より一般の場合の TBA 方程式の解/散乱振幅の評価について考えよう．

8.6.1　散乱振幅/残余関数の評価法

(8.36), (8.45) 中の ΔA_{BDS} は運動量を用いた交差比で書かれているが，残りの A_{free}, A_{periods} は Y 関数を通してパラメータ m_s, C_s で定まる．従って，m_s, C_s を運動量で表せれば，摂動論など通常の場合と同様に，運動量の関数として残余関数が得られる．これは，TBA 方程式により Y 関数を m_s, C_s の関数として表し，その結果を逆解きすることに相当する．

しかし，TBA 方程式は m_s, C_s をインプットとして解くので，残余関数はまず m_s, C_s によりパラメータ表示される．運動量の交差比，ΔA_{BDS} も同様である．6.2 節で述べた TBA 方程式の数値的解法によりこの過程を実行するのが，(8.36), (8.45) から散乱振幅を読み取る一般的な方法となる．

一方，8.5 節で述べた，TBA 方程式 (8.32), (8.42) と具体的な可積分模型の対応に基づくと，6 章で述べた共形摂動論を用いて，数値的な方法に依らずに残余関数中の各項を解析的に評価できる．この時，$\mathcal{R}_n$ 中の A_{free} は，(6.27) のように展開される．一方，Y 関数および運動量の交差比は 6.6 節で述べた g 関数と T 関数の関係を通して (6.56) のように展開され，ΔA_{BDS} の展開を得る．A_{periods} は A_{free} の展開のバルク項と相殺する．これは，ソフト・共線極限 $|m_s| \to \infty$ でも，残余関数が有限であることからも理解される．

この展開は，作用 (6.55) 中の結合定数による UV 極限周りの展開となり，結合定数をパラメータとする散乱振幅，運動量の交差比のパラメータ表示を与える．(6.55) にはバルク・境界の 2 つ結合定数があるが，低次の展開では，境界結合定数を 0 としたバルクの摂動で十分であることがわかる．さらに，6.3.1 節で述べた，可積分模型の粒子の質量（と一般にはその他のパラメータ）とバルク結合定数の関係（質量-結合関係）がわかれば，結合定数による解析的なパラメータ表示と m_s, C_s による数値的なパラメータ表示の比較も可能となる．

以下では，AdS_3 中の極小曲面に対応する散乱振幅の場合に，共形摂動論に基づく散乱振幅の解析的な評価を具体的に見てみよう[237],[238]．以下 n を奇数とする $2n$ 粒子散乱を考える．

8.6.2 自由エネルギー部分の共形摂動

$2n$ カスプを持つ AdS_3 中の極小曲面の場合，(8.32) は，$\mathfrak{g} = \mathrm{su}(n-2), k = 2$ の等質 sine-Gordon 模型の TBA 方程式であった．この場合の模型の作用 (5.72) を，境界摂動項も含めて，以下のように書こう：

$$S = S_0 - \int d^2x\, \Phi - \kappa \int dy\, \Phi_{\mathrm{bd}}(y)\,. \tag{8.51}$$

質量パラメータ $m_s = |m_s| e^{i\varphi_s}$ の位相/共鳴パラメータ $\sigma_s = i\varphi_s$ は，簡単化のためしばらく全て 0 とする．バルクの摂動演算子 Φ は，$\mathrm{su}(n-2)$ の随伴表現におけるウェイト 0 演算子により $\Phi = \sum_{i,j=1}^{n-3} \lambda_i \bar{\lambda}_j \phi_i \bar{\phi}_j$ で与えられ，共形次元 $\Delta = \bar{\Delta} = \frac{n-2}{n}$ を持つ．$\lambda_i, \bar{\lambda}_j$ は次元 $\frac{2}{n}$ を持つバルク結合定数であり，複数の結合を持つ摂動の下で模型は可積分であった．$\sigma_j = 0$ の時，$\lambda_j = \bar{\lambda}_j$ である．

作用 (8.51) を用いて，共形摂動 (6.27) を実行すると，A_{free} は，

$$A_{\mathrm{free}} = \frac{\pi}{6} c_n + f_n^{\mathrm{bulk}} + \sum_{p=2}^{\infty} f_n^{(p)} \ell^{4p/n}\,, \tag{8.52}$$

の形で展開される．c_n は (8.46) で与えられる．また，質量スケール M を導入し，$\ell = RM$ により無次元のスケールパラメータを表した*8)．f_n^{bulk} を 6.3.2 節の方法に従って求めると，(8.35) 中の A_{periods} により，$f_n^{\mathrm{bulk}} = -A_{\mathrm{periods}}$ と表される．残りの展開項の最低次 $p = 2$ の項は，

$$M^{8/n} f_n^{(2)} = \frac{\pi}{6} C_n^{(2)} G^2(\lambda_i, \bar{\lambda}_j)\,, \tag{8.53}$$

$$C_n^{(2)} = 3(2\pi)^{2(n-4)/n} \gamma^2\Big(\frac{n-2}{n}\Big) \gamma\Big(\frac{4-n}{n}\Big)\,, \quad \gamma(x) := \Gamma(x)/\Gamma(1-x)\,.$$

$\phi_i, \bar{\phi}_j$ は規格化されているとし，$G^2(\lambda_i, \bar{\lambda}_j) = (\sum_i \lambda_i \lambda_i)(\sum_j \bar{\lambda}_j \bar{\lambda}_j)$ は，

$$\big\langle \Phi(x) \Phi(0) \big\rangle = G^2(\lambda_i, \bar{\lambda}_j)\, |x|^{-4\Delta}\,, \tag{8.54}$$

で定義される 2 点関数の因子である．

8.6.3 T 関数と g 関数

6.6 節に従い T 関数と g 関数の関係を見るためには，(8.51) の作用で与

*8) ℓ は (6.13) の r に相当する．ループ数を表す 8.1 節の ℓ ではない．

えられる HSG 模型の境界を考え，反射因子を求める必要がある．今，バルクの S 行列 $S_{ij}^{kl}(\theta)$ は対角であるが，反射因子 $R_j^k(\theta)$ も対角であるとして，$S_{ij}^{kl}=\delta_i^k\delta_j^l S_{ij}(\theta)$, $R_j^k(\theta)=\delta_j^k R_j(\theta)$ と書く．S_{ij} は (8.50) で与えられる．HSG 模型の S 行列はパリティ不変ではないが，$\sigma_j=0$ としているので，その破れは $\eta_{i,j}$ による“穏やかな”ものである．この時，パリティ不変性を仮定した 5.10 節の議論を（適宜拡張して）用いることができる*9)．よって，(5.77) 中の境界ユニタリ性，境界交差-ユニタリ性の条件を考えると，

$$R_j(\theta)R_j(-\theta)=1\,,\qquad R_j(\theta)R_{\bar{j}}(\theta-i\pi)=S_{jj}(2\theta)\,,\tag{8.55}$$

となる．S_{jj} の添字 j の和はとられておらず，レベル $k=2$ の等質 sine-Gordon 模型の場合 $\bar{j}=j$ である．今，$\sigma_j=0$ より，境界 Yang-Baxter 方程式は自明に満たされる．また，$S_{ij}(\theta)$ は物理的帯状領域 $0\le \mathrm{Im}\,\theta\le\pi$ で極を持たないため，境界ブートストラップ方程式も考える必要がない．

反射因子 R_j は可積分性を保つ境界ごとに決まるが，一組の $\{R_j\}$ があれば，

$$Z_j(\theta)Z_j(-\theta)=1\,,\qquad Z_j(\theta)Z_{\bar{j}}(\theta-i\pi)=1\,,$$

となる因子を用いて，$R'_j=R_j/Z_j$ により，(8.55) を満たす新たな反射因子を生成できる[144], [249]．(8.50) のバルク S 行列の場合には，r,ω をパラメータとして，(5.63) 中の $s_\alpha(\theta)$ を用いた，

$$Z_j^{|r,\omega\rangle}(\theta)=\Big((1+\omega)_\theta(1-\omega)_\theta\Big)^{\delta_{jr}}\,,\qquad (x)_\theta:=s(\theta)_{x/2}\,,\tag{8.56}$$

の変形因子 Z_j がとれる．恒等演算子 $\mathbb{1}$ でラベルされる境界の反射因子 $R_j^{|\mathbb{1}\rangle}$ が存在するとして，それを変形した反射因子を，

$$R_j^{|r,\omega\rangle}(\theta)=\frac{R_j^{|\mathbb{1}\rangle}(\theta)}{Z_j^{|r,\omega\rangle}(\theta)}\,,\tag{8.57}$$

対応する g 関数を $g_{|r,\omega\rangle}$ と書くと，g 関数の満たす方程式 (6.57) は，

$$\log\left(\frac{g_{|r,\omega\rangle}}{g_{|\mathbb{1}\rangle}}\right)=\int\frac{d\theta}{4\pi}\left(K\big(\theta+\frac{i\pi}{2}\omega\big)+K\big(\theta-\frac{i\pi}{2}\omega\big)\right)\log\big(1+Y_r(\theta)\big)\,,\tag{8.58}$$

となる．ここで，$K(\theta):=1/\cosh\theta$ とし，基底状態の縮退度に関わる対称因子は，変形 (8.57) の下で変わらないと仮定し，$C_{|r,\omega\rangle}=C_{|\mathbb{1}\rangle}$ とした．

一方，(8.27) より T 関数の $|\theta|\gg 1$ での漸近形は $\log T_r(\theta)\to -\mu_r\cosh\theta$ と考えられ，μ_r は質量パラメータと $m_r=\mu_{r-1}+\mu_{r+1}$ で関係付く．$T_0=1$，また今 n は奇数としているので $T_{n-2}=1$ であり，$\mu_0=\mu_{n-2}=0$ となる．n が奇数の場合 μ_s $(s=1,...,n-3)$ は m_s で表せることになる．こうした T_r の漸近形と (8.27) から，6.5 節と同様の議論により，T 関数の方程式，

*9) 境界は右/左向きの運動を結び付けるので，パリティ不変性を課すのは自然である．

$$\log T_r(\theta) = -\mu_r \cosh\theta + K * \log(1 + Y_r)\,, \tag{8.59}$$

を得る．$T_r(\theta) = T_r(-\theta)$ であること，また，μ_r および $\log\bigl(g_{|\alpha\rangle}/\mathcal{G}^{(0)}_{|\alpha\rangle}\bigr)$ が共に $R = 1/T$ に比例することを考慮して (8.58) と (8.59) を比べると，

$$\frac{\mathcal{G}^{(0)}_{|r,\omega\rangle}}{\mathcal{G}^{(0)}_{|\mathbb{1}\rangle}} = T_r\Bigl(\frac{i\pi}{2}\omega\Bigr)\,, \tag{8.60}$$

を得る．(8.60) により，g 関数と T 関数の関係が付くため，g 関数の共形摂動 (6.56) により，T 関数，そして，Y 関数の共形摂動が可能となる訳である．

(8.56) では，可能な変形因子として $Z_j^{|r,\omega\rangle}$ を導入したが，この因子よる変形は境界の変形に対応するはずである．これを見るために，UV 極限での g 関数が，対応する共形場理論のモジュラー S 行列により (6.54) で表されることを思い出そう．6.5.4 節で T 関数と転送行列の関わりを述べたが，T 関数の添字は理論の対称性の表現にも対応する．今，$\mathfrak{g} = \mathrm{su}(n-2)$ の HSG 模型を考えているので，T_r あるいは $Z_j^{|r,\omega\rangle}$ の r は，$\mathrm{su}(n-2)$ の表現のラベルと推測できる．特に，r が $\mathrm{su}(n-2)$ の Dynkin ラベル $(\boldsymbol{\rho}_r)_j = \delta_{j,r}$ を持つ r 番目の基本表現に対応するとしてみよう．この時，コセット (8.48) に付随する共形場理論のモジュラー S 行列から $g_{|r,\omega\rangle}$ を求め (8.60) を用いると，$R \to 0$ の UV 極限で，

$$T_r \to \frac{\sin\frac{(r+1)\pi}{n}}{\sin\frac{\pi}{n}}\,, \qquad Y_r \to \frac{\sin\frac{r\pi}{n}\sin\frac{(r+2)\pi}{n}}{\sin^2\frac{\pi}{n}}\,,$$

となり，(8.32) あるいは (8.28), (8.29), から求めた T_r, Y_r の UV 極限と一致する．r は確かに $\mathrm{su}(n-2)$ の表現のラベルであったことになる．ω は T 関数のスペクトルパラメータに対応していたが，(8.51) の境界共形摂動の結合定数と $\kappa \propto \cos\bigl(\pi\omega/n\bigr)$ のように関係付くことが議論できる[144]．

8.6.4 T 関数，Y 関数の共形摂動

T 関数，Y 関数の共形摂動を実行する際には，(6.37) でも見たような準周期性も用いる．まず，T 系 (8.28) と境界条件 $T_0 = T_{n-2} = 1$ から，

$$T_s^{[n]}(\theta) = T_{n-2-s}(\theta)\,, \tag{8.61}$$

となることがわかる*10)．$f^{[k]}(\theta) = f(\theta + i\pi k/2)$ とした．(i) この準周期性，(ii) (8.59) から従う $T_s(\theta)$ の解析性，(iii) 6.5.2 節の場合と同様に $\ell \to 0$ で T, Y 関数がほぼ定数となること，さらに，(iv) g 関数との対応 (8.60) とその共形摂動展開 (6.56) より，T 関数は (6.38) の場合と同様の，

$$T_s(\theta) = \sum_{p,q=0} t_s^{(p,2q)} \ell^{(1-\Delta)(p+2q)} \cosh\Bigl(\frac{2p}{n}\theta\Bigr)\,, \tag{8.62}$$

---

*10)　n が偶数の時一般に $T_{n-2} \neq 1$ であり (8.61) の右辺は $T_{n-2-s}(\theta)T_{n-2}^{[s-2]}(\theta)$ となる．

$t_{n-2-s}^{(p,2q)} = (-1)^p t_s^{(p,2q)}$, の形で展開されると考えられる．ここで，(6.56) における境界摂動演算子 Φ_{bd} の共形次元を $\delta = \Delta$ と仮定した*11)．

Y 関数についても，(8.61), (8.62) で $T_s \to Y_s$, $t_s^{(p,2q)} \to y_s^{(p,2q)}$ とした準周期性，展開式が得られる．(8.32) は A_n 型散乱理論に対する (6.31) とは異なるが，Y 系は同じ形となり，周期性も (6.37) と同じである．Y 関数の展開式は，Y 関数は $\ell e^{\pm\theta}$ の分数冪で展開されると考えられること[250] とも整合している．

展開 (8.62) を T 系 (8.28) に代入すると，係数 $t_s^{(p,2q)}$ が逐次制限される．また，上で述べた κ と ω の関係から，$\omega = n/2$ では $\kappa = 0$ となる．この時，T_s に対応する境界は (6.53) の Cardy 状態 $|s\rangle$ で表され，g 関数の展開 (6.56) はバルクの摂動のみで与えられる．これらの結果を合わせると，T 関数の低次の展開係数，$t_s^{(1,0)} = t_s^{(0,2)} = t_s^{(1,2)} = 0$,

$$
\begin{aligned}
t_s^{(0,0)} &= \sin\Bigl(\frac{s+1}{n}\pi\Bigr) \Big/ \sin\Bigl(\frac{\pi}{n}\Bigr), \\
\frac{M^{\frac{4}{n}} t_s^{(2,0)}}{t_s^{(0,0)}} &= -\, c_n^{(2)} G(\lambda_i, \lambda_j) \left(\frac{\sin(\frac{3(s+1)\pi}{n})}{\sin(\frac{(s+1)\pi}{n})} \sqrt{\frac{\sin(\frac{\pi}{n})}{\sin(\frac{3\pi}{n})}} - \sqrt{\frac{\sin(\frac{3\pi}{n})}{\sin(\frac{\pi}{n})}} \right),
\end{aligned}
$$

$c_n^{(2)} = B(\frac{4-n}{n}, \frac{n-2}{n}) / [2(2\pi)^{\frac{4-n}{n}}]$ を得る．$B(a,b)$ はベータ関数 $B(a,b) = \Gamma(a)\Gamma(b)/\Gamma(a+b)$, G は (8.54) と同じ因子であり，UV 極限での境界における Φ の 1 点関数 $\langle s|\Phi|0\rangle$ からくる．T 系を用いると，さらに高次の $t_s^{(0,4)}$ も $t_s^{(0,0)}$, $t_s^{(2,0)}$ で表される．

8.6.5 強結合散乱振幅の解析的評価

Y 関数と T 関数，交差比の関係 (8.27), (8.33) に (8.62) を代入すると，$\ell \ll 1$ での交差比の展開が得られる．また，$c_{i,j}^{\pm}$ と T 関数の関係 (8.38) に (8.62) を代入すると，(8.36) 中の ΔA_{BDS} の展開が得られる．$A_{\mathrm{free}} + A_{\mathrm{periods}} = A_{\mathrm{free}} - f_n^{\mathrm{bulk}}$ は (8.52) で与えられるので，ΔA_{BDS} と合わせると，残余関数の $\ell = 0$ 周りの展開を得る：

$$
\begin{aligned}
\mathcal{R}_{2n} &= r_{2n}^{(0)} + \ell^{\frac{8}{n}} r_{2n}^{(4)} + \mathcal{O}(\ell^{\frac{12}{n}}), \\
r_{2n}^{(0)} &= \frac{\pi}{4n}(n-2)(3n-2) - \frac{n}{2} \sum_{s=1}^{(n-3)/2} \log^2\left(\frac{\sin(\frac{(s+1)\pi}{n})}{\sin(\frac{s\pi}{n})} \right), \\
r_{2n}^{(4)} &= f_n^{(2)} - \frac{n}{4} \left[\sum_{s=1}^{(n-3)/2} A_{n,s} - 2 \left(\frac{t_{(n-3)/2}^{(2,0)}}{t_{(n-3)/2}^{(0,0)}} \right)^2 \sin^2\Bigl(\frac{\pi}{n}\Bigr) \right], \qquad (8.63) \\
A_{n,s} &= \left[\left(\frac{t_{s-1}^{(2,0)}}{t_{s-1}^{(0,0)}} \right)^2 + \left(\frac{t_s^{(2,0)}}{t_s^{(0,0)}} \right)^2 \right] \cos\Bigl(\frac{2\pi}{n}\Bigr) - \frac{2 t_{s-1}^{(2,0)} t_s^{(2,0)}}{t_{s-1}^{(0,0)} t_s^{(0,0)}} \\
&\quad + \left[\left(\frac{t_{s-1}^{(2,0)}}{t_{s-1}^{(0,0)}} \right)^2 - \left(\frac{t_s^{(2,0)}}{t_s^{(0,0)}} \right)^2 - 4 \left(\frac{t_{s-1}^{(0,4)}}{t_{s-1}^{(0,0)}} - \frac{t_s^{(0,4)}}{t_s^{(0,0)}} \right) \right] \log\left(\frac{t_s^{(0,0)}}{t_{s-1}^{(0,0)}} \right).
\end{aligned}
$$

*11) (6.56) 中の展開の次数 m, n と (8.62) の p, q は直接対応する訳ではない．

第 1 項 $r_{2n}^{(0)}$ は，UV/正多角形極限での残余関数である．$\mathcal{R}_{2n}$ は $Y_s^{[k]} \to Y_s^{[k+1]}$ で生成される $\mathbb{Z}_{2n}$ 変換 $(x_j^+, x_j^-) \to (x_j^-, x_{j+1}^+)$ の下での対称性を持ち[251]，この次数までの展開には $t_s^{(3,0)}, t_s^{(2,2)}, t_s^{(4,0)}$ が現れず，$r_{2n}^{(4)}$ は，$t_1^{(2,0)}$ と (8.53) 中の $f_n^{(2)}$ のみで表される．

これまで，質量パラメータ m_s の位相/共鳴パラメータ $i\varphi_s = \sigma_s$ は 0 としてきた．$A_{\rm free}$, Y, T 関数の m_s についての解析性や上で述べた $\mathbb{Z}_{2n}$ 対称性を用いると，$\varphi_s = 0$ の結果を接続することにより $\varphi_s \neq 0$ の結果が得られる．

8.6.6 質量-結合関係

再び，$\varphi_s = -i\sigma_s = 0, \lambda_j = \bar{\lambda}_j$ の場合に戻ろう．(8.63) の展開は，スケールパラメータ ℓ，および，$G(\lambda_i, \lambda_j)$ を通して展開に含まれる結合定数 λ_j によるパラメータ表示になっている．λ_j の 1 つ（の絶対値）を $M^{2/n}$ とおき，$M^{2/n}$, $\lambda_j/M^{\frac{2}{n}}$ を動かすことで，$\mathcal{R}_{2n}$ が変化していくことになる．

共形摂動の λ_j による展開と，TBA 方程式 (8.32) を m_s の関数として数値的に解いた結果は，m_s と λ_j の質量-結合関係を通して比較できる．6.3 節で述べたように，この関係を求めることは一般には困難であるが，例えば次のような質量スケールが 1 つの場合には，具体的な関係が求められる：

1. $m_1 = M, \ m_2 = \cdots = m_{n-3} = 0,$
2. $m_j = \delta_{j,s} M \ \ (j = 1, ..., n-3; \ 1 \le s \le n-3),$
3. $m_1 = m_{n-3} = M, \ m_2 = \cdots = m_{n-4} = 0.$

1. の場合，TBA 方程式 (8.32) は，ユニタリミニマル模型 $\mathcal{M}(n, n-1)$ を $\phi_{1,3}$ プライマリー場で摂動して得られる，$({\rm RSOS})_{n-2}$ 散乱理論の TBA の方程式となる．この場合，質量-結合関係を G を用いて書くと，

$$G(\lambda_i, \lambda_j) = \frac{M^{\frac{4}{n}} n^2}{\pi(n-2)(2n-3)} \left[\gamma\Big(\frac{3(n-1)}{n}\Big) \gamma\Big(\frac{n-1}{n}\Big) \right]^{\frac{1}{2}} \left[\frac{\sqrt{\pi}\Gamma(\frac{n}{2})}{2\Gamma(\frac{n-1}{2})} \right]^{\frac{4}{n}},$$

となる[134]．2., 3. の場合は，(8.32) は，それぞれ，${\rm su}(2)_s \oplus {\rm su}(2)_{n-2-s}/{\rm su}(2)_{n-2}$ ユニタリコセット共形場理論，${\rm su}(2)_1 \oplus {\rm su}(2)_{n/2-3}/{\rm su}(2)_{n/2-2}$ 非ユニタリコセット共形場理論，を摂動して得られる散乱理論の TBA 方程式に帰着し，質量-結合関係は [135] の結果から読み取れる．

質量スケールが 2 つ以上の場合の質量-結合関係については，$n = 5$ の場合には，一般の質量 m_1, m_2 に対する質量-結合関係が求められ，m_1, m_2 と λ_1, λ_2 は超幾何関数により結び付けられる[136]．（実際とは異なるが）$G(\lambda_i, \lambda_j)$ を $m_1^{2/5}, m_2^{2/5}$ の 2 次形式で与えられると仮定すると，1., 3. の場合の結果により係数を定めることができる[238]．その結果は，パラメータの全領域において，1% 以下の誤差で厳密な結果のよい近似となる．

8.6.7　その他の場合の解析的な評価

8.6 節では，AdS_3 中の極小曲面に対応する $2n$ 粒子散乱で n が奇数の場合を主に考えてきた．n が偶数の場合は，減少解 s_j のモノドロミーに起因する変更があるが，同様に散乱振幅の UV 展開が得られる[237]．共形摂動による UV 展開は，AdS_4 中の極小曲面の場合にも拡張できる[252]．AdS_5 中の極小曲面に対応する最も簡単な 6 粒子散乱の場合には，本節とは異なる**量子 Wronskian 関係式**を用いた方法により，UV 展開が可能である[253]．この場合については，(8.42) より $Y_{3,1}/Y_{1,1} = e^{2C_1}$（定数）となるが，$m_1/C_1$ の展開として，UV 領域と IR 領域をつなぐ散乱振幅の解析的な評価も可能である[254]．

8.7　弱結合散乱振幅のブートストラップ

8.3 節では，ゲージ-重力対応に基づく強結合散乱振幅の解析と弱結合側の解析が共に進展したことを述べた．弱結合側の散乱振幅/光的 Wilson ループは，原理的には摂動論により求められるが，高次の摂動計算を具体的に実行するのは容易ではない．例えば，8.3.3 節では，2 ループ 6 粒子 MHV 散乱振幅/光的 Wilson ループの残余関数の存在が直接的な計算により確かめられたことを述べたが，この残余関数が解析的に閉じた形で求められたのはそのしばらく後である[255]．結果は，**Goncharov 複合多重対数関数** (Goncharov multiple polylogarithm) という一般化された**多重対数関数** (polylogarithm) を用いた 17 ページに及ぶものである．Goncharov 複合多重対数関数は，

$$G(a_k, a_{k-1}, ...; z) = \int_0^z G(a_{k-1}, ..., t)\frac{dt}{t - a_k},$$

により，再帰的に定義される関数であり，$G(z) = 1$，また，a_j が全て 0 であれば $G(\vec{0}_k; z) = (1/k!) \log^k z$ である．パラメータ $a_1, ..., a_k$ の数 k は，**超越ウェイト** (transcendental weight) と呼ばれる．2 ループ残余関数は超越ウェイト 4 を持つ項から成ることがわかる．

文献 [256] では，この研究は “heroic effort” と言及されている．しかし，直接的な Feynman 図の計算ではなく，散乱振幅/光的 Wilson ループの持つべき性質の整合性から，ブートストラップにより残余関数が定まることが後に明らかとなった[256]~[261]．一般に n 粒子散乱振幅の L ループ残余関数は超越ウェイト $2L$ の複合多重関数で与えられると考えられ[262]，これがブートストラップの出発点となる．さらに，残余関数は例えば次のように定められる：

1. 与えられた変数から成り，残余関数の対称性や分岐など解析性の要請を満たす超越ウェイト $2L$ の関数を全て求める．
2. これらの線形結合を考え，共線極限・**Regge 極限**など残余関数についての物理的な要請・結果を満たすように線形結合の係数を決定する．

2 ループ 6 粒子散乱に対してブートストラップを実行すると，残余関数が，

$$\mathcal{R}_6^{(2)}(u_1, u_2, u_3) = \sum_{i=1}^{3}\left(L_4(x_i^+, x_i^-) - \frac{1}{2}\mathrm{Li}_4(1-u_i^{-1})\right)$$
$$- \frac{1}{8}\left(\sum_{i=1}^{3}\mathrm{Li}_2(1-u_i^{-1})\right)^2 + \frac{1}{24}J^4 + \frac{\pi^2}{12}J^2 + \frac{\pi^4}{72},$$

により与えられることがわかる[256]．ここで，

$$\mathrm{Li}_k(z) = \int_0^z \mathrm{Li}_{k-1}(t)\, d\log t, \qquad \mathrm{Li}_1(z) = -\log(1-z),$$

は通常の多重対数関数であり，各変数・関数は，

$$u_i = \frac{x_{i,i+2}^2 x_{i+3,i-1}^2}{x_{i,i+3}^2 x_{i+2,i-1}^2}, \qquad x_i^\pm := u_i x^\pm,$$
$$x^\pm := \frac{u_1+u_2+u_3-1 \pm \sqrt{D}}{2u_1u_2u_3}, \quad D := (u_1+u_2+u_3-1)^2 - 4u_1u_2u_3,$$
$$L_4(x^+, x^-) := \frac{1}{8!!}\log^4(x^+x^-) \tag{8.64}$$
$$+ \sum_{m=0}^{3}\frac{(-1)^m}{(2m)!!}\log^m(x^+x^-) \times \left(l_{4-m}(x^+) + l_{4-m}(x^-)\right),$$
$$l_n(x) := \frac{1}{2}\left(\mathrm{Li}_n(x) - (-1)^n\mathrm{Li}_n(x^{-1})\right), \quad J := \sum_{i=1}^{3}\left(l_1(x_i^+) - l_1(x_i^-)\right),$$

である．適切な関数の基底を選ぶことにより，上で述べた 17 ページの結果が数行で表せたことになる．ウェイトが 4 より小さい関数は，対数・多重対数関数で表せるが，$\mathcal{R}_6^{(2)}$ はウェイト 4 であるにも拘らずそのようになっている．また，ブートストラップの過程で，代数幾何学などに現れる**モチーフ理論** (theory of motives) の知見が用いられる[256], [263]．

ブートストラップ法は，他の $n \geq 6$, $L \geq 2$ の場合にも適用され解析的な結果が得られている．例えば，$n = 6$ 粒子散乱 $L = 3$ ループの残余関数の解析的結果は 1.8 メガバイトのテキストファイルで表せる[259]．ブートストラップ法は MHV 散乱振幅の次にヘリシティを大きく破る NMHV (next-to-MHV) 散乱振幅にも拡張できる．こうした弱結合側の解析的な結果については，例えば，6 粒子散乱で 7 ループの MHV 散乱振幅，6 ループの NMHV 散乱振幅を求めた [261] とその引用文献を参照．強結合散乱振幅には，弱結合の場合のような超越性は見られない．

8.8 強弱結合散乱振幅の比較

8 章では，強弱結合における平面 (planar) 極限での MHV 散乱振幅を考えてきた．6 粒子散乱の各ループ，強結合の MHV 散乱振幅を比較すると，それ

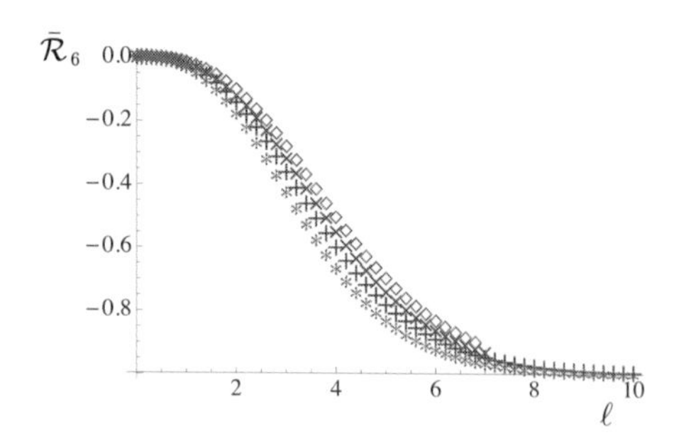

図 8.7　規格化された 6 粒子残余関数 $\bar{\mathcal{R}}_6^{\rm strong}$, $\bar{\mathcal{R}}_6^L$ の比較．$*$ は強結合，$+$, $\times$, $\diamond$ はそれぞれ $L = 2, 3, 4$ ループの結果である．

らが互いに“類似している”ことに気付く．

以下，(8.45) の強結合での残余関数で $n = 6$ としたものを改めて $\mathcal{R}_6^{\rm strong}$ と記し，弱結合での 6 粒子残余関数を，'t Hooft 結合 λ で次のように展開する：

$$\mathcal{R}_6 = \sum_{L=2}^{\infty} \lambda^L \mathcal{R}_6^{(L)} .$$

$n = 6$ では，質量パラメータは m_1 のみであり，8.6 節で用いたスケールパラメータは $\ell = |m_1|R$ とおける．m_1 の位相 φ_1 と C_1 を固定して，ℓ を 0 から増加させながら TBA 方程式 (8.42) を解くと，対応する Y 関数および (8.64) 中の交差比 (u_1, u_2, u_3) は UV, IR 極限をつなぐ軌跡を描く．(8.45) はこの軌跡に沿った運動学的配位に対する残余関数 $\mathcal{R}_6^{\rm strong}$ を与える．この (u_1, u_2, u_3) を各ループの残余関数 $\mathcal{R}_6^{(L)}$ の解析的結果に代入すると，$\mathcal{R}_6^{\rm strong}$ と同じ運動学的配位での $\mathcal{R}_6^{(L)}$ が得られ，$\mathcal{R}_6^{\rm strong}$ と $\mathcal{R}_6^{(L)}$ が比較できる．

さらに，$\ell = 0$ での残余関数を，$\mathcal{R}_{6;{\rm UV}}^{\rm strong}$, $\mathcal{R}_{6;{\rm UV}}^{(L)}$，また，$\ell = \infty$ での残余関数を，$\mathcal{R}_{6;{\rm IR}}^{\rm strong}$, $\mathcal{R}_{6;{\rm IR}}^{(L)}$，と記し，規格化された残余関数 $\bar{\mathcal{R}}_6^{\rm strong}$, $\bar{\mathcal{R}}_6^{(L)}$ を，

$$\bar{\mathcal{R}}_6^{\rm strong} = \frac{\mathcal{R}_6^{\rm strong} - \mathcal{R}_{6;{\rm UV}}^{\rm strong}}{\mathcal{R}_{6;{\rm UV}}^{\rm strong} - \mathcal{R}_{6;{\rm IR}}^{\rm strong}}, \qquad \bar{\mathcal{R}}_6^{(L)} = \frac{\mathcal{R}_6^{(L)} - \mathcal{R}_{6;{\rm UV}}^{(L)}}{\mathcal{R}_{6;{\rm UV}}^{(L)} - \mathcal{R}_{6;{\rm IR}}^{(L)}},$$

により定めよう[264]．定義により，UV, IR 極限では，

$$\bar{\mathcal{R}}_6^{\rm strong}, \bar{\mathcal{R}}_6^{(L)} \to \begin{cases} 0 & (\ell \to 0) \\ -1 & (\ell \to \infty) \end{cases} .$$

例として，$\varphi_1 = -\pi/20$, $C_1 = \log 10$ の場合に (8.42) を数値的に解いて (u_1, u_2, u_3) を ℓ の関数として求め，$\bar{\mathcal{R}}_6^{\rm strong}$, $\bar{\mathcal{R}}_6^{(L)}$ $(L = 2, 3, 4)$ を描いたグラフが図 8.7 である[253]*12)．$\ell = 0, \infty$ の途中の領域でも，$\bar{\mathcal{R}}_6^{\rm strong}$, $\bar{\mathcal{R}}_6^{(L)}$ の振舞いが確かに類似している．散乱振幅の各ループ，強結合での振舞いの類似性は，他の粒子数，運動学的配位の場合にも見られる[237], [238], [252], [253], [259], [260], [264]．

*12)　4 ループのデータは L. Dixon より頂いたものである．

8.9 有限結合散乱振幅

本書の最後に，これまで考えてきた強弱結合領域を結ぶ一般の有限結合に対する，平面 (planar) 極限での散乱振幅/光的 Wilson ループについて議論する[265]．以下，主に光的な辺から成る Wilson ループの見方をとる．

8.9.1 光的 Wilson ループの演算子積展開

隣合う光的辺が平行となる共線極限では，光的 Wilson ループのカスプが 1 つ潰れる．逆に，n 個のカスプを持つループを，$n-1$ 個の（あるいはより少ない）カスプを持つループを変形したものと見なすと，n カスプの Wilson ループの期待値 $\langle W_n \rangle$ は，$\tau \to \infty$ で共線極限を表すパラメータ τ を用いて，

$$\langle W_n \rangle = \sum_{\alpha} e^{-\tau E_\alpha} C_\alpha \tag{8.65}$$

と展開される[239]．6 粒子散乱振幅/6 カスプ Wilson ループの強弱結合の結果では，(8.64) 中の交差比 u_1, u_2, u_3 を共線極限の周りで，

$$u_2^{-1} = 1 + e^{2\tau}, \quad u_3^{-1} = 1 + \left(e^{-\tau} + e^{\sigma + i\phi}\right)\left(e^{-\tau} + e^{\sigma - i\phi}\right),$$
$$u_1 = u_2 u_3 \, e^{2(\tau+\sigma)},$$

などとパラメータ τ, σ, ϕ により展開すると，確かに (8.65) の形になる．

“共線展開” (8.65) の各項は，Wilson ループの変形に対応しており，Wilson ループの辺に演算子を挿入したものと考えられる（図 8.8 上段）．また，Wilson ループの張る（4 次元中の）面は，ループの辺を運動する物質場をつなぐゲージ場の**カラー電束管** (color electric flux tube) の描く面だと考えられる．弦理論の歴史的には，この電束管に相当するものとして QCD 弦が考えられたのであるが，ゲージ-重力対応ではこのループに端点を持つ開弦の張る AdS 中の極小曲面が Wilson ループを表していた．演算子が挿入された辺は，演算子の挿入により励起された電束管/弦と考えられる．

(8.65) の展開は，さらに，“始状態 Ψ_1 から終状態 Ψ_2 へエネルギー E_α を持つ励起状態（電束管/弦）α が時間 τ だけ伝播する過程の振幅”，

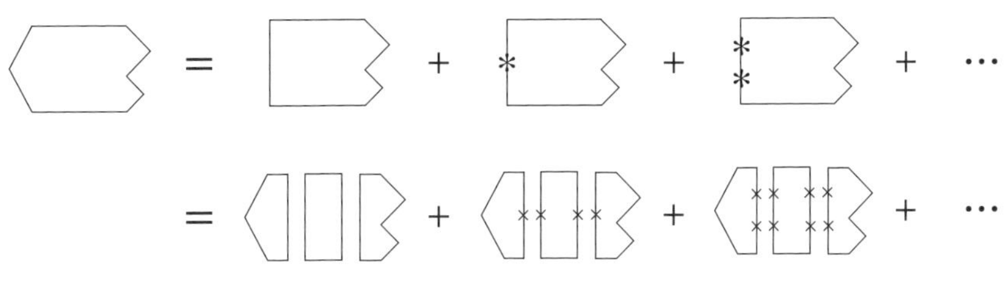

図 8.8　光的 Wilson ループの “演算子積展開”．$*$ は Wilson ループの変形を引き起こす演算子の挿入，$\times$ の付いた辺は電束管の励起状態を表す．

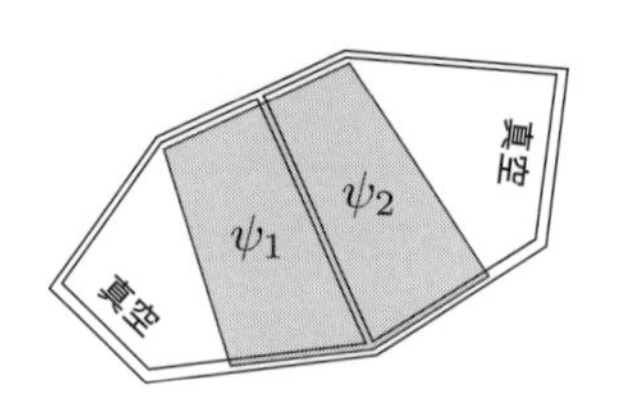

図 8.9　$n=7$ の光的 Wilson ループの分割．両端と中央（灰色）の 3 つの光的 5 角形，および，両端と 5 角形の重なり部分の 4 つの光的 4 角形がある．本来重なっている頂点，辺をずらして表示している．

$\langle\Psi_1|\alpha\rangle e^{-\tau E_\alpha}\langle\alpha|\Psi_2\rangle$, の和とも見なせる（図 8.8 下段）．(8.65) の展開係数を $C_\alpha = \mathcal{P}_{1\alpha}\mathcal{P}_{\alpha 2}$ と分解すると，図の左，右部分がそれぞれ $\mathcal{P}_{1\alpha} = \langle\Psi_1|\alpha\rangle$, $\mathcal{P}_{\alpha 2} = \langle\alpha|\Psi_2\rangle$, であり，中央部分は励起 α の "自由伝播" $e^{-\tau E_\alpha}$ に対応する．共線極限 $\tau \to +\infty$ では，E_α が最小の "真空" の寄与のみが残り，図の Wilson ループの左側のカスプが潰れて平らになる．この分解は，場の理論における**演算子積展開** (operator product expansion) による相関関数の展開と同様の形であり，光的 Wilson ループの "演算子積展開" といえる[239]．

8.9.2　5 角形遷移

Wilson ループの "演算子積展開" の見方に基づき，n カスプを持つループを図 8.9 のように，光的な辺から成る $n-4$ 個の 5 角形と，$n-3$ 個の光的 4 角形に分割してみよう[265]．光的 4 角形のうち，両端を除く $n-5$ 個は光的 5 角形の重なり部分となる．分解の両端の辺は平らであるので励起のない電束管の "真空" 状態に対応する．中間の光的 4 角形を伝播する電束管の状態を $\psi_1, ..., \psi_{n-5}$ とすると，このように分割された Wilson ループは，真空 $\to \psi_1 \to \psi_2 \to \cdots \to \psi_{n-5} \to$ 真空，という状態の遷移を表すことになる．

平らで励起のない辺/"真空" 状態に対応する電束管は，例えば極大超対称ゲージ理論のスカラー場 Z を光的な間隔で引き離すと実現できる．有限間隔を引き離すには，辺が伸びる光的方向の共変微分 D_+ を多数（無限個）挿入し $ZD_+ \cdots D_+ Z$ とすればよい*13)．ゲージ理論の住む時空 $\mathbb{R}^{1,3}$ を Euclid 化した後では，これは，(7.24) で $S_1 \gg 1$ としたチャージを持つ演算子であり，7.3 節のスピン鎖の描像では，量子数 Δ, S_1 を持つ sl(2) セクターの基底状態に対応する．対応する古典弦の解は，3.2.3 節の GKP 解 (3.29) である．7.3 節では，Z が多数並んだ演算子に対応するスピン鎖（の状態）を "基底状態" として，この状態に対する励起を考えたが，D_+ が多数並んだ演算子に対応するスピン鎖を "基底状態" として励起を記述することも可能である．この時のスピン鎖の "基底状態" を **GKP 真空**という．

このように考えると，Wilson ループは，真空状態 $(\psi = 0)$ が各 5 角形を伝

*13)　この時，x^- 方向のスケール変換でカスプが潰れるので $\partial_\tau \sim -x^-\partial_-$ となる．

播するごとに励起・遷移しながら再び真空状態に戻る過程に対応する．この遷移を **5 角形遷移** (pentagon transition) という．$\langle W_n \rangle$ を記述する $3(n-5)$ 個の交差比と同じ数のパラメータ $(\tau_j, \sigma_j, \phi_j)$ $(j=1,...,n-5)$ を導入すると，$\psi_i \to \psi_j$ の 5 角形遷移の "振幅" $\mathcal{P}(\psi_i|\psi_j)$ を用いて Wilson ループは，

$$\langle W_n \rangle = \sum_{\psi_i} e^{\sum_j (-E_j \tau_j + i p_j \sigma_j + i m_j \phi_j)} \\ \times \mathcal{P}(0|\psi_1)\mathcal{P}(\psi_1|\psi_2)\cdots\mathcal{P}(\psi_{n-6}|\psi_{n-5})\mathcal{P}(\psi_{n-5}|0)\,,$$

と分解できる．ψ_j は (E_j, p_j, m_j) に対応する演算子の固有状態としている．

さて，ψ_j は電束管/弦の励起を表すが，スペクトル問題での弦とスピン鎖の対応に基づき，GKP 真空上のスピン鎖の励起とも見なせる．よって，ψ_j を対応するスピン鎖の状態を指定するラピディティの組 $\boldsymbol{u}$ でラベルし，ラピディティ $\boldsymbol{u}, \boldsymbol{v}$ を持つスピン鎖の状態間の S 行列を $S(\boldsymbol{u}|\boldsymbol{v})$ としよう．また，7.5.6 節のミラー模型に関連して考えた時間と空間を入れ替える変換は，ここでは光的辺上の励起を別の辺へ移す変換と考えられる．この変換を用いた考察などから，7.5.3 節と同様のスピン鎖/世界面の有限結合 S 行列 $S(\boldsymbol{u}|\boldsymbol{v})$ と，電束管の遷移を表す 4 次元時空の "S 行列" $\mathcal{P}(\psi_i|\psi_j)$ の間には，

$$\mathcal{P}(\boldsymbol{u}|\boldsymbol{v}) = S(\boldsymbol{u}, \boldsymbol{v})\mathcal{P}(\boldsymbol{v}|\boldsymbol{u})\,,$$

の関係が成り立つことが議論できる．この関係式と合わせて 3 つの主な仮定（"公理"）をおくと，実際に 5 角形遷移 $\mathcal{P}(\boldsymbol{u}|\boldsymbol{v})$ を求めることができ，有限結合での散乱振幅/光的ウィルソンループの期待値が求められるのである[265]．

Wilson ループ，電束管，弦，スピン鎖といった様々な描像を用いて得た有限結合散乱振幅は，強・弱結合側で知られている結果と整合する[265]~[268]．有限結合散乱振幅の強結合極限から，8.4 節で述べた強結合散乱振幅の結果を得ることもできる[265],[269]．また，5 角形遷移に基づく枠組みは，非 MHV 散乱振幅も取り扱えるものとなっている．1 章の図 1.9 ように，4 次元超対称ゲージ理論，2 次元可積分系，10 次元超弦理論が一体となった枠組み・結果である．

8.9.3 有限結合構造定数

7 章，8 章では，ゲージ-重力対応の可積分性に基づき，$\mathrm{AdS}_5 \times \mathrm{S}^5$ 中の超弦理論/4 次元極大超対称ゲージ理論のスペクトル問題，極大超対称ゲージ理論の散乱振幅を議論してきた．4 次元極大超対称ゲージ理論は共形場理論であり，スペクトル（2 点関数）と**構造定数**（3 点関数）が理論の基本的な構成要素となる．本書では取り上げることのできなかった構造定数については，例えば [270]～[273] とその引用文献を参照されたい．

参考文献

[1] N. Beisert, Phys. Rept. **405** (2004) 1.

[2] C. Kristjansen et al., J. Phys. A **42** (2009) 250301.

[3] N. Beisert et al., Lett. Math. Phys. **99** (2012) 3.

[4] D. Bombardelli et al., J. Phys. A **49** (2016) no.32, 320301.

[5] P. Dorey et al., Les Houches Lect. Notes **106**, Oxford University Press, 2019.

[6] M. B. Green, J. H. Schwarz and E. Witten, "Superstring theory", Cambridge University Press, 1987.

[7] J. Polchinski, "String theory", Cambridge University Press, 1998.（邦訳：「ストリング理論」, 伊藤克司, 小竹悟, 松尾泰 訳, シュプリンガー・フェアラーク東京, 2005 年.）

[8] R. Blumenhagen, D. Lüst and S. Theisen, "Basic concepts of string theory", Springer, 2013.

[9] B. Zwiebach, "A first course in string theory", Cambridge University Press, 2004.

[10] 大田信義,「超弦理論・ブレイン・M 理論」, シュプリンガー・フェアラーク東京, 2002 年.

[11] 今村洋介,「超弦理論の基礎」, サイエンス社, SGC ライブラリ 80, 2011 年（電子版: 2017 年）.

[12] 細道和夫,「弦とブレーン」, 朝倉書店, 2017 年.

[13] J. M. Maldacena, Nucl. Phys. B Proc. Suppl. **61A** (1998) 111.

[14] O. Aharony, S. S. Gubser, J. M. Maldacena, H. Ooguri and Y. Oz, Phys. Rept. **323** (2000) 183.

[15] E. D'Hoker and D. Z. Freedman, "Strings, branes and extra dimensions: TASI 2001", eds. S. S. Gubser and J. D. Lykken, World Scientific (2004) 3 [arXiv:hep-th/0201253].

[16] 夏梅誠,「超弦理論の応用」, サイエンス社, SGC ライブラリ 93, 2012 年（電子版: 2019 年）.

[17] A. Strominger and C. Vafa, Phys. Lett. B **379** (1996) 99.

[18] C. G. Callan and J. M. Maldacena, Nucl. Phys. B **472** (1996) 591.

[19] S. R. Das and S. D. Mathur, Phys. Lett. B **375** (1996) 103.

[20] J. M. Maldacena and L. Susskind, Nucl. Phys. B **475** (1996) 679.

[21] S. R. Das and S. D. Mathur, Nucl. Phys. B **478** (1996) 561.

[22] J. M. Maldacena and A. Strominger, Phys. Rev. D **55** (1997) 861.

[23] G. T. Horowitz, J. M. Maldacena and A. Strominger, Phys. Lett. B **383** (1996) 151.

[24] F. Larsen, Phys. Rev. D **56** (1997) 1005.

[25] Y. Satoh, Phys. Rev. D **58** (1998) 044004.

[26] J. R. David, G. Mandal and S. R. Wadia, Phys. Rept. **369** (2002) 549.

[27] I. R. Klebanov, Nucl. Phys. B **496** (1997) 231.

[28] S. S. Gubser and I. R. Klebanov, Phys. Lett. B **413** (1997) 41.

[29] R. R. Metsaev and A. A. Tseytlin, Nucl. Phys. B **533** (1998) 109.

[30] M. F. Sohnius, Phys. Rept. **128** (1985) 39.

[31] G. 't Hooft, Nucl. Phys. B **72** (1974) 461.

[32] G. 't Hooft, Commun. Math. Phys. **86** (1982) 449.

[33] J. M. Maldacena, Int. J. Theor. Phys. **38** (1999) 1113.

[34] G. 't Hooft, Conf. Proc. C **930308** (1993) 284 [arXiv:gr-qc/9310026].

[35] L. Susskind, J. Math. Phys. **36** (1995) 6377.

[36] S. S. Gubser, I. R. Klebanov and A. M. Polyakov, Phys. Lett. B **428** (1998) 105.

[37] E. Witten, Adv. Theor. Math. Phys. **2** (1998) 253.

[38] M. Fukuma, S. Matsuura and T. Sakai, Prog. Theor. Phys. **109** (2003) 489.

[39] J. M. Maldacena, Phys. Rev. Lett. **80** (1998) 4859.

[40] S. J. Rey and J. T. Yee, Eur. Phys. J. C **22** (2001) 379.

[41] S. Minwalla, Adv. Theor. Math. Phys. **2** (1998) 783.

[42] O. Babelon, D. Bernard and M. Talon, "Introduction to classical integrable systems", Cambridge University Press, 2003.

[43] 和達三樹,「非線形波動」, 岩波書店, 2000 年.

[44] 高崎金久,「可積分性の世界 – 戸田格子とその仲間 – 」, 共立出版, 2001 年.

[45] A. Torrielli, J. Phys. A **49** (2016) no.32, 323001.

[46] G. Mussardo, "Statistical field theory", Oxford University Press, 2010.

[47] L. D. Faddeev and L. A. Takhtajan, "Hamiltonian methods in the theory of solitons", Springer-Verlag, 1987. (邦訳:「ソリトン理論とハミルトン形式」, 藤井寛治, 北門新作, 藤井裕 訳, 丸善出版, 2012 年.)

[48] S. Novikov, S. V. Manakov, L. P. Pitaevsky and V. E. Zakharov, "Theory of solitons. the inverse scattering method", Consultants Bureau, 1984.

[49] 田中俊一, 伊達悦朗,「KdV 方程式 – 非線形数理物理入門 – 」, 紀伊國屋書店, 1979 年.

[50] O. Babelon and C. M. Viallet, Phys. Lett. B **237** (1990) 411.

[51] 戸田盛和,「ソリトンと物理学」, サイエンス社, SGC ライブラリ 49, 2006 年 (電子版: 2017 年).

[52] A. V. Mikhailov, M. A. Olshanetsky and A. M. Perelomov, Commun. Math. Phys. **79** (1981) 473.

[53] D. Korotkin and H. Nicolai, Phys. Rev. Lett. **74** (1995) 1272.

[54] H. Nicolai, Lect. Notes Phys. **396** (1991) 231.

[55] M. Luscher and K. Pohlmeyer, Nucl. Phys. B **137** (1978) 46.

[56] D. Bernard, Int. J. Mod. Phys. B **7** (1993) 3517.

[57] P. Dorey, Lect. Notes Phys. **498** (1997) 85 [arXiv:hep-th/9810026].

[58] V. E. Zakharov and A. V. Mikhailov, Sov. Phys. JETP **47** (1978) 1017.

[59] V. E. Zakharov and A. V. Mikhailov, Commun. Math. Phys. **74** (1980) 21.

[60] M. Spradlin and A. Volovich, JHEP **10** (2006) 012.

[61] J. P. Harnad, Y. Saint Aubin and S. Shnider, Commun. Math. Phys. **92** (1984) 329.

[62] E. D. Belokolos, Alexander I. Bobenko, V. Z. Enol'Skii, Alexander R. Its, "Algebro-geometric approach to nonlinear integrable equations", Springer, 1994.
[63] H. Eichenherr and M. Forger, Nucl. Phys. B **155** (1979) 381.
[64] E. Abdalla, M. C. B. Abdalla and K. D. Rothe, "Nonperturbative methods in two-dimensional quantum field theory", World Scientific, 1991.
[65] G. Arutyunov and S. Frolov, J. Phys. A **42** (2009) 254003.
[66] M. Magro, Lett. Math. Phys. **99** (2012) 149.
[67] I. Bena, J. Polchinski and R. Roiban, Phys. Rev. D **69** (2004) 046002.
[68] A. A. Tseytlin, Lett. Math. Phys. **99** (2012) 103.
[69] D. E. Berenstein, J. M. Maldacena and H. S. Nastase, JHEP **04** (2002) 013.
[70] G. Arutyunov, J. Russo and A. A. Tseytlin, Phys. Rev. D **69** (2004) 086009.
[71] S. Frolov and A. A. Tseytlin, JHEP **06** (2002) 007.
[72] G. Arutyunov, S. Frolov, J. Russo and A. A. Tseytlin, Nucl. Phys. B **671** (2003) 3.
[73] S. S. Gubser, I. R. Klebanov and A. M. Polyakov, Nucl. Phys. B **636** (2002) 99.
[74] S. Frolov and A. A. Tseytlin, Phys. Lett. B **570** (2003) 96.
[75] N. Beisert, S. Frolov, M. Staudacher and A. A. Tseytlin, JHEP **10** (2003) 037.
[76] V. A. Kazakov, A. Marshakov, J. A. Minahan and K. Zarembo, JHEP **05** (2004) 024.
[77] V. A. Kazakov and K. Zarembo, JHEP **10** (2004) 060.
[78] D. M. Hofman and J. M. Maldacena, J. Phys. A **39** (2006) 13095.
[79] K. Pohlmeyer, Commun. Math. Phys. **46** (1976) 207.
[80] L. F. Alday and J. M. Maldacena, JHEP **06** (2007) 064.
[81] M. Kruczenski, JHEP **12** (2002) 024.
[82] L. F. Alday and J. Maldacena, JHEP **11** (2009) 082.
[83] L. D. Faddeev, Les Houches Lect. Notes **64** (1998) 149 [arXiv:hep-th/9605187].
[84] V. E. Korepin, N. M. Bogoliubov and A. G. Izergin, "Quantum inverse scattering method and correlation functions", Cambridge University Press, 1993.
[85] 出口哲生, 物性研究 **74-3** (2000) 255.
[86] R. I. Nepomechie, Int. J. Mod. Phys. B **13** (1999) 2973.
[87] L. Samaj and Z. Bajnok, "Introduction to the statistical physics of integrable many-body systems", Cambridge University Press, 2013.
[88] F. H. L. Essler, H. Frahm, F. Göhmann, A. Klümper and V. E. Korepin, 'The one-dimensional Hubbard model", Cambridge University Press, 2005.
[89] 川上則雄, 梁成吉,「共形場理論と 1 次元量子系」, 岩波書店, 1997 年.
[90] 南和彦,「格子模型の数理物理」, サイエンス社, SGC ライブラリ 108, 2014 年.
[91] N. Yu. Reshetikhin, Sov. Phys. JETP **57** (1983) 691.
[92] A. Kuniba and J. Suzuki, Commun. Math. Phys. **173** (1995) 225.
[93] C. N. Yang and C. P. Yang, Phys. Rev. **150** (1966) 321.
[94] P. P. Kulish and N. Y. Reshetikhin, Sov. Phys. JETP **53** (1981) 108.

[95] N. Y. Reshetikhin, Lett. Math. Phys. **7** (1983) 205.
[96] N. Y. Reshetikhin, Theor. Math. Phys. **63** (1985) 555.
[97] E. Ogievetsky and P. Wiegmann, Phys. Lett. B **168** (1986) 360.
[98] R. J. Baxter, "Exactly solved models in statistical mechanics", Dover, 2007.
[99] R.J. Eden, P.V. Landshoff, D.I. Olive and J.C. Polkinghorne, "The analytic S-matrix", Cambridge University Press, 1966.
[100] D. Bombardelli, J. Phys. A **49** (2016) no.32, 323003.
[101] S. Weinberg, "The quantum theory of fields", Cambridge University Press, 1995.（邦訳：「ワインバーグ場の量子論」, 青山秀明, 有末宏明 訳, 吉岡書店, 1997 年.）
[102] M.E. Peskin and D.V. Schroeder, "An introduction to quantum field theory", Westview Press, 1995.
[103] 九後汰一郎, 「ゲージ場の量子論 I, II」, 培風館, 1989 年.
[104] J. L. Miramontes, Phys. Lett. B **455** (1999) 231.
[105] R. Shankar and E. Witten, Phys. Rev. D **17** (1978) 2134.
[106] A. B. Zamolodchikov and A. B. Zamolodchikov, Annals Phys. **120** (1979) 253.
[107] B. Berg, M. Karowski, P. Weisz and V. Kurak, Nucl. Phys. B **134** (1978) 125.
[108] A. B. Zamolodchikov and A. B. Zamolodchikov, Nucl. Phys. B **379** (1992) 602.
[109] P. Di Francesco, P. Mathieu and D. Senechal, "Conformal field theory", Springer, 1996.
[110] S. Ketov, "Conformal field theory", World Scientific, 1995.
[111] 山田泰彦,「共形場理論入門」, 培風館, 2005 年.
[112] 伊藤克司,「共形場理論」, サイエンス社, SGC ライブラリ 83, 2011 年（電子版: 2017 年).
[113] 江口徹, 菅原祐二,「共形場理論」, 岩波書店, 2015 年.
[114] 疋田泰章,「共形場理論入門」, 講談社, 2020 年.
[115] 中山優,「高次元共形場理論への招待」, サイエンス社, SGC ライブラリ 153, 2019 年.
[116] T. R. Klassen and E. Melzer, Nucl. Phys. B **338** (1990) 485.
[117] H. W. Braden, E. Corrigan, P. E. Dorey and R. Sasaki, Nucl. Phys. B **338** (1990) 689.
[118] C. R. Fernandez-Pousa, M. V. Gallas, T. J. Hollowood and J. L. Miramontes, Nucl. Phys. B **484** (1997) 609.
[119] C. R. Fernandez-Pousa, M. V. Gallas, T. J. Hollowood and J. L. Miramontes, Nucl. Phys. B **499** (1997) 673.
[120] C. R. Fernandez-Pousa and J. L. Miramontes, Nucl. Phys. B **518** (1998) 745.
[121] J. L. Miramontes and C. R. Fernandez-Pousa, Phys. Lett. B **472** (2000) 392.
[122] P. Dorey and J. L. Miramontes, Nucl. Phys. B **697** (2004) 405.
[123] A. B. Zamolodchikov, J. Phys. A **39** (2006) 12847.
[124] S. Ghoshal and A. B. Zamolodchikov, Int. J. Mod. Phys. A **9** (1994) 3841.
[125] C. N. Yang and C. P. Yang, J. Math. Phys. **10** (1969) 1115.
[126] A. B. Zamolodchikov, Nucl. Phys. B **342** (1990) 695.
[127] T. R. Klassen and E. Melzer, Nucl. Phys. B **350** (1991) 635.

[128] H. W. J. Bloete, J. L. Cardy and M. P. Nightingale, Phys. Rev. Lett. **56** (1986) 742.

[129] I. Affleck, Phys. Rev. Lett. **56** (1986) 746.

[130] C. Itzykson, H. Saleur and J. B. Zuber, Europhys. Lett. **2** (1986) 91.

[131] A. B. Zamolodchikov, Nucl. Phys. B **358** (1991) 524.

[132] A. N. Kirillov, Prog. Theor. Phys. Suppl. **118** (1995) 61.

[133] F. Constantinescu and R. Flume, Phys. Lett. B **326** (1994) 101.

[134] A. B. Zamolodchikov, Int. J. Mod. Phys. A **10** (1995) 1125.

[135] V. A. Fateev, Phys. Lett. B **324** (1994) 45.

[136] Z. Bajnok, J. Balog, K. Ito, Y. Satoh and G. Z. Tóth, Phys. Rev. Lett. **116** (2016) no.18, 181601.

[137] A. B. Zamolodchikov, Phys. Lett. B **253** (1991) 391.

[138] F. Ravanini, R. Tateo and A. Valleriani, Int. J. Mod. Phys. A **8** (1993) 1707.

[139] A. Kuniba, T. Nakanishi and J. Suzuki, J. Phys. A **44** (2011) 103001.

[140] A. Kuniba, T. Nakanishi and J. Suzuki, Int. J. Mod. Phys. A **9** (1994) 5215.

[141] V. V. Bazhanov, S. L. Lukyanov and A. B. Zamolodchikov, Commun. Math. Phys. **177** (1996) 381.

[142] P. Dorey, I. Runkel, R. Tateo and G. Watts, Nucl. Phys. B **578** (2000) 85.

[143] P. Dorey, D. Fioravanti, C. Rim and R. Tateo, Nucl. Phys. B **696** (2004) 445.

[144] P. Dorey, A. Lishman, C. Rim and R. Tateo, Nucl. Phys. B **744** (2006) 239.

[145] I. Affleck and A. W. W. Ludwig, Phys. Rev. Lett. **67** (1991) 161.

[146] R. Chatterjee, Mod. Phys. Lett. A **10** (1995) 973.

[147] A. LeClair, G. Mussardo, H. Saleur and S. Skorik, Nucl. Phys. B **453** (1995) 581.

[148] D. Friedan and A. Konechny, Phys. Rev. Lett. **93** (2004) 030402.

[149] A. B. Zamolodchikov, JETP Lett. **43** (1986) 730.

[150] A. B. Zamolodchikov, Sov. J. Nucl. Phys. **46** (1987) 1090.

[151] R. Penrose, "Differential geometry and relativity", eds. M. Cahen and M. Flato, Reidel, Dordrecht (1976) 271.

[152] R. Gueven, Phys. Lett. B **482** (2000) 255.

[153] M. Blau, J. M. Figueroa-O'Farrill, C. Hull and G. Papadopoulos, Class. Quant. Grav. **19** (2002) L87.

[154] M. Blau, J. M. Figueroa-O'Farrill and G. Papadopoulos, Class. Quant. Grav. **19** (2002) 4753.

[155] M. Blau, J. M. Figueroa-O'Farrill, C. Hull and G. Papadopoulos, JHEP **01** (2002) 047.

[156] R. R. Metsaev, Nucl. Phys. B **625** (2002) 70.

[157] R. R. Metsaev and A. A. Tseytlin, Phys. Rev. D **65** (2002) 126004.

[158] J. G. Russo and A. A. Tseytlin, JHEP **09** (2002) 035.

[159] S. Mizoguchi, T. Mogami and Y. Satoh, Class. Quant. Grav. **20** (2003) 1489.

[160] M. Hatsuda, K. Kamimura and M. Sakaguchi, Nucl. Phys. B **632** (2002) 114.

[161] S. Frolov and A. A. Tseytlin, Nucl. Phys. B **668** (2003) 77.

[162] K. Sakai and Y. Satoh, Phys. Lett. B **645** (2007) 293.

[163] L. F. Alday and J. M. Maldacena, JHEP **11** (2007) 019.

[164] L. Freyhult, A. Rej and M. Staudacher, J. Stat. Mech. **0807** (2008) P07015.

[165] J. A. Minahan and K. Zarembo, JHEP **03** (2003) 013.

[166] J. A. Minahan, Lett. Math. Phys. **99** (2012) 33.

[167] D. Anselmi, Nucl. Phys. B **541** (1999) 369.

[168] N. Beisert, Nucl. Phys. B **659** (2003) 79.

[169] N. Beisert, Nucl. Phys. B **676** (2004) 3.

[170] N. Beisert and M. Staudacher, Nucl. Phys. B **670** (2003) 439.

[171] N. Beisert, V. A. Kazakov, K. Sakai and K. Zarembo, Commun. Math. Phys. **263** (2006) 659.

[172] N. Beisert, V. A. Kazakov, K. Sakai and K. Zarembo, JHEP **07** (2005) 030.

[173] D. Serban and M. Staudacher, JHEP **06** (2004) 001.

[174] N. Beisert, V. Dippel and M. Staudacher, JHEP **07** (2004) 075.

[175] M. Staudacher, JHEP **05** (2005) 054.

[176] N. Beisert and M. Staudacher, Nucl. Phys. B **727** (2005) 1.

[177] N. Beisert, Adv. Theor. Math. Phys. **12** (2008) 945.

[178] N. Beisert, J. Stat. Mech. **0701** (2007) P01017.

[179] G. Arutyunov, S. Frolov and M. Zamaklar, JHEP **04** (2007) 002.

[180] C. Ahn and R. I. Nepomechie, Lett. Math. Phys. **99** (2012) 209.

[181] K. Iohara and Y. Koga, Comment. Math. Helv. **76** (2001) 110.

[182] M. J. Martins and C. S. Melo, Nucl. Phys. B **785** (2007) 246.

[183] M. Shiroishi and M. Wadati, J. Phys. Soc. Jap. **64** (1995) 4598.

[184] M. de Leeuw, J. Phys. A **40** (2007) 14413.

[185] R. A. Janik, Phys. Rev. D **73** (2006) 086006.

[186] A. V. Kotikov and L. N. Lipatov, Nucl. Phys. B **661** (2003) 19.

[187] N. Beisert, B. Eden and M. Staudacher, J. Stat. Mech. **0701** (2007) P01021.

[188] C. G. Callan, Jr., T. McLoughlin and I. Swanson, Nucl. Phys. B **694** (2004) 115.

[189] G. Arutyunov, S. Frolov and M. Staudacher, JHEP **10** (2004) 016.

[190] R. Hernandez and E. Lopez, JHEP **07** (2006) 004.

[191] N. Beisert, R. Hernandez and E. Lopez, JHEP **11** (2006) 070.

[192] D. Volin, J. Phys. A **42** (2009) no.37, 372001.

[193] A. Rej, M. Staudacher and S. Zieme, J. Stat. Mech. **0708** (2007) P08006.

[194] K. Sakai and Y. Satoh, Phys. Lett. B **661** (2008) 216.

[195] R. A. Janik and T. Lukowski, Phys. Rev. D **78** (2008) 066018.

[196] G. Arutyunov and S. Frolov, JHEP **12** (2007) 024.

[197] V. V. Bazhanov, S. L. Lukyanov and A. B. Zamolodchikov, Nucl. Phys. B **489** (1997)

487.

[198] P. Dorey and R. Tateo, Nucl. Phys. B **482** (1996) 639.

[199] D. Fioravanti, A. Mariottini, E. Quattrini and F. Ravanini, Phys. Lett. B **390** (1997) 243.

[200] N. Gromov, V. Kazakov and P. Vieira, Phys. Rev. Lett. **103** (2009) 131601.

[201] D. Bombardelli, D. Fioravanti and R. Tateo, J. Phys. A **42** (2009) 375401.

[202] N. Gromov, V. Kazakov, A. Kozak and P. Vieira, Lett. Math. Phys. **91** (2010) 265.

[203] G. Arutyunov and S. Frolov, JHEP **05** (2009) 068.

[204] Z. Bajnok, Lett. Math. Phys. **99** (2012) 299.

[205] Z. Bajnok and R. A. Janik, Nucl. Phys. B **807** (2009) 625.

[206] Z. Bajnok, R. A. Janik and T. Lukowski, Nucl. Phys. B **816** (2009) 376.

[207] F. Fiamberti, A. Santambrogio, C. Sieg and D. Zanon, Nucl. Phys. B **805** (2008) 231.

[208] V. N. Velizhanin, Phys. Lett. B **676** (2009) 112.

[209] R. A. Janik, Lett. Math. Phys. **99** (2012) 277.

[210] R. Roiban and A. A. Tseytlin, JHEP **11** (2009) 013.

[211] N. Gromov, V. Kazakov and P. Vieira, Phys. Rev. Lett. **104** (2010) 211601.

[212] L. F. Alday and R. Roiban, Phys. Rept. **468** (2008) 153.

[213] 佐藤勇二, 数理解析研究所講究録 **1880** (2014) 42.

[214] P. Dorey, C. Dunning, S. Negro and R. Tateo, J. Phys. A **53** (2020) no.22, 223001.

[215] Z. Bern, L. J. Dixon and V. A. Smirnov, Phys. Rev. D **72** (2005) 085001.

[216] L. Susskind and E. Witten, arXiv:hep-th/9805114 [hep-th].

[217] D. J. Gross and P. F. Mende, Phys. Lett. B **197** (1987) 129.

[218] N. Berkovits and J. Maldacena, JHEP **09** (2008) 062.

[219] J. M. Drummond, G. P. Korchemsky and E. Sokatchev, Nucl. Phys. B **795** (2008) 385.

[220] J. M. Drummond, Lett. Math. Phys. **99** (2012) 481.

[221] J. M. Drummond, J. Henn, V. A. Smirnov and E. Sokatchev, JHEP **01** (2007) 064.

[222] Z. Komargodski, JHEP **05** (2008) 019.

[223] J. M. Drummond, J. Henn, G. P. Korchemsky and E. Sokatchev, Nucl. Phys. B **795** (2008) 52.

[224] J. M. Drummond, J. Henn, G. P. Korchemsky and E. Sokatchev, Nucl. Phys. B **826** (2010) 337.

[225] J. M. Drummond, J. M. Henn and J. Plefka, JHEP **05** (2009) 046.

[226] J. M. Drummond, J. Henn, G. P. Korchemsky and E. Sokatchev, Nucl. Phys. B **828** (2010) 317.

[227] L. F. Alday and J. Maldacena, JHEP **11** (2007) 068.

[228] Z. Bern, L. J. Dixon, D. A. Kosower, R. Roiban, M. Spradlin, C. Vergu and A. Volovich, Phys. Rev. D **78** (2008) 045007.

[229] J. M. Drummond, J. Henn, G. P. Korchemsky and E. Sokatchev, Nucl. Phys. B **815**

(2009) 142.
[230] K. Sakai and Y. Satoh, JHEP **10** (2009) 001.
[231] B. Basso, S. Caron-Huot and A. Sever, JHEP **01** (2015) 027.
[232] L. F. Alday, D. Gaiotto and J. Maldacena, JHEP **09** (2011) 032.
[233] L. F. Alday, J. Maldacena, A. Sever and P. Vieira, J. Phys. A **43** (2010) 485401.
[234] Y. Hatsuda, K. Ito, K. Sakai and Y. Satoh, JHEP **04** (2010) 108.
[235] 井ノ口順一,「曲面と可積分系」, 朝倉書店, 2015 年.
[236] D. Gaiotto, G. W. Moore and A. Neitzke, arXiv:0907.3987 [hep-th].
[237] Y. Hatsuda, K. Ito and Y. Satoh, JHEP **02** (2012) 003.
[238] Y. Hatsuda, K. Ito, K. Sakai and Y. Satoh, JHEP **04** (2011) 100.
[239] L. F. Alday, D. Gaiotto, J. Maldacena, A. Sever and P. Vieira, JHEP **04** (2011) 088.
[240] P. Dorey and R. Tateo, J. Phys. A **32** (1999) L419.
[241] V. V. Bazhanov, S. L. Lukyanov and A. B. Zamolodchikov, J. Stat. Phys. **102** (2001) 567.
[242] J. Suzuki, J. Phys. A **32** (1999) L183.
[243] P. Dorey, C. Dunning and R. Tateo, J. Phys. A **40** (2007) R205.
[244] S. L. Lukyanov and A. B. Zamolodchikov, JHEP **07** (2010) 008.
[245] K. Ito and C. Locke, Nucl. Phys. B **885** (2014) 600.
[246] D. Altschuler, Nucl. Phys. B **313** (1989) 293.
[247] A. Kuniba, T. Nakanishi and J. Suzuki, Nucl. Phys. B **356** (1991) 750.
[248] 山崎雅人,「場の理論の構造と幾何」, サイエンス社, SGC ライブラリ 119, 2015 年（電子版: 2019 年）.
[249] R. Sasaki, Proceedings of “Interface between physics and mathematics”, eds. W. Nahm and J.-M. Shen (1993) 201 [arXiv:hep-th/9311027].
[250] P. Dorey and R. Tateo, Nucl. Phys. B **515** (1998) 575.
[251] D. Gaiotto, J. Maldacena, A. Sever and P. Vieira, JHEP **03** (2011) 092.
[252] Y. Hatsuda, K. Ito and Y. Satoh, JHEP **02** (2013) 067.
[253] Y. Hatsuda, K. Ito, Y. Satoh and J. Suzuki, JHEP **08** (2014) 162.
[254] K. Ito, Y. Satoh and J. Suzuki, JHEP **08** (2018) 002.
[255] V. Del Duca, C. Duhr and V. A. Smirnov, JHEP **05** (2010) 084.
[256] A. B. Goncharov, M. Spradlin, C. Vergu and A. Volovich, Phys. Rev. Lett. **105** (2010) 151605.
[257] D. Gaiotto, J. Maldacena, A. Sever and P. Vieira, JHEP **12** (2011) 011.
[258] L. J. Dixon, J. M. Drummond and J. M. Henn, JHEP **11** (2011) 023.
[259] L. J. Dixon, J. M. Drummond, M. von Hippel and J. Pennington, JHEP **12** (2013) 049.
[260] L. J. Dixon, J. M. Drummond, C. Duhr and J. Pennington, JHEP **06** (2014) 116.
[261] S. Caron-Huot, L. J. Dixon, F. Dulat, M. von Hippel, A. J. McLeod and G. Papathanasiou, JHEP **08** (2019) 016.

[262] N. Arkani-Hamed, J. L. Bourjaily, F. Cachazo, A. B. Goncharov, A. Postnikov and J. Trnka, arXiv:1212.5605 [hep-th].

[263] J. Golden, A. B. Goncharov, M. Spradlin, C. Vergu and A. Volovich, JHEP **01** (2014) 091.

[264] A. Brandhuber, P. Heslop, V. V. Khoze and G. Travaglini, JHEP **01** (2010) 050.

[265] B. Basso, A. Sever and P. Vieira, Phys. Rev. Lett. **111** (2013) no.9, 091602.

[266] B. Basso, A. Sever and P. Vieira, JHEP **01** (2014) 008.

[267] B. Basso, A. Sever and P. Vieira, JHEP **08** (2014) 085.

[268] B. Basso, A. Sever and P. Vieira, JHEP **09** (2014) 149.

[269] D. Fioravanti, S. Piscaglia and M. Rossi, Nucl. Phys. B **898** (2015) 301.

[270] K. Okuyama and L. S. Tseng, JHEP **08** (2004) 055.

[271] Y. Kazama and S. Komatsu, JHEP **01** (2012) 110.

[272] B. Basso, S. Komatsu and P. Vieira, arXiv:1505.06745 [hep-th].

[273] S. Komatsu, Les Houches Lect. Notes **106** (2019) 449 [arXiv:1710.03853 [hep-th]].

索　引

ア

カ

サ

タ

ナ

ハ

マ

ヤ

ラ

ワ

著者略歴

佐藤 勇二
さとう ゆうじ

1997年 東京大学大学院理学系研究科物理学専攻
博士課程修了 博士（理学）
プリンストン大学，高エネルギー加速器研究機構，
筑波大学を経て，
現在 福井大学学術研究院工学系部門准教授
この間，日本学術振興会海外特別研究員，インペリアルカレッジ・ロンドン Academic Visitor
専門 素粒子論（弦理論，量子重力理論）

SGCライブラリ-165
弦理論と可積分性
ゲージ-重力対応のより深い理解に向けて

2021年2月25日 © 初版発行

著者 佐藤 勇二　　発行者 森平敏孝
　　　　　　　　　印刷者 馬場信幸

発行所 株式会社 サイエンス社
〒151-0051 東京都渋谷区千駄ヶ谷1丁目3番25号
営業 ☎ (03) 5474-8500 (代)　振替 00170-7-2387
編集 ☎ (03) 5474-8600 (代)
FAX ☎ (03) 5474-8900　表紙デザイン：長谷部貴志

印刷・製本 三美印刷株式会社

ISBN978-4-7819-1502-9

PRINTED IN JAPAN

サイエンス社のホームページのご案内
https://www.saiensu.co.jp
ご意見・ご要望は
sk@saiensu.co.jp まで．

SGC ライブラリ-157 : for Senior & Graduate Courses

新版 量子光学と量子情報科学

古澤明・武田俊太郎 共著

定価 2310 円

基礎的な量子力学を学んだ理工系学生が，現代的な光学において量子力学がどのように応用されているかを学ぶための書．初版刊行から 15 年を経た今回の改訂では，量子情報処理の主流になりつつある，量子テレポーテーションをベースにしたユニバーサル量子情報処理の実現手法と，その時間領域多重量子情報処理への応用を，今後の展望として加えた．

サイエンス社